U0287517

国家科学技术学术著作出版基金资助出版

水坝工程生态风险模拟及安全调控

杨志峰　董世魁　易雨君
刘世梁　尹心安　著

科学出版社
北京

内 容 简 介

本书主要介绍了全球和中国的水坝建设现状，阐述了水坝工程生态风险的概念与内涵，总结了水坝工程生态风险研究进展；提出了水坝工程生态风险的理论框架；论述了水坝工程生态风险源识别、生态风险受体识别和生态风险终点确定；介绍了建坝河流生态水文过程的模拟方法，系统模拟了流域水沙分布及流域水文过程与景观格局变化；论述了建坝河流生态水动力模型；介绍了建坝河流水动力过程模拟及鱼类栖息地适宜度模型构建；阐述了基于水环境、生物完整性、格局与过程的水坝工程生态风险评价；论述了基于河流生态流量、水库库容优化设计及水库发电量优化的生态安全综合调控模式。

本书可作为环境科学、水利学、生态学等领域的科研、管理和教学人员的工具书，也可作为相关专业本科生和研究生的学习资料。

图书在版编目(CIP)数据

水坝工程生态风险模拟及安全调控 / 杨志峰等著 .—北京：科学出版社，2016. 1

ISBN 978-7-03-045784-4

Ⅰ. ①水… Ⅱ. ①杨… Ⅲ. ①挡水坝-水利工程-生态安全-研究 Ⅳ. ①TV64

中国版本图书馆 CIP 数据核字（2015）第 225195 号

责任编辑：张 菊 刘 超 / 责任校对：邹慧卿
责任印制：赵 博 / 封面设计：无极书装

科学出版社 出版
北京东黄城根北街 16 号
邮政编码：100717
http://www.sciencep.com
涿州市般润文化传播有限公司印刷
科学出版社发行 各地新华书店经销
*
2016 年 1 月第 一 版 开本：787×1092 1/16
2025 年 3 月第二次印刷 印张：18 1/4
字数：420 000

定价：150. 00 元

（如有印装质量问题，我社负责调换）

前　　言

水坝建设作为人类改造自然的一项工程，在人类社会发展过程中起到了非常重要的作用。人类早在6000年前就已经开始了水坝建设，但现代意义上的水坝建设始于19世纪末。欧美发达国家在20世纪70年代已经完成大部分水坝建设。80年代以来，以中国等为代表的发展中国家正进入水坝建设的迅速发展时期。截至2005年年底，中国共有15m以上的水坝22 000多座，占世界总数的44%，居世界首位。长期以来，人类过度关注水坝带来的巨大经济效益，却忽视了其潜在的生态风险。一方面，水坝工程可以促进科学合理地使用水能资源，调蓄利用水资源，缓解缺电矛盾，增强防洪能力，改善航运条件，从而为发展养殖业和旅游业、改善农业生产基础提供良好条件，进而带来可观的经济效益，推动区域经济快速发展。另一方面，水坝工程也会对河流生态环境产生深远影响，大型水坝工程会改变河流的自然流态，导致水文情势变化、水环境变化、鱼类以及其他野生动物数量和生境减少，从而给流域生态系统和生物多样性带来一系列生态风险。因此，随着水坝建设带来的生态环境问题的显现，水坝建设区流域生态环境保护问题逐渐成为当前科学研究和社会关注的焦点，协调流域水坝工程建设与生态环境保护的矛盾、维系流域生态系统健康和区域可持续发展成为水坝风险防控的迫切需要。

基于这一科学研究和社会发展需求，作者在中国水坝建设的代表性区域开展了水坝生态风险和生态安全调控研究工作，系统地总结了水坝工程生态风险识别的理论方法、生态风险的定量化模拟技术及安全调控模式，凝练为学术专著《水坝工程生态风险模拟及安全调控》。本书基于对水坝工程的生态风险进行系统识别，通过精细数值模拟模型对各风险组成进行定量化预测和评估，并以之为依据，为流域梯级电站规划和运行提供安全可靠、生态友好的调度方案。科学、合理地提出综合考虑生态效益和经济效益的水坝工程生态安全综合调控方案，可以为流域水资源开发可持续发展提供理论基础和技术保障，有效促进流域社会、经济和生态的协调发展，对建设生态文明型社会具有重要理论和现实意义。

本书共八章，第一章为绪论，主要介绍了全球和中国的水坝建设现状，阐述了水坝工程生态风险与安全调控的概念与内涵，总结了水坝工程生态风险及安全调控研究进展；第二章主要论述了水坝工程生态风险识别，包括水坝工程生态风险源识别、风险受体识别和生态风险终点确定，提出了水坝工程生态风险的理论框架；第三章主要介绍了建坝河流生态水文过程模型，介绍了水坝影响下的流域径流过程模拟、流域水沙分布模拟以及流域水文过程与景观格局变化；第四章主要论述了建坝河流生态水动力过程模拟，介绍了建坝河流生态水动力学模型，建坝河流鱼类栖息地适宜度模型构建，并给出了建坝河流鱼类栖息地模拟实例；第五章主要阐述了基于水环境的水坝工程生态风险评价，分别从水体、底泥和鱼体三方面对建坝河流重金属污染的生态风险进行分析和评价；第六章阐述了基于生物完整性的水坝工程生态风险评价研究，包括水坝影响下河岸带和坡面植被、河流浮游生物、河流底栖生物以及河流鱼类的生态风险评价；第七章主要论述了基于格局与过程的景观生态风险评价，介绍了景观生态风险的影响因子、景观生态风险指数及空间自相关性，以及景观生态风险度及其时空动态等内容；第八章主要论述了水坝工程生态安全综合调控，包括基于河流生态流量的生态调度模式、基于水库库容优化设计的综合调控，以及基于水库发电量优化的综合调控。

本书旨在将水坝工程生态风险领域的创新性研究成果介绍给广大读者，使水力学、生态学、环境科学、水资源学和相关学科领域的科研人员、管理人员和大专院校师生了解水坝工程生态风险的相关基础理论和应用技术，从而为我国在水电开发时兼顾经济利益和生态保护的可持续水电开发提供理论依据和技术支撑。本书的研究工作得到国家自然科学基金“创新研究群体项目”（51121003）、国家国际科技合作专项项目“全球环境变化下湿地生态流量及调控”（2011DFA72420）和国家自然科学基金重点项目“水坝工程的生态风险及安全调控机理研究”（50939001）等多个国家、省部级项目的资助，在此表示衷心感谢！

本书撰写分工如下：

第一章由杨志峰、董世魁撰写；第二章由董世魁、杨志峰、李小艳撰写；第三章由刘世梁、赵清贺、杨志峰撰写；第四章由易雨君、杨志峰、陈彬撰写；第五章由易雨君、杨志峰、赵晨撰写；第六章由董世魁、李晋鹏、杨志峰撰写；第七章由刘世梁、杨志峰、邓丽撰写；第八章由尹心安、杨志峰、杨晓华撰写。

杨志峰提出了本书研究工作的总体思路并负责本书的总体框架设计，董世魁负责本书的统稿工作。参加研究和书稿整理工作的还有杨盼、唐见、刘采菱、杨林、郭亚男、陈绍晴、王聪、杨珏婕、刘琦、赵晨、安南南、武晓宇、董振慧、尹艺洁、沙威等同学。

由于时间和作者认识水平有限，内容涉及面广，不妥之处在所难免，敬请读者批评指正。

作　者

2015 年 2 月

目　　录

第一章 绪　论

水坝建设一度被视为人类文明进步和经济发展水平的标志，但是随着水坝建设带来的生态环境问题的逐渐显现，水坝工程与流域生态环境保护问题成为当前科学研究和社会关注的焦点。一方面，水坝工程可以促进科学合理地使用水能资源，调蓄利用水资源，缓解缺电矛盾，增强防洪能力，改善航运条件，从而为发展养殖业和旅游业、改善农业生产基础提供良好条件，进而带来可观的经济效益，推动区域经济快速发展。另一方面，水坝工程也会对河流生态环境产生深远影响，大型水坝工程经常改变河流的自然流态，导致水文情势变化、水环境变化、鱼类以及其他野生动物数量和生境减少，从而给河流生态系统和生物多样性带来一系列生态风险。本章在综述国内外水坝建设现状、水坝生态影响和生态效应等相关研究的基础上，结合环境风险管理、生态模拟、生态评价等学科的理论知识，提出了水坝工程生态风险与安全调控的概念和内涵，明确了水坝生态安全调控的内容和措施，梳理了国内外水坝生态风险及安全调控研究进展。

第一节 概　述

水坝建设作为人类改造自然的一项工程，在人类社会发展过程中起到了非常重要的作用。人类早在8000年前就已经开始了水坝建设，但现代意义上的水坝建设始于19世纪末。欧美发达国家在20世纪70年代已经完成大部分水电坝建设。80年代以来，以中国等为代表的发展中国家正进入水坝建设的迅速发展时期，而与此同时，欧美等发达国家也在重新审视水坝建设的利弊得失问题。在水坝发展的历史进程中，早期人们建造水坝的目的主要是为人类生活提供用水、灌溉、防洪、建设航道以及娱乐场所等，随着社会的发展，水坝的功效主要转向于蓄水发电，为国民经济的发展作出贡献。本节将重点介绍全球和中国水坝建设的现状，阐明水坝建设的功能和作用。

一、全球水坝建设现状

全球河流水系众多，人类为了能充分利用水能，所以在河流上修建了众多水坝工程，为自身的发展提供能源、食物和水源。水坝工程的历史与人类发展的历史相伴相随。关于水坝的记录最早可以追溯到公元前6000年的美索不达米亚（亚洲西南部）。在公元前2000年，以灌溉和水源供给为主要目的的水坝建设已经遍布世界各个地方（WCD，2000）。最古老的、仍在使用中的水坝位于中国四川省的都江堰，它修建于公元前256年，至今仍然为成都平原的广大农田提供灌溉水源（Zhang and Jin，2008）。然而，第一座具有现代意义的水坝

（世界水坝委员会定义为坝高 15m 的大坝）于 1890 年在美国建成（WCD，2000）。

在 20 世纪前，全世界仅有 700 座大坝，而现存的多数大坝是在 20 世纪修建完成的。水坝建设在全球范围内快速发展是在第二次世界大战后，尤其是 20 世纪前叶，全球大约有 5000 座大坝在此期间修建。在北美和欧洲国家，修建水坝的速度在 1980 年后开始下降（Zankhana and Dinesh，2008；WCD，2000）。截至 2008 年，世界上已修建的大型水坝超过 58 000座（图 1-1）。

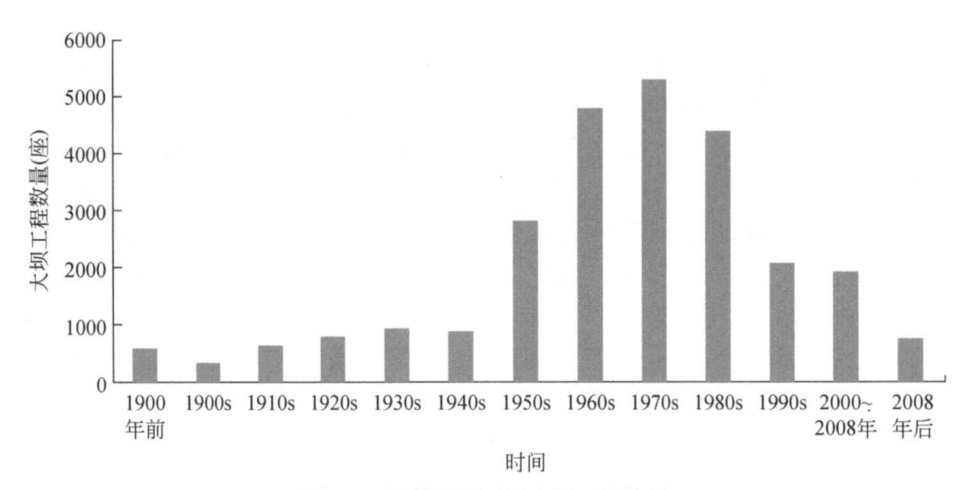

图 1-1　国外不同时期大坝工程数量

2008 年前的数据引自 ICOLD（2014）；2008 年后的数据引自中国大坝协会（2015）

世界范围内大型水坝工程的实施主要取决于社会经济发展速度，东亚、南亚、北美、南美和欧洲是全球水坝建设数量或密度最高的 5 个区域。世界银行（World Bank，2009）公布的数据显示，经济合作与发展组织（OECD）成员国通过筑坝已经开发了本国 70% 的水能资源，而发展中国家仅开发了 30% 的水能资源，非洲国家通过筑坝仅开发了不到 10% 的水能资源。目前，发达国家已经在大多数河流上修建了水坝（表 1-1），所以这些国家的工作重点是如何科学地管理和高效地运行现有的水坝。但是，对于发展中国家而言，水坝工程作为有利于经济发展的活动应得到推崇。

表 1-1　全球建坝（坝高大于 60m 的大坝）最多的河流

流域名称	流域面积（$10^3 km^2$）	流经国家	大坝数量（座）
长江	1722	中国	46
拉普拉塔河	2880	阿根廷、玻利维亚、巴西、巴拉圭、乌拉圭	27
底格里斯河与幼发拉底河	766	土耳其、伊拉克、伊朗、叙利亚、约旦	26
怒江-萨尔温江	272	中国、缅甸、泰国	26
克兹勒河	78	土耳其	15
恒河	1016	中国、印度、尼泊尔、孟加拉	14
托坎廷斯河	764	巴西	12

续表

流域名称	流域面积（$10^3 km^2$）	流经国家	大坝数量（座）
亚马孙河	6145	巴西、秘鲁、玻利维亚、哥伦比亚、厄瓜多尔、委内瑞拉、圭亚那、苏里南、巴拉圭、法属圭亚那	11
澜沧江-湄公河	806	中国、泰国、老挝、柬埔寨、越南、缅甸	11
雅鲁藏布江	651	中国、印度、不丹、孟加拉	11
珠江	409	中国、越南	10
多瑙河	801	德国、奥地利、斯洛伐克、匈牙利、克罗地亚、塞黑、罗马尼亚、保加利亚、摩尔多瓦、乌克兰	8
黄河	945	中国	8
库那-阿拉斯河	205	阿塞拜疆、伊朗、格鲁吉亚、亚美尼亚、土耳其	8
耶希尔河	36	土耳其	7
比约克湾河	25	土耳其	7
乔鲁赫河	19	土耳其	7
苏苏尔卢克河	22	土耳其	7
埃布罗河	83	西班牙、安道尔	6
印度河	1082	中国、阿富汗、巴基斯坦、印度	6
克孜勒奥赞河	60	伊朗	6

资料来源：Schelle et al.，2004

亚洲不仅是世界上建有水坝最多的区域，还是目前建设强度最大的区域（图 1-2）。中国和印度作为世界上两个人口最多的国家，修建了许多新的水坝。两国经济的快速发展不仅需要更多的能源和水资源，而且也为这些大型水坝工程项目提供了雄厚的资金支持（Liu and Diamond，2005；Bawa et al.，2010）。目前，世界上在建水坝数量最多的 5 个国家都在亚洲：印度有 700～900 座水坝在建、中国有 280 座水坝在建、土耳其有 209 座水坝在建、韩国有 132 座水坝在建、日本有 90 座水坝在建（WCD，2000）。

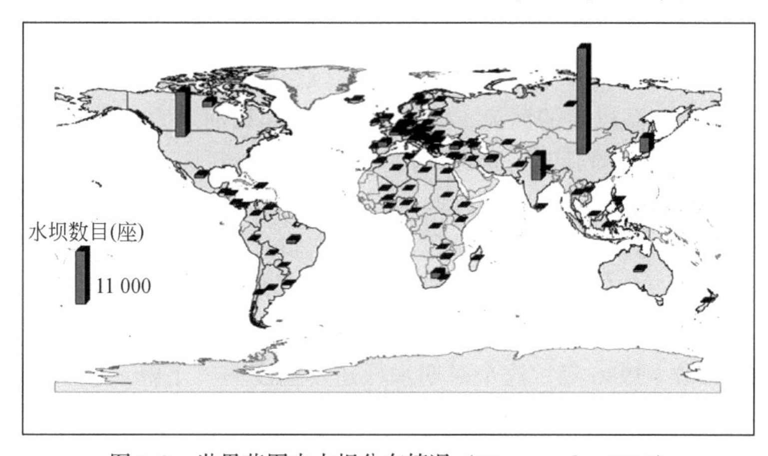

图 1-2　世界范围内大坝分布情况（Wang et al.，2014）

美国是北美洲建有水坝数量最多的国家，大约有8000座（图1-2）。然而，在20世纪末，美国拆除了一批明显陈旧的水坝。20世纪90年代初，美国垦务局作为负责在西部修建大型水坝的机构，其最高官员宣称水坝建设的时代已经结束（Longman，2008）。1998年，美国水坝拆除的速度首次超过了修建的速度（WCD，2000）。拆除的旧水坝对于河流系统的修复具有诸多益处。然而，部分学者的研究结果表明，拆除旧水坝仍然会对生态系统造成许多负面效应，因为生态系统需要被迫适应新的水文条件。

目前，在欧洲大约有6000座大坝。整个欧洲的水坝建设情况可以通过英国和西班牙的案例来说明。在英国，19世纪上半叶是水坝数量快速增长的时期。1950年后，英国平均每年都会兴建5.4座水坝，直至1990年降至为0，2010年英国共有486座大坝。在西班牙，1900~1950年的年均水库数量增长速度为4座，1975年西班牙共建成741座水坝。1990年，西班牙的水坝修建速度增长2倍多，截至2010年西班牙共有1172座水坝，是欧洲水坝数量最多的国家（Anonymous，2010）。由于适合修建水坝的地点越来越少和人们日益增强的环保意识，欧洲修建水坝的速度正在逐年下降。

二、中国水坝建设现状

（一）中国水坝建设历史

中国在建设防洪和灌溉所用的水坝和防洪堤方面具有悠久的历史，部分建设于2000多年前的水坝目前仍在运行。这些水利工程为中国古代的农业文明作出了卓越的贡献。但是，古代多数水坝的高度远达不到现代意义上大坝的高度（15m）。

根据世界水坝委员会的数据显示，1950年前世界范围内的5196座水坝中，中国仅占22座。然而在1950~1982年，随着水坝建设速度的快速增长，中国修建的水坝数量位居世界第一。1990年后，中国年均修建250~320座水坝，占同期世界大坝建设数量的1/5左右（同期全球每年均建坝1100~1700座）。截至2005年年底，中国共有15m以上的水坝22 000多座，占世界总数的44%，居世界首位。1950年以来，中国的水坝建设历史可以分为以下4个阶段。

第一阶段是1950~1957年，这个阶段水坝建设刚刚开始。这个时期国家的战略决策着眼于管理那些具有较高风险的河流，如淮河、海河和黄河。大多数水坝的高度为50~100m，这些水坝的目的是调节该流域的洪水。这个时期修建了一些著名的水坝，如北京的官厅水坝（46m）、安徽的佛子岭水坝（74.4m）和河南的三门峡水坝（106m）。

第二阶段是1958~1966年，这个阶段建设了许多大型基础设施。中国各级政府均参与到此次建设活动中，以至于中国的大型水坝数目明显增长。这个时期建设的大型水坝如黄河干流的刘家峡大坝（147m）。

第三阶段是1967~1986年。这个时期水坝建设速度明显下降。然而，仍有许多重要的水坝修建于这个时期，如位于长江上的葛洲坝。这个阶段所建成的水坝在质量和工艺上都有了显著的提升。

第四阶段是从 1987 年至今。中国经济的快速发展不仅为大型基础工程建设提供了资金支持，同时也产生了大量的用电需求。这种全国范围内的用电需求催生了大量的水坝工程建设。黄河干流的小浪底大坝、长江干流的三峡大坝、澜沧江干流的小湾大坝等都是在这个时间段内建成的。

在中国水坝建设发展的过程中，水库的管理以水库的库容作为划分依据（Pan and He，2000）：库容超过亿立方米的水库由省级或者更高的机构管理；千万立方米到亿立方米的水库由地市级所在地政府管理；百万立方米到千万立方米的水库由县级政府管理；十万立方米到百万立方米的水库由镇级政府管理；库容在十万立方米以下的水库由所在村委会管理。

（二）中国水坝分布

在 20 世纪 80 年代，中国政府便制定了长期的水利工程发展规划，并重点建设水电工程。水电被认为是一种比化石能源更清洁、廉价的能源。目前，中国 80% 的电力由火力发电提供。为了减少能源消耗及其对环境的压力，中国政府致力于通过发展水电，更改能源结构。中国政府制定的水电发展规划涵盖中国所有的大流域，并且其建设速度在快速发展的经济要求下变得更快。截至 2013 年 12 月，中国规划建有十三大水电基地，主要分布的区域有黄河水系、长江水系、珠江水系、西南诸河、东北诸河、东南诸河和湘西诸河。

1. 黄河水系

黄河发源于中国青海省巴颜喀拉山脉，流经青海、四川、甘肃、宁夏、内蒙古、陕西、山西、河南、山东 9 个省区，最后于山东省东营市垦利县注入渤海，全长为 5464km，是中国第二长河，仅次于长江，其也是世界第五长河流。在中国历史上，黄河及沿岸流域给人类文明带来了巨大的影响，是中华民族最主要的发源地，中国人称其为“母亲河”。目前，黄河水系包括黄河上游水电基地和黄河北干流水电基地，共建有中大型水电站 15 座，包括拉西瓦水电站、李家峡水电站、公伯峡水电站、盐锅峡水电站、青铜峡水利枢纽、万家寨水利枢纽、天桥水电站、三门峡水利枢纽、小浪底水利枢纽等。其中，小浪底水利枢纽坝顶高程为 281m，正常高水位为 275m，库容为 126.5 亿 m^3，水库面积达 272.3km^2，控制流域面积为 69.42 万 km^2；总装机容量为 180 万 kW，年平均发电量为 51 亿 kW · h；每年可增加 40 亿 m^3的供水量。

2. 长江水系

长江发源于唐古拉山脉各拉丹冬峰西南侧，流域横跨中国东部、中部和西部三大经济区，共计 19 个省、市、自治区，是世界第三大流域，流域总面积约为 180 万 km^2，占中国国土面积的 18.8%，流域内有丰富的自然资源。全长约为 6300km，比黄河长 800km，在世界大河中长江的长度仅次于非洲的尼罗河和南美洲的亚马孙河，居世界第三位。但尼罗河流域跨非洲 9 国，亚马孙河流域跨南美洲 7 国，长江则为中国所独有。目前，长江水系包括金沙江水电基地、雅砻江水电基地、大渡河水电基地、乌江水电基地以及长江上游水电基地，共建有水电站 43 座，包括溪洛渡水电站、二滩水电站、铜街子水电站、龚咀水电站、宝珠寺水电站、碧口水电站、乌江渡水电站、洪家渡水电站、安康水电站、五强溪水电站、凤滩水电站、丹江口水利枢纽、隔河岩水电站、三峡水利枢纽、柘溪水电站、陈村水电站等。其中，三峡水利枢纽坝顶高程为185m，大坝长为2335m，正常蓄水位为175m，总库容为393亿m^3，总装机容量为2250万kW，年发电量为988亿kW，建成后可通行年货运量由1000万t增至7000万t。

3. 珠江水系

珠江水系泛指由西江、北江、东江及珠江三角洲诸河4个水系组成的流域，流域面积为453 690km^2，其中我国境内面积为442 100km^2。目前，珠江流域建有南盘江、红河水电基地，共建有水电站20座，包括鲁布革水电站、天生桥一级水电站、天生桥二级水电站、龙滩水电站、岩滩水电站、大化水电站、新丰江水电站等。其中，龙滩水电站位于红水河上游，广西壮族自治区天峨县境内，该水电站具有较好的调节性能，发电、防洪、航运等综合利用效益显著。龙滩的水电清洁能源将为广东省经济社会的可持续发展提供优质电能。

4. 西南诸河

西南诸河包括澜沧江流域和怒江流域，建有澜沧江干流水电基地和怒江水电基地。西南诸河发源于西藏自治区唐古拉山，其中澜沧江主干流总长度为2139km，流经青海、西藏和云南3省区，在云南省西双版纳傣族自治州出境，后始称其为湄公河。湄公河流经老挝、缅甸、泰国、柬埔寨和越南，于越南胡志明市流入中国南海。怒江全长为3240km，经青海、西藏和云南3省区，流入缅甸后改称其为萨尔温江，最后注入印度洋的安达曼海。目前，澜沧江共规划建有8座梯级水电站，包括糯扎渡水电站、小湾水电站、漫湾水电站、大朝山水电站等。怒江水电资源丰富，规划建有十一级水电站，然而在国内多方的争辩下，迟迟未开发建设。小湾水电站总库容约为150亿m^3，装机容量为420万kW，坝高为292m，以发电为主，兼有防洪、灌溉、拦沙及航运等综合利用效益。

5. 东北诸河

东北诸河包括黑龙江、牡丹江、松花江、鸭绿江、嫩江在内的5条主要河流，建有东北水电基地，总发电量达1.132亿kW。其中，白山水电站是东北渚河流域最大的水电站，正常蓄水位为413m，总库容为62.15亿m^3，坝顶高度为676m，总装机量为150万kW。

6. 东南诸河

东南诸河主要指福建省、浙江省和江西省的河流，建有闽浙赣水电基地。目前，共建有15座水电站，包括新安江水电站、湖南镇水电站、石塘水电站、沙溪口水电站、天荒坪水电站等，总发电量达1680万kW。

7. 湘西诸河

湘西诸河包括湖南省西部沅水、资水和澧水流域，建有湘西水电基地。三水的流域面积总计为13.7万km^2，其中湖南省境内约为10万km^2，水能资源蕴藏量总计为1000万kW。目前，建有凤滩水电站、三江口水电站、拓溪水电站和马迹塘水电站。其中，凤滩水电站坝高为112.5m，总库容为17.33亿m^3，年平均发电量为20.43亿kW·h，总装机容量达到81.5万kW，以发电为主，兼顾防洪、航运、灌溉、养殖等。

三、水坝的作用与功能

（一）灌溉

现在世界上淡水消费最多的是农业灌溉，确保农业用水是粮食生产安全的第一要务。将水坝用于灌溉的历史已经有好几个世纪，一些水坝的寿命已经超过 500 年。具有灌溉功能的水坝高度为 15～100m 或 100m 以上，然而用于灌溉的水坝高度往往低于用于防洪和发电的水坝高度。水坝的灌溉功能对快速发展的现代农业具有较大的贡献。世界上有 1/5 的农业土地通过灌溉的方式进行补水，灌溉农业的产量占世界总产量的 40%。世界上一半以上的水坝建设的目的是灌溉，并且全球范围内 2.68 亿 m^3的农田有 30%～40% 依靠水坝补充水源。扣除地表水和地下水的综合利用，水坝对世界粮食生产的贡献率为 12%～16%。中国、印度、美国和巴基斯坦的灌溉面积占世界总面积的 50%。从农业灌溉比例和大型水坝提供灌溉用水的比重来说，大型水坝在灌溉中的规模和重要性对不同国家的差别很大。埃及农田的灌溉用水几乎 100% 来自阿斯旺水坝的供给，而尼泊尔和孟加拉的水坝只为本国提供了 1% 的灌溉用水。在中国和印度，大型水坝提供了 30%～35% 的灌溉用水。在中国北方地区，由于降水较少、河道水位较低，许多水坝建设的目的是为了满足农田的灌溉用水。

随着 21 世纪粮食需求的增加、土地面积的减少、灌溉需求的增加以及泥沙淤积导致的库容的减少，2000～2050 年对灌溉库容的需求增加 2 倍左右。到 2050 年，水坝灌溉用水可能是现在的 1.5～2.5 倍。目前，在坝高超过 60m 的 350 座在建水坝中，有 50 座完全用于灌溉，100 座部分用于灌溉。灌溉用途的水坝主要集中于土耳其、伊朗和摩洛哥等国家。

（二）供水

世界上大约有 2500 座水坝用于供水，但大多数大型水库是多功能并举，只有小型水库只用于供水。从全球角度来看，城市用水和河流抽取淡水的总量为 7%，从湖泊抽取淡水的总量为 22%。很多水坝的建设，都是为日益增长的城市用水和工业用水需求提供可靠的水源供给，尤其是在自然水源供给不足的干旱地区，这一现象更为明显。全球范围内，大约 12% 的水坝是为供给水源而建，其中 60% 位于北美和欧洲。这些水坝有 60% 建设在北美和欧洲（WCD，2000）。根据供水安全研究表明，水坝建设的密度与供水安全等级呈显著正相关关系（Vörösmart et al.，2010）。就一个国家而言，各城市的民用水和工业用水对水坝和水库的依赖程度差别很大。在德国的萨克森地区，水库为 200 万居民提供 40% 的水源，洛杉矶供水的 55% 来自本底地下水资源。越南胡志明市从地表水获取 89% 的用水，而河内市的用水 100% 取自地下水。

2000～2050 年，世界人口可能增加 50%，耗水量也将随之大幅度增加。当气候变化减少枯水季节可用水量时，相应的需水量增加 2 倍多。除新建水坝外，共享水电站库区的库容可帮助缓解用水紧张的需求。

（三）发电

在世界上的许多国家中，发电是建造大型水坝的重要理由，但不作为首要用途。1980～2010年，由于水力发电的开发，全球电力生产翻了一番。当前水力发电提供的电量占世界上总电量的19%，全球有150多个国家使用水力发电，其中24个国家水力发电占全国电力供应的90%以上，63个国家的水力发电占50%以上。世界上大约1/3的国家以水力发电作为主要的发电方式（WCD，2000）。加拿大、美国、巴西、中国和俄罗斯的水力发电量占世界水力发电量的一半。大多数工业化国家已经开发了其经济上可开发的水电储量的70%，已经计划开发的超过5%。其他国家开发了其经济上可开发的20%。除世界各国政府的大力支持外，世界银行和其他发展银行也向各国提供了大量的资金来支持大型水力发电项目的建设（World Bank，2009）。1973～1996年，非经济合作与发展组织国家的水力发电量占世界水力发电的比重从29%增长到50%，其间拉丁美洲增长份额所占的比重最大。

水力发电被认为是一种比燃烧化石能源更为清洁的发电方式，水力发电技术是可靠的，因而水力发电的利用得到倡导。除库区水分蒸发外，水力发电是不耗水的。水电站一旦建成，便可像其他可再生能源一样，具有运行成本低、寿命长的特点。除此之外，水库的库容可以进行年调节，通常用于调节电网的日峰荷或周峰荷。这种调节有助于新能源（太阳能或风能）的开发。水力发电几乎不会产生CO_2的排放（库区底泥的有机质分解释放的CO_2不在此考虑范围内）。就世界水力发电的规模来说，当前水平相当于每天440万桶石油的发电量，这些石油大致相当于全球石油生产的6%。水电站所产生的电能往往通过并入国家电网的方式惠及其他地区的人。然而，本地人往往需要忍受水电建设和运行带来的负面效应（Magee，2006）。这种地区间不均等费用效益关系是水坝建设造成的主要的不公平问题。

（四）防洪

尽管天然洪水有许多好的功能，但是同时它也会威胁人类的生命、健康和财产安全。1966～1972年，洪水对6500万人的生活造成了影响，总的来说，全世界洪水造成的死亡远高于其他自然灾害（World Bank，2009）。在同一时期，洪水每年可造成330万人无家可归。1987～1996年，亚洲国家所承受的因洪水造成的损失超过了北美和欧洲。世界上大约13%的大型水坝具有洪水管理功能。通常来讲，防洪不能仅仅依赖水坝和水库，还需要防洪堤等设施来改变自然的水流变化。例如，在中国1998年的洪水报道中，中国政府认识到洪水的严重性，应部分归结到整个流域长期的环境退化和过度的森林砍伐。当以防洪为目的建造水坝时，结果往往事与愿违。例如，黄河等一些含沙量较高的河流，水坝建设会导致严重的泥沙淤积问题。泥沙淤积会导致河床升高，并减少水库的库容，降低水库的防洪能力，甚至可能造成溃坝的风险，进而造成洪灾或者使洪灾恶化（Xu，1998；Yang et al.，2008）。

1990 ~ 2010 年，人们对洪水灾害的预防、抵御和减轻措施进行了彻底的反思。人们认为以控制洪水为主导的方法已经失去根基，更倾向于选择符合环境发展和综合应对的方法。

（五）航运与娱乐

世界上约有 100 座水坝建设专用于航运，几百座水坝部分用于航运。方便航运的水坝多是工业化国家主要水系上的一些低坝，其在这些国家航运中占有重要地位，且这些水坝建成后，往往能改善河流的通行条件。发展中国家的航运需求也日益明显，中国的三峡大坝便是标志性工程之一。三峡大坝的建设是由长江上游的重庆市和四川省急切提出的要求，水坝竣工后，河道的水位提高至 175m，可通行 10 000t 的船舶直达重庆市。因此，三峡大坝显著地改善了长江上游山城的航运条件（Jackson and Sleigh, 2000）。

专门用于娱乐的水坝超过 1000 座，且大部分位于美国。这些水坝形成的水库大多数库容较小，其成本和影响都很小。在坝下形成长达几百千米的河滩上，可以用来休闲娱乐，而且形成的水库都是引人入胜的旅游胜地。水库的形成还可促进当地水产养殖业的发展，但此功能只是附加功能，并不会作为水坝建设的首要目的。

第二节 水坝工程生态风险与安全调控的概念与内涵

水坝工程带来如供水、防洪、灌溉、发电、航运等社会经济效益的同时，也不可避免地对生态环境带来一定影响。由于修建水坝工程浩大，人力物力大量投入及对区域物质能量的剧烈扰动，使区域环境生态系统的稳定性受到一定程度的破坏，生态系统的动态平衡状态发生偏移，造成物质和能量出现再分配过程，而且这种冲击在一定程度上可能远远超出原生态系统的承受能力，从而导致生态风险，并对生态健康和安全造成不同程度的影响。本节在介绍生态风险、生态安全的基础上，提出水坝工程生态风险的概念和内涵，阐明水坝工程生态安全调控的内容和措施。

一、生态风险的概念与内涵

（一）广义的生态风险

广义上的生态风险（ecological risk，ER）是指环境风险（environmental risk，ER），具体指由自然或人为原因引起的，并通过环境介质传播，对人类社会及生态环境产生损害、破坏甚至毁灭性作用等事件发生的概率及后果（胡二邦和彭理通，2000）。环境风险广泛存在于人类的各种活动中，其性质和表现方式复杂多样。按风险源可以分为化学风险、物理风险以及自然灾害引发的风险；按承受风险事件的对象又可分为人群风险、设施风险和生态风险等。环境风险具有一般风险的普适性，同时又具有特殊性，主要表现为不能精确计量、多介质危害性、不同环境风险的互作性、环境风险的效益相关性、环境风险的不易识别性和多样性（毛小苓和刘阳生，2004）。

（二）狭义的生态风险

狭义上的生态风险是环境风险中仅对生态系统及其组分产生的风险，具体指在一定区域内，具有不确定性的事故或灾害对生态系统及其组分可能产生的作用，这些作用的结果可能导致生态系统结构和功能的损伤，从而危及生态系统的安全和健康（钟政林和曾光明，1996）。或者说，生态风险是指环境的自然变化或人类活动引起的生态系统组成、结构的改变而导致系统功能损失的可能性及其后果（毛小苓和倪晋仁，2005；阳文锐等，2007）。目前，生态风险产生的原因可以分为生物技术（如转基因技术）、生态入侵（如外来生物入侵）及人类活动（如城市化、公路建设、铁路建设、水坝建设等）。

（三）生态风险的内涵

生态风险的内涵可以理解为一个物种、种群、生态系统或整个景观的正常功能受到外界胁迫，从而在目前和将来减少该系统内部某些要素或其本身的健康、生产力、遗传结构、经济价值和美学价值的可能性及后果。生态风险的内涵也可以理解为在一定区域内，具有不确定性的事故或灾害对生态系统及其关键要素可能产生的作用，这些作用的结果可能导致生态系统结构和功能的损伤，从而危及生态系统的安全和健康。一般而言，从内涵上生态风险可以理解为生态安全或生态健康的反义词。生态风险除具有一般意义上的“风险”含义外，还具有其自身的特点。

1. 复杂性

生态风险的最终受体包括生态系统的各个水平，即个体、种群、群落、生态系统、景观乃至区域，并且生态风险还会作用于生物之间的关系及不同水平间的相互联系。因此，生态风险具有一定的复杂性。

2. 不确定性

生态系统及其组分面临何种风险且生态风险的大小如何都是不确定的，最多只能预测或分析事故或灾害发生的概率信息，只能根据这些信息去推断生态系统及其组分所面临的风险类型和大小等。因此，生态风险具有随机性和不确定性。

3. 危害性

生态风险发生后一般会对风险受体产生负面影响，导致生态系统结构和功能受损、生态系统内的物种减少或病变、植物演替过程中断或改变、生物多样性减少等。因此，生态风险具有一定的危害性。

4. 内在价值性

表征和分析生态风险的大小应体现生态系统自身的价值和功能。因此，生态风险具有一定的内在价值性。

5. 动态性

生态风险对于生态系统来说是客观存在的，其处于动态变化的过程中，影响生态风险的各个随机因素也是动态变化的。因此，生态风险具有一定的动态性。

二、生态安全的概念和内涵

生态安全是生态风险的反义词，是指生态风险最小或不受威胁的状态。生态安全的概念也包括广义和狭义两个方面。

（一）广义的生态安全

广义上，生态安全概念以国际应用系统分析研究所（IIASA）提出的定义为代表，即生态安全是指人的生活、健康、安乐、基本权利、生活保障来源、必要资源、社会秩序和人类适应环境变化的能力等方面不受威胁的状态，包括自然生态安全、经济生态安全和社会生态安全，它们组成一个复合人工生态安全系统。

（二）狭义的生态安全

狭义的生态安全概念是指自然和半自然生态系统的安全，即生态系统完整性和健康的整体水平的反映。健康系统是稳定的和可持续的，在时间上能够维持它的组织结构，以及保持对胁迫的恢复力。生态安全也可以理解为人类在生产、生活和健康等方面不受生态破坏与环境污染等影响的保障程度，包括饮用水与食物安全、空气质量与绿色环境等基本要素。

（三）生态安全的内涵

与生态风险相对应，生态安全除具有一般意义上“安全”的涵义外，还具有其自身的特点。

1. 相对性

生态安全由众多因素构成，其对人类生存和发展的满足程度各不相同，对生态安全的满足也不相同。因此，生态安全是一个相对的概念，只有相对生态安全，没有绝对生态安全。

2. 动态性

生态组分、区域和国家的生态安全随环境变化而变化，并反馈给人类生活、生存和发展的条件。因此，生态安全具有动态性。

3. 地域性

生态安全具有一定的空间地域性质，生态安全的威胁往往具有区域性、局部性，一个地区不安全，并不意味着另一个地区也不安全。

4. 可控性

生态不安全的状态、区域，可以通过调控措施加以减轻，变生态不安全因素为生态安全因素。

5. 价值性

生态安全的威胁往往来自于人类的活动，人类活动引起的环境破坏，导致生态风险，人类要解除这种威胁，就需要付出代价，需要投入。因此，生态安全具有一定的价值性。

三、水坝生态风险

目前，国内外学者尚未对水坝生态风险给出明确的定义，多数学者关注水坝的生态环境影响研究，并因此提出了水坝生态影响的概念。1978 年，美国大坝委员会环境影响分会出版了《大坝的环境影响》（*Environmental effects of Dam*）一书，其中将大坝的生态影响定义为大坝建设对鱼类、藻类等水生生物，岸带动植物，水库蒸发蒸散量，水库及河道下游水质等方面的影响以及水库建设的生态效益等（姚维科等，2006）。

其后，部分学者在水坝生态影响研究的基础上逐渐延伸至生态效应研究，主要以人类活动引起的生态系统或者生态学要素的变化、对其产生的影响以及作用客体的响应等方面作为侧重点，研究物种、种群、群落、生态系统等不同时空尺度的生态效应。在这些研究工作的基础上，孙宗凤和董增川（2004）总结了水利工程的生态效应概念：水坝等水利工程建成后对自然界的生态破坏和生态修复两种生态效应的综合结果。姚伟科等（2006）进一步明确了水坝的生态效应，是指水坝建设及运行对生态系统造成的客观变化，而对这种变化进行主观评价的结果就是生态影响；生态效应有正负之分，负生态效应是指使得生态因子和环境因子朝其相反的方向变化，反之则为正生态效应；而相应的生态影响可以分为有利生态影响和不利生态影响。

在生态影响和生态效应的基础上，我们结合生态风险的定义，得出水坝生态风险的概念：水坝建设和运行对生态系统及其组分可能产生的作用，这些作用的结果可能导致生态系统结构和功能的损伤，从而危及生态系统的安全和健康；与水坝的生态影响和生态效应相对应，水坝生态风险可以理解为负生态效应或不利生态影响。其主要包括水坝建设过程中，工程占地、进场道路修建、开山取土、水泥排污等，导致土地利用类型改变、土壤和水体污染加重；水坝运行过程中，河流流速改变、库区水面面积增加，影响该区域陆地和水生生态系统的完整性；土地利用类型转化，影响地表水分蒸发、库周植被大面积破坏，造成蒸腾作用减弱、发电过程引发的水温升高，导致库区和周围气候发生改变等。与生态效应或生态影响类似，水坝生态风险具有累积性、复杂性、系统性以及不确定性。

四、水坝生态安全调控

水坝生态安全调控是水坝生态风险管理的主要方式，也是减轻水坝生态风险影响的主要措施。对于风险管理的定义，美国学者威廉姆斯和海因斯认为“风险管理是通过对风险的识别、衡量和控制，以最少的成本将风险导致的各种不利后果减少到最低限度的科学管理方法”（崔胜辉等，2005）。对于生态风险管理，目前学术界尚未给出明确的定义，一般借用环境风险管理的概念。胡二邦和彭理通（2000）认为，环境风险管理是由环境管理部门、企事业单位、科研机构，运用各种先进的管理工具，通过对风险进行分析、评价，考虑到环境的种种不确定性，提出解决的方案，力求以较少的环境成本获得较多的安全保障。借鉴环境风险管理的科学定义，我们将水坝生态安全调控定义为通过对水坝生态风险的识别、评价，运用先进的管理工具和技术手段，考虑生态风险的累积性、复杂性、系统性和不确定性，有效控制水坝的生态风险，保障生态系统的安全和健康。

与环境风险管理类似，生态风险管理也是一个连续的、循环的、动态的过程，主要包括确定生态风险管理目标、生态风险分析、生态风险决策、生态风险处理等几个方面。不失一般性，水坝生态风险管理的内容也包括这几个方面。水坝生态风险管理的目标是选择最经济和最有效的方法，水坝生态风险分析主要包括生态风险识别、生态风险估计和生态风险评价 3 部分，水坝生态风险决策包括选择风险管理技术和进行风险决策两个方面，水坝风险处理是将环境管理技术和决策进行实施、检查、修正和评价，减少水坝生态风险造成的实际损失或潜在损失。

水坝生态风险管理的措施与其他类型的环境风险管理一样，主要包括以下几种措施：规避、减轻、抑制、转移。生态风险规避是指考虑到生态风险发生及造成损失的可能性，主动放弃水坝建设或运行过程中可能引起生态风险的方案。生态风险减轻是指在生态风险发生前，通过水坝建设工程技术或运行技术设备改造、生态保护技术和措施的改进，消除或减少生态风险，保障生态系统的完整性、稳定性和生态安全。生态风险抑制是指在事故发生时或发生后，采用安全和控制系统来阻滞生态风险蔓延、减少损失而采取的各项措施。生态风险转移是指改变风险发生的时间、地点及承受的对象，使生态风险发生转移，以减轻水坝生态风险造成的损失。

第三节　水坝生态风险及安全调控研究进展

水坝工程破坏了河流的连续性，也破坏了岸带植被的结构和功能，进而破坏了生态系统的完整性，高度干预了流域生态系统，引发了流域水文泥沙、水质与水环境容量、水生和陆生栖息环境及生物多样性、水土流失等生态要素转变和生态胁迫，最终可能导致流域生态系统特征的根本改变，从而对库区、库周、下游动植物的生境造成巨大影响，也对流域或区域生态系统带来直接或潜在的生态风险。针对水坝造成的各类生态风险，国内外学者开展了生态风险识别、评价和调控研究。本节在文献调研的基础上，总结了水坝生态影响、水坝生态风险评价及生态安全调控方面的研究进展。

一、水坝生态影响研究进展

（一）不同时段的水坝生态影响研究

水坝生态（环境）影响相关的研究划分为两个阶段：第一阶段是 20 世纪 80 年代以前，这一期间的研究主要集中于对水坝建设后河道相关因素的监测分析和生态影响评价；第二阶段是在前一阶段研究的基础上，重点研究水坝建设后河流水生态系统的变化、水生态系统改变的动因机制及监测河流生态环境变化的新技术和新方法等。目前，在反坝运动的影响下，水坝移出后的生态影响成为国外新的研究重点。

20 世纪 50 年代初至 70 年代末，随着水坝建设负面影响的显现及水坝服役期满后新问题的产生，人们逐渐意识到加强与水坝生态影响相关的研究尤为必要。这一时期，许多学者开展了水坝对河流地貌的影响、河床侵蚀和河道泥沙沉积、建坝河流河岸带植被变化等方面的研究（Bednarek，2001；Petts and Gurnell，2005）。然而，受到研究技术和方法的限制，这一时期的水坝生态影响研究主要侧重于对河流物理属性、河道或岸带生物量等单要素的研究，而对生态系统内物理与生物因素之间的关系及动因机制研究较少（包广静，2012）。

20 世纪 80 年代以来，伴随着生态学新技术、新理论和新方法的不断涌现，生态学在水坝工程领域的研究显示出其强大的作用，对水坝生态影响方面的研究也进一步向纵深方向发展。1990 ~ 2010 年，这一研究方向得到了很好的拓展（包广静，2012）。与此同时，生态学与地质学、生态学与经济学等跨学科研究不断开展，为水坝生态影响研究提供了新的理论，长期实地调查资料或高质量遥感监测数据的应用，提高了水坝生态影响研究的科学性。另外，“3S”技术［遥感（RS）、地理信息系统（GIS）、全球定位系统（GPS）］、分形技术等新技术方法被应用于生态影响监测，有助于从整体上对生态环境变量进行分析与把握，提高水坝生态影响研究的科学性与实用性，从而使得水坝生态影响的研究范围拓展到生态水文、泥沙沉积物、河流生态功能等多个方面（包广静，2012）。

目前，欧美等发达地区将移除水坝作为恢复河流生态环境的方式之一，由此水坝移除后的生态影响越来越受到重视。Brenkman 等（2012）在对一系列水坝移除后的河流研究后指出，水坝移除后生态系统的恢复可能有两个发展方向：一是生态系统完全恢复到建坝以前的状态，二是生态系统部分恢复或演替到一个新的状态；完全恢复或部分恢复的作用力很可能源于某种敏感的有机体，或源于移除水坝的特性、当地水土水质状况；对于水坝移除后的生态环境恢复的研究应该侧重于恢复潜力的评估，其中对那些不易恢复到建坝前状况的物种及种群应该加以更多的关注。

（二）不同对象的水坝生态影响研究

水坝生态影响（或生态效应）的研究是从水坝建设对洄游鱼类的影响开始的。20 世纪 40 年代，美国的自然资源管理部门就已经开始关注水坝建设导致的渔场减少的问题，当时美国鱼类和野生动物管理局对建坝前后鱼类生长、繁殖以及产量与河流的流量问题等进行了研究。20 世纪 40 ~ 70 年代，美国学者陆续开展了水坝对水体物理化学性质、生物个体、种群数量、河道变化等较小时空尺度生态影响方面的研究，但是缺乏群落、生态系统等大尺度以及各种效应之间关系的研究（姚维科等，2006）。其后，生态系统概念的强化以及科学技术的发展，为中、大时空尺度的生态影响研究提供了理论和技术支持。1986 年实施的“国际地圈-生物圈计划”，标志着全球范围内大尺度生态效应研究的全面开展，水坝生态效应的研究开始涉足生物多样性、温室气体排放、生态系统结构变化、水文过程模拟等方面。20 世纪 90 年代以来，运用“3S”技术进行大尺度的生态效应研究成了发展的趋势（姚维科等，2006）。目前，国内外很多学者开展了基于物种、群落、生态系统及景观等多个尺度的水坝生态影响及其相关研究。

在物种尺度上，Marshall 等（1999）采用鱼类健康对河流水库进行生态影响评价；Dynesius 和 Nilsson（1994）比较了天然河流与人类管理河流的物种数量、组成、多样性、敏感性及土著种和外来种，并以此评价人类干扰的程度；Mallik 和 Richardson（2009）通过对加拿大不列颠哥伦比亚省的水电站上下游河岸带物种多度、丰富度及多样性调查来反映水坝工程的生态效应；柳晓碳和李金文（2007）研究了工程开发对流域植被资源、鱼类资源及生物多样性等方面的累积影响，并作出了定性分析；武晓菲（2013）通过野外调查的方法，研究丹江口水库岸带土壤种子库的变化；田自强等（2007）研究了三峡库区淹没区和移民安置区的生物多样性变化。

在群落尺度上，Mumba 和 Thompson（2005）研究了赞比亚南部的卡富埃河流域水坝建设引起的水文和河漫滩植被变化，以及包括特有的羚羊（*Kobus leche kafuensis*）等野生动物栖息地的恶化和这些改变可能导致的潜在风险；Navarro-Llácer 等（2010）选取底栖无脊椎生物、鱼类和河岸带森林群落指数，评价了西班牙东南部塞古拉河和蒙多河水库建成后河流的变化状况；彭成荣等（2014）采用原位监测法，研究了三峡洪水调度对藻类群落结构的影响，认为水位变化是影响藻类群落结构的主要原因；金鑫（2011）研究了珠江流域东江段受水坝工程影响下的底栖动物群落变化的情况；陶江平等（2012）开展了长江葛洲坝坝下江段鱼类群落变化研究，认为其与水坝影响下的泥沙下泄量密切相关。

在生态系统尺度上，Humborg 等（1997）研究发现，多瑙河水坝对黑海生态系统结构极为明显；孙广友等（2011）分析了黑龙江干流梯级开发对右岸环境的影响，并进行了生态环境可行性综合分析，认为从生态环境的安全来看，达 6 ~ 7 个梯级的开发方案缺乏生态环境可行性，应给予大幅调整；赵娜（2009）针对大伙房水库的运行，评价了河流生态系统服务功能的变化；张为（2006）通过建模，研究了水库下水泥沙量的变化对河流生态系统的影响。

在景观尺度上，随着研究的不断深入，很多学者对水坝工程生态风险评价体系进行了探索。Sahin 和 Kurum（2002）针对水力发电建设影响下的土壤侵蚀对生态系统的影响进行了定量分析；David 等（2006）研究了水库运行对农田景观生态系统的影响；王伯铎等（2010）从景观格局变化的角度，根据景观生态学理论，利用 GIS 技术，对浙江省龙山抽水蓄能电站进行生态风险评价，从景观尺度选取景观多样性指数、景观优势度指数和景观度指数评价水坝工程开发建设对景观格局的影响，同时基于景观格局指数、景观脆弱度指数、景观生态损失指数、综合风险概率和综合风险值探讨不同规划方案下的景观生态风险；王晶晶等（2008）利用 NDVI 数据，分析三峡水坝岸边植被空间分异特征。

二、水坝生态风险评价研究进展

相较于水坝生态影响研究，水坝生态风险研究相对分散且不集中，其研究进展散见于建设项目的生态风险评价研究之中。因此，可以从建设项目的生态风险研究历程了解水坝生态风险研究的进展。建设项目的生态风险评价经历了单一污染物的环境健康风险评价、生态风险评价、区域和景观风险评价 3 个阶段。

（一）环境健康风险评价阶段

20 世纪 70 年代，Walter 在人类环境国际科学会议上提出，环境影响评价不应只对经济行为和政策做服务，还应对潜在风险提出应急计划。此时，环境健康风险评价广泛采用毒理学方法研究单一化学污染物对环境和人类健康的影响，但是生态风险评价因子单一，范围也仅限于小尺度的环境，主要是针对某一化学污染物在环境暴露过程中的观测和分析，采用的方法多为熵值法和暴露-反应法。20 世纪 80 年代初，美国橡树岭国家重点实验室受美国环境保护局（USEPA）委托，进行了人类健康影响评价，在此研究中发展和应用了一系列针对组织、种群、生态系统水平的生态风险评价方法，并将此方法推广到人类健康的致癌风险评价中。生态风险评价研究的内容开始逐渐从毒理学、人体健康风险向生态风险转变，尺度从种群、群落向生态系统扩展。尽管部分学者开展了生态风险评价工具和方法的研究，但内容仍然侧重生物生态毒理研究，尺度仅限于种群或者群落。同期，我国环境风险评价研究尚未开展，主要以介绍和应用国外研究成果为主。

（二）生态风险评价阶段

20 世纪 80 年代，Barnthouse 等（1987）提出了由人体健康到生态系统的风险评价框架，环境风险评价研究就此开始向生态风险评价转变。Barnthouse 等（1988）通过实验和野外观测，证明实验模拟的方法可以很好地反映毒理的生态影响。Johnson（1986）应用“状态空间”解决了风险问题的表达问题。世界卫生组织（WHO）国际化学安全计划、美国环境保护局（USEPA）、欧洲委员会（EC）、世界经济合作与发展组织（OECD）进行了合作，认为应结合生态风险，综合分析人类环境健康风险。美国环境保护局在 1992 年颁发生态风险评价框架后，于 1998 年又对生态风险评价框架内容进行修改、补充，颁布了《生态风险评价指南》，提出了生态风险评价“三步法”，即问题的形成、分析和风险表征，目前该方法已被广大研究者接受。澳大利亚、荷兰、英国等国家也分别建立了各自比较完善的生态风险评价体系。近 20 年来，美国环境保护局和各国环境保护管理机构纷纷进行生态风险技术框架研究，并在评价范围、评价内容及评价方法等方面进行扩展。同期，国内部分学者也开展了生态风险研究，如殷浩文（1995）提出水环境生态风险评价的程序基本可分为 5 部分：源分析、受体评价、暴露评价、危害评价和风险表征 。

（三）区域和景观风险评价阶段

20 世纪 90 年代末以来，随着生态风险评价研究的不断深入，评价内容、评价范围、研究尺度等都有了很大的发展。很多学者把研究尺度扩展到了区域尺度和景观尺度，除考虑化学污染物、生态退化的生态风险外，开始考虑人类活动造成的生态风险。Hunsaker 等（1989）最早将区域生态风险评价界定为描述和评估区域尺度的环境资源风险或由区域尺度的污染和自然扰动所造成的风险。随后 Hunsaker 和 Carpenter（1990）、Suter（1990）开展了景观尺度的生态风险评估。Lammert 等（2001）采用 GIS 技术对河漫滩生态风险的评价进行了研究，并提出了一种估算最敏感物种暴露的模型。Victor（2002）从生态风险评价和流域方法两个层面入手，提出采用评价终点和模型概念、多胁迫因子核心以及管理者同科学家定期讨论的3个原则。国内学者也注意到区域生态风险评价问题，从辽河、黄河三角洲、博斯腾湖区域、洞庭湖流域、松嫩草原和石羊河流域的研究案例中总结出一套评估方法。陈辉等（2006）、阳文锐等（2007）、孙洪波等（2009）、颜磊和许学工（2010）从生态风险的概念、发展历程、研究方法等角度对生态风险进行了综述。目前，国内外学者在区域生态风险评价的研究内容、方法、技术、范式、模型构建等方面取得了阶段性成果。

与其他建设项目的生态风险评价类似，水坝生态风险评价也经历环境健康风险评价、生态风险评价及区域和景观风险评价各个阶段，生态风险评价研究内容、研究方法、研究尺度也在不断发展。风险源由单一的化学物质，扩展到多化学物质，再到人类活动的影响，风险受体也从人体发展到种群、群落、生态系统及景观水平，并发展了多生态风险终点评价的方法。2010年，中国政府颁布了中华人民共和国水利行业指导性技术文件《生态风险评价导则》（SL/Z467—2009），为水坝生态风险研究工作建立了规范。但是，物种、群落、景观尺度的生态风险研究侧重于水坝工程风险受体和风险终点数据分析以及风险描述，尚未建立体系的生态风险评价理论及评价方法，还有待于进一步深入研究。

三、水坝工程生态安全调控研究进展

随着全球水坝数量的持续增长和生态环境问题的日趋严重，水坝工程引发的生态风险已经引起相关领域学者的高度关注，寻求科学合理的水坝工程生态风险识别理论方法及安全调控技术、有效预防或控制河流生态系统生态风险成为当前生态风险研究领域的热点和前沿问题。

（一）水坝工程生态风险识别研究进展

对于河流生态系统而言，水坝工程是改变河流及其周边生态系统自然特性的最主要因素，其造成了一系列生态环境问题，如植被破坏、水土流失、库岸稳定性下降、河道污染、生物多样性下降等，进而产生一些复杂的河流生态风险与危害（Fearnside，2001；Frutiger，2004；Lopes et al.，2004）。目前，对水坝工程生态风险的识别主要是针对生态风险源的辨识，包括水库蓄水过程、水坝运行和下泄水方式、水坝阻隔等，以及由此引起的一些关键风险因子变化。

对于水坝工程运行而言，水库蓄水过程引起的水文、泥沙情势的变化是导致所有生态与环境影响的原动力。Dynesius 和 Nilsson（1994）在 *Science*（《科学》）杂志上发表文章，指出大坝的修建使水沙的输送发生了很大的变化，筑坝蓄水形成的水库将引起河流水动力条件的改变（主要是体现在流速减慢），导致颗粒物迁移、水团混合性质等发生显著变化。强水动力条件下的河流搬运作用，则逐渐演变成为弱水动力条件下的“湖泊”沉积作用（Poff and Hart，2002）。河流流量减少与含沙量的增多使得下游河床越来越窄，这一现象势必会引起河床萎缩、水生态系统多样性降低甚至消失的风险（Klaver et al.，2007；Dai et al.，2008）。目前，我国对于大坝工程的水沙风险研究仍然停留在粒径特征、沉积特性等微观机理研究上（傅开道等，2006），关于水沙沉积对生态系统的影响鲜有考虑。

水坝运行和下泄方式也会造成水温、透明度、溶解氧等因子发生变化，而这些因子可能成为生态风险爆发的主要原因。库区水体透明度增加，光合作用增强，藻类大量繁殖、富营养化产生，使“水华”发生的概率增加。随着泄水方式的变化，过坝水流在高速掺气以及与下游水体强烈碰撞的作用下，卷吸空气中的 N_2、O_2 等进入水体，易造成下泄水气体过饱和，进而引起鱼类的死亡（程香菊和陈永灿，2007）。美国、加拿大等国家的一些水利工程的下游，我国葛洲坝水利枢纽的下游以及浙江省新安江水库的下游都曾出现过类似问题。我国已建和在建的大型水利工程基本都具有水头高、流量大的特点，而众多水系是我国重要经济和珍稀鱼类的集中栖息地和产卵繁殖场，因此下泄方式对水质的影响不可忽视。

维持河流纵向和横向连通性对于许多河流物种种群的生命力是非常必要的，然而水坝的屏障效应使原有连续的河流生态系统被分隔成不连续的两个或多个生态单元，不仅削减了下游水量（Maingi and Marsh，2002），更重要的是造成了种群的隔离，阻隔了鱼类洄游通道（Santos et al.，2006），这对生活史过程中需要进行大范围迁移的物种往往是毁灭性的，会导致种群多样性的丧失（Araya et al.，2005；Morita and Yamamoto，2002）。伏尔加河上水库的修建使一些适应在急流河段繁殖的喜急流物种的生存条件恶化，其种群的数量减少，而湖泊-河川鱼类分布区则大大扩大，从而改变了天然物种的分布（布托林，1988）。希腊 Greece 河与 Peloponnese 河上水坝的运行改变了水流的时空格局，不规则的放水造成河岸的侵蚀和水生植物与底栖无脊椎动物的死亡，使得河两岸的栖息地发生了巨大变化，引起鱼类繁殖、幼鱼摄食场所的丧失（Micheli，1999）。葛洲坝水利枢纽修建以后，中华鲟上溯至金沙江下游产卵场的通道被阻断，由于产卵场范围大大缩小，其种群数量已明显下降（危起伟等，2005）。在赞比亚南部的卡富埃河流域，水坝建设引起了流域水文及河漫滩植被变化，以及包括特有的羚羊等野生动物栖息地的恶化，从而对这些野生物种的生存造成了威胁（Mumba and Thompson，2005）。三峡工程建设后，中国东海海域的微型浮游生物明显减少和微生物多样性也显著降低，这与水坝工程的运行导致河流下游流量减少、入海口的淡水量发生变化有直接的关系（Jiao et al.，2007）。

由此看出，对于水坝工程生态风险源和风险因子的识别已有较多研究，但多是定性分析，虽然也有一些定量化的结果，却往往都是针对某单一对象，从单个生态风险因子的角度研究其带来的生态风险。水坝工程可能引起的河流生态风险的整体性研究还有待进一步加强。

（二）水坝工程生态风险模拟研究进展

20 世纪 70 年代末，美国鱼类和野生动物管理局发展了物理栖息地模拟模型（PHABSIM），该模型主要计算河流的水深、流速和底质，用河道内流量增加法（IFIM）

来评价河流水坝工程建设对水生生物造成的生态风险（Bovee, 1982），或模拟和评价修复工程的效果（Shuler et al. , 1994; Shields et al. , 1997）。20 世纪 80 年代，PHABSIM 模型成为河流生态安全调控管理的重要工具（Armour and Taylor, 1991; Bockelmann et al. , 2004）。其他基于 PHABSIM 模型发展起来的还有挪威河流系统模拟模型（Alfredsen and Killingtveit, 1996）、RHYHABSIM 模型（Jowett, 1997）、EVHA 模型（Ginot, 1995）、中型栖息地模拟模型（Meso-HABSIM）（Parasiewicz, 2001），同时 PHABSIM 模型还由一维扩展到二维（Katopodis, 2003）。这些模型为降低水利工程的生态风险、保持河流生态系统的完整提供了科学支持。水坝工程对河流生态系统的干扰同样引起了其他欧美国家的重视，其他基于水动力学模型和栖息地评价方程的生态水动力学模型还有 RIVER 2D 模型（Steffler and Blackburn, 2002）、CASiMiR 模型（Jorde et al. , 2001）等。易雨君等（2007, 2008）结合水力学、泥沙运动力学和生态学，建立了鱼类栖息地模型，评价和预测三峡工程与葛洲坝工程对鱼类的生态风险。Brown 和 Pasternack（2008）结合水文学、水力学、地貌学和生态学方法，对 Lewiston 大坝以下河段大鳞大麻哈鱼的产卵场进行模拟及风险评估，提出用阶梯深潭的方法改善该河段栖息地的建议。Fu 等（2007）对中华鲟繁殖期产卵场流场进行模拟，研究水坝引起的水流条件改变对中华鲟生存的风险。对水坝上游库区生态风险进行模拟的模型主要关注水坝引起的水体富营养化及有毒污染物问题（Bartell et al. , 1999; Bonnet and Poulin, 2004）。另外，目前在流域水库群引起的生态风险方面，生态调控目标仅选取河流生态基流作为参数，没有较为全面的生态安全调控体系（范继辉, 2007）。

上述研究在水质污染物控制和物种保护方面有较深入的理论基础和实际应用，已有模型主要是针对水坝的上游水库营养化或下游单一物种保护进行研究，较少考虑水坝工程对整个河流生态系统造成的生态风险，以及梯级水坝运行的风险累积效应。因此，需要进一步加强梯级水坝生态风险的累积性、传递性、综合性等方面的研究工作。

（三）水坝工程安全调控机理研究进展

1. 生态风险因子阈值研究

目前，生态风险因子阈值确定的研究主要集中在有毒物质污染（Bartell et al. , 1999）及物种入侵（Kolar and Lodge, 2002）等方面。20 世纪 80 年代，美国鱼类和野生动物管理局为美国 50 多种鱼类建立了栖息地适合度指数，对每种鱼类选取关键的生态因子，并通过文献资料或野外调查确定其取值范围（Neves and Pardue, 1983），随后在生物栖息地影响因子阈值方面有不少研究成果（Scruton et al. , 2002; 易雨君等, 2008），以此确定水温、水质、水深、流量等因素的阈值。生态用水的短缺也会带来明显的生态风险，国内外在确定生态系统最小生态需水方面做了大量的研究，并提出了一系列的计算方法（崔保山和杨志峰, 2006; 钟华平等, 2006）。杨志峰和刘静玲（2004），杨志峰和隋欣（2005）在最小生态需水研究的基础上，发展出较为完整的生态需水阈值理论，并建立了计算河道外和河道内最小、适宜和最大生态需水的方法。河流水文情势的改变也会造成河流生态系统的退化，产生生态风险。Richter 等（2006）用 32 个与生态相关的水文指数反映河流水文情势的变化，并运用统计学方法给出了这些指数的阈值，从而使该指数体系得到了广泛的应用。Olden 和 Poff（2003）对 171 个水文指数进行了评价，并给出选择合适水文指数的方法，Suen 和 Eheart（2006）同样对台湾省的河流建立了相应的生态水文指数。对于梯级水坝运行来说，河流生态风险阈值确定更加复杂。由于梯级水坝之间的相互影响，某些生态风险不断累积。杨志峰和隋欣（2005）运用基于生态系统健康的生态承载力评价方法，对流域梯级开发的生态风险阈值进行计量。魏国良等（2008）通过对澜沧江中游漫湾、小湾、景洪等梯级电站的物种多样性指数进行研究，多情景分析了水坝工程运行对河岸带植被多样性的影响阈值。

2. 水坝工程生态安全调控模式

一直以来，水坝工程生态安全调控主要集中于水沙调度的研究，其中较常见的是“蓄清排浑”理论和技术研究。尽管该技术具有较高的可操作性和实用性，但会消耗较多的水量。为了节约冲沙水量，部分学者开展了水库优化调度方案的研究，如 Chang 等（2003）以台湾省的大埔水库为案例，优化了考虑人类需求的水库调度方案，并提出水库应在 5 月或 6 月每隔 2 ~4 年实施一次冲沙，以增加供水保证率和冲沙效率。Khan 和 Tingsanchali（2009）认为水库的冲沙不应局限于指定时间，而应结合到日常调度中，并运用泥沙冲刷模型对水库调度曲线做了进一步的优化。这些研究对减小水库泥沙淤积、提高水坝工程的供水保证率具有积极的意义，但并没有考虑水质、水温和水情等生态风险因子。

对于水库的垂向水温分层现象所造成的下泄水对下游河道生态系统的生态风险，部分学者开展了下泄水量调控研究。Fontane 等（1998）基于 WESTEX 模型，运用动态规划算法，以日为时间步长对水电站的多个出水口进行了组合优化，使下泄水的温度满足下游的要求。水质水量联合调度则主要是建立库区或坝下的水质模型，并选择优化算法（如动态规划、线性规划和遗传算法等），以提高库区、出水口或者下游的水质并以满足供水发电等需求为调度目标，对下泄水量进行优化。诸多学者的研究结果（Kerachian and Karamouz, 2006, 2007; Chaves and Kojiri, 2007; Dhar and Datta, 2008; Shirangi et al., 2008）对提高水质、降低水坝工程生态风险、增加水坝的经济效益具有积极的意义，但所提出的调度措施一般没有考虑泥沙沉积，也没有考虑生态需水。

为减轻水坝工程造成的生态环境影响、降低生态风险，学术界提出了“生态调度”的理念，即在水坝调度时考虑人类利益和河流生态系统需求，使水坝对库区和坝下的生态系统的负面影响控制在可接受的范围内，调度措施主要包括水沙调度、水质调度、水温调度、生态水调度、生态流量过程调度（蔡其华，2006；董哲仁等，2007；艾学山和范文涛，2008；胡和平等，2008）。对于水库生态调度，多数学者仅将最小生态需水作为水坝调度的约束条件（Jager and Smith, 2008），但河流生态系统的完整性依赖于其自然完整的水文情势，如洪水和枯水等水文事件都具有重要的生态意义，以最小生态需水作为调度的约束条件，会造成河流生态系统的物种单一化，难以规避生态风险。因此，需要进一步加强多种生态调控措施集成研究，建立综合的水坝工程生态安全调控模式。

维持河流生态系统健康的基本要求是维持河流自然水文情势、保持河流的自然水文波动性（Petts et al., 2008），而水库的防洪、发电、供水、灌溉等功能都要求水库保持稳定的下泄流量，减小下泄流量的波动性。因此，生态水调度的核心问题是解决人类需求与河流自然水文情势维持之间的冲突。一些研究关注保持河流自然的水文情势，但弱化了水库的供水发电等基本功能（Hughes and Ziervogel，1998；Harman and Stewardson，2005；Hughes and Mallory，2008）；同时考虑维持河流水文情势和人类需求、建立合理水坝工程调度方式的研究较少。Homa 等（2005）基于自然水文情势的理念，将河流扰动前和扰动后的流量累积曲线的面积差称为生态赤字，将水库调度的生态目标设为使生态赤字最小化，并从减小生态赤字和供水短缺角度比较了 3 种水库调度规则，该研究能满足河流生态保护的目标，减小水坝工程的生态风险，但没有建立具有实际操作性的水库调度方式。为了提高可操作性，Suen 和 Eheart（2006）将调度曲线作为水库调度的基础，并构建了生态水文指数量化水文情势，用遗传算法对水库调度曲线进行优化，以平衡人类和生态的需求。该方法具有较强的可操作性，但水文情势的很多相关生态水文特征需要通过日流量反映（如洪峰流量、枯水流量等），而调度曲线的时间步长是月（或者旬），所以日相关水文要素难以保证。因此，需要进一步加强具有重要生态意义的水文事件及其特征研究，建立起耦合多种生态风险受控因子的水坝工程生态安全调控方式。

本章小结

水坝工程建设是人类利用水能水资源的主要方式，在供水、灌溉、防洪、航运、发电等方面起到了非常重要的作用。全球主要河流都修筑了水坝工程，对河流生态系统的健康和安全造成了一定影响。欧美发达国家在 20 世纪 70 年代就基本完成了水坝建设，目前已开始拆除服役期满的水坝，而中国等为代表的发展中国家正在开展大规模的水坝建设，因此引发的生态环境问题受到广泛关注。

水坝生态风险是水坝建设带来的不利生态影响或负面生态效应，可以将其定义为水坝建设和运行对生态系统及其组分可能产生的作用，这些作用的结果可能导致生态系统结构和功能的损伤，从而危及生态系统的安全和健康。水坝生态安全调控是水坝生态风险管理的主要方式，也是减轻水坝生态风险影响的主要措施。水坝的生态安全调控定义为通过对水坝生态风险的识别、评价，运用先进的管理工具和技术手段，考虑生态风险的累积性、复杂性、系统性和不确定性，有效控制水坝生态风险，保障生态系统的安全和健康。

水坝生态风险评价研究经历了环境健康风险评价、生态风险评价及区域和景观风险评价等不同阶段，生态风险评价的研究内容、研究方法、研究尺度也在不断发展。风险源由单一的化学物质，扩展到多化学物质，再到人类活动的影响，风险受体也从人体发展到种群、群落、生态系统及景观水平，并发展了多生态评价终点。但是，水坝生态风险研究侧重于风险受体、风险终点数据分析以及风险描述，尚未建立体系的生态风险评价理论及评价方法，还有待于进一步深入研究。

水坝生态安全调控的研究在水质污染物控制和物种保护方面有较深入的理论基础和实际应用，已有模型主要是针对水坝的上游水库营养化，或下游单一物种保护进行研究，较少考虑水坝工程对整个河流生态系统造成的生态风险，以及梯级水坝运行的风险累积效应。因此，需要进一步加强梯级水坝生态风险的累积性、传递性、综合性等方面的研究工作，也需加强具有重要生态意义的水文事件及其特征研究，建立起耦合多种生态风险受控因子的水坝工程生态安全调控方式。

参考文献

艾学山，范文涛 . 2008. 水库生态调度模型及算法研究 . 长江流域资源与环境，17：451-455.

包广静 . 2012. 高山峡谷区水能开发高梯度生态效应研究——以怒江为例 . 水力发电学报，31：258-262.

布托林 . 1988. 伏尔加河及其生物 . 北京：水利水电出版社 .

蔡其华 . 2006. 充分考虑河流生态系统保护因素完善水库调度方式 . 中国水利，2：14-17.

陈辉，刘劲松，曹宇，等 . 2006. 生态风险评价研究进展 . 生态学报，26：1558-1566.

程香菊，陈永灿 . 2007. 大坝泄洪下游水体溶解气体超饱和理论分析及应用 . 水科学进展，18：346-350.

崔保山，杨志峰 . 2006. 湿地学 . 北京：北京师范大学出版社 .

崔胜辉，洪华生，黄云凤，等 . 2005. 生态安全研究进展 . 生态学报，4：861-868.

董哲仁，孙东亚，赵进勇 . 2007. 水库多目标生态调度 . 水利水电技术，38：28-32.

范继辉 . 2007. 梯级水库群调度模拟及其对河流生态环境的影响 . 成都：中国科学院成都山地灾害与环境研究所博士学位论文 .

傅开道，何大明，李少娟 . 2006. 澜沧汀千流水电开发的下游泥沙响应 . 科学通报，51：100-105.

胡二邦，彭理通 . 2000. 环境风险评价实用技术和方法 . 北京：中国环境科学出版社 .

胡和平，刘登峰，田富强，等 . 2008. 基于生态流量过程线的水库生态调度方法研究 . 水科学进展，19：325-332.

金鑫 . 2011. 东江流域底栖动物生态学研究 . 北京：清华大学硕士学位论文 .

柳晓砹，李金文 . 2007. 李仙江流域梯级电站开发对生态环境的影响及防治措施 . 环境科学导刊，26：69-72.

毛小苓，刘阳生 . 2004. 国内外环境风险评价研究进展 . 应用基础与工程科学学报，11：266-273.

毛小苓，倪晋仁 . 2005. 生态风险评价研究述评 . 北京大学学报：自然科学版，41：646-654.

彭成荣，陈磊，毕永红，等 . 2014. 三峡水库洪水调度对香溪河藻类群落结构的影响 . 中国环境科学，7：1863-1867.

孙广友，金会军，常晓丽，等 . 2011. 大兴安岭北部宽谷地貌对沼泽湿地形成的控制 . 冰川冻土，33：991-998.

孙洪波，杨桂山，苏伟忠，等 . 2009. 生态风险评价研究进展 . 生态学杂志，28：335-341.

孙宗凤，董增川 . 2004. 水利工程的生态效应分析 . 水利水电技术，35：5-8.

陶江平，龚昱田，谭细畅，等 . 2012. 长江葛洲坝坝下江段鱼类群落变化的时空特征 . 中国科学：生命科学，42：677-688.

田自强，陈伟烈，赵常明，等 . 2007. 长江三峡淹没区与移民安置区植物多样性及其保护策略 . 生态学报，27：3110-3118.

王伯铎，王兵，潘文光，等 . 2010. 抽水蓄能电站建设对区域景观格局的影响 . 西北大学学报（自然科学版），6：1093-1096.

王晶晶，白雪，邓晓曲，等 . 2008. 基于 NDVI 的三峡大坝岸边植被时空特征分析 . 地球信息科学，10：808-815.

危起伟，陈细华，杨德国，等 . 2005. 葛洲坝截流 24 年来中华鲟产卵群体结构的变化，12：452-457.

魏国良，崔保山，董世魁，等．2008. 水电开发对河流生态系统服务功能的影响．环境科学学报，28：239-240.
武晓菲．2013. 丹江口水库库岸带土壤种子库研究．武汉：华中农业大学硕士学位论文．
颜磊，许学工．2010. 区域生态风险评价研究进展．地域研究与开发，29：113-118.
阳文锐，王如松，黄锦楼，等．2007. 生态风险评价及研究进展．应用生态学报，18：1869-1876.
杨志峰，刘静玲．2004. 环境科学概论．北京：高等教育出版社．
杨志峰，隋欣．2005. 基于生态系统健康的生态承载力评价．环境科学学报，25：586-594.
姚维科，崔保山，刘杰，等．2006. 大坝的生态效应：概念，研究热点及展望．生态学杂志，25：428-434.
易雨君，王兆印，陆永军．2007. 长江中华鲟栖息地适合度模型研究．水科学进展，18：538-543.
易雨君，王兆印，姚仕明．2008. 栖息地适合度模型在中华鲟产卵场适合度中的应用．清华大学学报（自然科学版），48：340-343.
殷浩文．1995. 水环境生态风险评价程序．上海环境科学，14：11-14.
张为．2006. 水库下游水沙过程调整及对河流生态系统影响初步研究．武汉：武汉大学博士学位论文．
赵娜．2009. 大伙房水库对河流生态系统服务功能影响评价研究．大连：辽宁师范大学硕士学位论文．
中国大坝协会．2015. 2008 年中国与世界大坝建设情况．http：//www. chincold. org. cn/chincold/index. htm [2015-01-10].
钟华平，刘恒，耿雷华，等．2006. 河道内生态需水估算方法及其评述．水科学进展，17：430-434.
钟政林，曾光明．1996. 环境风险评价研究进展．环境科学进展，4：17-21.
Alfredsen K, Killingtveit Å. 1996. The habitat modelling framework- a tool for creating habitat analysis programs.
Anonymous. 2010. Reservoirs and Dams. http：//www. eea. europa. eu/themes/water/european- waters/reservoirs-and-dams [2015-01-14].
Araya W, Struik P C, Grando S, et al. 2005. Effect of varietal mixtures of barley (hordeum vulgare) and wheat (triticum aestivum) in the Hanfetz cropping system in the highlands of Eritrea. International Center for Agricultural Research in the Dry Areas (ICARDA), 42：42-52.
Armour C L, Taylor J G. 1991. Evaluation of the instream flow incremental methodology by US fish and wildlife service field users. Fisheries, 16：36-43.
Barnthouse L W, Suter G W, Rosen A E, et al. 1987. Estimating responses of fish populations to toxic contaminants. Environmental Toxicology and Chemistry, 6：811-824.
Barnthouse L W, Suter G W, Rosen A E. 1988. Inferring population- level significance from individual- level effects：An extrapolation from fisheries science to ecotoxicology. ASTM Special Technical Publication,：289-300.
Bartell S M, Lefebvre G, Kaminski G, et al. 1999. An ecosystem model for assessing ecological risks in Quebec rivers, lakes, and reservoirs. Ecological Modelling, 124：43-67.
Bawa K S, Koh L P, Lee T M, et al. 2010. China, India, and the environment. Science, 327：1457-1459.
Bednarek A T. 2001. Undamming rivers：A review of the ecological impacts of dam removal. Environmental Management, 27：803-814.
Bockelmann B N, Fenrich E K, Lin B, et al. 2004. Development of an ecohydraulics model for stream and river restoration. Ecological Engineering, 22：227-235.
Bonnet M P, Poulin M. 2004. DyLEM- 1D：A 1D physical and biochemical model for planktonic succession, nutrients and dissolved oxygen cycling：Application to a hyper- eutrophic reservoir. Ecological Modelling, 180：317-344.

Bovee K D. 1982. A guide to stream habitat analysis using the instream flow incremental methodology. US Fish and Wildlife Service.

Brenkman S J, Duda J J, Torgersen C E, et al. 2012. A riverscape perspective of Pacific salmonids and aquatic habitats prior to large- scale dam removal in the Elwha River, Washington, USA. Fisheries Management and Ecology, 19: 36-53.

Brown R A, Pasternack G B. 2008. Engineered channel controls limiting spawning habitat rehabilitation success on regulated gravel-bed rivers. Geomorphology, 97: 631-654.

Chang T, Wu Y, Hsu H, et al. 2003. Assessment of wind characteristics and wind turbine characteristics in Taiwan. Renewable Energy, 28: 851-871.

Chaves P, Kojiri T. 2007. Deriving reservoir operational strategies considering water quantity and quality objectives by stochastic fuzzy neural networks. Advances in Water Resources, 30: 1329-1341.

Dai Z, Du J, Li J, et al. 2008. Runoff characteristics of the Changjiang River during 2006: Effect of extreme drought and the impounding of the Three Gorges Dam. Geophysical Research Letters, 35: 520-535.

David M B, Wall L G, Royer T V, et al. 2006. Denitrification and the nitrogen budget of a reservoir in an agricultural landscape. Ecological Applications, 16: 2177-2190.

Dhar A, Datta B. 2008. Optimal operation of reservoirs for downstream water quality control using linked simulation optimization. Hydrological Processes, 22: 842-853.

Dubowitz V. 2002. The Journal: A crisis of space and time. Neuromuscular Disorders, 12: 437.

Dynesius M, Nilsson C. 1994. Fragmentation and flow regulation of river systems in the northern third of the world. Science-New York Then Washington,: 753-753.

Fearnside P M. 2001. Environmental impacts of Brazil's Tucuruí Dam: Unlearned lessons for hydroelectric development in Amazonia. Environmental Management, 27: 377-396.

Fontane D G, Labaclie J W, Loftis B. 1998. Optimal control of reservior discharge quality through selective with drawal. Water Resources Researoh, 17 (6): 1594-1602.

Frutiger A. 2004. Ecological impacts of hydroelectric power production on the River Ticino. Part 1: Thermal effects. Archiv für Hydrobiologie, 159: 43-56.

Fu X, Li D, Jin G. 2007. Calculation of flow field and analysis of spawning sites for Chinese sturgeon in the downstream of Gezhouba dam. Journal of Hydrodynamics, Ser. B, 19: 78-83.

Ginot V. 1995. EVHA, a Windows software for fish habitat assessment in streams. B Fr Peche Piscic, 337: 303-308.

Harman C, Stewardson M. 2005. Optimizing dam release rules to meet environmental flow targets. River Research and Applications, 21: 113-129.

Homa E S, Vogel R M, Smith M P. 2005. An optimization approach for balancing human and ecological flow needs//EWRI 2005. Impacts of Global Climate Change. Alaska: Proceedings of the 2005 World Water and Enrironmental Resources Congress Anchorage.

Hughes D A, Mallory S J. 2008. Including environmental flow requirements as part of real - time water resource management. River Research and Applications, 24: 852-861.

Hughes D A, Ziervogel G. 1998. The inclusion of operating rules in a daily reservoir simulation model to determine ecological reserve releases for river maintenance. Water SA-Pretoria, 24: 293-302.

Humborg C, Ittekkot V, Cociasu A, et al. 1997. Effect of Danube River dam on Black Sea biogeochemistry and ecosystem structure. Nature, 386: 385-388.

Hunsaker C T, Carpenter D E. 1990. Ecological indicators for the environmental monitoring and assessment program. Atmospheric Research and Exposure Assessment Laboratory, EPA, 600: 3-90.

Hunsaker C T, Graham R L, Suter G W, et al. 1989. Regional Ecological Risk Assessment: Theory and Demonstration. Oak Ridge National Lab. , TN (USA).

ICOLD. 2014. Dams Figure. http: //www. icold-cigb. org/.

Jackson S, Sleigh A. 2000. Resettlement for China's three gorges dam: Socio-economic impact and institutional tensions. Communist and Post-Communist Studies, 33: 223-241.

Jager H I, Smith B T. 2008. Sustainable reservoir operation: Can we generate hydropower and preserve ecosystem values? River Research and Applications, 24: 340-352.

Jiao N, Zhang Y, Zeng Y, et al. 2007. Ecological anomalies in the East China Sea: Impacts of the three gorges dam? Water Research, 41: 1287-1293.

Johnson A R. 1986. Evaluating ecosystem response to toxicant stress: A state space approach. Oak Ridge National Lab. , TN (USA).

Jorde K, Schneider M, peter A. 2001. Fuzzy Based Models for the Evaluation of Fish Habitat Quality and Instream Flow Assessment. Monterey: proceeding of 3rd Internationd Symposium on Environment Hydraulics.

Jowett I G. 1997. Instream flow methods: A comparison of approaches. Regulated Rivers: Research & Management, 13: 115-127.

Katopodis C. 2003. Case studies of instream flow modelling for fish habitat in Canadian Prairie Rivers. Canadian Water Resources Journal, 28: 199-216.

Kerachian R, Karamouz M. 2006. Optimal reservoir operation considering the water quality issues: A stochastic conflict resolution approach. Water Resources Research, 42.

Kerachian R, Karamouz M. 2007. A stochastic conflict resolution model for water quality management in reservoir-river systems. Advances in Water Resources, 30: 866-882.

Khan N M, Tingsanchali T. 2009. Optimization and simulation of reservoir operation with sediment evacuation: A case study of the Tarbela Dam, Pakistan. Hydrological Processes, 23: 730-747.

Klaver G, van Os B, Negrel P, et al. 2007. Influence of hydropower dams on the composition of the suspended and riverbank sediments in the Danube. Environmental Pollution, 148: 718-728.

Kolar C S, Lodge D M. 2002. Ecological predictions and risk assessment for alien fishes in North America. Science, 298: 1233-1236.

Lammert K, Leuren R S E W, Nienhuis P H, et al. 2001. A procedure for incorporating spatial variability in ecological risk assessment of Dutch River floodplains. Environment Management, 28 (3): 359-373.

Liu J, Diamond J. 2005. China's environment in a globalizing world. Nature, 435: 1179-1186.

Longman J. 2008. Dams are rejected in America as too destructive. Yet they are still promoted in Latin America. Why? Newsweek. http: //www. thedailybeast. com/newsweek/2008/09/12/generating- conflict. html [2015-1-12] .

Lopes L F G, Do Carmo J S A, Vitor Cortes R M, et al. 2004. Hydrodynamics and water quality modelling in a regulated river segment: Application on the instream flow definition. Ecological Modelling, 173: 197-218.

Magee D L. 2006. New Energy Geographics: Powershed Politics and Hydropower Decision Making in Yunnan, China. Washington: University of Washington Ph. D. Thesis.

Maingi J K, Marsh S E. 2002. Quantifying hydrologic impacts following dam construction along the Tana River, Kenya. Journal of Arid Environments, 50: 53-79.

Mallik A V, Richardson J S. 2009. Riparian Vegetation Change in Upstream and downstream reaches of three temperate rivers dammeel for hydroelectric generation in British Columbia, Canada. Ecological Engineering, 35: 810-819.

Marshall C B, Fletcher G L, Davies P L. 2004. Hyperactive antifreeze protein in a fish. Nature, 429: 153.

Marshall C T, Yaragina N A, Lambert Y, et al. 1999. Total lipid energy as a proxy for total egg production by fish stocks. Nature, 402: 288-290.

Marshall H D, Coulson M W, Carr S M. 2009. Near neutrality, rate heterogeneity, and linkage govern mitochondrial genome evolution in Atlantic cod (Gadus morhua) and other gadine fish. Molecular Biology and Evolution, 26: 579-589.

Micheli F. 1999. Eutrophication, fisheries, and consumer-resource dynamics in marine pelagic ecosystems. Science, 285: 1396-1398.

Minzheng Z, Yingjie J. 2008. Building damage in Dujiangyan during Wenchuan earthquake. Earthquake Engineering and Engineering Vibration, 7: 263-269.

Morita K, Yamamoto S. 2002. Effects of habitat fragmentation by damming on the persistence of stream-dwelling charr populations. Conservation Biology, 16: 1318-1323.

Mumba M, Thompson J R. 2005. Hydrological and ecological impacts of dams on the Kafue Flats floodplain system, southern Zambia. Physics and chemistry of the Earth, parts A/B/C, 30: 442-447.

Navarro-Llácer C, Baeza D, de Las Heras J. 2010. Assessment of regulated rivers with indices based on macroinvertebrates, fish and riparian forest in the southeast of Spain. Ecological Indicators, 10: 935-942.

Neves R J, Pardue G B. 1983. Abundance and production of fishes in a small Appalachian stream. Transactions of the American Fisheries Society, 112: 21-26.

Olden J D, Poff N L. 2003. Redundancy and the choice of hydrologic indices for characterizing streamflow regimes. River Research and Applications, 19: 101-121.

Pan J, He J. 2000. Large dams in China: A fifty-year review. Beijing: China Water Power Press.

Parasiewicz P. 2001. MesoHABSIM: A concept for application of instream flow models in river restoration planning. Fisheries, 26: 6-13.

Petts G E, Gurnell A M. 2005. Dams and geomorphology: Research progress and future directions. Geomorphology, 71: 27-47.

Petts J, Owens S, Bulkeley H. 2008. Crossing boundaries: Interdisciplinarity in the context of urban environments. Geoforum, 39: 593-601.

Poff N L, Hart D D. 2002. How dams vary and why it matters for the emerging science of dam removal an ecological classification of dams is needed to characterize how the tremendous variation in the size, operational mode, age, and number of dams in a river basin influences the potential for restoring regulated rivers via dam removal. BioScience, 52: 659-668.

Richter B D, Warner A T, Meyer J L, et al. 2006. A collaborative and adaptive process for developing environmental flow recommendations. River Research and Applications, 22: 297-318.

Sahin S, Kurum E. 2002. Erosion risk analysis by GIS in environmental impact assessments: A case study-Seyhan Köprü Dam construction. Journal of Environmental Management, 66: 239-247.

Santos J M, Ferreira M T, Pinheiro A N, et al. 2006. Effects of small hydropower plants on fish assemblages in medium-sized streams in central and northern Portugal. Aquatic Conservation: Marine and Freshwater Ecosystems, 16: 373-388.

Schelle P, Collier U, Pittock J. 2004. Rivers at risk: Dams and the future of freshwater ecosystems.

Scruton D A, Clarke K D, Ollerhead L, et al. 2002. Use of telemetry in the development and application of biological criteria for habitat hydraulic modeling. Hydrobiologia, 482 (1-3): 71-82.

Shah Z, Kumar M D. 2008. In the midst of the large dam controversy: Objectives, criteria for assessing large water storages in the developing world. Water Resources Management, 22: 1799-1824.

Shields Jr F D, Knight S S, Cooper C M. 1997. Rehabilitation of warmwater stream ecosystems following channel incision. Ecological Engineering, 8: 93-116.

Shirangi E, Kerachian R, Bajestan M S. 2008. A simplified model for reservoir operation considering the water quality issues: Application of the Young conflict resolution theory. Environmental Monitoring and Assessment, 146: 77-89.

Shuler S W, Nehring R B, Fausch K D. 1994. Diel habitat selection by brown trout in the Rio Grande River, Colorado, after placement of boulder structures. North American Journal of Fisheries Management, 14: 99-111.

Steffler P, Blackburn J. 2002. Two- dimensional depth averaged model of river hydrodynamics and fish habitat. Edmonton: River 2D user's manual, University of Alberta, Canada.

Suen J P, Eheart J W. 2006. Reservoir management to balance ecosystem and human needs: Incorporating the paradigm of the ecological flow regime. Water Resources Research, 42 (3): 1-9.

Suter II GW. 1990. Endpoints for regional ecological risk assessments. Environmental Management, 14: 9-23.

Victor B. 2002. Applying ecological risk principles to watershed assessment and management. Environmental Management, 29: 145-154.

Vörösmarty C J, McIntyre P B, Gessner M O, et al. 2010. Global threats to human water security and river biodiversity. Nature, 467: 555-561.

Wang P, Dong S, Lassoie J P. 2014. The Large Dam Dilemma: An Exploration of the Impacts of Hydro Projects on People and the Environment in China. New York: Springer.

WCD. 2000. Dams and Development: A New Framework for Decision-Making. World Commission on Dams.

World Bank. 2009. Direction in Hydropower.

Xu J. 1998. Naturally and anthropogenically accelerated sedimentation in the Lower Yellow River, China, over the past 13 000 years. Geografiska Annaler: Series A, Physical Geography, 80: 67-78.

Yang T, Zhang Q, Chen Y D, et al. 2008. A spatial assessment of hydrologic alteration caused by dam construction in the middle and lower Yellow River, China. Hydrological Processes, 22: 3829-3843.

Zhang M, Jin Y. 2008. Building damage in Dujiangyan During Wenchuan earthquake. Earthquake Engineering and Engineering Vibration, 7: 263-269.

Zakova Z, Berankova D, Kockova E, Kriz P, et al. 1993. Investigation of the development of biological and chemical conditions in the Vir Reservoir 30 years after impoundment. Water Sci Technol 28: 65-74

第二章　水坝工程生态风险识别

生态风险源、风险受体和风险终点的识别是生态风险评价、生态风险表征和生态安全调控的基础，本章基于"生态风险源–生态风险受体–生态风险终点"概念模型（图2-1），通过文献综述分析，总结归纳了水坝工程的生态风险源；同时以澜沧江中游漫湾水库库区（包括小湾水坝上游）为案例研究区，通过定点调查、采样分析，辨识了水坝工程的生态风险受体和生态风险终点。

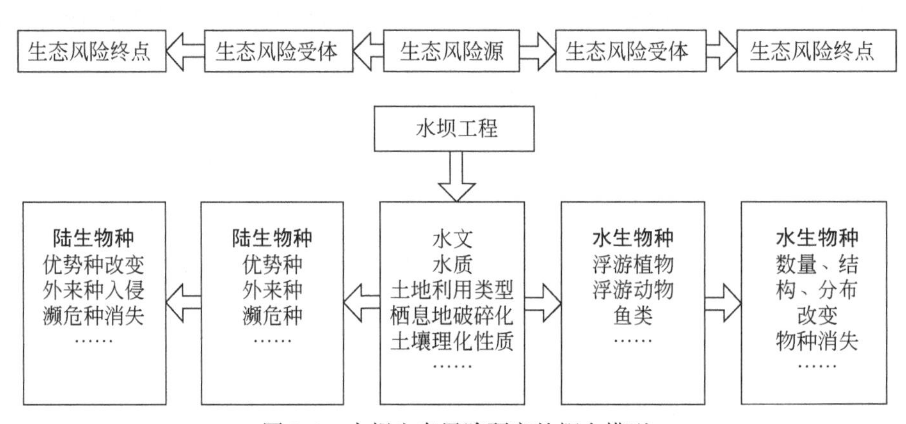

图2-1　水坝生态风险研究的概念模型

第一节　水坝工程生态风险源识别

水坝工程在满足人类各种需求的同时也对流域生态环境产生了负面影响，给流域生态系统健康带来一定的风险。从生态风险源角度分析，水坝工程的生态风险源包括原生风险源和次生风险源两种。水坝建设和运营是引发生态风险的初级驱动力，即原生风险源。水坝工程的建设和运营一般会引起生境破碎化、土地利用变化、水文变化等，这是水坝工程的次生风险源，其作用结果将改变水文、水质等水环境要素，导致水生藻类、底栖生物、鱼类等水生生物及库区植物物种和群落组成发生变化，破坏流域生态系统的完整性和稳定性。

水坝工程的原生风险源和次生风险源对流域生态系统的影响，在时间尺度上贯穿水坝工程的施工和运行期，在空间尺度上波及水坝上下游和河口生态系统（McCartney et al.，2000）。水坝工程通过原生风险源和次生风险源作用于风险受体，最终形成不同的生态终点（表2-1）。

表 2-1　水坝工程的生态风险源及其影响

<table>
<tr><th rowspan="2">位置</th><th colspan="2">次生风险源</th><th colspan="2">生态风险受体</th></tr>
<tr><th>类型</th><th>主要表现</th><th>类型</th><th>主要表现</th></tr>
<tr><td rowspan="5">上游</td><td>热格局改变</td><td>水库如同自然河流一样，作为季节性或短时间内温度的控制者。水库中大量静止水存储热量并产生热行为的季节性格局。依据所处地形，保存在深水库的静止水有热分层的趋势，产生典型的季节性水体分层，其包括表水层、静水层、斜温层 3 个热分层</td><td>水生生物栖息地</td><td>水坝运行后，水坝开始拦沙，水库沉积将改变水库存储的特征和底部基质。根据集水区特殊条件、水库原始容量、入流特征和库区管理，具体变化有所不同。在库区底部物质分布略有变化，从入口区三角洲形成到接近水坝深水区的聚集。库区存储空间耗尽对生态组分十分重要，因为库区存储容量消失既影响下泄量特征又影响通过水坝的悬浮物</td></tr>
<tr><td>泥沙沉积</td><td>部分水库几乎储存了整个流域沉积的泥沙。据估计，大约 1100 km^3 沉积物积累在世界水库中，约占全球存储容量的 1/5。从自然湖角度分析，水库的截淤效率取决于：①水库集水区大小；②影响沉积量的集水区特征；③河流流入的存储容量比例</td><td>浮游生物</td><td>水库形成，尤其是在水源区蓄水，将明显改变河流生态系统的浮游植物组成。在上游，静水系统微生物群落快速扩增，从淹没的有机物中释放营养元素，从而促进了浮游植物的快速增长。有机物质分解和矿化增加库区中大量氮和磷，其导致绿藻大量增加</td></tr>
<tr><td>蒸发变化</td><td>水库成倍地增加了水面面积，促进水分蒸发，其取决于库区的面积和气候条件。位于干热气候区的大面积库区蒸发量最大。与人类利用和下游生态系统供给导致库区水量减少一样，蒸发直接影响水质，尤其是盐度</td><td>水生附着生物</td><td>硅藻一般在激流群落系统中附着藻类占有主导地位。急流环境到静水环境的转变改变了附着生物物种，甚至破坏了它们的栖息地。在浅水、光渗透强的库区边缘附着生物最可能增殖。物种组成取决于基质的性质、水生植物缺失与出现、库区水的温度和化学物质及水坝的运行</td></tr>
<tr><td>温室气体排放</td><td>由于淹没生物量被细菌分解导致温室气体（尤其是甲烷）从库区释放。蓄水前清库能够减少温室气体释放，但残留的生物量（如树叶、嫩枝等）被分解得十分迅速。有关实验表明，当每 1m^2 的库区面积发电量小于 0.1W 时，存在库区温室气体的释放量超过同等状况下火电站温室气体释放量的风险</td><td>水生植物</td><td>在水库的海岸区为水生植物增加提供生长机会。流入库区支流入口处三角洲的形成减小了水深度，促进了水生植物生长。但是，库区水面的大量改变将限制水生植物生长。在库区由于光渗透缺乏可能使水生植物生长受到限制。在热带水库，水生杂草大量繁殖引起严重问题</td></tr>
<tr><td>水质变化</td><td>水库储存的水中产生物理、化学、生物改变，其导致水质发生改变。水坝大小、水坝在河流系统的位置、地形条件、水滞留时间和水的来源均影响水质。主要生物产生改变发生在热分层的水库。在表层，浮游植物繁殖释放氧气，使氧气处于饱和状态，由于光合作用的光缺乏，氧气被用于分解淹没生物量，导致底层厌氧条件产生</td><td>河岸带植被</td><td>当水生环境变化时，河岸带生态系统不可避免地发生改变。水坝建设对上游河岸带的影响是生物量的淹没。干旱地区库区附近的浅水区为植被提供生长机会。库区水面变化对库区附近的植物有负面影响</td></tr>
</table>

续表

位置	次生风险源		生态风险受体	
	类型	主要表现	类型	主要表现
下游	水文变化	水坝建设后下游流量减少了波动性。尽管大多数洪泛河流上的水坝增加洪峰，但洪峰的幅度和时间减小。水库对于流量的影响取决于水坝的存储容量和水坝的运行方式。洪峰减少导致漫滩洪水频率和幅度减少。发电过程导致下泄量以非自然状态发生波动。另外，河流水文变化影响径流总量暂时和永久的改变	浮游生物	水坝通过以下两种方式影响河流系统的浮游生物组分：①通过改变河流状况，如水文格局、化学因子、浑浊度等；②增加下游浮游植物的供给
			水生附着生物	下游附着藻类的组成和基质比例（随着温度、浑浊度和基质稳定性的变化）作为对浑浊度和人类影响的反映。藻类生长发生在水坝下游河床，因为库区释放的营养物质负载和下游营养物质消失
	水质变化	水库作为热控制者和营养汇，以致水质发生季节和短期波动。来自热分层库区释放的水质与流出口所在水库的不同分层有关。从表层释放的水含氧量充足、暖温、贫营养。相反，从底层释放的水缺氧、凉、富营养（硫化氢、铁、锰含量较高）	水生植物	水坝导致下游河床稳定性增加，与自然河流相比，根系被冲刷的作用的较少，使植物本身受到的压力较小，河床形态迁移速率减小，以致水生植物对河床的可利用性稳定
			河岸带植被	河岸带群落特征由洪水与泥沙的动态交互作用决定。很多河岸带植被取决于由洪水控制的浅泛洪区含水层。高下泄量阻滞陆地植物的侵占
	泥沙输移	泥沙输移改变是水坝对环境最重要的影响之一。下游河流的泥沙输移量减少不仅影响到河床形态、洪泛区和滨海三角洲形态，而且通过河流浑浊度直接影响生物群系	洪泛区、滨海三角洲景观	洪水释放频率、泥沙量大小和颗粒大小分布决定了河床形态、洪泛区和滨海三角洲的形态。水坝对河流形态的影响取决于流量调控、河床耐蚀性和下游泥沙数量、性质。一方面，细的悬浮固体减少漫滩加积速度，以致新的洪泛区长时间形成、土壤贫瘠；另一方面，岸边被侵蚀导致洪泛区消失。拦水河流长期不变，沉积减少，滨海三角洲退化增加

一、河流流量过程改变、库区水质恶化

水坝建设和运行改变了河流的自然流量过程，对水生生物以及河流生态系统造成影响（贺玉琼等，2009）。从河流生态系统的生态过程来看，水坝工程在一定程度上改变构成河流流量过程的 5 个关键参数——流量、发生时间、频率、持续时间和变化速率，进而影响到水坝下游的河流生态系统。河流流量过程变化引起岸带植被的 4 种生态效应（姚维科等，2006；崔保山等，2007；周庆等，2008）：河流的流量和频率大幅度变化加强了植物和有机物质的冲刷作用，减少了水分和营养元素到达岸带植被，进而导致干扰强度下降、种子传播和萌发受到抑制；汛期减少或消失降低了原生植物的生长速率，引起外来物种入侵

及植被退化演替；低流量时间延长导致植被覆盖度和多样性减低、植物生长速率下降、形态学改变及死亡率增加，淹没时间延长则导致植被群落发生变化；河流变化速率增加，导致岸带植被不断被冲刷，幼苗难以生存。

水坝建设的物理、化学和生物效应会极大地改变河流水质状况。水坝拦水以后形成面积广阔的水库，增加了太阳直射的水面面积，大量蒸发会导致水体盐度上升，而且水坝上游被水库淹没的植被会消耗水中的溶解氧，释放大量二氧化碳等温室气体，增加湖床中矿物质（如锰和铁）的溶解（Ahearn et al.，2005）。建有水坝河流的水质与相邻但未建设水坝的河流水质进行比较发现，后者的总悬浮固体颗粒、NO_3-N、总氮、PO_4-P、总磷等表现出规律性的季节变化，而前者不同年份的季节变化波动很大，并预测 NO_3-N 输出的时间变化可能导致藻类速度增长加剧（姚维科等，2005）。

二、上游库区泥沙淤积，下游河床冲刷加剧

在河流上建设水坝，阻断了天然河道，导致河道的形态发生变化，进而引发整条河流上下游和河口的水文特征发生改变，不合理的水坝工程建设甚至会导致河流出现断流现象。水坝工程对泥沙的影响主要表现在河道形态的改变会导致水坝上游河道泥沙淤积；当河水到达水库时流速降低，大量悬浮泥沙会沉积在水库；水库蓄水运行后，下泄沙量大幅减少（傅开道等，2008）。

三、水生生物群落结构改变，物种组成及数量发生变化

藻类的增长与流速、水温、无机氮磷含量等密切相关。水坝建设后水库拦蓄作用以及回水作用会导致河流流速下降，低流速有利于绿藻生长；而且水体中氮磷富集加速了绿藻增长及富营养化作用。水库表层水温升高，引起大量裸藻出现；水温的变化还会改变水生生物的生存环境及生命周期，浮游动物幼虫的繁殖、孵化和蜕变取决于水温变化（Li et al.，2013a）。水坝阻隔了洄游性鱼类的洄游通道，影响其基因交流，流速（尤其中低流速）也会影响鱼类群落的组成和丰富度。水坝削弱了洪峰，降低了下游河水的稀释作用，使得浮游生物数量大为增加、微型脊椎动物的分布特征和数量（种类减少）发生显著变化；水坝减少了洪水淹没和基层冲蚀，增加了营养化细沙泥的沉积，使得大型水生植物能够生长繁殖（Li et al.，2013a）。由于大量鹅卵石和砂石被水坝拦截，使得河床底部的无脊椎动物，如昆虫、软体动物和贝类动物等失去生存环境（Li et al.，2013a）。

四、栖息地破碎化，土地利用类型转变

水坝建设工程量大，施工期长，在建设过程中筑路、开山取土，采挖大量土石方及修建环库公路破坏了原有地表植被，而且水库建成蓄水后，抬高库区水位，大面积的耕地、森林等被淹没（郭乔羽等，2003）。澜沧江漫湾水电站库区土地利用格局的时空动态研究

结果表明，水坝建设前后土地利用类型发生同质化（灌草丛除外）。

五、库区植物群落、物种组成改变及土壤理化性质变化

水坝工程建设过程中，需要修建不同高度梯度的施工便道运输水泥、石方等，大量弃土堆积在施工便道两侧，造成大面积植被破坏及掩埋；变电站、高压线架、水电站控制中心等的修建，导致大面积森林砍伐、草地破坏等；水库蓄水后，正常储水位以下的植被被淹没（程瑞梅等，2010）。漫湾水坝建库前后对山地植被进行对比发现，在高强度的人为干扰下，季风常绿阔叶林、思茅松针叶林、云南松针叶林等植物群落发生较大程度的改变，河滩水杨柳因水位提高而消失。水坝建设过程挖沟、修路等人为干扰及移民后撂荒地形会引起外来物种（如紫茎泽兰）入侵（蒋文志等，2010）。同时，由此引发的栖息地破碎化及环境因子变化也会导致濒危稀有物种消失。

在植物演替过程中，植物与土壤相互影响，植物群落的变化将导致其生长地土壤理化性质发生变化，反过来土壤理化性质变化又会影响植物群落的生态过程。库区植被的演替进程与土壤含水量、容重、pH、有机质、总氮、速效氮、速效磷含量显著相关；另外，植物群落与小气候互相作用、相互影响，不同的植物群落演替阶段，太阳辐射、气温、大气相对湿度逐渐降低或逐渐升高（Wu et al.，2004）

六、流域生态系统完整性变化

大型水坝工程的建设和运行，从时间和空间上对流域生态系统造成深远的影响，并对流域内物种的分布、河流和流域生态系统造成破坏性的影响（Poff et al.，1997；贾金生等，2006；Malli and Richardson，2009）。大型水坝深刻地影响了陆生和水生生物的组成与丰度（McCartney et al.，2000），甚至影响到水坝下游数千米的河流和岸带生态系统（Nilsson et al.，2005），改变了流域生态系统的生物完整性（Li et al.，2013a，2013b）。

第二节　水坝工程生态风险受体识别

本节系统分析了水坝工程风险源直接作用的对象——陆地和水生生物物种、生物群落和生态系统。通过澜沧江中下游区域的实证案例研究，得出在物种水平上，生态风险的主要陆生受体为植物优势种、入侵种（紫茎泽兰）和濒危种（水杨柳），主要水生受体为藻类（优势种、稀有种、资源种）、浮游动物（优势种）、底栖动物（存在种）和鱼类（土著种）；在群落水平上，生态风险的主要陆生受体为植被类型，主要水生受体由藻类、浮游动物、底栖动物群落组成；在生态系统水平上，生态风险的主要陆生受体和水生受体为生态系统结构和功能的完整性；在景观水平上，生态风险的主要受体是景观结局和过程。

一、陆生风险受体

澜沧江中下游区域的实证研究结果表明，水坝施工期间，建设水坝及其相关设施（如道路、厂房、管理场所、营地等）和大量的土石方工程不可避免地开山炸石、取土填筑，对施工范围内的陆生、水生动植物及周边的生态环境造成了较大程度的破坏。水坝建设过程中栖息地破碎化、土壤理化性质改变等因素决定了岸带植物群落中优势物种的减少或消失，最终造成了植物物种的不同生态风险。1997 年，在前人（小湾水库建设前）开展植被调查的基础上，于 2010 年 6 月（小湾水库建设后）对小湾水库坝下不同距离处的 3 个样地进行了定点植被调查，并获得陆生植物物种变化的动态监测数据。这 3 个样地在一定程度上受到了水坝工程直接或间接的影响：1 号样地位于输电区，受到输电高架线施工的严重影响，大片原生森林植被遭到严重砍伐；2 号样地位于变电站和进站公路旁，受到变电站和公路建设的严重影响，大面积原生森林植被遭到破坏；3 号样地位于水库移民区，受到水库移民的影响，该样地在水坝建设前将原生森林开垦为农田，移民后农田撂荒，农田植被完全被自然植被替代。这 3 种情形反映了水坝建设对陆生生物造成的主要生态风险：水坝建设前的生态移民将造成土地利用变化，进而引发陆生生物栖息地消失，使关键物种生存受到胁迫的风险；水坝建设过程中的进站道路施工将造成栖息地破碎化和斑块化，进而增加关键物种的生存风险；水坝建成后的输电工程将改变栖息地的结构和功能，进而增加关键物种的生存风险。

3 个样地调查结果如图 2-2 所示，1 号样地在 1997 年植物群落为余甘子（*Phyllanthus emblica*）+虾子花（*Woodfordia fruticosa*），优势度分别为 55% 和 63%。大坝建设后（2010 年），虾子花的优势度从建坝前 63% 下降到建坝后 55%，而余甘子的优势度增加了 24%。建坝后，毛叶黄杞（*Engelhardtia colebrookeana*）的优势度显著增加至 100%，成为乔木层的优势种。2 号样地在大坝建设前（1997 年），植物群落的优势种为高山栲（*Castanopsis*

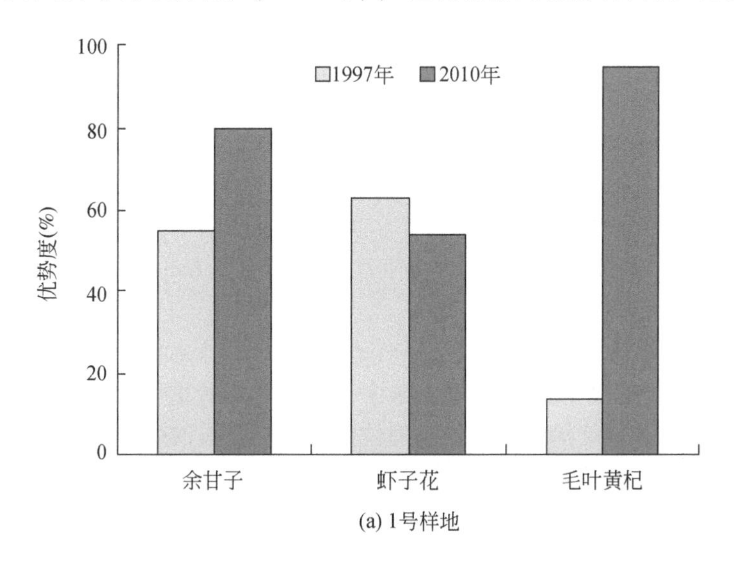

(a) 1号样地

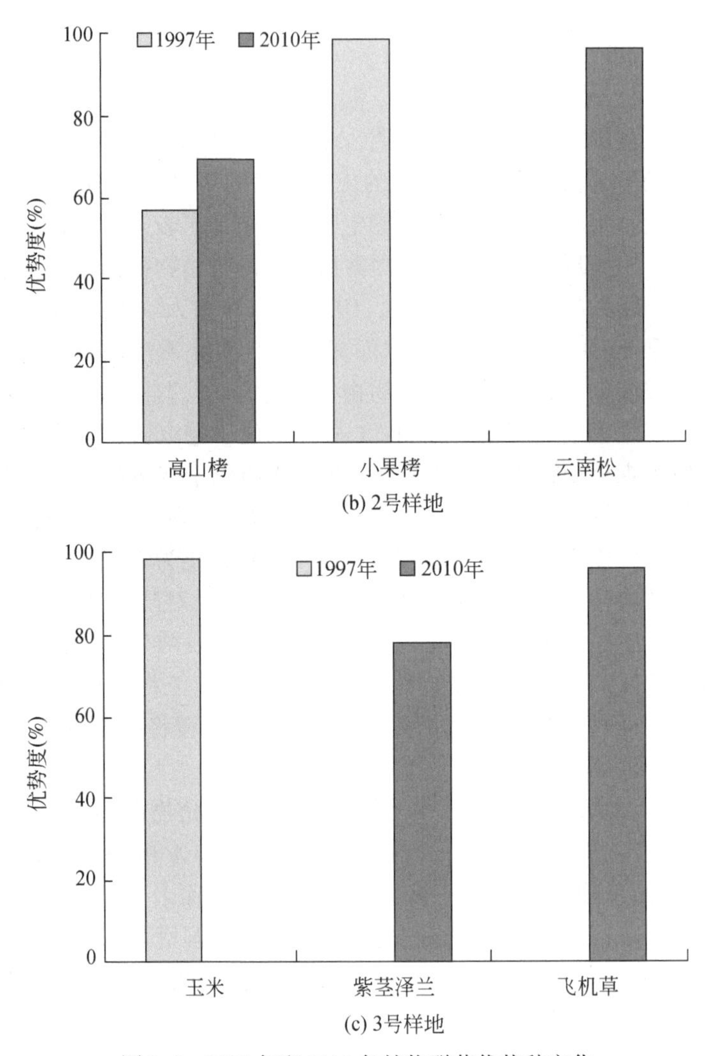

图 2-2　1997 年和 2010 年植物群落优势种变化

delavayi）、小果栲（*Castanopsis fleuryi*）等乔木植物，植物群落为高山栲+小果栲。大坝建设后（2010 年），小果栲消失，高山栲持续增加，云南松（*Pinus yunnanensis*）大量出现并成为优势种。3 号样地大坝建设前为农田，大坝建设后因移民搬迁演变为撂荒地，撂荒后外来植物紫茎泽兰（*Eupatoriumadenophora*）和飞机草（*Eupatatorium odoratum*）入侵演变为群落的优势种。

岸带和坡面的土地利用类型和水文条件改变影响了外来植物紫茎泽兰的入侵格局，90% 的紫茎泽兰繁殖在洪水线上沉积的土壤中，水文作为最重要的内在因子之一，其影响紫茎泽兰的传播距离和最终沿河岸边的沉降位置。水坝建设改变了河流的水文状况，进而影响了紫茎泽兰在水中的传播、沉降，同时影响其在栖息地的萌发和生长。2010 年，在漫湾水坝上游和下游的两岸分别布设了 14 km 和 10km 长的样带。由于该地区峡谷型地形无法上岸采样，调查期间要目视估测样带中每个样方的长度、宽度及紫茎泽兰的盖度。调查结果显示，紫茎泽兰出现在河岸边的洪水线上，上游和下游以及东岸和西岸呈现不同的分布格局。上游和下游紫茎泽兰的平均盖度分别为 26% 和 33%，且存在显著性差异。随着距大坝距离的减少，上游紫茎泽兰的平均盖度由 21% 增至 33%，而下游西岸和东岸紫茎泽兰的平均盖度分别稳定在 36% 和 17%（图 2-3）。由于水坝建设原有的紫茎泽兰被淹没，水坝建设后新的紫茎泽兰入侵更高的洪水线。上游紫茎泽兰盖度随着距大坝距离的减少而下降，说明大坝建设对外来物种的入侵起到汇的作用。西岸紫茎泽兰的盖度是东岸紫茎泽兰平均盖度的 2 倍，这与河岸边土地利用情况有关，调查结果显示，在撂荒地边缘紫茎泽兰盖度达到 42%，农田边缘为 33%，林地边缘为 25%。

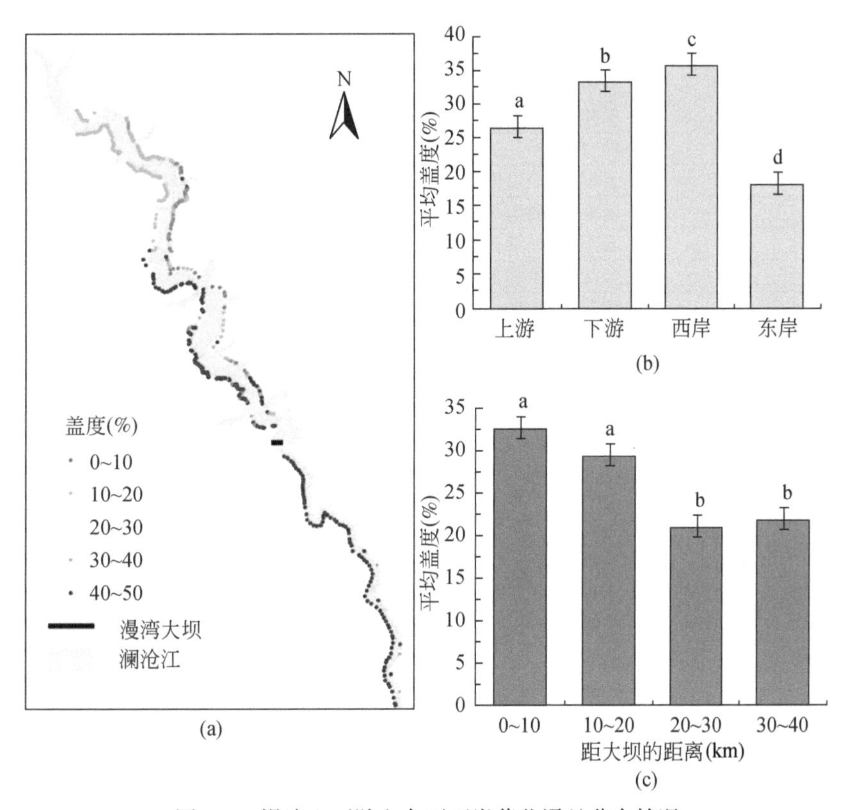

图 2-3　漫湾上下游和东西两岸紫茎泽兰分布情况

水杨柳（*Homonoia riparia*）为澜沧江的特有植物种和濒危植物种。水杨柳仅仅分布于澜沧江支流入口处冲击成的滩地或者河湾的沙石滩上，其具有受江水冲击相适应的生态特性。因此，河流的水文条件决定了水杨柳的生长状况。水坝建设后，水坝上游河流洪水频率及洪水持续时间发生变化，同时水坝下游的洪水频率及最大最小流量也发生变化。水杨柳生长在漫湾水坝上游和小湾水坝下游，因此受水坝上游和下游水文变化的综合影响。自然植物形成了与水文特性适应的生活史，水坝建设水文的改变破坏了水杨柳的栖息地，进而影响其繁殖和生长，最终将导致其消失。

根据 TWINSPAN（Hill，1979）的分类结果，并结合《中国植被》的植被类型分类的原则、单位和系统，澜沧江中下游植物群落类型可划分为 22 个群丛，其中 11 个乔木群落，7 个灌木群落，4 个草本群落。22 个群丛代表了澜沧江中下游沿河流流向植被的类型的分异及变化规律。初步分析结果表明，水柳子–大芦群系，虾子花+水柳子–大芦群系受梯级电站建设影响较大，受蓄水淹没的地段该群落类型已基本消失（表 2-2）。

表 2-2　澜沧江流域植被分布格局

群落类型	样点号	植被类型
乔木群落	1	钝叶黄檀+粗叶水锦树–余甘子–虾衣花群丛
	2	鸡嗉子榕+余甘子–飞机草–棕叶芦群丛
	3	鸡嗉子榕–长波叶山蚂蟥–飞机草群丛
	4	毛叶黄杞+余甘子–虾子花–紫茎泽兰群丛
	5	思茅松+钝叶黄檀–红皮水锦树–飞机草+荩草群丛
	6	橡胶人工林群丛
	7	牡竹–黄檀–三裂叶野葛群丛
	8	云南松+高山栲–长波叶山蚂蟥–紫茎泽兰+荩草群丛
	9	云南松+西南木荷–余甘子–紫茎泽兰群丛
	10	云南松–虾子花+余甘子–黄茅+金发草群丛
	11	云南松–余甘子–紫茎泽兰+金发草群丛
灌木群落	12	密花树+地果–紫茎泽兰+飞蓬群丛
	13	牡竹+构树–飞机草+棕叶芦群丛
	14	白背枫–紫茎泽兰群丛
	15	白花洋紫荆–飞机草+棕叶狗尾草群丛
	16	水柳子–大芦群丛
	17	苦木+构树–飞机草+棕叶芦群丛
	18	虾子花+水柳子–大芦群丛
草本群落	19	咸虾花+马唐群丛
	20	大芦群丛
	21	醉鱼草+飞机草–长茎飞蓬群丛
	22	披散木贼群丛

二、水生风险受体

在澜沧江中下游区域的实证研究中，根据漫湾库区的长度、形态、水流及 1994 ~ 1998 年漫湾库区水生采样断面设置，于 2010 年在漫湾库区从上游至下游，布设 8 个代表性水生采样断面：Ⅰ-澜沧江干流（在黑惠江汇口上游 100 m 以上的澜沧江，根据库区水位高低，选择的断面基本不受支流黑惠江水的影响，小湾水坝建坝后，处于小湾库区）、Ⅱ-黑惠江（距汇合口 100 m 以上的黑惠江本体江段）、Ⅲ-小湾坝前（小湾水坝上游 200 m 左右，裸眼看不出流动，枯水期水色碧绿，洪水期为淡黄色）、Ⅳ-小湾坝下（小湾水坝下游 1000 km 左右，水流比较急，由小湾水坝控制水流量）、Ⅴ-库中（在漫湾库中段，落底河与澜沧江交汇处，其特征是枯水期水体呈现碧绿的湖泊状态）、Ⅵ-漫湾坝前（漫湾水坝上游 200 m 左右，最宽处，裸眼看不出流动，枯水期水色碧绿，洪水期为淡黄色）、Ⅶ-漫湾坝下（漫湾水坝下游2000 m左右，水流湍急，奔流有声，由漫湾水坝控制水流量）、Ⅷ-戛旧水文站（漫湾水坝下游12 000 m左右，水流急，受控于漫湾水坝）。分析水坝建设前后生态风险水生受体的变化，研究结果表明以下几点。

小湾大坝建设前后漫湾库区浮游植物结构变化显著（表2-3），断面Ⅰ建坝前以硅藻门的等片藻（*Diatoma*）、桥弯藻（*Cymbella*）为优势种，建坝后以硅藻门的针状杆藻（*Synedra*）、舟形藻（*Navicula*）和甲藻门的角甲藻（*Ceratium hirundinella*）为优势种；断面Ⅱ建坝前以硅藻门的等片藻、直链藻（*Melosira*）为优势种，建坝后则以硅藻门针状杆藻、小环藻（*Cyclotella*）、菱形藻（*Nitzschia*）和甲藻门的角甲藻为优势种；断面Ⅲ建坝前优势种同断面Ⅱ的优势种，建坝后以绿藻门盘星藻（*Pediastrum*）和甲藻门的角甲藻为有优势种；断面Ⅳ在建坝前以硅藻门的桥弯藻、脆杆藻（*Fragilaria*）、舟形藻为优势种，建坝后以硅藻门的菱形藻、盘星藻（*Pediastrum*）及甲藻门的角甲藻为优势种；断面Ⅴ建坝前以硅藻门的针状杆藻、小环藻、绿藻门的实球藻［*Pandorina morum*（Muell.）Bory］、空球藻（*Eudorina elegans* Her）为优势种，建坝后以硅藻门的小环藻、绿藻门的空球藻及蓝藻门的颤藻为优势种；断面Ⅵ建坝前优势种为硅藻门的小环藻和裸藻门的并联藻，建坝后优势种为硅藻门的小环藻、绿藻门的衣藻及甲藻门的多甲藻（*Peridinium* sp.）；断面Ⅶ建坝前以硅藻门的等片藻、直链藻、小环藻为优势种，建坝后以硅藻门的小环藻和曲壳藻（*Achnanthes*）为优势种；断面Ⅷ建坝前以硅藻门的针状杆藻、小环藻为优势种，建坝后以小环藻、曲壳藻及绿藻门的空球藻为优势种。综上8个断面建坝前后的优势变化，断面Ⅰ～Ⅳ主要受小湾水库蓄水影响，建坝前优势种主要是硅藻门，而建坝后受水质影响优势种增加了绿藻门的物种；断面Ⅴ～Ⅷ主要是受漫湾水坝的影响，小湾水库建设前断面调查期间漫湾水坝已经建成，因此断面Ⅴ～Ⅷ主要反映了漫湾水坝建设后不同时期内浮游植物群落优势种的变化，两次调查的优势种均包含硅藻门、绿藻门等物种，与断面Ⅰ～Ⅳ相比，其优势种种类变化并不是十分突出。

表2-3　小湾水坝建设前后各采样断面浮游植物优势种变化

建坝时间	种类	物种	采样断面							
			Ⅰ	Ⅱ	Ⅲ	Ⅳ	Ⅴ	Ⅵ	Ⅶ	Ⅷ
建坝前	硅藻门	等片藻 *Diatoma*	++	++	++				++	
		桥弯藻 *Cymbella*	++			++				
		直链藻 *Melosira*		++	++				++	
		脆杆藻 *Fragilaria*				++				
		舟形藻 *Navicula*				++				
		针状杆藻 *Synedra*					++			++
		小环藻 *Cyclotella*					++	++	++	++
	绿藻门	实球藻 *Pandorina morum*（Muell.）					++			
		空球藻 *Eudorina elegans*					++			

续表

建坝时间	种类	物种	采样断面							
			Ⅰ	Ⅱ	Ⅲ	Ⅳ	Ⅴ	Ⅵ	Ⅶ	Ⅷ
建坝后	裸藻门	并联藻 *Quadrigula chodatii* (Tan-Ful.) G. M. Simth						++		
	硅藻门	针状藻 *Synedra*	++	++						
		舟形藻 *Navicula*	++							
		小环藻 *Cyclotella*		++			++	++	++	++
		菱形藻 *Nitzschia*		++		++				
		曲壳藻 *Achnanthes*							++	++
	绿藻门	盘星藻 *Pediastrum*			++	++				
		空球藻 *Eudorina elegans*					++			++
		衣藻 *Chlamydomonas*						++		
	甲藻门	多甲藻 *Peridinium* sp.						++		
		角甲藻 *Ceratium hirundinella* (Mull.)	++	++	++	++				
	蓝藻门	颤藻 *Oscillatoria*					++			

注：++表示优势种

表 2-4 显示了小湾水坝建设前后浮游动物优势种的变化：断面Ⅰ～Ⅳ和断面Ⅴ～Ⅷ的优势种变化较为相似，原因在于断面Ⅰ～Ⅳ主要受小湾水坝建设影响，而断面Ⅴ～Ⅷ主要受漫湾水坝的影响。小湾水坝建设前断面Ⅰ～Ⅳ优势种主要以原生动物的球形砂壳虫（*D. globulosa*）、针棘匣壳虫（*Centropyxix*）、瓶累枝虫（*Epistylis urceolata*）、长圆砂壳虫（*D. oblonga*）、树状聚缩虫（*Zoothamnium arbuscula*）、普通表壳虫（*A. vulgaris*）、轮虫类的转轮虫（*R. rotaroria*）、枝角类的透明溞（*Daphnia*）为主，小湾水坝建设后优势种则以原生中的焰毛虫（*Askenasia* sp.）、轮虫类的前节晶囊轮虫（*Asplanchna priodonta*）、螺形龟甲轮虫（*Keratella cochlearis*）、曲腿龟甲轮虫（*K. valga*）、枝角类的长额象鼻蚤（*Bosmina longirostris*）、桡足类的金氏薄皮蚤（*Leptodora kindti*）为主。断面Ⅴ～Ⅷ的优势种变化几乎一致，小湾水坝建设前主要以原生种的团睥睨虫（*Askenasia volvox*）、大弹跳虫（*Halteria grandinella*）、绿急游虫（*Strombidium viride*）、小筒壳虫（*Tintinnidium pusillum*）、轮虫类的针簇多肢轮虫（*Polyarthra trigla*）、尖尾疣毛轮虫（*Synchaeta stylata*）、前节晶囊轮虫、独角聚花虫（*C. unicornis*）、枝角类的长额象鼻蚤（*Bosmina longirostris*）、桡足类的广布中剑水蚤（*Mesocyclops leuckati*）为主，建坝后优势种则以原生种类砂壳虫、轮虫类的螺形龟甲轮虫（*Keratella cochlearis*）、郝氏皱甲轮虫（*Ploesoma hudsoni*）、角突臂尾轮虫（*Brachionus angularis*）、长三肢轮虫（*Filinia longiseta*）、冠式异尾轮虫（*T. lsaophoe*）、枝角类的长额象鼻蚤、桡足类的广布中剑水蚤和小剑水蚤（*Microcyclops intermedius*）为主。通过比较发现，小湾水坝建设前后浮游动物的优势种变化较为明显。

表 2-4　小湾水坝建设前后澜沧江中游浮游动物优势种分布状况

种类	建坝时间	物种	采样断面							
			Ⅰ	Ⅱ	Ⅲ	Ⅳ	Ⅴ	Ⅵ	Ⅶ	Ⅷ
原生动物	建坝前	球形砂壳虫 *D. globulosa*	+++			+++				
		针棘匣壳虫 *Centropyxix*	+++	+++						
		瓶累枝虫 *Epistylis urceolata*	+++		+++					
		长圆砂壳虫 *D. oblonga*		+++						
		树状聚缩虫 *Zoothamnium arbuscula*		+++	+++					
		普通表壳虫 *A. vulgaris*			+++					
		团睥睨虫 *Askenasia volvox*				+++	+++	+++	+++	+++
		大弹跳虫 *Halteria grandinella*					+++	+++	+++	+++
		绿急游虫 *Strombidium viride*					+++	+++	+++	+++
		小筒壳虫 *Tintinnidium pusillum*					+++	+++	+++	+++
	建坝后	焰毛虫 *Askenasia* sp.	+++	+++	+++	+++				
		砂壳虫 *Difflusia* sp.					+++	+++	+++	+++
轮虫类	建坝前	转轮虫 *R. rotaroria*	+++	+++		+++				
		针簇多肢轮虫 *Polyarthra trigla*					+++	+++	+++	+++
		尖尾疣毛轮虫 *Synchaeta stylata*					+++	+++	+++	+++
		前节晶囊轮虫 *Asplanchna priodonta*					+++	+++	+++	+++
		独角聚花虫 *C. unicornis*					+++	+++	+++	+++
	建坝后	前节晶囊轮虫 *Asplanchna priodonta*	+++	+++	+++	+++				
		螺形龟甲轮虫 *Keratella cochlearis*	+++	+++	+++	+++		+++		
		曲腿龟甲轮虫 *K. valga*	+++	+++	+++	+++				
		郝氏皱甲轮虫 *Ploesoma hudsoni*					+++	+++		
		角突臂尾轮虫 *Brachionus angularis*					+++			
		长三肢轮虫 *Filinia longiseta*					+++		+++	
		冠式异尾轮虫 *T. lsaophoe*								+++
枝角类	建坝前	透明溞 *Daphnia*	+++	+++						
		长额象鼻蚤 *Bosmina longirostris*					+++	+++	+++	+++
	建坝后	长额象鼻蚤 *Bosmina longirostris*	+++	+++	+++	+++	+++	+++	+++	+++
		金氏薄皮蚤 *Leptodora kindti*	+++	+++	+++	+++				
桡足类	建坝前	广布中剑水蚤 *Mesocyclops leuckati*					+++	+++	+++	+++
	建坝后	金氏薄皮蚤 *Leptodora kindti*	+++	+++	+++	+++				
		广布中剑水蚤 *Mesocyclops leuckati*					+++	+++	+++	
		小剑水蚤 *Microcyclops intermedius*						+++	+++	+++

注：+++表示数量非常多，为优势种

小湾库区调查结果表明，小湾水坝蓄水后，澜沧裂腹鱼等 14 种土著鱼类在库区消失，而草鱼等人工养殖的鱼种在库区大量出现（表2-5）。

表2-5　小湾水坝蓄水前后鱼类变化

种类	物种	小湾蓄水前（2008年）	小湾蓄水后（2010年）
土著种	云南四须鲃 *Barbodes huangchuchieni*	+	–
	宽头华鲮 *Sinilabeo laticeps*	+	–
	澜沧裂腹鱼 *Racoma lantsangensis*	+	–
	光唇裂腹鱼 *Racoma lissolabiatus*	+	–
	拟鳗副鳅 *Paracobitis anguillioides*	+	–
	横纹南鳅 *Schistura fasciolatus*	+	–
	短尾高原鳅 *Triplophysa brevicauda*	+	–
	宽纹南鳅 *Schistura latifasciata*	+	–
	黑线沙鳅 *Botia nigrolineata*	+	–
	横斑原缨口鳅 *Vanmanenia striata*	+	–
	云南平鳅 *Homaloptera yunnanensis*	+	–
	张氏爬鳅 *Balitora tchangi*	+	–
	长臀刀鲇 *Platytropius longianlis*	+	–
	扎那纹胸鮡 *Glyptothorax zanaensis*	+	–
	无斑褶鮡 *Pseudecheneis immaculate*	+	–
	黄斑褶鮡 *Pseudecheneis sulcatus*	+	–
外来种	鲇 *Silurus asotus*	+	–
	草鱼 *Ctenopharyngodon idellus*	–	+
	青鱼 *Mylopharyngodon piceus*	–	+
	波氏栉鰕虎鱼 *Ctenogobius cliffordpopei*	–	+

注：+表示存在，–表示缺失

第三节　水坝工程生态风险终点确定

本节构建了生态风险终点判定的方法体系，通过澜沧江中下游区域的实证案例分析，确定了陆生受体和水生受体的生态风险终点，水坝的建设和运行的影响程度决定了生态风险受体的变化及生态风险终点，主要表现为生物完整性下降、生物多样性减少、濒危植物数量减少或消失、土著鱼类和藻类减少、生态系统结构和功能受损、景观破碎化加剧等。

一、陆生受体的生态风险终点

依据生物完整性评价方法（黄宝荣等，2006），运用大坝建设前后的优势度变率来表征生态风险大小，将关键植物物种总和优势度减少或增加34%和64%作为临界值，划分不同的生态风险等级（表 2-6）。因为当某一物种优势度的急剧变化（大幅增加或减少）时，必将导致群落结构组成的变化，产生诸如外来生物入侵、群落退化演替等生态风险。考虑到优势种对整个群落具有控制性影响，即优势种消失必然导致群落发生根本性变化，其生态风险等级的设定比非优势种高一个等级。因此，本节将物种生态风险等级共分为 0 ~ Ⅵ 5 级:0 为无风险/极低风险，Ⅰ为低风险，Ⅱ为中风险，Ⅲ为高风险，Ⅳ为极高风险。

表 2-6　基于总和优势度变率的物种生态风险评价级

总和优势度变率（增加/减少）		100%	>64%	34%～64%	<34%
物种生态风险等级	优势种	Ⅳ	Ⅲ	Ⅱ	Ⅰ
	非优势种	Ⅲ	Ⅱ	Ⅰ	0

本书的研究选取了小湾水库坝下不同距离处的 3 个样地（图 2-4）开展调查。结果表明（表 2-7，表 2-8），陆生受体对水坝工程不同风险源具有不同的生态风险响应。大坝建设过程中，由于非优势种缺失和出现的比例较高，处于Ⅲ级生态风险（高风险）的物种比例最多，建设期受工程施工、移民搬迁等强度干扰的影响，物种承受的生态风险较大，部分物种处于Ⅳ级生态风险（极高风险）。从样地尺度看，3 号样地处于Ⅲ级（高风险）和Ⅳ级（极高风险）生态风险的物种比例明显高于 1 号、2 号样地，处于 0 级生态风险（无风险/极低生态风险）的物种比例明显低于 1 号、2 号样地，1 号、2 号样地中不同生态风险等级的物种呈现不同的比例分布，表明水坝工程的不同风险源对受体物种造成的生态风险不同，输电高架线施工、变电站和进站公路对物种造成的生态风险相对较低。尽管在较长的时间尺度上，人类的干扰消除后有利于植被的自然演替恢复，但在较短的时间尺度上，水库移民带来的耕地撂荒引起外来物种的大量入侵会导致相对较高的生态风险。

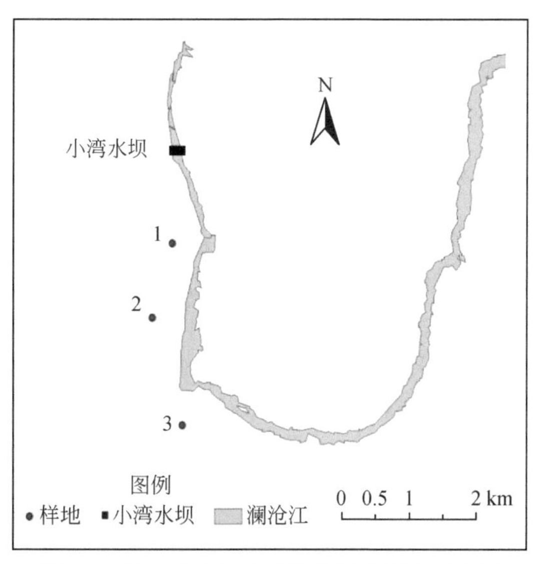

图 2-4　陆生生态风险受体的调查样地示意图

表 2-7 大坝建设期各样地不同生态风险等级的物种百分比 （单位:%）

风险等级	1 号样地	2 号样地	3 号样地
0	8	11	0
Ⅰ	8	7	2
Ⅱ	2	0	2
Ⅲ	78	79	90
Ⅳ	4	3	6

表 2-8 大坝建设期 3 个样地优势种生态风险等级变化

样地编号	群层	优势种	物种风险等级
1	乔木	余甘子 *Phyllanthus emblica*	Ⅰ
		毛叶黄杞 *Engelhardtia colebrookeana*	Ⅲ
	灌木	虾子花 *Woodfordia fruticosa*	Ⅱ
	草本	扭黄茅 *Heteropogon contortus*	Ⅳ
		硬杆子草 *Capillipedium assimile*	Ⅰ
		紫茎泽兰 *Eupatorium adenophora*	Ⅳ
2	乔木	高山栲 *Castanopsis delavayi*	Ⅰ
		小果栲 *Castanopsis fleuryi*	Ⅳ
		云南松 *Pinus yunnanensis*	Ⅳ
	灌木	革叶算盘子 *Glochidion daltoni*	Ⅰ
		展毛野牡丹 *Melastoma nrmale*	Ⅲ
	草本	金发草 *Pogonatherum paniceum*	Ⅰ
3	乔木	钝叶黄檀 *Dalbergia obtusifolia*	Ⅳ
		白花羊蹄甲 *Bauhinia variegata*	Ⅳ
	草本	飞机草 *Eupatatorium odoratum*	Ⅳ
		紫茎泽兰 *Eupatorium adenophora*	Ⅱ
		竹叶草 *Oplismenus compositus*	Ⅳ

1 号样地上毛叶黄杞处于高风险（Ⅲ级），灌木植物虾子花和草本植物紫茎泽兰处于极高风险（Ⅳ级），余甘子和硬杆子草的生态风险均为Ⅰ级（低风险）；2 号样地上乔木植物小果栲和云南松均为Ⅳ级生态风险（极高风险），草本植物金发草为Ⅰ级生态风险（低风险）；3 号样地上乔木植物钝叶黄檀、白花羊蹄甲及草本植物竹叶草的生态风险均处于极高风险（Ⅳ级），草本植物紫茎泽兰和飞机草分别处于中风险（Ⅱ级）和极高风险（Ⅳ级）。这一结果表明，不同物种对大坝建设的生态风险响应不同，优势种的响应较为强烈，其生态风险等级一般在Ⅲ级及Ⅲ级以上，较少为Ⅰ级、Ⅱ级。

同时，基于 1984 年和 2010 年的调查，开展了漫湾水坝对濒危种加土著种的植物——水杨柳的生态风险评价。结果表明（表 2-9），建坝前后漫湾水坝上游水杨柳分布变化十分明显。漫湾水坝建设前（1984 年），漫湾库区至少存在 4 个栖息地，栖息地总面积远大于2300 m^2，且濒危物种的多度远大于400。但在建坝后（2010年），由于大坝建设淹没的影响，仅存留1个栖息地，面积为1200 m^2，其他3个栖息地全部消失。水文改变引起栖息地消失和退化，进而导致水杨柳的丰富度下降超过96%。与建坝前水杨柳25%的平均盖度相比，建坝后水杨柳的平均盖度仅为2%。建坝后水杨柳的平均高度比建坝前低0.6 m。结果表明，由于栖息地的消失和退化，水杨柳处于极高生态风险状态。

表2-9　水杨柳在建坝前（1984年）和建坝后（2010年）比较

栖息地编号 / 建坝时间 / 项目	1		2		3		4	
	建坝前	建坝后	建坝前	建坝后	建坝前	建坝后	建坝前	建坝后
海拔（m）	922		920		930		985	
坡向（°）	0		SE40		NW81		NE15	
坡度（°）	0		5		4		5	
栖息地面积（m^2）	>1500	1200	>200	0	>200	0	>200	0
出现/缺失*	+	+	+	-	+	-	+	-
物种平均高度（m）	1.6	1.0	1.7	0	1.2	0	2	0
物种平均盖度（%）	25	2	30	0	30	0	60	0
物种丰富度	>200	14	>50	0	>50	0	>100	0

注：* +表示出现，-表示缺失

二、水生受体的生态风险终点

基于1994年、1998年、2010年在澜沧江干流、黑惠河、小湾水库坝上和小湾水库坝下的水生生物调查数据，利用“ESHIPPO”模型评价了澜沧江中下游区域水生生物的生态风险。表2-10显示了“ESHIPPO”模型的物种生态风险等级，即低风险、中风险、高风险和极高风险。“低风险”表示对物种采用必要的监测；“中风险”表示对物种除了监测外，必须准备好保护措施；“高风险”表示物种处于极度危险的状态，除监测外，必须立即采取保护措施；“极高风险”表示物种在自然状态下已经灭绝，必须采取迁移保护措施。

表2-10　根据“ESHIPPO”模型决定水生物种生态风险水平的评分限制区间

生态专属性（ES）	总分	<5	15	125	230
	水生物种生态专属性水平	小	中等	显著	严重
“HIPPO”因子影响	总分	<35	345	455	65~70
	影响水平	小	中等	显著	严重
生态风险	总分	<40	41~60	61~80	81~100
	生态风险等级	低风险	中风险	高风险	极高风险

表2-11、表2-12、表2-13分别显示了浮游植物、浮游动物及土著鱼类生态专属性评分，表2-14显示“HIPPO”模型因子对水生物种栖息地评分。

表 2-11　浮游植物生态专属性评分

项目	因子	直链藻	脆杆藻	桥弯藻	空球藻	角星鼓藻	裸藻	水绵藻	奥杜藻	红毛藻	中华鱼子菜	空盘藻	溪菜
栖息地	水生生境的形态	1	1	1	1	1	1	1	3	5	5	5	5
	物理因子	3	3	3	3	3	3	3	3	5	5	5	5
	化学因子	3	3	3	3	3	3	3	3	5	5	5	3
捕食		1	1	1	1	1	1	1	1	1	1	1	1
繁殖对策		1	1	1	1	1	1	1	3	3	3	3	3
生命周期/体型大小		1	1	1	1	1	1	1	5	3	5	3	5
生境范围		1	3	1	3	3	3	5	5	5	5	5	5
总分		11	13	11	13	13	13	15	23	27	29	27	27

表 2-12　浮游动物生态专属性评分

项目	因子	球形砂壳虫	瓶累枝虫	褶累枝虫	纤毛虫	转轮虫	透明溞	云南棘猛水蚤	西南荡镖水蚤
栖息地	水生生境的形态	3	3	3	3	3	3	5	5
	物理因子	3	3	3	3	3	3	5	5
	化学因子	3	3	3	3	3	3	5	5
捕食		3	1	1	3	3	1	5	3
繁殖对策		1	1	1	1	1	3	3	3
生命周期/体型大小		1	1	1	1	1	3	3	3
生境范围		3	5	5	5	5	5	5	5
总分		17	17	17	19	19	21	31	29

表 2-13　土著鱼类生态专属性评分

项目	因子	光唇裂腹鱼	澜沧裂腹鱼	云南平鳅	黑线沙鳅	横斑原缨口鳅	拟鳗副鳅	横纹南鳅	云南四须鲃	宽头华鲮	长臀刀鲇	扎那纹胸鮡	黄斑褶鮡	无斑褶鮡	短尾高原鳅	宽纹南鳅
栖息地	水生生境的形态	5	3	5	5	3	5	1	3	5	5	5	1	3	1	3
	物理因子	5	3	5	5	3	5	1	3	5	5	5	1	3	1	3
	化学因子	5	3	5	5	3	5	1	3	5	5	5	1	3	1	3
捕食		1	1	1	1	1	3	3	1	3	3	3	1	3	3	3
繁殖对策		5	5	3	3	3	3	3	3	1	3	3	3	3	3	3
生命周期/体型大小		3	3	5	3	3	3	3	3	3	3	1	1	1	3	1
生境范围		5	3	3	3	3	3	1	3	5	5	5	1	3	1	3
总分		29	21	27	25	19	27	13	19	27	29	27	9	19	13	19

表 2-14　“HIPPO”模型因子对水生物种栖息地评分

因子	栖息地改变			入侵物种			污染						种群增长	过度开发		总分
	变化	破坏	破碎化和隔离	之前已被引入	偶然被引入新物种	有目的性引入新物种	富营养化	有机污染	毒性污染	放射性污染	酸化	混合污染		人为	自然	
浮游植物	5	5	5	1	1	1	1	1	1	1	1	3	3	5	1	35
浮游动物	5	5	5	1	1	1	1	1	1	1	1	3	3	5	1	35
土著鱼类	5	5	5	5	5	5	1	1	1	1	1	3	3	5	1	47

资料来源：王忠泽和张向明，2000；2010 年野外调查自测值

采用“ESHIPPO”模型（李小艳等，2013）对澜沧江中游漫湾水坝上下游浮游植物生态风险进行评价的结果如图 2-5 所示。结果表明，澜沧江稀有种红毛藻、中华鱼子菜，特有种空盘藻及资源种溪菜在小湾水坝建设后处于高风险状态，说明除了对其监测外，还必须立即采取相应的保护措施；稀有种奥杜藻与直链藻、裸藻等广域属种均处于中风险状态，对其在澜沧江中游区域而言，除了监测外，还必须做好保护措施的准备。

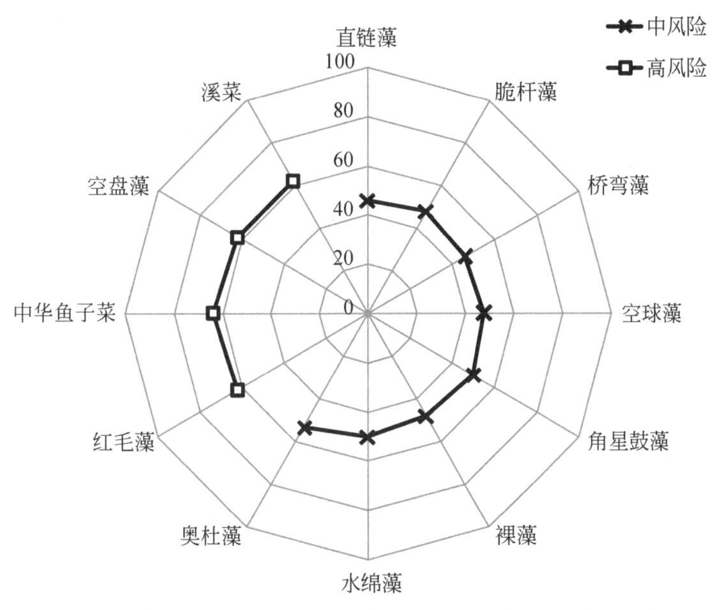

图 2-5　澜沧江漫湾水坝上下游浮游植物生态风险评价等级

采用“ESHIPPO”模型对澜沧江中游漫湾水坝上下游浮游动物生态风险进行评价的结果如图 2-6 所示。结果表明，特有种云南棘猛水溞和西南荡镖水蚤在小湾水坝建设后均处于高风险状态，对其应立即采取相应的保护措施；广域属种球形砂壳虫、瓶累枝虫、褶累枝虫、纤毛虫、转轮虫和透明溞均处于中风险等级，对其除了监测外，还应做好必要的保护措施的准备。

采用“ESHIPPO”模型对水湾水库蓄水前后上下游土著鱼类的生态风险进行评价的结

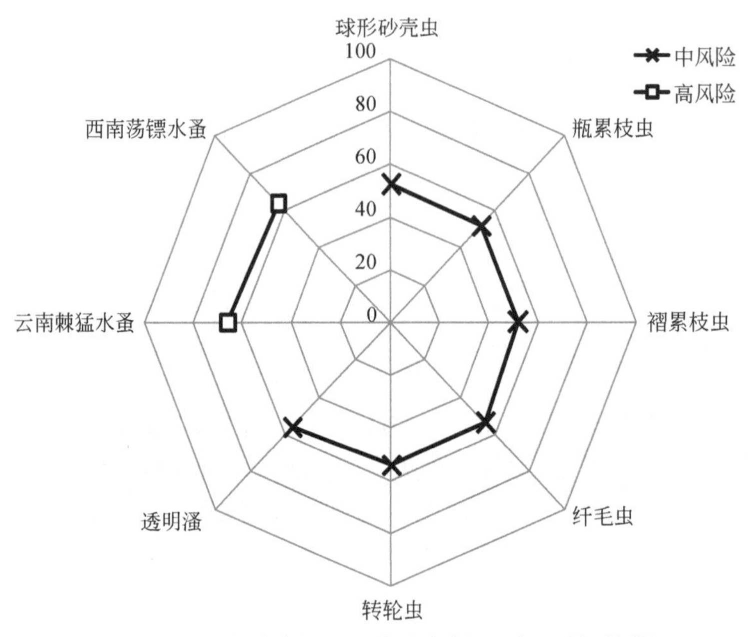

图 2-6　澜沧江漫湾水坝上下游浮游动物生态风险评价等级

果如图 2-7 所示。结果表明，澜沧裂腹鱼、云南平鳅、光唇裂腹鱼等 12 种土著鱼类在小湾水库蓄水后处于高风险状态，应立即对其采取必要的保护措施，防止其消失或灭绝。黄斑褶鮡、横纹南鳅和短尾高原鳅处于中风险状态，对其除了监测外，还应做好必要的保护措施的准备。

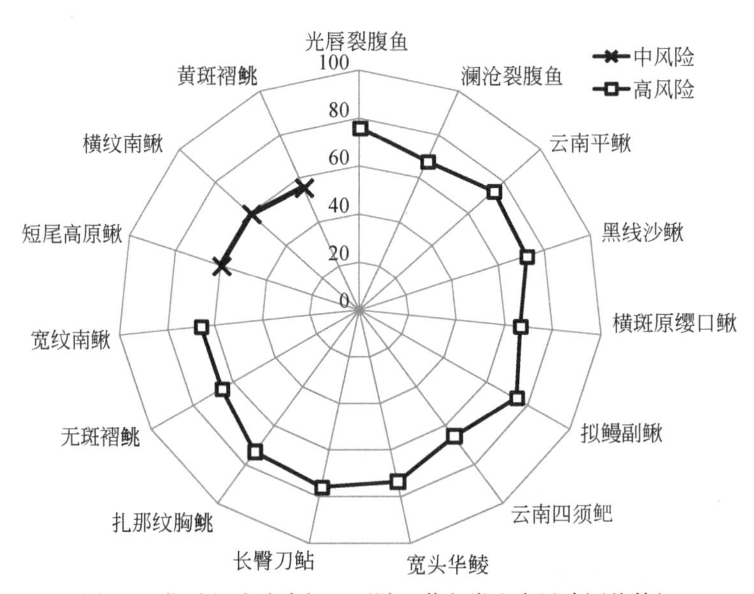

图 2-7　澜沧江小湾水坝上下游土著鱼类生态风险评价等级

三、景观水平生态风险终点

（一）水坝建设的影响范围

利用缓冲区分析方法，研究了漫湾大坝建设对库区景观的影响范围。结果表明，综合土地利用动态度随着缓冲区范围的增加而降低（图 2-8）。1974～1988 年，综合土地利用动态度在 0～800 m 的缓冲区范围内具有较高的值，表明漫湾大坝建设对景观的影响主要集中在大坝附近。1988～2004 年，综合土地利用动态度在 0～600 m 缓冲区范围内呈现增加的趋势，而在随后的缓冲区内随着缓冲距离的增加呈现减少的趋势，表明在大坝建设后距离大坝近的地方景观变化比较小，而水库蓄水成为土地利用变化的主要干扰。总之，综合土地利用动态度在这两个时期的变化表明，其在缓冲范围达到一定的距离之后趋于平稳，相邻缓冲区内的土地利用动态差异变小：1974～1988 年，综合土地利用动态度在缓冲区距离为 5000～6000 m 之后变得平稳，1988～2004 年，在缓冲区距离为 2000～3000 m 之后变得平稳。因此，推测大坝建设的影响距离为 5000～6000 m，在这个范围之外景观变化的主要驱动力应为自然因素或者其他人类干扰，大坝建成后，大坝的影响距离为 2000～3000 m，在此距离之外，景观变化较小。

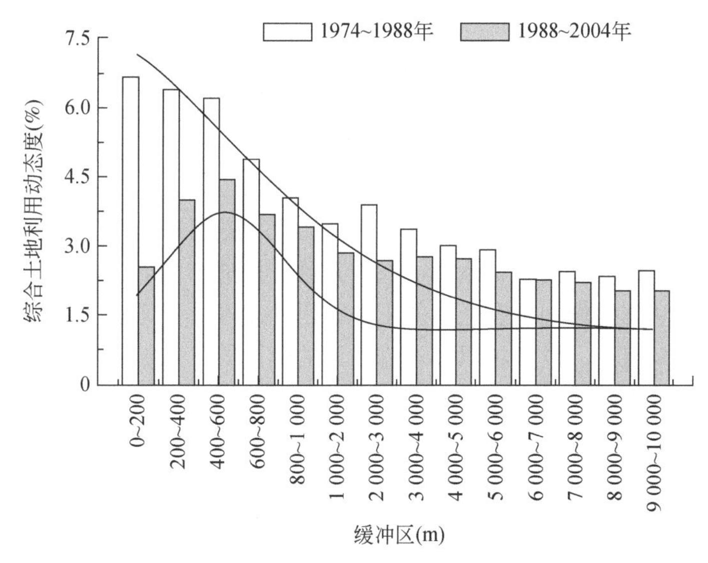

图 2-8　以大坝为中心的不同缓冲区内的综合土地利用动态度

土地利用转化斑块密度在不同带状缓冲区范围的变化表明，转化斑块密度随着至河道距离的增加呈现降低的趋势（图 2-9）。与以大坝为中心的缓冲区内综合土地利用变化度不同的是，在 0～200 m 缓冲区范围内，转化斑块密度远远大于其他缓冲区，这可能与河道附近频繁的人类活动有关系，如农田开垦造成河道附近景观破碎，然而水库蓄水后这些破碎的斑块被淹没为水域，造成大量斑块发生转化。1974～1988 年，转化斑块密度的变化表明，河道附近的人类活动随至河道距离的增加呈现减少的趋势，水库蓄水后不同缓冲区内的人类活动影响加强，呈现出在相同缓冲区内转化斑块密度在 1988 ~ 2004 年要大于 1974 ~ 1988 年的结果。水库蓄水后，在 1000 m 的缓冲区内景观变化比较明显，1000 ~ 3000 m 范围内变化次之，3000 m 范围之外各土地利用类型比较稳定，相互转化比较不明显。因此推断，水库蓄水对景观格局的影响范围主要集中在至河道 3000 m 的范围之内。

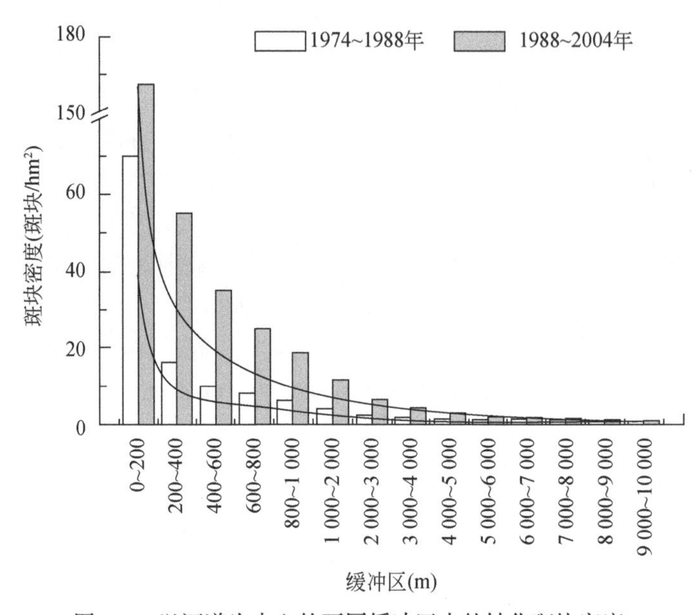

图 2-9　以河道为中心的不同缓冲区内的转化斑块密度

大坝上下游 10 km 范围内的土地利用动态表明（图 2-10），1974 ~ 1988 年，林地、草地和农田在上游的土地利用动态度大于下游，表明大坝建设对这些土地利用类型的影响大于下游，主要原因为此时期的森林砍伐、农田开垦、被遗弃的农田演变为草地，以及移民的安置。然而，灌丛与建设用地在上游的土地利用动态度小于下游，主要原因为大坝建设带来的次级干扰，如料场、废料场以及运输通道的建设等。水域面积在上下游的动态都比较小，表明此阶段大坝建设对水域的影响不大。大坝建设后，水库蓄水成为土地利用变化的主要驱动因素，1988 ~ 2004 年，水域面积在上下游之间变化最明显，动态度分别为 19. 2% 和 3. 8% ，主要原因为上游水库蓄水，淹没大片面积的其他土地利用类型；相对而言，其他 5 种土地利用类型的动态度比较小，上游动态度较下游大。总体而言，上下游的综合土地利用动态度比较低，分别为 2. 5% 和 2. 2% 。

1974 ~ 1988 年，综合土地利用动态度分别在大坝上下游 5000m 和 3000 m 缓冲区范围内呈现先升后降的趋势，上游在 800 ~ 1000m 缓冲区内动态度最大，而下游在 200 ~ 400 m 缓冲区内动态度最大（图 2-11），表明大坝建设对上游最直接的影响主要集中在 0 ~ 1000 m 的范围内，而对下游的影响主要集中在 0 ~ 400 m 范围内。1988 ~ 2004 年，综合土地利用动态度在上游 3000 m 范围内基本上呈现随至大坝距离的增加而降低的趋势，在下游 1000 m 范围内呈现随至大坝距离的增加而降低的趋势，表明水库蓄水对大坝上游和下游的影响距离分别为3000 m和1000 m。

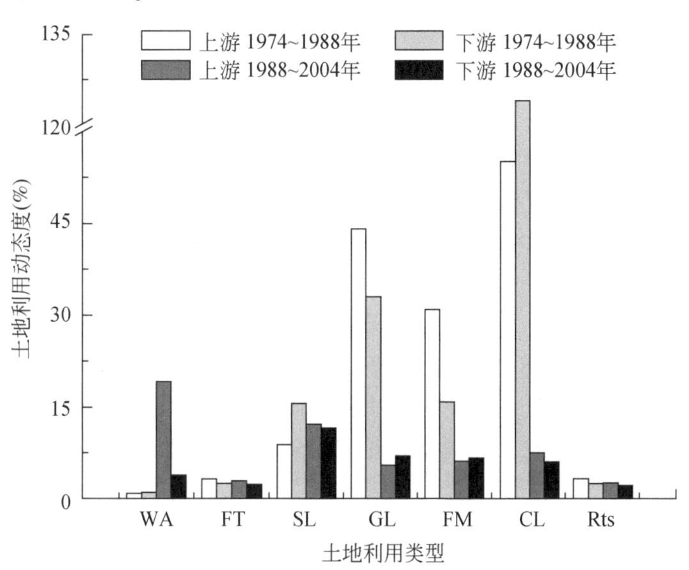

图2-10　大坝上下游10 km范围内综合土地利用动态度对比

注：WA为水域；FL为林地；SL为灌丛；GL为草地；FM为农田；CL为建设用地；Rts为综合土地利用动态度。

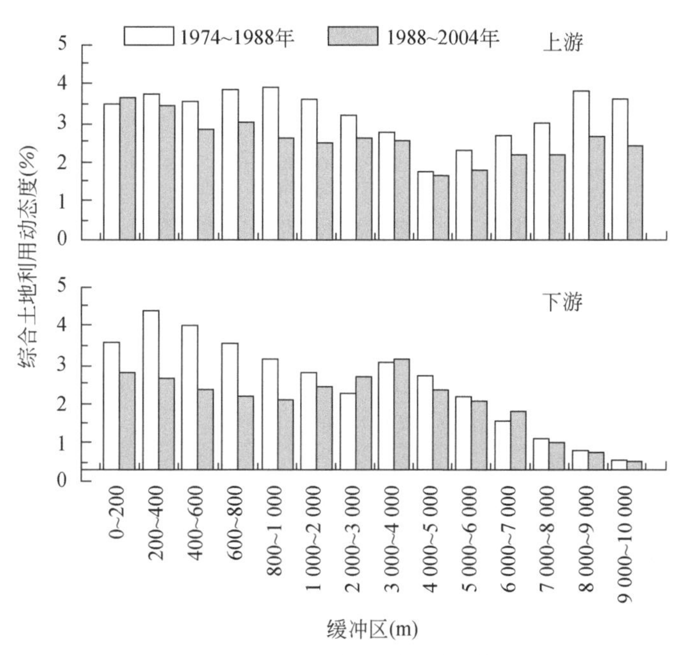

图2-11　大坝上下游10 km范围内不同缓冲区综合土地利用动态度

（二）水坝建设对河岸带景观格局的影响

基于GIS技术，利用移动窗口法（刘昕和国庆喜，2009），对漫湾水电站建设前后上下游的景观格局改变进行梯度分析，这对于确定梯级水电开发的生态效应及影响范围具有现实意义。以 1974 ~2004 年 3 期遥感资料为基础，以漫湾水电站为结点研究小湾水电站—漫湾水电站—大朝山水电站景观格局的梯度变化，并比较漫湾水电站建设对上下游景观格局的影响。

采用空间自相关分析、地统计学及相关性分析的方法，揭示漫湾水电站建设过程中研究区景观生态风险的时空分异规律，并结合地形地貌、道路建设等自然及人为干扰因素对多种风险源的综合作用规律进行研究。景观的破碎化程度是衡量景观异质性的重要指标，可以用斑块密度表示景观破碎化程度。由 1974 ~ 2004 年斑块密度梯度变化图（图 2-12）可以看出，斑块密度的平均水平呈逐年增加的趋势。说明 1974 ~ 2004 年 30 年漫湾水电站上游河岸景观的破碎化程度逐年增加。1974 年，漫湾水电站上游河岸景观的斑块密度在 20 个/km^2 周围波动，但 1988 ~2004 年斑块密度随与水电站距离的增大呈现明显的梯度变化，随着与水电站距离的增大，斑块密度呈现先减小后增大的趋势，尤其以 2004 年变化较为明显。

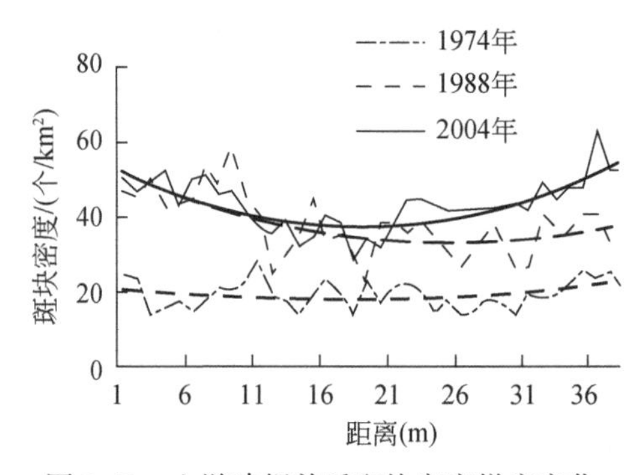

图 2-12　上游建坝前后斑块密度梯度变化

本书应用景观形状指数描述景观形状的复杂程度。由图 2-13 可以看出，景观形状指数呈逐年增加的趋势，说明 1974 ~2004 年 30 年漫湾上游河岸景观斑块形状趋于复杂。此外，1974 年景观形状指数基本不变。而 1988 年与 2004 年景观形状指数随与水电站距离的增大呈现先减小后增大的趋势，其中 2004 年曲线的弧度较大，说明随与大坝距离的增加景观斑块的形状变化较剧烈。

多样性指数是度量景观类型的多样性和复杂性的指数，多样性指数的高低反映了景观类型的多少，以及各类型所占比例的变化。本书使用香农多样性指数表示研究区的景观多样性。由图 2-14 可以看出，与 1974 年相比，1988 ~2004 年景观多样性指数逐年增大，说明研究区景观类型趋于多样化。随着与大坝距离的增加，建坝后景观多样性指数呈现先减小后增大的趋势，与斑块密度、形状指数相比，其变化幅度较小。

下游河岸斑块密度、景观形状指数、景观多样性指数的梯度变化规律相似。1974 年，随与漫湾水电站距离的增大，各个景观指数的变化梯度为先减小后增大。而 1988 年、2004 年则表现为逐渐增大的趋势，尤其是在距离大坝 10 ~30 km 的范围内，各景观指数的增加幅度最大（图 2-15）。

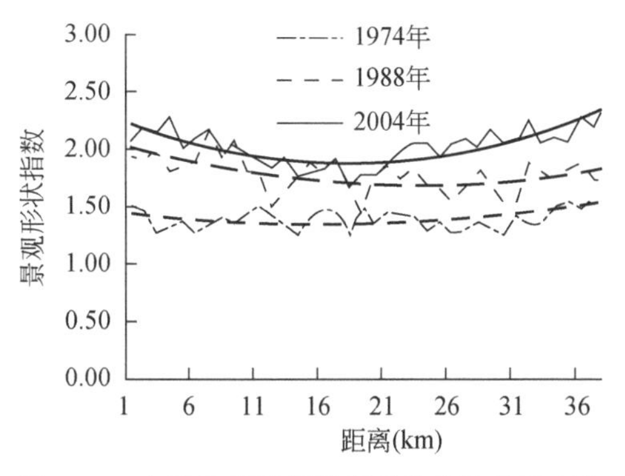

图 2-13　上游建坝前后景观形状指数梯度变化

图 2-14　上游建坝前后香农多样性指数梯度变化

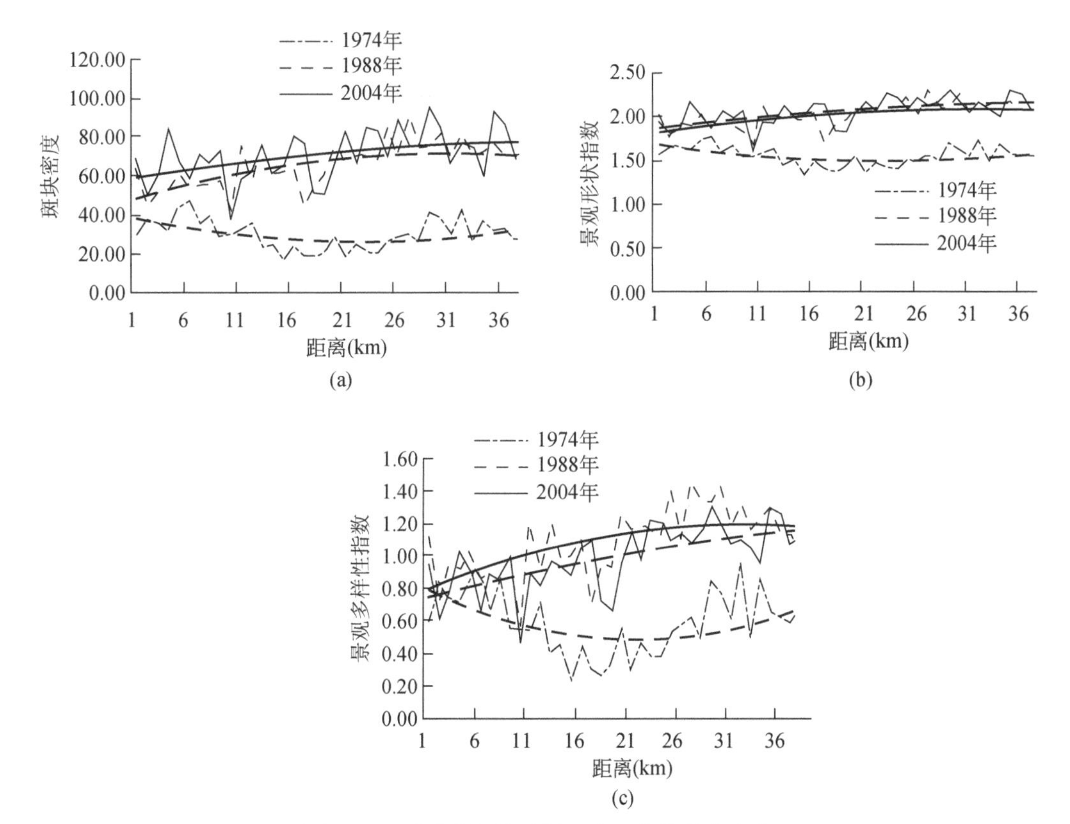

图 2-15　下游建坝前后景观格局指数梯度变化

景观格局指数的平均值之差可以反映建坝前后上下游景观格局的变化。从表 2-15 可以看出，1974 ~1988 年下游斑块密度和景观形状指数分别增大了 119.88% 和 31.82%，大于上游的变化，即水坝建设初期对下游景观格局破碎化和斑块形状复杂程度的影响较大。而 1988 ~2004 年上游的景观格局指数变化较大，其中景观形状指数增大了 13.97%，说明水坝建坝后期对上游景观格局的影响较大。

表 2-15　景观格局指数上下游变化对比

格局及变化率		斑块密度（个/km^2）	景观形状指数	香农多样性指数
上游	1974 年	19.48	1.41	0.27
	1988 年	38.03	1.79	0.54
	2004 年	18.55	2.04	0.63
	1974～1988 年（%）	95.23	26.95	100.00
	1988～2004 年（%）	-51.22	13.97	16.67
下游	1974 年	30.08	1.54	0.58
	1988 年	66.14	2.03	1.09
	2004 年	71.28	2.07	1.00
	1974～1988 年（%）	119.88	31.82	87.93
	1988～2004 年（%）	7.77	1.97	-8.26

根据变化特征，将上下游研究区域划分为 a（0～10km）、b（10～30 km）、c（30～38km）3 部分，为进一步比较不同区段景观格局在建坝前后的变化，现以 1974～1988 年、1988～2004 年漫湾水电站上下游 a 段、b 段、c 段景观格局指数差值作图，可以看出 1974～1988年上下游景观格局指数的变化均大于 1988～2004 年的变化，说明漫湾水电站的建设对上下游景观格局均产生较大影响，而漫湾水电站建成后（1988～2004 年），由于采取退耕还林措施改善了上下游的生态环境，所以景观格局的演变速度大大降低。由此可以得出结论：0～10km，漫湾水电站开发对大坝上游的景观格局的影响大于下游，下游 10km 之外，景观格局的变化因素具有不确定性，退耕还林政策的实施对其影响很大。

（三）水坝建设对库区周边土地利用类型的影响

利用漫湾库区土地利用图、遥感影像及其分类结果，分析研究区不同土地利用类型的变化，结果如图 2-16 和图 2-17 所示。在 1974 年，研究区的植被覆盖率接近 90%，其中森林占 60%、灌木占 22%、草地占 0.7%。到 2004 年植被覆盖率下降到 72%。1974～2004 年，大坝建设前后，林地面积减少了 27.25 hm^2，即减少 37%；水域面积增加了 12.2 hm^2，是 1974 年的 148%；灌木面积增加了 14.6 hm^2，即增加了 56%。其中，农田面积减少了 3.8 hm^2，草地面积几乎缩减为 0。

图 2-17 显示了不同土地利用类型的覆盖变化情况。由于漫湾电站的建设，水域面积增加了 12.2km^2。在研究区内，电站建设后河道面积的增加，淹没了部分原生植被。大坝作为土地利用变化的驱动因子，也导致了部分森林退化为灌丛。土地利用和大坝建设通过影响植被的格局分布，会进一步影响区域生物碳储量。事实上，由于地表覆盖的变化，地形、土质及植被类型都会发生变化，进而引起研究区生物碳储量的变化。本书假设 50% 的森林为成年树木，根据文献确定不同植被类型的生物碳密度，与相应的土地利用面积相乘研究大坝建设前后研究区的生物碳储量（表 2-16）。结果表明，1974～2004 年漫湾库区植被生物碳库储量减少了 2973.18t C，大坝建设导致了生物碳储量的净损失。

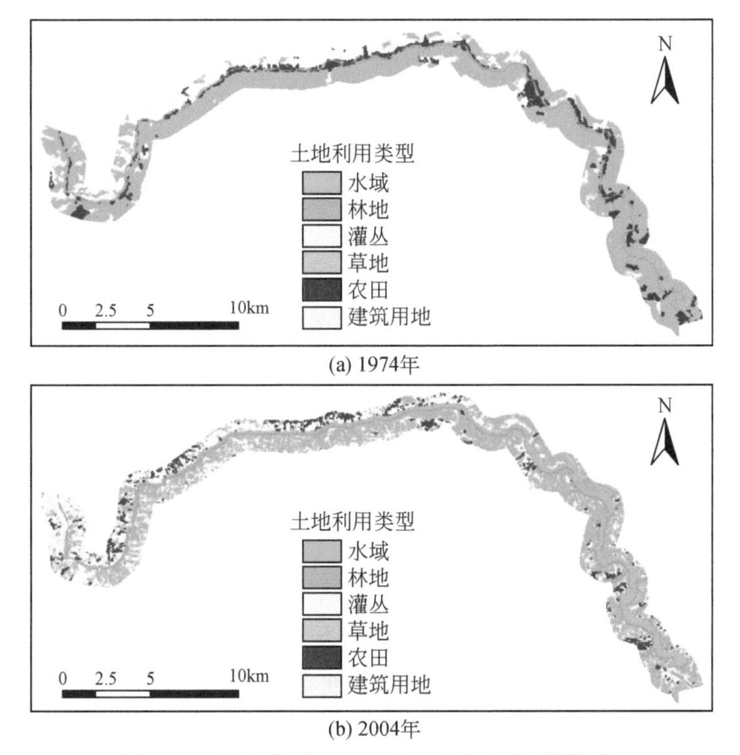

图 2-16 漫湾库区 1000m 缓冲区内土地利用变化

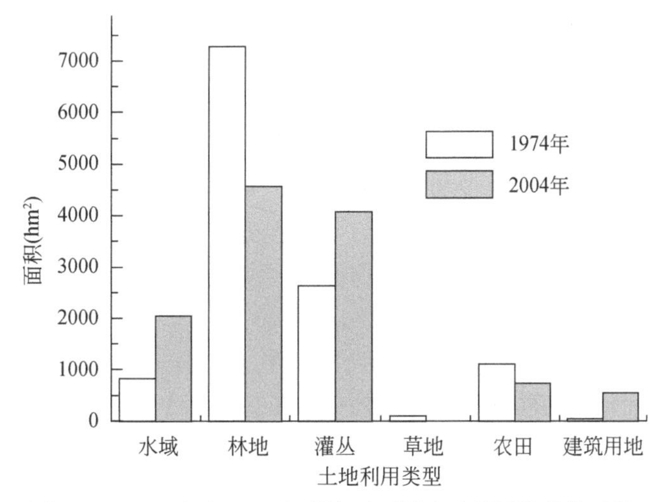

图 2-17 1974 年和 2004 年研究区不同土地利用类型的面积

表 2-16　1974～2004 年不同土地利用类型的生物碳储量变化

土地利用类型	碳密度（t C/hm²）	1974 年		2004 年	
		面积（hm²）	碳储量（t C）	面积（hm²）	碳储量（t C）
水域		8.23		20.43	
森林	116.24	72.68	8448.32	45.43	5281.36
灌木	14.56	26.14	380.67	40.75	593.35
草地	5.32	0.84	4.48		0
农田	3.81	11.1	42.29	7.31	27.86
建筑用地		0.3		5.37	
总计		119.29	8875.76	119.29	5902.57

从表 2-16 可以看出，1974 年研究区的生物碳储量为 8875.76 t C，到 2004 年由于大坝建设和土地利用的变化，研究区的生物碳储量减少到 5902.57 t C。其中，森林是最大的生物碳库，1974 年碳储量为 8448.32 t C，占总碳储量的 95%。森林面积的减少导致了研究区生物碳储量的迅速下降，到 2004 年森林碳库为 5281.36 t C。大坝建设前后，草地碳储量从 4.48 t C 降低为 0；只有灌木碳储量从 380.67 t C 增加到 593.35 t C。可见，大坝建设通过改变库区周边的土地利用覆被，影响了生态系统的服务功能（碳储存），进而造成景观尺度的生态风险。

本章小结

水坝工程的生态风险源识别研究的结果表明，水坝建设和运营是引发生态风险的初级驱动力，即原生风险源；水坝工程的建设和运营一般会引起生境破碎化、土地利用变化、水文变化等，这是水坝工程的次生风险源，其作用结果将改变水文、水质等水环境要素，导致水生藻类、底栖生物、鱼类等水生生物及库区植物物种和群落组成发生变化，从而破坏流域生态系统的完整性和稳定性。

水坝工程的生态风险受体识别研究的结果表明，在澜沧江中下游区域，物种水平上生态风险的主要陆生受体为植物优势种、入侵种（紫茎泽兰）和濒危种（水杨柳），主要水生受体为藻类（优势种、稀有种、资源种）、浮游动物（优势种）、底栖动物（存在种）和鱼类（土著种）；在群落水平上生态风险的主要陆生受体为植被类型，主要水生受体由藻类、浮游动物、底栖动物群落组成；生态系统水平上生态风险的主要陆生受体和水生受体为生态系统结构和功能的完整性；在景观水平上，生态风险的主要受体是景观结局和过程。

水坝工程的生态风险终点识别研究的结果表明，在澜沧江中下游区域，水坝工程的风险终点主要表现为岸带和坡面植被优势种减少、外来种（紫茎泽兰）增加，岸带濒危植物（水杨柳）减少或消失，植物多样性下降，水生生物（浮游植物、浮游动物、鱼类）完整性下降，土著鱼类和藻类的种类与数量减少，生物多样性下降，水生生态系统结构和功能受损，流域土地利用和覆被类型变化、景观破碎化加剧、生态系统服务功能下降等方面。

参考文献

程瑞梅，肖文发，王晓荣，等. 2010. 三峡库区植被不同演替阶段的土壤养分特征. 林业科学，46：1-6.

崔保山，胡波，翟红娟，等. 2007. 重大工程建设与生态系统变化交互作用. 科学通报，52：19-28.

傅开道，黄江成，何大明. 2008. 澜沧江漫湾电站拦沙能力评估. 泥沙研究，4：36-40.

郭乔羽，李春晖，崔保山，等. 2003. 拉西瓦水电工程对区域生态影响分析. 自然资源学报，18：50-57.

贺玉琼，李新红，张培青. 2009. 水利工程对澜沧江干流水文要素的扰动分析. 水文，4：93-98.

黄宝荣，欧阳志云，郑华，等. 2006. 生态系统完整性内涵及评价方法研究综述. 应用生态学报，17：2196-2202.

贾金生，袁玉兰，马忠丽. 2006. 2005 年中国与世界大坝建设情况. 昆明：国际研讨会论文集.

蒋文志，曹文志，冯砚艳，等. 2010. 我国区域间生物入侵的现状及防治. 生态学杂志，29：1451-1457.

李小艳，彭明春，董世魁，等. 2013. 基于 ESHIPPO 模型的澜沧江中游大坝水生生物生态风险评价. 应用生态学报，24：517-526.

刘昕，国庆喜. 2009. 基于移动窗口法的中国东北地区景观格局. 应用生态学报，20：1415-1422.

王忠泽，张向明. 2000. 云南澜沧江漫湾水电站库区生态环境与生物资源. 昆明：云南科技出版社.

姚维科，崔保山，董世魁，等. 2006. 水电工程干扰下澜沧江典型段的水温时空特征. 环境科学学报，26：1031-1037.

姚维科，杨志峰，刘卓，等. 2005. 澜沧江中段水质时空特征分析. 水土保持学报，19：148-152.

周庆，欧晓昆，张志明，等. 2008. 澜沧江漫湾水电站库区土地利用格局的时空动态特征. 山地学报，26：481-489.

Ahearn D S，Sheibley R W，Dahlgren R A. 2005. Effects of river regulation on water quality in the lower Mokelumne River，California. River Research and Applications，21：651-670.

Hill M O. 1979. Twinspan：A Fortran program for arranging multivariate data in an ordered two-way table by classification of the individuals and attributes. Section of Ecology and Systematics，Cornell University.

Li J，Dong S，Peng M，et al. 2013a. Effects of damming on the biological integrity of fish assemblages in the middle Lancang-Mekong River basin. Ecological Indicators，34：94-102.

Li J P，Dong S K，Liu S L，et al. 2013b. Effects of cascading hydropower dams on the composition，biomass and biological integrity of phytoplankton assemblages in the middle Lancang-Mekong River. Ecological Engineering，60：316-324.

Li X Y，Dong S K，Zhao Q H，et al. 2010. Impacts of Manwan Dam construction on aquatic habitat and community in Middle Reach of Lancang River. International Conference on Ecological Informatics and Ecosystem Conservation（ISEIS 2010），2：706-712.

Mallik A U，Richardson J S. 2009. Riparian vegetation change in upstream and downstream reaches of three temperate rivers dammed for hydroelectric generation in British Columbia，Canada. Ecological Engineering，35：810-819.

McCartney M P，Sullivan C，Acreman M C，et al. 2000. Ecosystem impacts of large dams. Thematic Review II，1：

25-30.
Nilsson C, Reidy C A, Dynesius M, et al. 2005. Fragmentation and flow regulation of the world's large river systems. Science, 308: 405-408.
Poff N L, Allan J D, Bain M B, et al. 1997. The natural flow regime. BioScience, 2: 769-784.
Wu J, Huang J, Han X, et al. 2004. The three gorges dam: An ecological perspective. Frontiers in Ecology and the Environment, 2: 241-248.

第三章　建坝河流生态水文过程模型

水坝影响下的河流生态水文的变化研究一直是生态学与水文学的热点。水坝工程改变了自然河川径流的分配，阻断了河流横向、纵向及垂向的连接度；水库蓄水淹没了周边的生境，造成河岸带湿地消失，引起栖息地功能破坏，导致生物多样性丧失；水坝工程导致河流连续体中断，阻塞了河流生态系统的物质循环及能量流动，使河流系统生态环境服务效益严重削弱；水坝建成后造成水体在库区内滞留，并导致水环境边界特征的变化，造成水体富营养化及水环境容量降低的现象；梯级电站建设还会导致水位呈现反复周期性的升高与降低。本章以澜沧江流域漫湾水电站对径流的影响研究为案例，通过建坝河流生态水文过程模型选择、参数率定与验证，模拟分析水坝影响下的流域径流过程与流域水沙分布。

第一节　生态水文过程模型选择、参数率定与验证

流域生态水文模型是定量评估环境变化流域生态水文响应的重要工具。通过定量刻画植被与水文过程的相互作用及全球变化对流域生态水文过程演变的影响机制，为流域水资源管理和生态恢复提供科学支撑。目前，国内外对流域生态水文模型已开展了一定深度的研究，并取得了一些阶段性成果。本节对比分析了不同模型的适用性，通过澜沧江中游漫湾水电站的实例研究，率定并验证了模型参数。

一、生态水文过程模型选择

根据不同的标准，流域生态水文模型有着不同的分类。以下按照模型中对流域植被与水文过程相互作用的描述，将现有模型归为两大类：①在水文模型中考虑植被的影响，但不模拟植被的动态变化，为单向耦合模型；②将植被生态模型嵌入到水文模型中，实现植被生态–水文交互作用模拟，为双向耦合模型。水文模型的种类繁多，分布式流域水文模型最显著的特点是与数字高程模型（DEM）结合，以偏微分方程控制基于物理过程的水文循环的时空变化，并进行分布式的过程描述和结果输出。分布式水文模型能够考虑水文参数和过程的空间异质性，将流域离散成很多较小单元，水分在离散单元之间运动和交换，这种假设与自然界中下垫面的复杂性和降水时空分布不均匀性导致的流域产汇流高度非线性的特征是相符的，因而所揭示的水文循环物理过程更接近客观世界，更能真实地模拟水文循环过程，它是水文模型发展的必然趋势。

20 世纪 90 年代前后，作为探索与发现复杂生态水文现象机理与规律有效途径之一的分

布式流域水文模型受到了极大的关注，在建模思想、理论和技术等方面有了长足的发展，并涌现出了一批生态水文模型，如 TOPMODEL（TOPgraphy based hydrological MODEL）、SHE、DHSVM（Distributed Hydrology Soil Vegetation Model）、VIC（Variable Infiltration Capacity）、SWAT（Soil and Water Assessment Tool）、HMS（Hydrologic Model System）、SVAT（Soil-Vegetation-Atmosphere Transfer model）等，它们在实际问题中得到了广泛应用。其中，SWAT 模型是由美国农业部（USDA）农业研究中心 Jeff Arnold 博士于 1994 年开发的。该模型开发的最初目的是为了预测在大流域复杂多变的土壤类型、土地利用方式和管理措施条件下，土地管理对水分、泥沙和化学物质的长期影响，可以进行连续时间序列的土壤侵蚀模拟，其应用非常广泛，由于 SWAT 模型考虑水库的影响，所以其在水坝建设影响下的生态水文过程研究中具有较好的适用性。

澜沧江流域是中国西南地区水电开发的重要基地之一，该流域梯级水电站建设的生态环境问题已成为国内外的研究热点（何大明等，2006）。从澜沧江流域的研究来看，已有研究分别从泥沙、水文、水质等方面分析澜沧江水电开发对河流水文的影响（姚维科等，2006；Kummu and Varis，2007；Fu et al.，2008），但是仍缺乏对河流水文特征变化的定量分析。因此，研究澜沧江径流变化特征对于理解电站径流调节对河流生态系统的影响具有重要价值。作为澜沧江最早建设的水电站，漫湾水电站于 1993 年建成投入使用后，对澜沧江的水文特征造成一定的影响。通过对比漫湾水电站建设前后径流特征的变化，探讨漫

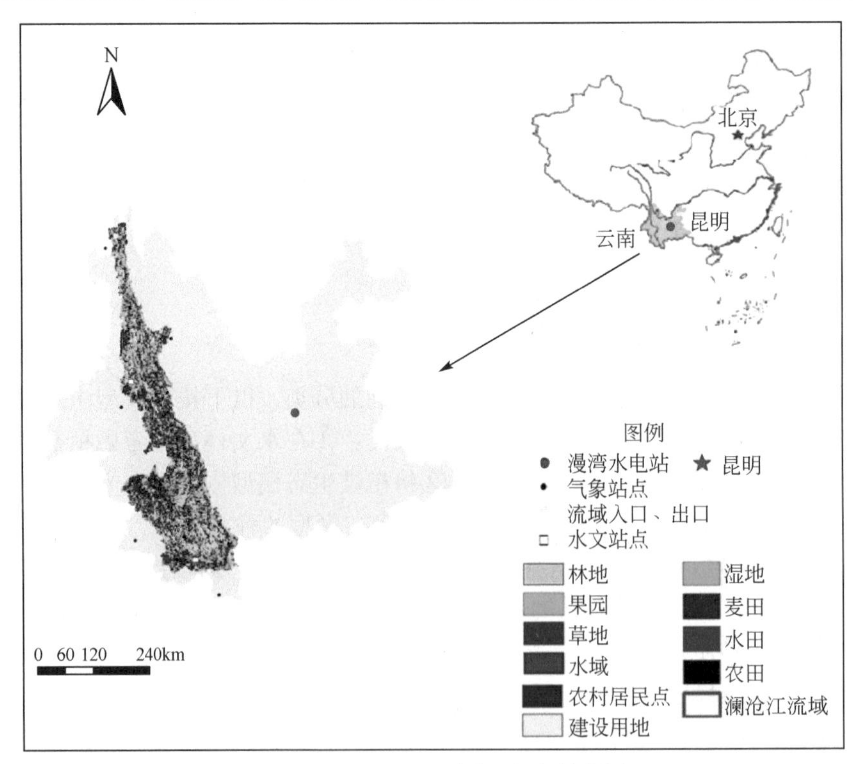

图 3-1 澜沧江土地覆盖及气象站点图

湾水电站建设对下游流量造成的扰动作用，并定量评价水电站建设对流域水文变化的影响程度，从而为评价澜沧江干流电站建设对下游涓公河径流影响提供科学依据。河流径流变化特征是生态水文研究的基础，利用 SWAT 模型可以研究水坝建设对澜沧江的生态水文动态。SWAT 模型是一个半分布式的水文模型，也是流域尺度上的物理模型。由于 SWAT 模型可以在流域尺度上模拟区域水平衡及泥沙传输动态，所以选择该模型做进一步的分析。SWAT 模型中将水库作为特殊水体，基于水库运行参数模拟其水量、泥沙及 N、P 的动态变化。土地覆盖数据采用经 TM 遥感影像解译的 2000 年云南省纵向岭谷区土地利用数据，通过投影转换、裁切等步骤获得研究区域的土地利用信息（图 3-1）。

逐日气象数据由国家基础气象站点得到。参数包括 1980 ~2010 年降水、最高/最低气温、风速、相对湿度等。本节研究所采用的气象站点包括德钦、景东、景洪、澜沧、丽江、勐腊、普洱、维西、中甸、大理、保山、临沧、江城。具体站点信息见表 3-1。此外，SWAT 天气发生器（weather generator）还需计算研究区多年逐月气象统计资料，包含月平均最高气温、月平均最低气温、月平均降水标准偏差、降水偏度系数、月内干日系数、月内湿日系数、露点温度、日均太阳辐射量、月均风速等参数。以上所需参数可依据相关公式及 SWAT 官网提供的 pcpSTAT 程序计算。

表 3-1　气象站点位置参数表

区站号	台站名称	经度	纬度	海拔高度（m）
56444	德钦	28°29′E	99°55′N	3319
56977	江城	22°35′E	101°51′N	1121
56856	景东	24°28′E	100°52′N	1162
56959	景洪	22°00′E	100°47′N	582
56954	澜沧	22°34′E	99°56′N	1055
56651	丽江	26°52′E	100°13′N	2392
56951	临沧	23°53′E	100°05′N	1502
56969	勐腊	21°29′E	101°34′N	632
56964	普洱	22°47′E	100°58′N	1302
56548	维西	27°10′E	99°17′N	2326
56543	中甸	27°50′E	99°42′N	3277
56751	大理	25°42′E	100°11′N	1001
56748	保山	25°07′E	99°11′N	1652

土壤属性数据采用中国科学院南京土壤研究所 1∶100 万土壤类型图，经预处理（重分类、裁切）后输入模型。土壤属性主要用于模拟水文响应单元（HRU）内的水循环及侵蚀。土壤属性参数包括砂土、黏土、有机质含量及容重。

二、SWAT 模型参数率定与验证

根据 SWAT 模型的需要以及研究区数据的可得性，本节收集计算的水库运行指示因子如下：水库开始运行的月份（MORES）、水库开始运行的年份（IYRES）、水库水位达到应急溢洪道时的水面面积（RES_ESA）、水库水位达到应急溢洪道时所需的水量（RES_EVOL）、水库水位达到正常溢洪道时的水面面积（RES_PSA）、水库水位达到正常溢洪道时所需的水量（RES_PVOL）、水库模拟初始日期的库容（RES_VOL）、水库初始含沙量（RES_SED）、平衡含沙量（RES_NSED）、水库底部的水力传导系数（RES_K）、月最小平均日出流（OFLOWMN）、月最大平均日出流（OFLOWMX）、汛期开始及结束月份。

根据允景洪和旧州水文站点的监测数据，运用 SWAT-CUP 软件中 Sequential Uncertainty Fitting（SUFI-2）方法进行参数的敏感性分析。筛选出影响径流的 12 个敏感的控制参数，并在SWAT-CUP 软件中进行率定，率定期为1981 年1 月～1996 年12 月，在此过程中根据率定的结果调整所选参数取值。所率定的参数及其取值范围见表 3-2。

表 3-2　模型敏感性参数及初始值范围

参数名称	初始最小值	初始最大值	率定取值
v—CN2. mgt	20	90	38. 74
v—RCHRG_ DP. gw	0	1	0. 67
v—ALPHA_ BF. gw	0	1	0. 23
v—SOL_ AWC（1-2）. sol	0	1	0. 48
v—CH_ N2. rte	0	0. 5	0. 25
v—SURLAG. bsn	1	24	7. 87
v—GWQMN. gw	0	5000	3744. 46
v—Usle_ P. mgt	0. 1	1	0. 25
v—REVAPMN. gw	0	500	294. 60
v—TIMP. bsn	0. 01	1	0. 46
v—ESCO. hru	0. 01	1	0. 66
v—Spexp. bsn	1	1. 5	1. 37

选择 1998 年 1 月～2000 年 12 月为验证期，选用 Nash-Suttcliffe（NS）模拟系数和 Pearson 系数（R^2）评定模型率定及验证的结果。本节研究模型率定及验证的结果见表 3-3。由表 3-3 可知，旧州水文站和允景洪水文站径流数据的率定结果和验证结果均达到了模型的要求，即证明了 SWAT 模型在研究区内的径流模拟的适用性。

表 3-3　旧州和允景洪水文站径流率定结果和验证结果

水文站名	率定结果		验证结果	
	NS 系数	R^2	NS 系数	R^2
旧州	0. 74	0. 75	0. 70	0. 72
允景洪	0. 73	0. 71	0. 69	0. 71

利用流域入口和出口径流量的模拟结果，在 SPSS 软件中采用相关和 t-检验的方法以表征大坝的影响。漫湾水电站于 1986 年开始建设，1996 年建成投产，因此本书将 1983～1985 年的月均径流作为澜沧江的原始水文状态，而将 1996～1998 年作为大坝建设后澜沧江的水文状态，从而比较大坝建设运行前后径流量的变化。

将漫湾大坝建设前的1983～1985年自然阶段的子流域径流量作为基准值，通过比较基准值与人类工程建设影响阶段的径流量，可以评价大坝建设运行对于径流量变化的影响程度。在本章的研究中，大坝建设运行对于径流量变化的影响可按照如下公式（Wang et al.，2008）区分：

$$\Delta Q_{tot} = Q_h - Q_b \tag{3-1}$$

$$\Delta Q_{tot} = \Delta Q_{human} + \Delta Q_{climate} \tag{3-2}$$

$$\Delta Q_{human} = Q_h - Q_{hr} \tag{3-3}$$

$$I_{human} = Q_{human}/Q_{tot} \tag{3-4}$$

式中，ΔQ_{tot}为径流量的总变化量；Q_b 为自然阶段的监测径流量；Q_h 为大坝运行期的监测径流量；Q_{hr}为无大坝情景下的模拟径流量；ΔQ_{human}为大坝建设运行所导致的径流量的变化量；I_{human}为大坝建设运行对径流量总变化量的贡献程度（Verstraeten et al.，2008）。

第二节　水坝影响下的流域径流过程模拟

一、漫湾大坝建设前后澜沧江流域入口和出口的径流变化

利用SWAT模型，分析了建坝前后澜沧江流域入口和出口的径流变化特征，见表3-4。结果表明，由于气候变化及用水需求的增加，澜沧江上游流域的径流量出现减小的趋势。为确定大坝的影响，本节分析了流域入口和出口所在子流域内的水文特征的变化情况。入口所在子流域的月最大流量由172.8 m^3/s降至145.9 m^3/s，流域出口的月平均流量由1957.8 m^3/s降至1806.4 m^3/s。入口与出口间月最大流量差异由1905.5 m^3/s降至1771.7 m^3/s，降低约7%，这表明漫湾大坝削弱了流域径流峰值，但影响并不十分明显。本节运用t-检验方法分析1980～2010年月径流特征，结果表明入口1980～2010年的显著性值为0.062，而出口的值为0.002。统计结果显示，1980～2010年入口的水文特征并未出现剧烈的变化，但是出口的径流变化显著，表明出口受到大坝的干扰。

表3-4　漫湾大坝建设前后径流量统计分析

	年份	最小流量(m^3/s)	最大流量(m^3/s)	平均流量(m^3/s)	标准差	t	Sig.
出口	1983～1985	111.3	5128	1957.8	1484.57	-1.874	0.062
入口		1.3	172.8	52.3	45.5	3.987	0.002
差值		110	4955.2	1905.5	—	—	—
	年份	最小流量(m^3/s)	最大流量(m^3/s)	平均流量(m^3/s)	标准差	t	Sig.
出口	1996～1998	88.7	4981	1806.4	—	—	—
入口		1.3	145.9	34.7	—	—	—
差值		87.5	4835.1	1771.7	—	—	—

图 3-2 显示，在漫湾大坝建设前，流域入口的月均径流量与出口的月均径流量呈紧密相关的关系，其相关性系数 R^2 为 0.835；在建坝之后，流域入口与出口的相关性降低，其相关性系数 R^2 降为 0.482。在建坝之前，出口的径流量主要由流域出口的径流量决定；而相关性分析的结果表明，建坝之后入口对于出口径流量的影响被显著削弱。

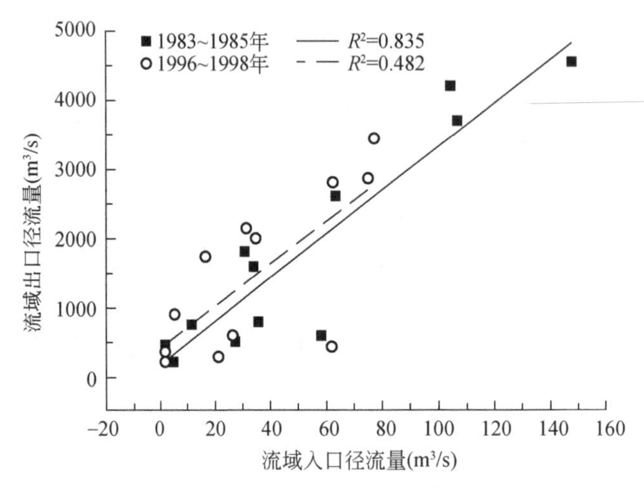

图 3-2　澜沧江流域入口与出口径流量相关性对比分析

二、漫湾大坝建设前后气候因子与径流相关性分析

本节选取月平均气温 T、相对湿度 H 及月降水量 P 作为表征流域气候条件的因子。利用线性回归分析，比较入口和出口径流量与气候因子的关系。从地理位置上选取离入口和出口所在子流域较近的气象站点，分别为维西站和景洪站。入口和出口径流量与气候因子的线性回归结果见表 3-5。

表 3-5　大坝建设前后入口出口径流量与气候因子的回归方程

所在流域	模拟时期	回归模型	R^2
入口	1983 ~ 1985 年	$R=1.723T+0.435H+0.24P-36.538$	0.811
出口		$R=71.446T+67.612H+9.99P-5942.271$	0.642
入口	1996 ~ 1998 年	$R=2.302T+1.876H+0.293P-128.026$	0.776
出口		$R=68.823T+73.467H+8.626P-6315.778$	0.491

由表 3-5 可知，大坝建设前入口和出口的径流量与气候因子的回归方程的决定系数分别为 0.811 和 0.642，但入口回归方程的决定系数要高于出口的决定系数，这表明建坝前入口子流域气候因子对其径流量所起的作用较大，相比之下出口子流域内气候因子对其径流量的解释程度较小。在建坝之后，入口和出口的径流量与气候因子的回归方程的决定系数分别为 0.776 和 0.491，入口回归方程的决定系数仍高于出口的决定系数，与建坝之前

相比，入口的回归方程决定系数相差不大，但是出口的回归方程决定系数明显下降，这表明建坝之后出口流域气候因子对其径流的解释程度更低，即大坝的建设运行降低了气候因子对于径流的影响程度。

三、水坝建设对径流变化的贡献程度

根据有无漫湾水库的两种情景模拟，本节计算了水坝的建设运行对于水库所在子流域径流变化的影响程度。本节将 1983 ~ 1985 年的径流状况作为不受水坝影响的自然情况，将 1996 ~ 1998 年的径流状况作为水坝建成运行影响下的水文状况，而将 1996 ~ 1998 年无水坝情景下模拟的径流状况作为不受水坝影响的情况。3 种情景下，大坝所在子流域的年均径流量如图 3-3 所示，3 种情景下子流域的年均径流量间的差异并不显著。根据计算可知，大坝的建设导致的径流量变化较自然状况下变化的幅度较小，约为 2 %。根据公式计算，大坝的建成运行对于其所在子流域径流量变化的贡献度达 95. 6 %，这说明漫湾大坝的建设运行是导致其所在子流域径流量变化的主要作用因素，但其导致径流变化的幅度较小。

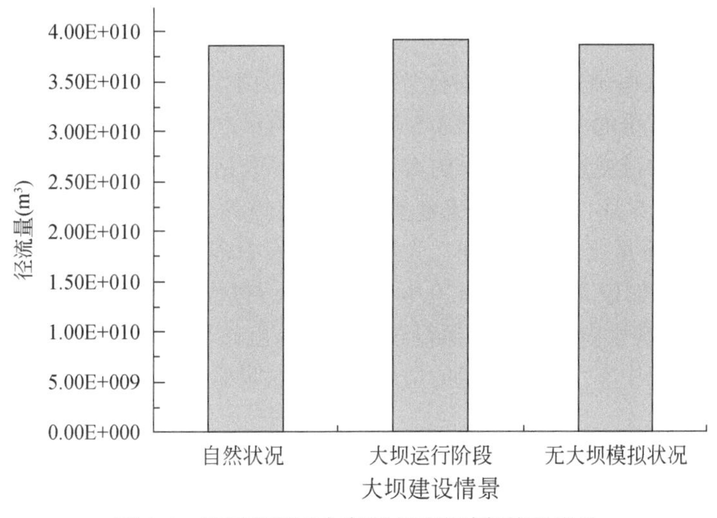

图 3-3　不同情景下水库所在子流域年均径流量

四、漫湾大坝建设运行对库区径流的影响

（一）漫湾水库径流年内分配

漫湾水电站的开发不仅影响库区年际径流分配，而且对年内月径流分配过程产生影响，其中影响较大的年份为 1995 年和 1997 年。如图 3-4 所示，多年平均月径流结果表明，单月 7 月的径流量最大，呈单峰分配，1995 年和 1997 年月径流量呈现双峰型分配。

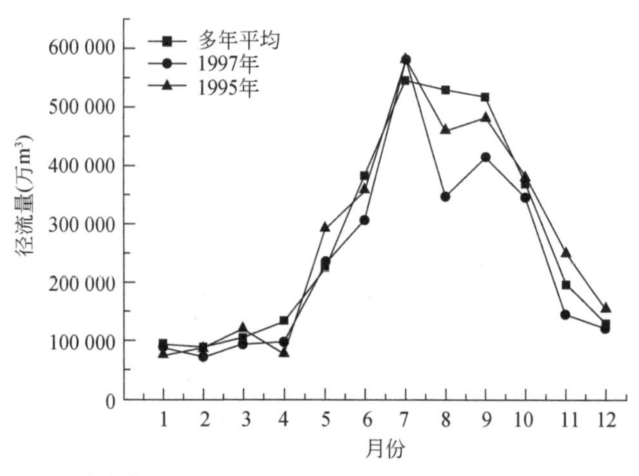

图 3-4　漫湾水库若干特殊年份的月径流分配与多年平均月径流情况比较

(二) 漫湾水电站建设运行与径流量变化关系

将漫湾水电站的模拟逐月径流系列划分为水电站建设前、水电站建设期和水电站运行期 3 个阶段，即 1982 ~ 1985 代表水电站建设前，1986 ~ 1993 年代表水电站建设期，1994 ~ 2001 年代表水电站运行期。对比分析 3 个阶段内多年平均月径流量可得不同阶段的径流量差值与相应月份的关系，如图 3-5 所示。漫湾水电站的建设使 7 月的径流量明显减少，而使 8 ~ 10 月的径流量有较明显的增加；漫湾水电站的运行使 8 月、10 月的径流量明显减少，而使 3 月、5 月、7 月的径流量呈现增加的趋势。不同时期径流量差值与 1980 ~ 2010 年多年平均径流量比值见表 3-6，大坝建设过程中多年平均径流量 7 月减少最大，达到 20. 1 %，10 月增加最大，达到 21. 9 %；大坝运行过程中多年平均径流量 10 月减少最大，达到 28. 5 %。在水电站建设和运行过程中，水电站对于库区年内月分配的影响是不同的，大坝运行过程中非汛期径流量的增加趋势更加明显。

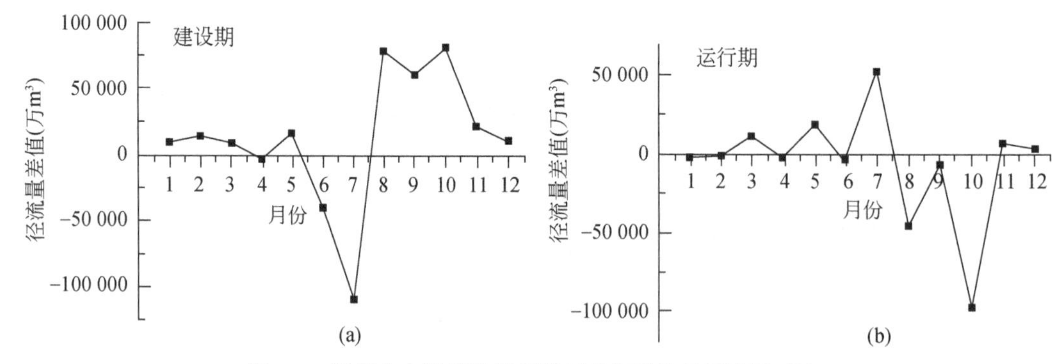

图 3-5　漫湾水电站建设运行前后多年平均月径流量对比

表 3-6 漫湾水电站建设运行前后多年平均月径流量的变化比率

月份	1	2	3	4	5	6	7	8	9	10	11	12
建设期变化比值（%）	9.3	15.6	7.6	-2.8	6.7	-10.6	-20.1	14.7	11.7	21.9	10.4	7.4
运行期变化比值（%）	-3.1	-2.0	11.3	-1.6	9.0	-0.9	8.6	-9.5	-1.5	-28.5	3.4	2.5

对于澜沧江流域梯级水电站建设的生态水文过程改变来说，主要采用 SWAT 模型模拟了 1980～2010 年澜沧江流域月径流的变化，分析了漫湾水电站建设对于整个流域及漫湾库区径流变化的影响，同时结合线性回归、情景分析、参数检验等方法，评价了澜沧江流域漫湾水电站的建设及运行对水文的影响程度。本章研究选取 1983～1985 年和 1996～1998 年两个研究时段分别表征大坝建设前和建成后。通过比较漫湾大坝建设前后澜沧江流域入口和出口的径流变化特征，发现入口与出口间月最大径流量差值降低约 7 %，说明漫湾大坝削弱了流域径流峰值，但其影响程度较小；统计的结果表明，在 1980～2010 年，流域入口的流量并未出现剧烈变化，但是出口流量变化显著；比较建坝前后流域入口和出口月均径流量相关性系数，表明建坝之后流域入口与出口的相关性系数 R^2 由 0.835 降为 0.482。

定量评价水利工程建设对流域水文条件的改变成为当前研究的热点问题。本章研究选取月平均气温、相对湿度及月降水量作为表征流域气候变化的气候因子，利用线性回归分析建立流域入口、出口径流量与气候因子的回归方程，结果表明建坝后入口和出口处，径流量与气候因子的相关性均出现了下降的现象，但是出口相关性下降程度要大于入口，表明漫湾水电站建设运行后流域气候因子对其径流量的解释程度降低，即大坝的建设运行降低了流域径流量对于气候变化的响应程度。为进一步厘清大坝建设运行对径流变化的影响程度，采用情景分析法，利用 SWAT 模型模拟无大坝建设运行的情景，分析自然情况、大坝运行情况及模拟情景下漫湾库区年径流量的变化，结果表明漫湾水电站调节作用是导致该子流域年径流量变化的主要因素，其对年径流量变化程度的贡献率为 95.6 %。实际上，流域的径流量往往也会受到气候变化的影响，已有学者研究表明（Zhao et al.，2012），澜沧江流域的气候变量在漫湾大坝建设前后出现明显差异，因此导致该流域径流量变化的因素除大坝径流调节作用外，气候因素亦是导致其变化的因素之一。

研究还分析了漫湾水电站建设运行对库区径流的影响。结果表明，漫湾水电站的开发不仅影响了库区年际径流的分配，而且还影响其年内分配。库区多年平均月径流为单峰分配，在 7 月达到最大值，而在漫湾水电站建成后的 1995 年和 1997 年，径流在年内呈双峰分配。此外，漫湾水电站的建设使 7 月的径流量明显减少，而使 8～10 月径流量明显增加，在水电站建设和运行过程中，水电站对于库区年内月分配的影响是不同的，水电站运行过程中非汛期径流的增加趋势更加明显。

第三节 水坝影响下的流域水沙分布模拟

一、澜沧江中下游水沙分布的 SWAT 模型构建

水库大坝的建成运行对泥沙的运移影响明显，主要表现在对河流泥沙的中下游运移产

生拦截效应，破坏了自然状况下的水沙平衡。本节在 Microsoft Windows 7 软件平台、ArcGIS9.3 软件中安装水文模拟软件模块 ArcSWAT2005，模拟漫湾水电站建设后澜沧江中下游小流域 1990 ~ 2009 年的土壤侵蚀动态，从而对澜沧江下游水沙分布进行动态分析。

SWAT 模型主要需要的数据包括 DEM 数据、土地利用数据、土壤类型数据等空间数据库和土地利用/植被覆盖属性数据、土壤属性数据，以及气象、水文属性数据。根据 SWAT 模型的需要，所有空间属性数据库应具有相同的地理坐标和投影，将不同数据格式通过投影变换为统一的 Transverse Mercator 投影。

数字高程模型（digital elevation model，DEM）是地表单元的高程集合，可以描述坡度、坡向、坡度变化率等信息。DEM 模型是 SWAT 模型进行子流域划分、水系生成和水文过程模拟的基础。由于研究区域面积比较大，所以采用 1：10 万 DEM 模型，通过变换投影、重分网格和界定流域边界等步骤获得研究所需的 DEM 模型，研究区域 DEM 模型如图 3-6 所示。

土地利用数据采用经 TM 遥感影像解译的 2004 年云南省纵向岭谷区土地利用数据，通过投影转换、裁切等步骤获得研究区域土地利用类型，共有 6 个一级分类，17 个二级分类。根据美国地质调查局（USGS）土地利用系统进行重分类（图 3-7），土地利用重分类表及代码见表 3-7。由图 3-7 可以看出，研究区域面积最大的土地利用类型为林地，其次为旱地和草地。具体土地利用面积数据见表 3-8。

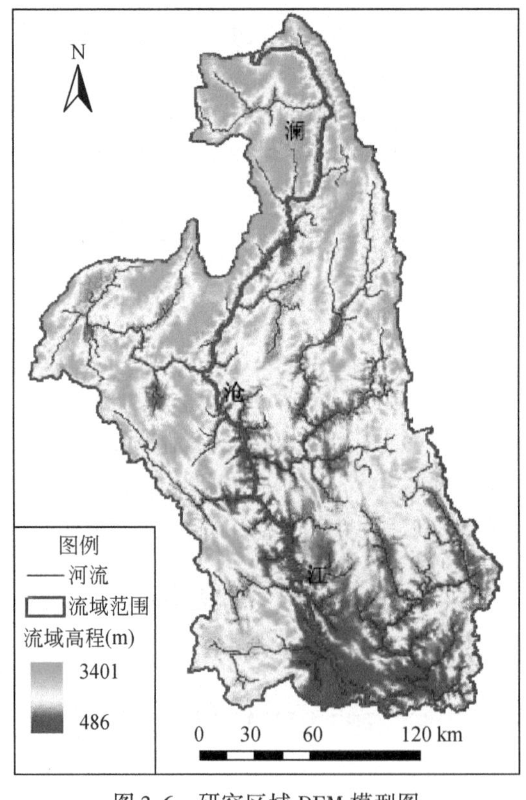

图 3-6　研究区域 DEM 模型图

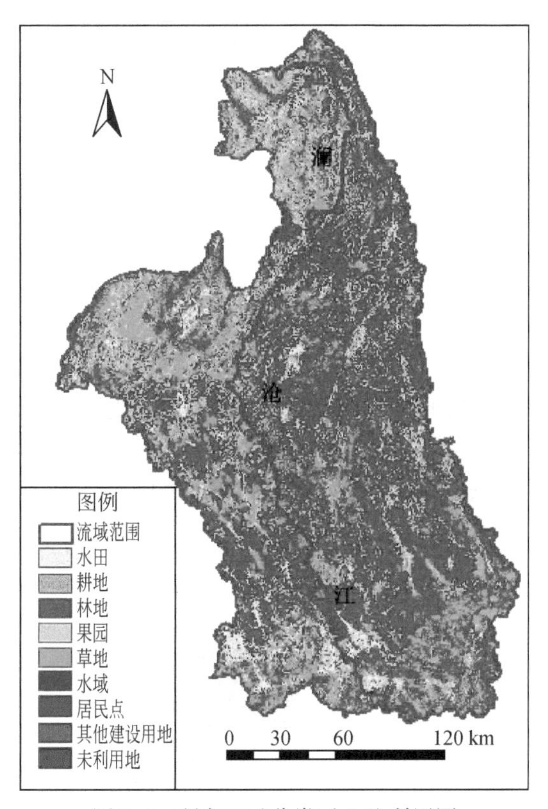

图 3-7 研究区重分类后土地利用图

表 3-7 研究区域土地利用分类表和重新分类表

编号	一级分类	二级分类	重分类后名称	重分类代码
11	耕地	水田	水田	RICE
12		旱地	旱地	AGRL
21	林地	有林地	林地	FRST
22		灌木林		
23		疏林地	果园	ORCD
24		其他林地		
31	草地	高覆盖度草地	草地	PAST
32		中覆盖度草地		
33		地覆盖度草地		
41	水域	河渠	水域	WATR
42		湖泊		
43		水库		
44		冰川和永久积雪地		
46		滩地		
51	城乡、工矿、居民用地	城镇用地	居民点	URMD
52		农村居民点用地		
53		建设用地	其他建设用地	UIDU
66	未利用地	裸岩石砾地	裸地	BARL

表 3-8 2004 年土地利用面积表

土地利用类型	面积（km²）	百分比（%）	土地利用类型	面积（km²）	百分比（%）
水田	1 151. 50	2. 59	水域	139. 60	0. 31
旱地	7 242. 88	16. 32	居民点	86. 93	0. 20
林地	28 553. 53	64. 34	其他建设用地	3. 80	0. 01
果园	503. 19	1. 13	裸地	6. 07	0. 01
草地	6 688. 32	15. 07	总计	44 375. 82	100

采用中国科学院南京土壤研究所提供的 1∶100 万土壤类型图，经过裁切、重分类后输入模型（图 3-8）。研究区域的主要土壤类型分为 27 类，见表 3-9。由表 3-9 可以看出，研究区域面积最大的土壤类型是赤红壤，占区域面积的 37. 15%，其次是红壤和黄色赤红壤，面积比例依次是 16. 74% 和 7. 72%。

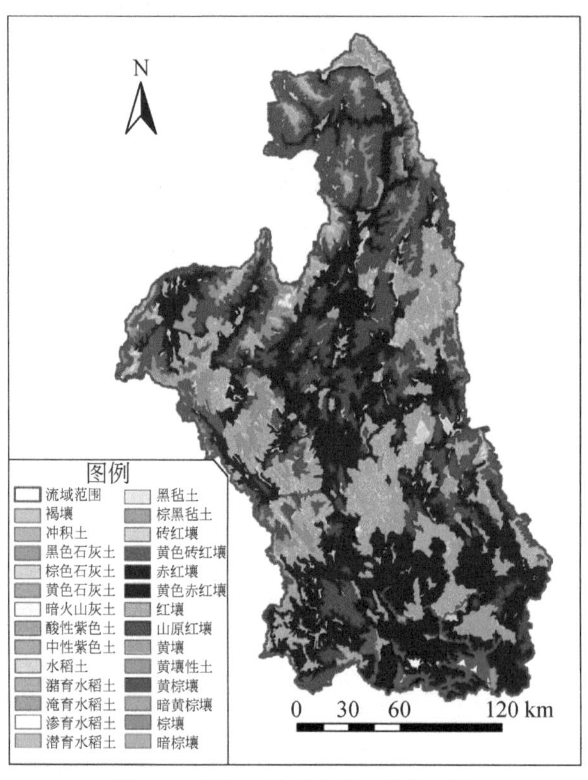

图 3-8 研究区域重分类土壤类型图

表 3-9 研究区域土壤类型表

土壤类型	面积（km^2）	百分比（%）	土壤类型	面积（km^2）	百分比（%）
红壤	62.42	0.14	黑毡土	5.12	0.01
冲积土	6.65	0.02	棕黑毡土	25.89	0.06
黑色石灰土	292.99	0.66	砖红壤	1 090.02	2.46
棕色石灰土	123.71	0.28	黄色砖红壤	405.22	0.91
黄色石灰土	144.60	0.33	赤红壤	16 483.66	37.15
暗火山灰土	4.05	0.01	黄色赤红壤	3 426.29	7.72
酸性紫色土	3 302.23	7.44	红壤	7 427.66	16.74
中性紫色土	375.13	0.85	黄红壤	2 024.93	4.56
水稻土	1 126.04	2.54	山原红壤	152.65	0.34
潴育水稻土	564.31	1.27	黄壤	3 215.20	7.25
淹育水稻土	7.61	0.02	黄棕壤	66.44	0.15
渗育水稻土	47.79	0.11	暗黄棕壤	3 398.41	7.66
潜育水稻土	14.14	0.03	棕壤	512.65	1.16
脱潜水稻土	16.76	0.04	暗棕壤	53.27	0.12

根据 SWAT 模型的数据要求，输入土地利用文件 crop. dat，建立澜沧江中下游区域土地利用参数表，具体变量和定义见表 3-10。

表 3-10 SWAT 土地利用和植被覆盖参数表及定义

变量	定义
ICNUM	土地覆盖/植被代码
IDC	土地覆盖/植被分级
BIO_E	辐射利用效率或生物能比
BALI	最大可能叶面积指数
FRGRW1	植被生长季节的比例或在叶面积发展曲线上与第一点相对应的潜在的总热量单元的比例
FRGRW2	植被生长季节的比例或在叶面积发展曲线上与第二点相对应的潜在的总热量单元的比例
LAIMAX1	在最佳叶面积发展曲线上与第一点相对应的最大叶面积指数
LAIMAX2	在最佳叶面积发展曲线上与第二点相对应的最大叶面积指数
DLAI	当叶面积减少时，生长季节的比例
CHTMX	最大树冠高度
RDMX	最大根深
T_BASE	植物生长的最小温度
T_OPT	植物生长的最佳温度
CNYLD	产量汇总的氮的正常比例
CPYLD	产量汇总的磷的正常比例
WSYE	收获指标的较低限度
USLE_C	土地覆盖可侵蚀性因子 USLE_C 的最小值
GSI	在高的太阳辐射和低的水气压差下最大的气孔导率

续表

变量	定义
FRGMAX	在气孔导率曲线上相对应于第二点的部分的最大水气压差
WAVP	在增加水气压差时平均辐射使用效率的降低率
CO2HI	对应在辐射使用效率曲线的第二点以提高大气 CO_2 的浓度
BIOEHI	对应于辐射使用效率曲线的第二点单位体积内生物能量的比率
BN1	氮吸收系数#1
BN2	氮吸收系数#2
BN3	氮吸收系数#3
RSDCO_PL	植物残渣分解系数

SWAT 模型中土壤属性参数较多，土壤数据主要包括两大类：物理属性和化学属性。土壤数据库中物理属性控制着土壤剖面中水分和空气的运动，是必须输入的数据；化学属性反映了土壤的初始状态，可选择输入。以下着重确定土壤的物理属性（表 3-11）。

表 3-11　SWAT 模型土壤物理属性

变量名称	定义
TITLE/TEXT	位于 . sol 文件的第一行，用于说明文件
SNAM	土壤名称
HYDGRP	土壤水文分组（A/B/C/D）
SOL_ZMX	土壤剖面最大根系深度（mm）
ANION_EXCL	阴离子交换孔隙度，模型默认值是 0.5
SOL_CRK	土壤最大可压缩量
TEXTURE	土壤层结构
SOL_Z（layer#）	土壤表层到土壤底层的深度（mm）
SOL_BD（layer#）	土壤容重（mg/m^3 或者 g/cm^3）
SOL_AWC（layer#）	土层可利用有效水（$mmH_2O/mmsoil$）
SOL_K（layer#）	饱和导水系数（mm/hr）
SOL_CBN（layer#）	有机碳含量
CLAY（layer#）	黏土（%），由直径<0.002mm 的土壤颗粒组成
SILT（layer#）	壤土（%），由直径为 0.002 ~ 0.05mm 的土壤颗粒组成
SAND（layer#）	砂土（%），由直径为 0.002 ~ 2.0mm 的土壤颗粒组成
ROCK（layer#）	砾石（%），由直径>2.0mm 的土壤颗粒组成
SOL_ALB（layer#）	地表反射率
USLE_K（layer#）	USLE 方程中土壤侵蚀力因子
SOL_EC（layer#）	电导率（dS/m）

其中，土壤剖面最大根系深度（SOL_ZMX）、土壤表层到土壤底层的深度（SOL_Z）可以在中国土种数据库查到；电导率（SOL_EC）和阴离子交换孔隙度（SOL_EXCEL）

采用模型默认值。土壤容重（SOL_BD）、土层可利用有效水（SOL_AWC）、饱和导水系数（SOL_K）等数据可以通过实验获得，也可以采用美国华盛顿州立大学开发的土壤水文特征软件 SPAW 中的 SWCT 模块获得。

SWAT 模型采用的土壤粒径分级标准是美国农业部简化的美国制标准，我国现有的土壤普查资料采用了国际制标准。所以，要用 MATLAB 对土壤粒径分级进行转化，命令窗口中输入为

```
g1 = load ('g1.txt');
x = [0.02 0.2 2];
xi = [0.02 0.05 2];
yi = g1;
for i=1 : length (g1)
yi (i, : ) = interp1 (x, g1 (i, : ), xi,'spline');
end
disp (yi)
```

美国制土壤颗粒分级标准：黏粒（<0.002 mm）、粉砂（0.002 ~ 0.05 mm）、砂粒（0.05 ~2 mm）、砾石（>2 mm）。国际制土壤颗粒分级标准：黏粒（<0.002 mm）、粉砂（0.002 ~0.02 mm）、细砂（0.02 ~0.2 mm）、粗砂（0.2 ~2 mm）、砾石（>2 mm）。

美国农业部自然资源保护局（NRCS）根据土壤的渗透属性，将土壤分为 4 类。研究根据经验公式（车振海，1995）计算最小下渗率获得土壤水文分组（表 3-12）。

表 3-12　SCS 模型土壤水文分组

分类	渗透率	土壤主要组成	最小下渗率（mm/h）
A	较高	砂砾石	7.6 ~ 11.4
B	中等	薄层黄土、沙壤土	3.8 ~ 7.6
C	较低	黏壤土、薄层沙壤土	1.3 ~ 3.8
D	很低	黏土	0 ~ 1.3

气象数据来自澜沧江中下游 7 个气象站 1990 ~ 2009 年的逐日数据。直接获得数据包括平均气温、日最高气温、日最低气温、平均相对湿度、最小相对湿度、降水量、平均风速、日照时数。气象站点分别是保山隆阳、景东、耿马、临沧、澜沧、景洪和思茅。各站点位置见表 3-13。

表 3-13　气象站点位置参数表

区站号	台站名称	经度	纬度	海拔高度（m）
56748	保山隆阳	25°07′E	99°11′N	1652
56856	景东	24°28′E	100°52′N	1162
56946	耿马	23°33′E	99°24′N	1104

续表

区站号	台站名称	经度	纬度	海拔高度（m）
56951	临沧	23°53′E	100°05′N	1502
56954	澜沧	22°34′E	99°56′N	1054
56959	景洪	22°00′E	100°47′N	582
56964	思茅	22°47′E	100°58′N	1302

SWAT 天气发生器需要输入流域多年逐月气象资料，要求输入参数比较多，包括月平均最高气温、月平均最低气温、最高气温标准偏差、最低气温标准偏差、月均降水量、月均降水量标准偏差、降水的偏度系数、月内干日系数、月内湿日系数、平均降水天数、露点温度、日均太阳辐射量、月均风速以及最大半小时降水量。利用现在已有的气象数据，根据经验公式和 pcpSTAT 程序计算所需要的逐月气象数据。

根据 SWAT 模型自带流域勾绘工具，利用 DEM 数据和主要河流水系矢量图，经过 DEM 流向分析、凹陷点填充、水系生成、主流域出口确定、子流域属性数据计算等步骤，将研究区域划分为 256 个子流域（图 3-9）。

图 3-9　研究区域子流域划分图

采用澜沧江一级支流南碧河勐省水文站、一级支流沙河勐海水文站 1990 ~ 1992 年的月均径流和泥沙数据观测值对模型进行校准，使用 1993 年月均径流和泥沙数据进行验证。通过 SWAT-CUP 软件 Sequential Uncertainty Fitting（SUFI-2）方法对模型进行不确定性分析和校准。

通过 SWAT 自带敏感性分析模块，选用水文和泥沙 13 个参数进行校准。主要参数名称和初始范围见表 3-14。

表 3-14 模型敏感性参数及初始值范围

参数名称	初始最小值	初始最大值
r—CN2. mgt	-0. 29	0. 19
v—RCHRG_ DP. gw	0	1
v—ALPHA_ BF. gw	0	1
v—SOL_ AWC（1-2）. sol	0	1
v—CH_ N2. rte	0	0. 5
v—CH_ K2. rte	0	150
v—CANMX. hru——1-256	0	100
v—SURLAG. bsn	1	24
v—GWQMN. gw	0	5000
v—Usle_ P. mgt	0. 1	1
v—GW_ REVAP. gw	0. 02	0. 2
v—Spcon. bsn	0. 001	0. 01
v—Spexp. bsn	1	1. 5

选用 Pearson 系数（R^2）和 Nash-Suttcliffe 模拟系数（NS）来评价模型的适用性。模型率定和验证结果见表 3-15。

表 3-15 勐省和勐海水文站率定结果和验证结果

水文站名		率定结果		验证结果	
		NS 系数	R^2	NS 系数	R^2
勐省	径流	0. 72	0. 78	0. 68	0. 71
	泥沙	0. 69	0. 72	0. 64	0. 69
勐海	径流	0. 63	0. 73	0. 61	0. 70
	泥沙	0. 60	0. 70	0. 58	0. 66

由表 3-15 径流和泥沙数据率定结果可以看出，勐省水文站比勐海水文站模拟结果理想，观测值和模拟值拟合程度高；由于泥沙数据参数较多，两个水文站泥沙数据没有径流数据模拟优秀。但总体上模拟结果比较满意，有一定的适用性。验证结果 NS 系数和 R^2 虽然没有率定结果理想，但是达到了模型的要求，可以在研究区域进行径流和泥沙模拟。

二、澜沧江中下游 1990 ~ 2009 年月均径流泥沙模拟

图 3-10 是 1990 ~ 2009 年 20 年间 12 个月子流域内月均径流和泥沙数据。由图 3-10 可以看出，1 ~ 4 月澜沧江中下游流域径流量和产沙量普遍较低。4 个月中的子流域最高径流量分别为 29.05 m^3/s、12.75 m^3/s、16.78 m^3/s、20.56 m^3/s，除 1 月外，整体径流量呈上升趋势，但是上升的幅度不大；子流域中最高泥沙量分别是 73.45 t、68.56 t、111.48 t、312.25 t，除 1 月外，整体泥沙量也呈上升趋势，但是上升幅度不大。自 5 月开始，随着径流量的快速增长，泥沙量也急剧增加，直至 9 月，径流量和泥沙量达到最高值，月均径流最大值是 144.46 m^3/s，泥沙最大产量为 950.65 t，分别是 2 月的 14.3 倍和 15.7 倍。自 9 月之后，子流域月均径流量和泥沙量都出现下降趋势，11 月、12 月急剧下降，径流量减少率依次是 33 % 和 45 %，泥沙量减少率依次是 63 % 和 98 %。

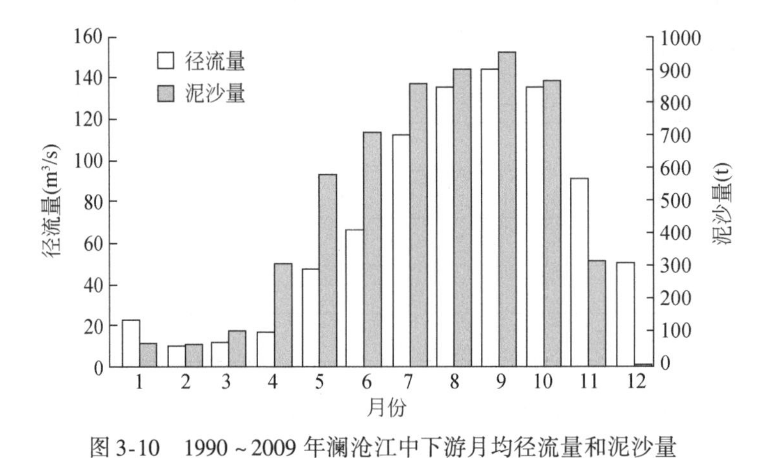

图 3-10　1990 ~ 2009 年澜沧江中下游月均径流量和泥沙量

三、澜沧江中下游 1990 ~ 2009 年泥沙产量分布模拟

图 3-11 和图 3-12 是由 1990 ~ 2009 年年均产沙数据得出的年均产沙图，从图中可以看出澜沧江中下游子流域的泥沙产量的分布情况。由图 3-11 和图 3-12 可以看出，澜沧江中下游流域年均泥沙产量为 10 000 t/a 的子流域主要分布在澜沧江经过的凤庆县、南涧县、云县、景东县、临沧县、勐海县和勐腊县，年均产沙量为 20 000 t/a 的子流域主要分布在凤庆县、云县和景东县。澜沧江中下游地区子流域年均产沙量最大值为 21 624 t/a，最小值为 51 t/a，平均值为 6263 t/a。

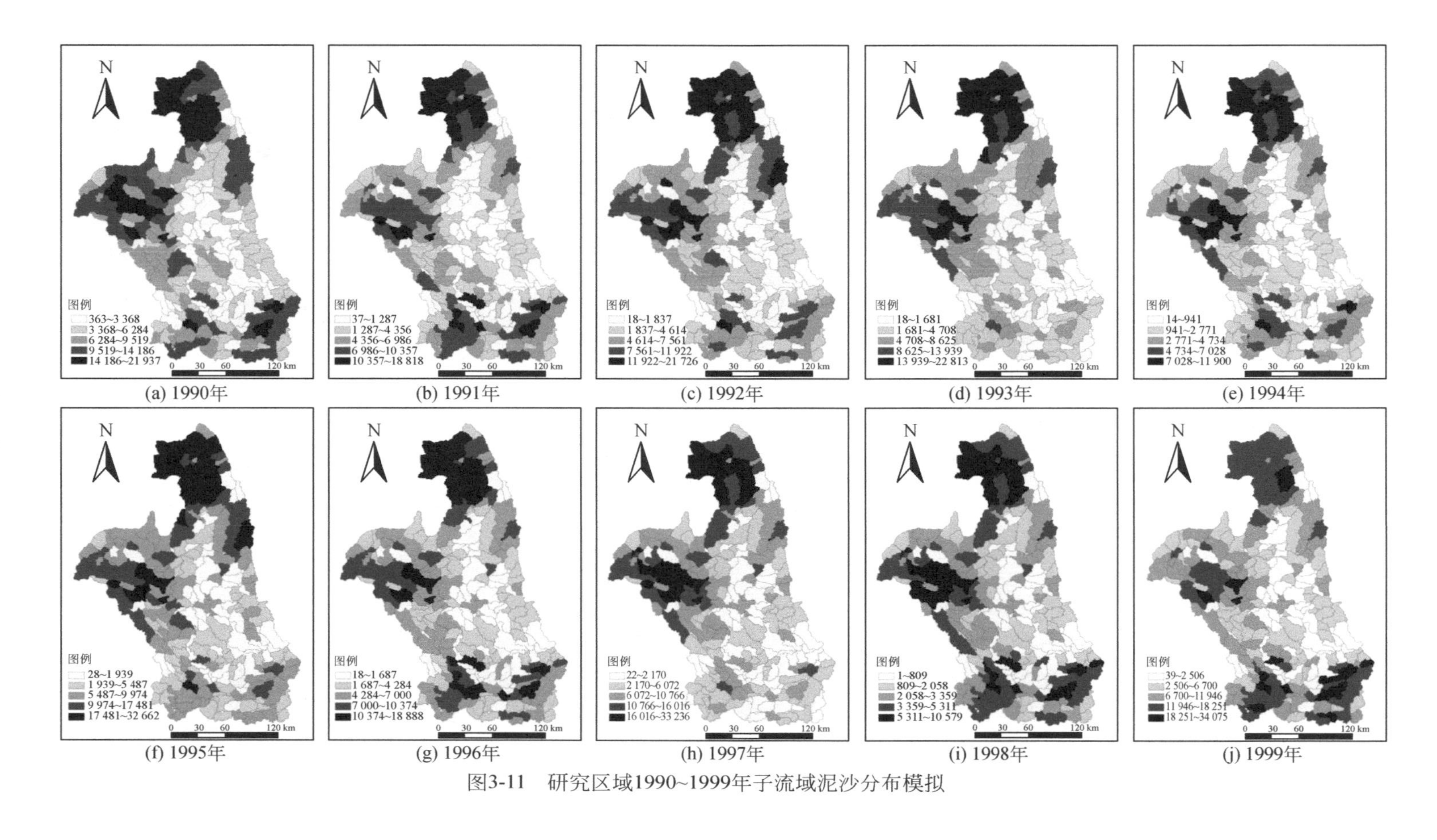

图3-11 研究区域1990~1999年子流域泥沙分布模拟

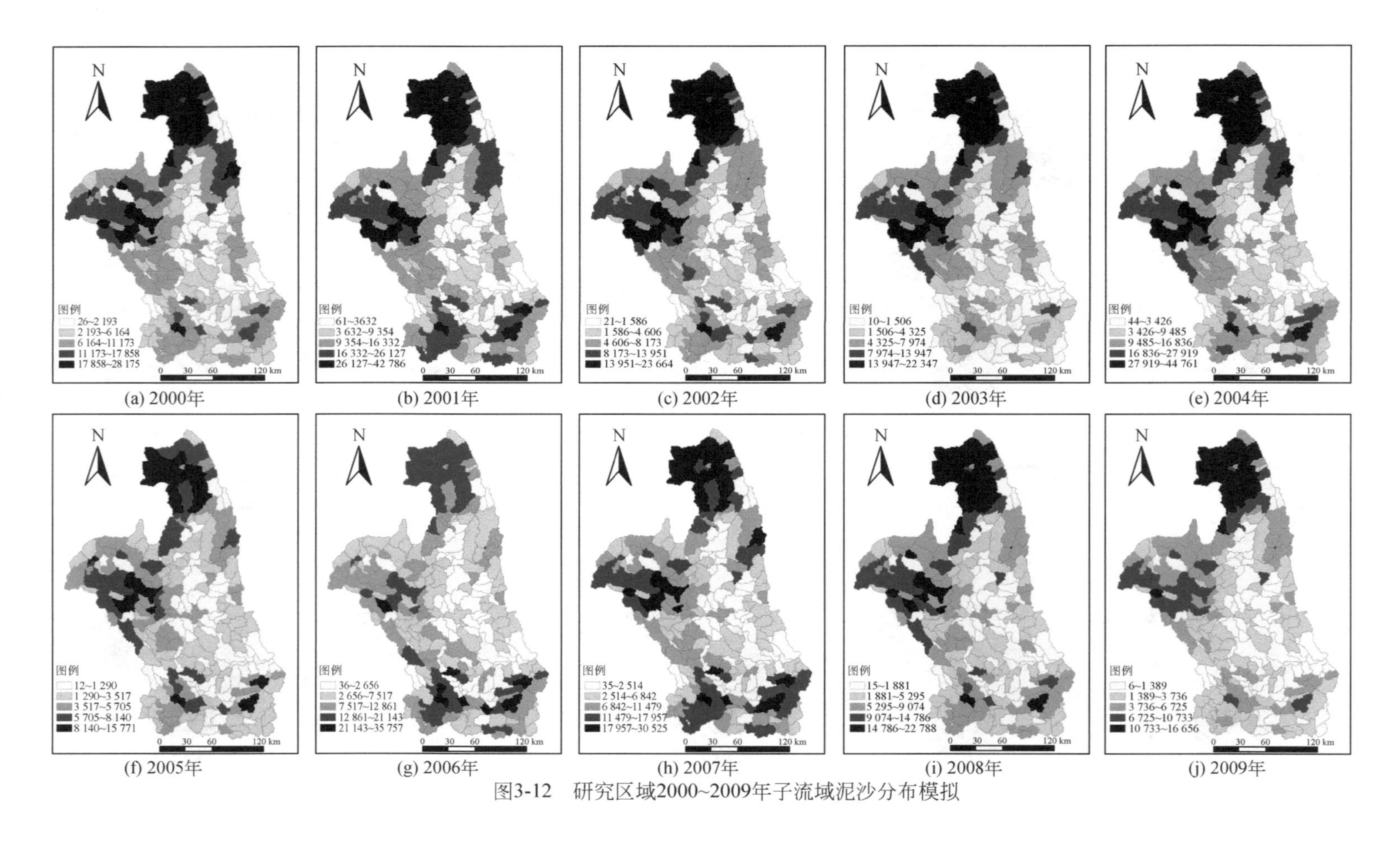

图3-12 研究区域2000~2009年子流域泥沙分布模拟

(一) 子流域年均产沙量与地形因子相关关系分析

澜沧江中下游海拔为486~3401 m，平均海拔为1413 m；坡度为0°~52°。平均坡度为13°（图3-13）。统计澜沧江中下游256个子流域内平均海拔和平均坡度值，子流域内平均海拔最低值为554 m，最高值为2036 m，平均值为1332 m；子流域内平均坡度最低值为1°，最高值为22°，平均值为13°。根据海拔范围和坡度范围，把子流域平均海拔分为<1500 m,>1500 m两个等级，把子流域内平均坡度分为<10°，10°~15°，>15° 3个等级，分析在不同海拔范围和不同坡度下子流域内泥沙产量分布规律。在平均海拔<1500 m的子流域内，平均坡度12°，平均泥沙产量为6168 t/a；在平均海拔>1500 m的子流域内，平均坡度为15°，平均泥沙产量为6261 t/a。这说明海拔越高，坡度也随之加大，从而更容易产生泥沙。分别在平均海拔<1500 m和>1500 m的子流域内，计算<10°，10°~15°，>15° 3个坡度等级平均泥沙产量，发现在平均坡度高的子流域内，泥沙产量较高。这是由于坡度较高的区域，植被覆盖率较低，土壤中砂砾含量较高，因此容易产生泥沙。

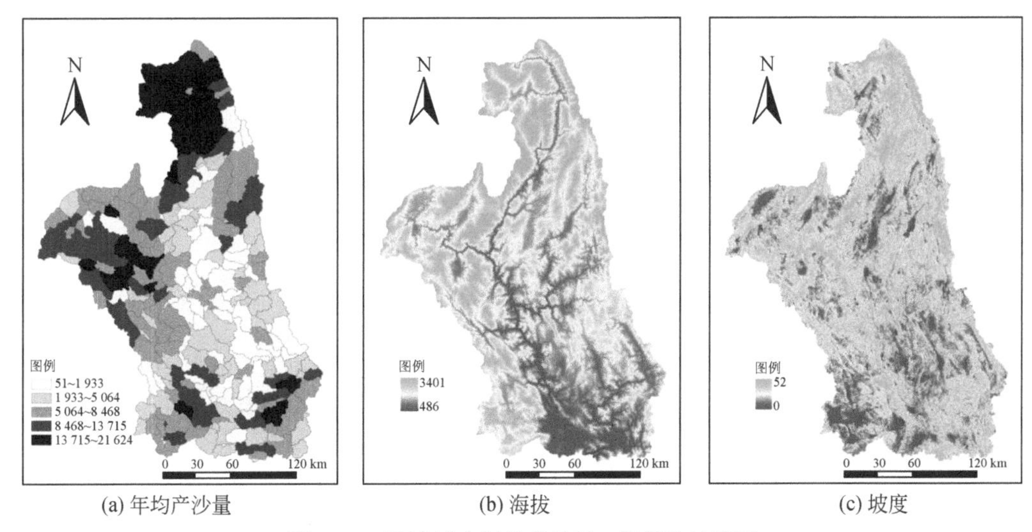

(a) 年均产沙量　　(b) 海拔　　(c) 坡度

图3-13　子流域内年均产沙量、海拔和坡度图

(二) 径流量、泥沙量与天气因素相关关系分析

气象数据来自于流域内7个气象站的逐日数据，根据空间插值获得整个研究区域内气象数据。由于研究区域较大，本节选取景洪水文站2005~2009年逐日降水数据、最高气温和最低气温数据来分析景洪水文站所在子流域径流和泥沙产量与天气因素的相关关系（图3-14~图3-18）。

图3-14和图3-15是澜沧江中下游子流域内2005~2009年月均径流量和降水量、月均泥沙量与降水量分布图。由图3-14和图3-15可以看出，子流域内2005~2009年径流量和泥沙量最大值出现在2007年，最小值出现在2009年，降水量最大值出现在2008年，最小值出现在2009年。2005~2009年，径流量、泥沙量和降水量集中在5~10月，11月~

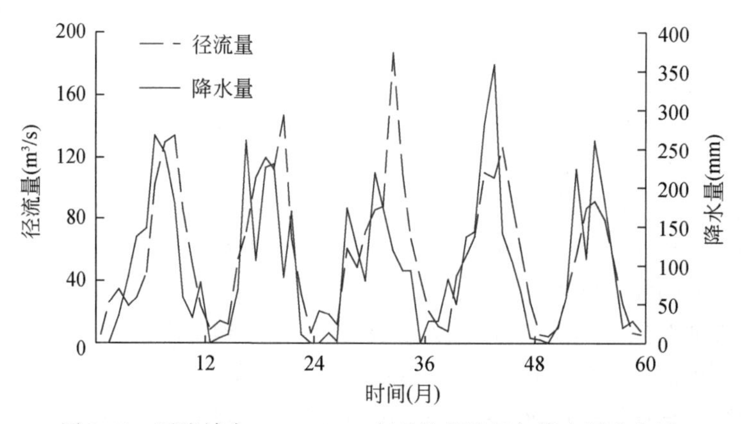

图 3-14　子流域内 2005 ~ 2009 年月均径流量与降水量分布图

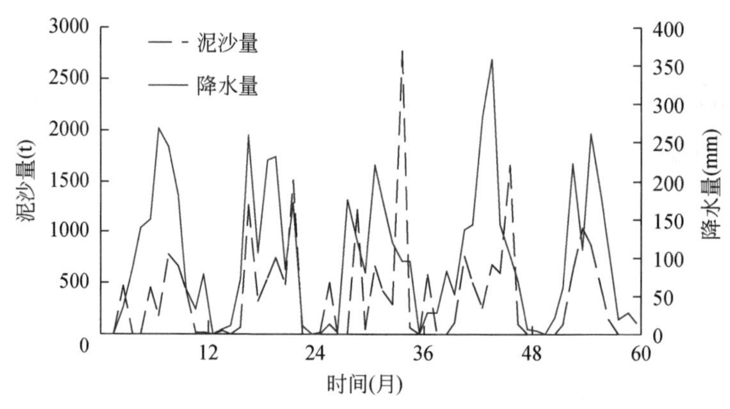

图 3-15　子流域内 2005 ~ 2009 年月均泥沙量与降水量分布图

次年 4 月降水量较少，径流量和泥沙量也较少。根据 SPSS 软件计算径流量和泥沙量与降水量的相关关系发现，二者均与降水量有一定的相关性，且相关性显著，泥沙量与降水量的相关性低于径流量与降水量的相关性（图 3-16）。

图 3-17 和图 3-18 是澜沧江中下游子流域内 2005 ~ 2009 年月均径流量和泥沙量与月均最高温度和最低温度分布图。由图 3-17 和图 3-18 可以看出，子流域内 2005 ~ 2009 年 60 个月月均平均最高温为 24 ~ 32 ℃，月均最高气温相差不大；月均最低温为 12 ~ 24 ℃，月均最低气温相差 12℃，月均最低温度季节性变化较大，最大值出现在 6 ~ 9 月，最小值出现在 11 月 ~ 次年 1 月。5 年内最低气温和最高气温差距较为一致，月均温差相差不大，没有极端和特殊气温出现。从 2005 ~ 2009 年 60 个月月均径流量和泥沙量的总体趋势来看，最低气温最大值和最小值与径流量和泥沙量有一定的相关性。用 SPSS 统计子流域内 2005 ~ 2009 年 60 个月月均径流量、泥沙量与平均最高气温和平均最低气温相关性，发现径流量、泥沙量与平均最高气温的相关系数分别为 0. 018、0. 165，径流量、泥沙量与平均最低气温的相关系数分别为 0. 5977、0. 2104，说明月均最高温度和最低温度不是影响径流

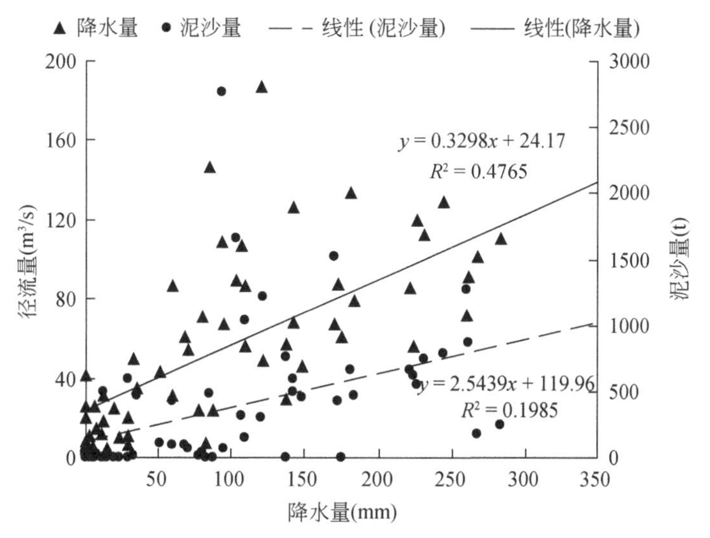

图 3-16 月均径流量和泥沙量与降水量相关关系图

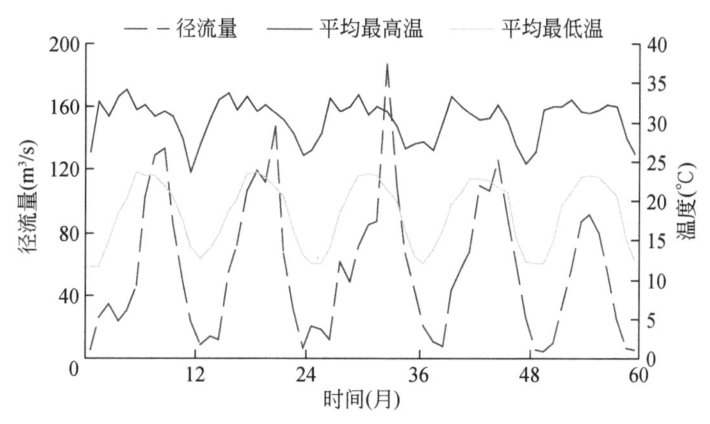

图 3-17 子流域内 2005 ~ 2009 年气温与径流量月均分布图

量和泥沙量的决定性因素，径流量和泥沙量与月均最高温度相关性不大，但与月均最低温度有一定的相关性（图 3-19）。

综上所述，应用分布式模型 SWAT 模拟 1990 ~ 2009 年澜沧江中下游小流域泥沙量，结果发现：径流量和泥沙量在 1 ~ 4 月普遍较低，5 月开始快速增长，9 月达到最高值后出现下降趋势；泥沙量与海拔和坡度有一定的相关关系，海拔越高，坡度也随之加大，植被覆盖率较低，土壤中砂砾含量较高，容易产生泥沙；泥沙量产与月均降水量、最低温度有一定的相关性，但与最高温度相关性不大。

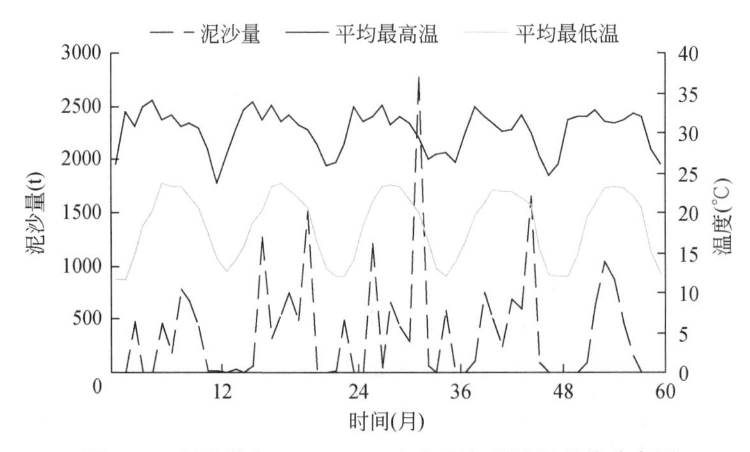

图 3-18　子流域内 2005 ~ 2009 年气温与泥沙量月均分布图

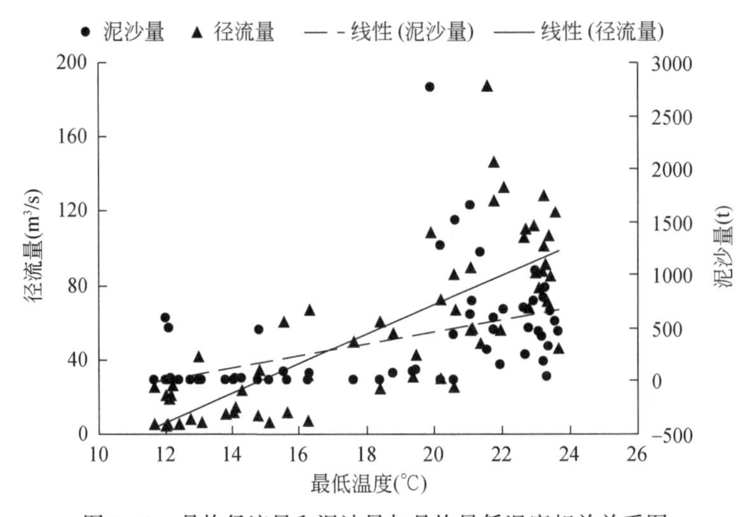

图 3-19　月均径流量和泥沙量与月均最低温度相关关系图

本 章 小 结

基于水坝建设的流域生态风险理论基础，利用 SWAT 模型分析了漫湾水库建坝前后生态水文的变化，结果表明澜沧江流域入口和出口的径流变化特征，漫湾大坝削弱了流域径流峰值，但影响并不十分明显。入口所在子流域的月最大流量由 172. 8 m³/s 降至 145. 9 m³/s，流域出口的月平均流量由 1957. 8 m³/s 降至 1806. 4 m³/s。统计结果显示，1980 ~ 2010 年入口的水文特征并未出现剧烈的变化，但是出口的径流变化显著，表明出口受到水坝的干扰。在漫湾大坝建设前，流域入口的月均径流量与出口的月均径流量相关性系数 R^2 为 0. 835；在建坝之后，流域入口与出口的相关性降低，其相关性系数 R^2 降为 0. 482。在建坝之前，出口的径流量主要由流域出口的径流量决定；而相关性分析的结果表明，建坝之后入口对于出口径流量的影响被显著削弱。通过不同情景的模拟结果表明，水坝的建成运行对于其所在子流域径流量变化的贡献度达 95.6 %。这说明漫湾大坝的建设运行是导致其所在子流域的径流量的变化的主要作用因素，但其导致径流变化的幅度较小。

利用 SWAT 模型进一步分析了历史时期澜沧江中下游的流域径流量和泥沙量的情况，结果表明，泥沙量随着月份的不同而发生显著变化。自 5 月开始，随着径流量的快速增长，泥沙量也急剧增加，直至 9 月，径流量和泥沙量达到最高值，月均径流最大值为 144.46 m^3/s，泥沙最大产量为 950.65 t，分别是 2 月的 14.3 倍和 15.7 倍。自 9 月之后，子流域月均径流量和泥沙量都出现下降趋势，11 月、12 月急剧下降，径流量减少率依次是 33 % 和 45 %，泥沙减少率依次是 63 % 和 98 %。澜沧江中下游流域年均泥沙输出主要分布在澜沧江经过的凤庆县、南涧县、云县、景东县、临沧县、勐海县和勐腊县。

应用分布式模型 SWAT 模型可以较好地模拟径流量与泥沙量的变化，通过对比漫湾水电站建设前后径流特征的变化，可以定量分析水电站建设对流域水文变化的影响程度，从而为评价澜沧江干流水电站的生态调度及其水文预测等提供依据，也为下游流域管理提供决策支持。

参考文献

车振海. 1995. 试论土壤渗透系数的经验公式和曲线图. 东北水利水电，(9)：17-19.

何大明，冯彦山，甘淑，等. 2006. 澜沧江干流水电开发的跨境水文效应. 科学通报，51：14-20.

姚维科，崔保山，董世魁，等. 2006. 水电工程干扰下澜沧江典型段的水温时空特征. 环境科学学报，6：1031-1037.

Fu K，He D，Lu X. 2008. Sedimentation in the Manwan reservoir in the Upper Mekong and its downstream impacts. Quaternary International，2：91-99.

Kummu M，Varis O. 2007. Sediment- related impacts due to upstream reservoir trapping，the Lower Mekong River. Geomorphology，3：275-293.

Wang G，Zhang J，He R，et al. 2008. Runoff reduction due to enviornmental changes in the Sanchuanhe rirer basin. International Journal of Sediment Research，23（2）：174-180.

Zhao Q，Liu S，Deng L，et al. 2012. Landscape change and hydrologic alteration associated with dam construction. International Journal of Applied Earth Observation and Geoinformation，16：17-26.

第四章　建坝河流生态水动力过程模拟

鱼类作为水生生态系统食物链中的顶级生物，是水坝工程引起的风险受体中最直接、最敏感的物种。其生态效应不仅能体现水坝阻隔的最直接影响，而且也能体现水坝对河流水文水质影响导致的累积风险。本章耦合水动力模型、生态模拟模型，建立鱼类栖息地适宜度模拟模型，对水坝工程建设及运行引起的河流系统生态风险系列过程进行精细和定量化模拟。模拟和预测不同河流水文情势、不同调度情景下，鱼类栖息地的适宜程度，提出适宜的生态流量及其增幅，从而为规避鱼类灭绝风险、采取合理的水库安全调度模式提供理论依据。同时，构建基于食物网的多受体生态网络模型，模拟生态风险的传递过程，实现多受体的综合生态风险模拟，有助于更好地从整体角度认识河流生态系统对水坝工程干扰的响应，从而为流域生态安全的保障提供决策分析工具。

第一节　建坝河流生态水动力学模型

生态水动力学模型是借助计算机模拟技术，将河流的水动力过程与生物的生存状态相关联，进行精细定量化模拟的方法，最常用的有栖息地模型。生态动力学模型可以根据研究区域的大小、面向问题的尺度，采用一维、二维或三维的模型。选取合适尺度的模型，不仅能够更准确地表现河流的生态状况，而且也能减少不合理的工作量。生态水动力学模型的基础是水动力模拟，由于河流系统中，相比垂向来说，纵向和横向尺度要大很多，所以针对河流系统的模拟较多地运用一维或二维的模型模拟。根据 Karr 和 Dudley（1978）的研究，河流生态栖息地的生产力主要由以下 4 方面决定。

1）水流（流量、流速和水深）；

2）河床与底泥（河道形态、底质构成和泥沙含量）；

3）水质（水体中污染物含量、水温）；

4）营养物质和有机物。

以上动力因素共同决定河流的初级、中级生产力及最终的鱼类、无脊椎动物及植物的生存状态。这些基本因素及中级生产力必须符合生物长期生存所需的条件，物种的数量将受其中任何单一因素或多个因素的共同影响。

栖息地适宜度模型是用来描述某一环境对某一特定物种栖息地的适合程度，通过结合水动力学模型和栖息地适宜度方程，对主要影响某一物种生存、繁殖的生态因子进行综合影响评价。栖息地适宜度模型的建立通常分为以下 3 步。

1）建立与栖息地评价指标相关的、由自然因素组成的模型，即水动力学模型；

2）根据物种生物采样结果，建立与生态学的联系，即建立适宜度方程或偏好方程；

3）实体模型与栖息地适宜度方程的结合。

栖息地模拟首先需要清楚物理生境条件，包括流速、水深等生态因子的分布。水动力学模型旨在预测不同流量下的水深、流速及淹没范围等，从而能够表现那些重要的物理属性随时间的变化规律。建模时需要根据实际情况对模型的尺度进行选择，是要面向整条河流或整个流域，还是只考虑生物实际生存的空间范围。模拟的尺度确定后，根据模拟范围和需要的精确程度确定模型的维度。自然世界的空间是三维的，但是实际计算中通常简化成一维或者二维。

水动力学模型用来预测给定水流、泥沙条件下河道的水深、流速、过水区域、含沙量及底质组成等。一般根据生境大小的不同和目的的不同选用不同维数的数学模型：小型生境一般运用二维或三维模型计算；中型生境一般运用二维或一维模型计算；大型生境由于计算范围大，一般运用一维模型计算。一般来说，水动力数学模型必须能代表模拟河段的水动力学及泥沙特征，包括模拟河段随时间的变化。

需要说明的是，模型计算结果的准确程度受选取的典型生态因子、采用的适宜度方程和水动力学模型的准确度影响，需要对每一个步骤的合理性进行验证。以下为模型计算时不同维度用到的主要计算公式。

一、一维非恒定流水动力模型

对于天然河道，断面形态及滩槽组合形状各异，将断面的水力要素进行平均，难以体现断面内水流形态的变化，所以可以将横断面根据形状划分成若干个梯形子断面，全断面水流通量为各子断面的通量之和。常用的求解水流运动的基本方程为 N-S 方程和圣维南方程，在一维计算中又以圣维南方程为主。以圣维南方程为基础，将动量方程的动量项取各子断面动量之和，再进行剖分。

（一）基本控制方程

扩展的 Saint-Venant 方程组作为一维水流运动的控制方程，控制方程由水流连续方程和水流动量方程组成。

水流连续方程：

$$\frac{\partial A}{\partial t}+\frac{\partial Q}{\partial x}=q_{\mathrm{L}} \tag{4-1}$$

水流动量方程：

$$\frac{\partial Q}{\partial t}+\frac{\partial}{\partial x}\left(\alpha\frac{Q^2}{A}\right)+gA\left(\frac{\partial Z}{\partial x}+\frac{Q\mid Q\mid}{K^2}\right)=q_{\mathrm{L}}v_x \tag{4-2}$$

式中，x，t 分别为流程（m）和时间（s）；g 为重力加速度；A 为过水断面面积（m^2）；Q 为断面流量（m^3/s）；Z 为水位（m）；α 为动量修正系数；K 为流量模数，$K=AR^{2/3}/n$，R 为湿周；q_{L} 为旁侧入流流量（m^2/s），入流为正，出流为负；v_x 为入流沿水流方向的速度（m/s），若旁侧入流垂直于主流，则 $v_x=0$。

（二）计算方法

采用 Preissmann 四点加权隐格式离散式（4-1）和式（4-2），离散后方程组变为

$$\frac{A_{j+1}^{n+1}-A_{j+1}^{n}+A_{j}^{n+1}-A_{j}^{n}}{2\Delta t}+\frac{1}{\Delta x}[\theta(Q_{j+1}^{n+1}-Q_{j}^{n+1})+(1-\theta)(Q_{j+1}^{n}-Q_{j}^{n})]-\bar{q}=0 \quad (4\text{-}3)$$

$$\frac{1}{2}[Q_{j+1}^{n+1}-Q_{j+1}^{n}+Q_{j}^{n+1}-Q_{j}^{n}]+\frac{\theta\Delta t}{\Delta x}\left[\left(\frac{\beta Q^2}{A}\right)_{j+1}^{n+1}-\left(\frac{\beta Q^2}{A}\right)_{j}^{n+1}\right]$$

$$+\frac{(1-\theta)\Delta t}{\Delta x}\left[\left(\frac{\beta Q^2}{A}\right)_{j+1}^{n}-\left(\frac{\beta Q^2}{A}\right)_{j}^{n}\right]+g\frac{\Delta t}{\Delta x}A_{j}^{n+\frac{1}{2}}\cdot \mathrm{YJM}+g\Delta tA_{j}^{n+\frac{1}{2}}\frac{(Q|Q|)_{j}^{n+\frac{1}{2}}}{(K^2)_{j}^{n+\frac{1}{2}}} \quad (4\text{-}4)$$

$$-\Delta t\bar{v}_x\bar{q}_x=0$$

式中，θ 为权重系数（$0\leqslant\theta\leqslant1$）；$\Delta x$ 为河段长；Δt 为时段长。记

$$CR1=\frac{\theta\Delta t}{\Delta x},\ A_{j}^{n+\frac{1}{2}}=\mathrm{AJM}=\frac{\theta}{2}(A_{j}^{n+1}+A_{j+1}^{n+1})+\frac{1-\theta}{2}(A_{j}^{n}+A_{j+1}^{n})$$

$$(Q|Q|)_{j}^{n+\frac{1}{2}}=\mathrm{QJM}=\frac{\theta}{2}[(Q|Q|)_{j}^{n+1}+(Q|Q|)_{j+1}^{n+1}]+\frac{1-\theta}{2}[(Q|Q|)_{j}^{n}+(Q|Q|)_{j+1}^{n}]$$

$$(K^2)_{j}^{n+\frac{1}{2}}=\mathrm{KJM}=\frac{\theta}{2}[(K^2)_{j}^{n+1}+(K^2)_{j+1}^{n+1}]+\frac{1-\theta}{2}[(K^2)_{j}^{n}+(K^2)_{j+1}^{n}]$$

$$\mathrm{YJM}=\theta(Z_{j+1}^{n+1}-Z_{j}^{n+1})+(1-\theta)(Z_{j+1}^{n}-Z_{j}^{n})$$

由于式（4-3）和式（4-4）是水位和流量的非线性函数，数值模拟的方法通常是将非线性方程组线性化，再采用追赶法求解，或者采用具有较高收敛速度的 Newton-Raphson 迭代法来直接求解非线性代数方程组。与追赶法相比，Newton-Raphson 迭代法直接求解非线性代数方程组，具有求解精度高、收敛速度快的特点，并且将该方法应用到河网计算中时，具有很多独特的优点（徐小明和汪德爟，2001）。本书采用了 Newton-Raphson 迭代法来计算河道一维非恒定流，Saint-Venant 方程组的牛顿迭代形式如下：

$$a_i\Delta Z_{i+1}+b_i\Delta Q_{i+1}=c_iZ_i+d_i\Delta Q_i+e_i \quad (4\text{-}5)$$

$$a'_i\Delta Z_{i+1}+b'_i\Delta Q_{i+1}=c'_iZ_i+d'_i\Delta Q_i+e'_i \quad (4\text{-}6)$$

式中，系数 a、b、c、d、e 及 a'、b'、c'、d'、e' 仅与第 n 时间层的水位、流量有关。可以用牛顿迭代法对式（4-3）和式（4-4）求解。

（三）有关问题的处理

1. 边界及汊点处理

在一维河道单元中，往往存在着一些特殊的节点，如集中入流、堰、坝、闸等，边界条件通常也作为特殊节点来处理。在这些节点处，Saint-Venant 方程组不再适用，需根据其水力特性做特殊处理。而牛顿迭代法可以灵活地处理这些特殊节点（徐小明等，2001；张大伟和董增川，2004）。具体处理方法为在特殊节点处布置一虚拟河段，根据水量平衡和动量平衡条件给出该虚拟河段的相容条件，然后根据牛顿迭代原理推求该断面处的迭代系数。现以流量边界为例来说明特殊节点迭代系数的推求过程。

$$Q_j = Q(t)\,(j\text{ 为边界处的断面编号}) \tag{4-7}$$

迭代函数可写为

$$f = Q_j - Q(t) \tag{4-8}$$

求得 $\frac{\partial f}{\partial Q_j} = 1$，其他的 3 个迭代系数均为 0。

2. 河道糙率的确定

河道糙率根据实测水位流量资料，由 Manning 公式推求：

$$n = \frac{1}{Q}AR^{\frac{2}{3}}\sqrt{J} \tag{4-9}$$

式中，J 为水面坡降；n 为糙率系数。

二、二维水动力模型

随着计算机速度越来越快，使用二维和三维数值模型已经成为解决许多工程问题的首选。二维模型通常采用深度平均自由表面流动浅水方程。控制水沙运动的基本方程在沿水深按静水压力分布等的假定条件下，由沿水深积分三维 Reynolds 方程和泥沙对流扩散方程得到。

水流连续方程：

$$\frac{\partial Z}{\partial t} + \frac{\partial (Hu)}{\partial x} + \frac{\partial (Hv)}{\partial y} = 0 \tag{4-10}$$

水流运动方程：

$$\frac{\partial (Hu)}{\partial t} + \frac{\partial (uuH)}{\partial x} + \frac{\partial (uvH)}{\partial y} + \frac{gu\sqrt{u^2+v^2}}{C^2} + gH\frac{\partial Z}{\partial x} - fvH - C_{\mathrm{w}}\frac{\rho_{\mathrm{a}}}{\rho_{\mathrm{m}}}\omega^2\cos\beta = \upsilon_t\left[\frac{\partial^2(uH)}{\partial x^2} + \frac{\partial^2(uH)}{\partial y^2}\right] \tag{4-11}$$

$$\frac{\partial (Hv)}{\partial t} + \frac{\partial (uvH)}{\partial x} + \frac{\partial (vvH)}{\partial y} + \frac{gv\sqrt{u^2+v^2}}{C^2} + gH\frac{\partial Z}{\partial y} + fuH - C_{\mathrm{w}}\frac{\rho_{\mathrm{a}}}{\rho_{\mathrm{m}}}\omega^2\sin\beta = \upsilon_t\left[\frac{\partial^2(vH)}{\partial x^2} + \frac{\partial^2(vH)}{\partial y^2}\right] \tag{4-12}$$

式中，u、v 为 x、y 方向垂线平均流速；Z 为水位；H 为水深，$H=Z-Z_{\mathrm{b}}$，Z_{b}为河底高程；C_{w}为无因次风应力系数；ρ_{a}、ρ_{m}为空气与浑水密度；ω 为风速；β 为风向与 x 方向的夹角；f 为柯氏力；C 为谢才系数，$C=\frac{1}{n}H^{1/6}$；ν_t 为紊动黏性系数，$\nu_t = C_\mu\frac{k^2}{\varepsilon}$，$k$、$\varepsilon$ 分别为紊动动能及耗散系数，由 k 与 ε 的输运方程确定。

在一般河道中，柯氏力与风应力项可忽略不计。

k 的输运方程：

$$\frac{\partial (Hk)}{\partial t} + u\frac{\partial (Hk)}{\partial x} + v\frac{\partial (Hk)}{\partial y}$$

$$= \frac{\partial}{\partial x}\left(\frac{\nu_t H}{\sigma_k}\frac{\partial k}{\partial x}\right) + \frac{\partial}{\partial y}\left(\frac{\nu_t H}{\sigma_k}\frac{\partial k}{\partial y}\right) + H(P_k + P_{kv} - \varepsilon) \tag{4-13}$$

式中，$P_k = \nu_t \left[2\left(\frac{\partial u}{\partial x}\right)^2 + 2\left(\frac{\partial v}{\partial y}\right)^2 + \left(\frac{\partial u}{\partial x} + \frac{\partial v}{\partial y}\right)^2\right]$； $P_{kv} = \frac{u_*^3}{H}C_k$，$u_*$ 为摩阻流速，$C_k = \frac{1}{\sqrt{C_f}}$，$C_f = \frac{n^2 g}{H^{\frac{1}{3}}}$，$n$ 为曼宁系数；$\sigma_k = 1.0$。

ε 的输运方程：

$$\frac{\partial(H\varepsilon)}{\partial t} + u\frac{\partial(H\varepsilon)}{\partial x} + v\frac{\partial(H\varepsilon)}{\partial y} = \frac{\partial}{\partial x}\left(\frac{\nu_t H}{\sigma_\varepsilon}\frac{\partial \varepsilon}{\partial x}\right) + \frac{\partial}{\partial y}\left(\frac{\nu_t H}{\sigma_\varepsilon}\frac{\partial \varepsilon}{\partial y}\right) + H\left(C_{1\varepsilon}\frac{\varepsilon}{k} + k + P_{\varepsilon v} - C_{2\varepsilon}\frac{\varepsilon^2}{k}\right) \tag{4-14}$$

式中，$P_{\varepsilon v} = \frac{u_*^3}{H^2}C_\varepsilon$，$C_\varepsilon = 1.8C_{2\varepsilon}\frac{\sqrt{C_\mu}}{C_f^{\frac{3}{4}}}$；$\sigma_\varepsilon = 1.3$；$C_{1\varepsilon} = 1.44$。

在采用 k-ε 模型求解紊流问题时，控制方程包括连续性方程、动量方程以及 k-ε 方程。

三、三维水动力模型

Navier-Stokes 方程由 Navier 于 1822 年开始研究，Stokes 于 1825 ~ 1845 年完成。此方程的推导基于以下一些假定：①流体运动被看成为连续运动；②流速 u_i 的黏性扩散与流速 u_i 的梯度呈比例，或与切变率呈比例；③流体是各向同性的；④流体是均匀的；⑤当流体处于静止时，压力为静水压力；⑥当流体是纯膨胀时，平均压力等于压力；⑦黏性流体模型的常数（如 ρ、μ）等要由试验确定，ρ 为流体密度，μ 为黏性系数，P 为压力，F_i 为其他作用力。N-S 方程可写为

连续方程：

$$\frac{\partial u_i}{\partial x_j} = \frac{\partial u_1}{\partial x_1} + \frac{\partial u_2}{\partial x_2} + \frac{\partial u_3}{\partial x_3} = 0 \tag{4-15}$$

动量方程：

$$\frac{\partial u_i}{\partial t} + \frac{\partial u_i u_j}{\partial x_j} = F_i - \frac{1}{\rho}\frac{\partial P}{\partial x_i} + \nu\frac{\partial^2 u_i}{\partial x_j^2} \tag{4-16}$$

式中，i 为方程个数，i=1，2，3；j 为求和标，j=1，2，3 求和。即

$$\frac{\partial u_i}{\partial t} + u_1\frac{\partial u_i}{\partial x_1} + u_2\frac{\partial u_i}{\partial x_2} + u_3\frac{\partial u_i}{\partial x_3} = F_i - \frac{1}{\rho}\frac{\partial P}{\partial x_i} + \nu\left(\frac{\partial^2 u_i}{\partial x_1^2} + \frac{\partial^2 u_i}{\partial x_2^2} + \frac{\partial^2 u_i}{\partial x_3^2}\right)$$

可以写成：

$$\frac{\partial u}{\partial t} + u\frac{\partial u}{\partial x} + v\frac{\partial u}{\partial y} + \omega\frac{\partial u}{\partial z} = F_1 - \frac{1}{\rho}\frac{\partial P}{\partial x} + \nu_t\left(\frac{\partial^2 u}{\partial x^2} + \frac{\partial^2 u}{\partial y^2} + \frac{\partial^2 u}{\partial z^2}\right)$$

$$\frac{\partial u}{\partial t} + u\frac{\partial v}{\partial x} + v\frac{\partial v}{\partial y} + \omega\frac{\partial v}{\partial z} = F_2 - \frac{1}{\rho}\frac{\partial P}{\partial y} + \nu_t\left(\frac{\partial^2 v}{\partial x^2} + \frac{\partial^2 v}{\partial y^2} + \frac{\partial^2 v}{\partial z^2}\right)$$

$$\frac{\partial u}{\partial t} + u\frac{\partial \omega}{\partial x} + v\frac{\partial \omega}{\partial y} + \omega\frac{\partial \omega}{\partial z} = F_3 - \frac{1}{\rho}\frac{\partial P}{\partial z} + \nu_t\left(\frac{\partial^2 \omega}{\partial x^2} + \frac{\partial^2 \omega}{\partial y^2} + \frac{\partial^2 \omega}{\partial z^2}\right)$$

三维模型的发展较一维和二维晚，20 世纪 70 年代是三维水流模型的萌芽阶段，之后发展较为迅速，研究的进展主要体现在计算网格的选择和生成、紊流模型的使用、方程的离散方法和离散格式、方程求解和计算内容等方面。非恒定流的流速脉动引起雷诺应力，在湍流流动中，除非非常接近固体表面很薄的一层，否则雷诺应力大大超过层流应力。求解微分方程组的方法主要有有限单元或有限差分法，模型结果的精度很大部分依赖于算法。同时，有限单元网格的划分和构建数字地形模型的实测数据点的选择是否能很好地表现实际河道地形也非常重要。模型所用的河道地形是否能很好地体现“真实世界”，是一个模型计算结果准确与否的先决条件。当模拟河流中，如卵砾石堆堰、石块、树根等对水流的扰动造成冲刷坑时，需要单元格的尺寸足够小，小于对应的自然斑块的大小。

四、栖息地适宜度模块

物种对栖息地的选择不是由某一单一因素决定，而是对多个因素的综合选择，因此需要建立合理的栖息地适宜度方程来表达物种对栖息地的选择偏好。对每一个网格单元，运用栖息地适宜度方程判断物种在该单元的适合程度。根据选取的典型生态因子，确定每个生态因子的权重及相互关系，基本的关系有以下两种。

（一）组合偏好方程（combined preferences）

组合偏好方程通过组合多个生态因子形成物种对栖息地的选择表达。Nakamura（1989）提出物种对栖息地的选择偏好程度 P_{comb} 可以有以下几种表达方式。

$$P_{\text{comb}} = \sum_{i=1}^{n} W_i P_i \tag{4-17}$$

或者

$$P_{\text{comb}} = \prod_{i=1}^{n} (P_i)^{W_i} \tag{4-18}$$

式中，P_i 为物种对 i 因子的适合度，由适合度曲线得出；W_i 为 I 因子的权重，权重因子可以根据专家经验，或者多元统计［如主要组成分析（PCA）］确定。

（二）多元函数（multivariate preference functions）

栖息地适宜度偏好也可以用多元函数表达。这取决于生态因子的组合和相互关系，通常由指数为多项式的指数函数表示。适合度程度可以理解为一个物种在所占据的栖息单元的适合程度。一般形式为

$$P_{d,\,v} = \frac{1}{N} \cdot \mathrm{e}^{-(a_1 \cdot d + a_2 \cdot v + a_3 \cdot d^2 + a_4 \cdot v^2 + a_5 \cdot d \cdot v)} \tag{4-19}$$

式中，$P_{d,v}$ 为适合度指数或使用水深 d 和流速 v 的概率；a_i 为系数；N 为标准化参数。该方法的缺点是通常有不连续的最高值，这与现实不符。例如，如果物种在水深 0.6～1.0m 的

适合程度均属于好的话，方程就不能反映出来。因此，该类型方程的使用受到限制(Bovee，1982)。

栖息地适宜度曲线是物理栖息地特征与某物种在该条件下适合程度的定量描述。一般来说，栖息地适宜度曲线能对任何复杂等级、不同参数以及时间过程进行描述。栖息地适宜度模型基于以下几个假设。

1）在一个稳定条件下，物种个体选择在最合适的条件下栖息，当物种数增加时，每个个体所占有的空间将减少；

2）物种适合的栖息环境能够通过栖息地适宜度曲线表示；

3）栖息地适宜度指数代表整个栖息环境的质量；

4）物理栖息地质量是制约物种数的主要因素，而不是食物或水质。

以上假设基于同一物种的所有个体具备同样的特征、平均占有的空间和资源。基于生存空间最优化利用原则，适合度高的地方拥有高的物种密度，适合度低的地方物种密度也低，即遵循空间充分利用的“理想自由分布”法则。与之相对的是“强制分布”，优势个体占有优质的、宽阔的空间，而弱小的个体只能拥有剩余的场所。

针对不同大小的生境选取不同的典型因子。选取的因子必须能代表物种各个生长阶段所要求的环境特征。生态因子的适合程度可以用0～1的数字表示，也可用文字表述，如好、中、差。

影响鱼类资源的生态因素很多，且它们对鱼类的影响各不相同，显然不可能对各种因素同等对待，因此需要找出起主要影响的生态因素（即关键因子），并对其进行评价，才能收到事半功倍的效果。

第二节　建坝河流鱼类栖息地适宜度模型构建

河流栖息地是给鱼类及其他水生生物提供适宜生存、繁殖及完成其他生命周期的物理、化学和生物条件的空间（Poff and Ward，1990），是指生物某个生命周期所要求的多维小生境的环境条件（如水深、流速、底质和水温）及资源条件（如食物和空间）(Hardy and Addley，2001)。适宜的环境条件和资源条件必须能保质、保量、及时地提供，从而才能维持物种长期的繁衍生存（Statzner et al.，1988)。

一、长江中游四大家鱼及其栖息地介绍

近年来，水利工程建设、过度捕捞及水污染等人类活动致使长江鱼类资源量减少。其中，备受关注的有江湖洄游鱼类——“四大家鱼”，其群体数量减少，群体结构组成简单，整体资源量处于下降趋势。长江中游河段是“四大家鱼”最主要的产卵场所，建立家鱼栖息地适宜度模型，用来预测和模拟不同水文条件下家鱼的栖息地适宜度。对“四大家鱼”栖息特性进行分析，得出评价家鱼栖息地质量的关键生态因子，并建立各影响因子的适宜度曲线及“四大家鱼”栖息地适宜度方程。结合一维非恒定水流数学模型和“四大家鱼”

栖息地适宜度方程，建立“四大家鱼”栖息地适宜度模型。并将模型用来模拟和预测不同河流水文情景下，宜昌—城陵矶河段“四大家鱼”产卵场的栖息地适宜程度。

青鱼、草鱼、鲢鱼、鳙鱼统称为“四大家鱼”，属鱼纲，鲤形目，鲤科。青鱼（*Mylopharyngodon piceus*）在水域底层栖息，主食螺蛳、蚌等软体动物和水生昆虫。草鱼（*Ctenopharyngodon idellus*）喜在水域边缘地带活动，以水草为食。鲢鱼（*Hypophthalmichthys molitrix*）栖息于水中上层，主食浮游植物。鳙鱼（*Aristichthys nobilis*）也喜欢在水中上层活动，以浮游动物为食。

“四大家鱼”是江湖半洄游性鱼类，它们主要在长江水系及其通江湖泊中繁殖、生长、育肥，是长江水系经济鱼类资源的主要组成部分，构成长江流域淡水捕捞的主要对象。“四大家鱼”的性腺在发育过程中有一个很重要的特点，就是雌性个体的性腺发育到第Ⅵ期，其中的卵母细胞发育到初级卵母细胞阶段时，便处于一种相对静止的状态（一种休眠状态）。初级卵母细胞只是生长期的一个发育阶段，尚不能离开卵巢，也不能受精，所以性腺处于这一时期的雌性个体还不能进行生殖活动。直接控制性腺发育的首要因素是脑垂体分泌的促性腺激素的量。性腺在第Ⅴ期之前时，脑垂体对它的内分泌调节作用往往处于较低的水平，分泌的促性腺激素是微量的，而且具有相对的稳定性。当性腺从第Ⅳ期向第Ⅴ期过渡时，调节初级卵母细胞进行成熟分裂所需要的激素量较之前都高。而促使垂体促性腺激素的分泌量增加的启动因子是一定的外界环境条件刺激。处在这个阶段的“四大家鱼”对外界环境条件的要求非常敏感，除必要的水温外，还必须有强大水流的刺激。当其所需要的外界环境条件得到满足时，这一过渡才能完成，反之就会受到抑制。生活在天然水域中的四大家鱼，当性腺发育到一定时期时，开始向大江河中上游洄游，寻找适宜的产卵场，在那里等待着最适条件——洪峰的到来。

近年来，由于水利工程建设、过度捕捞及水污染等原因，使得长江鱼类资源受到威胁，“四大家鱼”群体数量减少，群体结构组成简单，整体资源量处于下降趋势。葛洲坝和三峡大坝的修建导致长江中下游水文和水质条件发生显著变化，从而严重影响了“四大家鱼”种群的数量。历史上，湖北省长江“四大家鱼”天然鱼苗产量达 200 亿尾，1982 年下降为 11.06 亿尾。洞庭湖渔获物中“四大家鱼”的比例在 1963 年、1980 ~ 1982 年、1997 年和 2002 年分别为 22%、14.1%、11.84% 和 8.5%。监利江段“四大家鱼”鱼苗径流量从 1981 年的 67 亿尾（余志堂，1985）下降到 1997 ~ 2001 年的 19 亿 ~ 36 亿尾，平均为 25 亿尾（刘绍平等，2004）。1997 ~ 2003 年监利断面家鱼鱼苗径流量呈急剧下降趋势，“四大家鱼”鱼苗资源量处于衰退之中。

“四大家鱼”的产卵活动发生在每年的 4 月下旬 ~ 7 月上旬，当水温达 18℃ 的洪水时期，亲鱼便集中在产卵场产卵。长江干流是“四大家鱼”主要的产卵场所，家鱼通常选择河道宽窄相间或弯道河段、水流流速发生变化、流态紊乱的区域产卵。历史上，长江上游重庆—彭泽 1700 km 的江段分布有产卵场 36 处（易伯鲁等，1988），其中重庆—宜昌江段有 9 处，产卵规模占全江总规模的 27%。长江中游是“四大家鱼”重要的繁殖区域，从宜昌—城陵矶约 400 km 的江段内，分布有 12 个产卵场（图 4-1），产卵规模约占干流产卵总量的 43%。葛洲坝枢纽兴建后，除原来宜昌产卵场的位置和产卵规模发生改变外，长江上游家鱼产卵场依然存在，产卵规模也没有发生大的变化（曹文宣等，1987）。三峡大坝合龙后，由于水库蓄水、库区水位抬高、流速减缓，处于库区内的 8 个“四大家鱼”产卵场全部消失。监利江段家鱼产卵季节的鱼苗径流量剧减。2003 ~ 2006 年，监利断面平均鱼苗径流量为 1.08×10^{9}尾，仅为 2002 年的 56.9%。据调查，三峡大坝蓄水后，家鱼产卵时间有推后的趋势，且大坝下游的产卵场质量有所下降（Stone，2008）。“四大家鱼”产卵规模的缩小、鱼苗资源量的下降，将直接影响“四大家鱼”补充群体，因此保护及修复“四大家鱼”天然产卵场是保护“四大家鱼”资源量的关键。本书建立“四大家鱼”栖息地模拟模型，模拟和预测不同水库调度模式下家鱼产卵场的适宜度，从而为家鱼产卵场的保护提供科学依据。

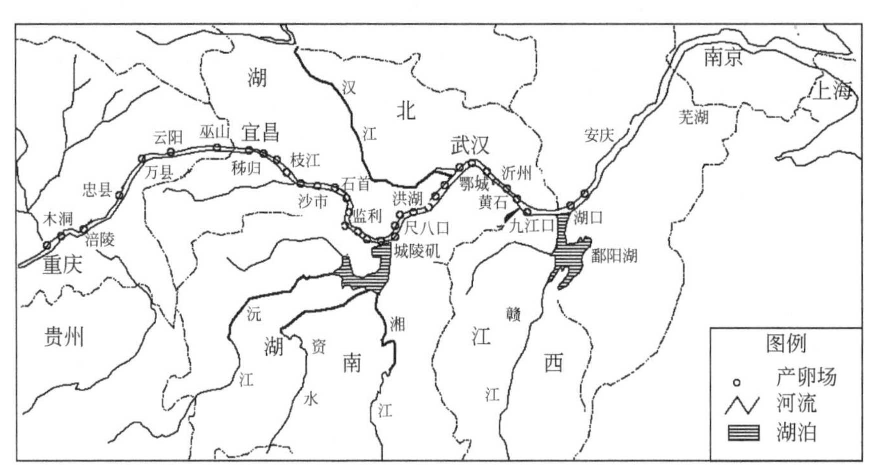

图 4-1　2002 年以前长江干流家鱼产卵场分布示意图
（中国科学院三峡工程生态与环境科研项目领导小组，1988）

二、四大家鱼栖息地适宜度模型建立

影响“四大家鱼”栖息地适宜度的主要生态因子包括水位涨幅、流速和水温。水深并不是家鱼产卵的关键生态因子，但是水位的变幅（I_{dZ}）则是产卵的必备条件（易伯鲁和梁秩燊，1964），适宜的水位涨幅对应高的产卵量。2004 年 6 月 13 ~ 18 日，监利断面水位上升 2.09 m，日均水位涨幅为 0.35 m/d，流量上涨 13 000 m^3/s，日均流量涨幅为 2167 $m^3/(s\cdot d)$；6 月 24 日 ~ 7 月 2 日，监利站监测到的鱼苗量约为 28.6×10^{7}尾，为 2004 年总鱼苗产量的 84.36%。野外监测表明，鱼苗径流量和洪峰呈正相关关系，水位的上涨能够刺激家鱼产卵。日均水位上涨 0.30 m/d 是家鱼产卵的理想条件，水位变幅过大或过小均对产卵不利。例如，2003 年家鱼产卵季节的第 2 次洪峰水位涨幅达 1.05 m/d，2005 年的第 2 次洪峰水位涨幅仅 0.09 m/d，均对家鱼的产卵量有不利影响。

流速（I_V）是关键生态因子之一的原因是家鱼的鱼卵和鱼苗需要一定的流速以防止下沉。流速在 0.25 ~ 0.9 m/s 范围内时，能为家鱼提供适宜的产卵场（曹文宣等，1987）。

当流速小于0.27m/s时，鱼卵开始下沉；当流速小于0.25m/s时，大部分鱼卵会落到河床上；当流速小于0.1 m/s时，所有的鱼卵均下沉（唐会元等，1996）。

水温（I_T）对家鱼繁殖的影响至关重要。当水温高于18℃时，家鱼开始产卵，产卵盛期水温为21～24℃（易伯鲁等，1988）。宜昌江段每年家鱼繁殖季节的最高日平均气温为27℃（李思发，2001）。

根据“四大家鱼”的产卵特性，建立家鱼的栖息地适宜度方程。当任何一个因子的适宜度为零时，各因子几何平均的栖息地适宜度也为零，因此采用几何平均的方法综合影响家鱼栖息地适宜度的关键因子，表达式如下：

$$\mathrm{HSI} = (I_{dz} \cdot I_v \cdot I_T)^{1/3} \tag{4-20}$$

水位涨幅（I_{dZ}）、流速（I_V）和水温（I_T）的适宜度均由适宜度曲线定义，适合度以0，1为界，0为完全不适合状态，1为最适合状态，中间值表示物种对特定因素的适合程度。适宜度曲线如图4-2所示。

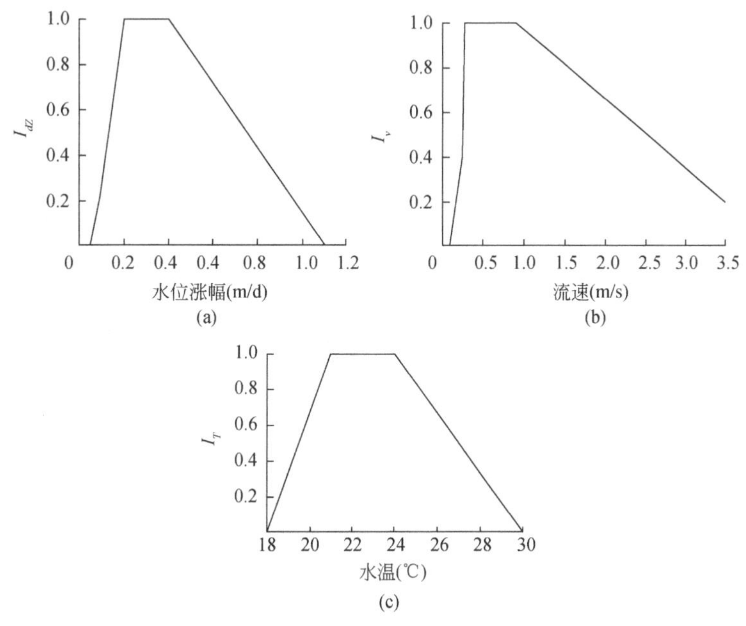

图4-2　“四大家鱼”栖息地生态因子适宜度曲线

耦合一维水动力学模型及对“四大家鱼”栖息地适宜度方程，构建“四大家鱼”栖息地适宜度模型。下一节分别对一维水动力模型和栖息地适宜度模型的合理性进行验证和应用。

第三节　栖息地模型验证与应用

一、模型验证

耦合栖息地适宜度指数和一维非恒定水流数学模型，建立了一维栖息地适宜度模型，从而对“四大家鱼”栖息地的适宜度进行评价和预测。模型的验证包括适宜度方程和一维非恒定水流数学模型两部分。

(一) 适宜度方程验证

通过1997~2006年21组长江监利鱼苗径流量实测数据，对“四大家鱼”的适宜度方程进行验证。流速由通过实测的断面面积、流量和水位推算得出。栖息地适宜度指数（HSI）与日均产卵量的计算结果见表4-1。图4-3显示了栖息地适宜度指数（HSI）与日均产卵量的关系。

表4-1　适宜度指数（HSI）与日均产卵量

年份	日均水位涨幅（m/d）	I_{dz}	流速（m/s）	I_V	水温（℃）	I_T	HSI	日均产卵量（10^7尾）
1997*	0.26	1	0.83	1	21.2	1	1	31.33
	0.39	1	0.94	0.99	20.7	0.90	0.96	2.95
1998*	0.38	1	0.77	1	20.5	0.83	0.94	4.25
	0.29	1	0.77	1	21.3	1	1	11.27
1999*	0.31	1	0.74	1	20.4	0.80	0.93	5.63
	0.15	0.61	0.82	1	21.2	1	0.85	3.16
	0.31	1	1.09	0.93	23.1	1	0.98	10.63
2000	0.15	0.66	0.70	1	21.6	1	0.87	3.45
	0.48	0.89	0.92	0.99	21.4	1	0.96	41.32
2001	0.36	1	0.74	1	20.1	0.70	0.89	11.69
	0.40	1	0.84	1	21.3	1	1	17.09
2002	0.43	0.96	0.74	1	20.5	0.83	0.93	10.80
	0.34	1	1.05	0.94	20.8	0.93	0.96	17.17
2003**	0.23	1	0.57	1	22	1	1	2.97
	1.05	0.07	0.80	1.00	23.7	1	0.41	0.96
2004**	0.45	0.93	0.97	0.97	18.80	0.27	0.62	0.29
	0.35	1	1.08	0.93	22.30	1	0.98	3.18
2005**	0.41	0.99	0.78	1	19.8	0.60	0.84	0.40
	0.09	0.20	0.78	1	22.5	1	0.58	0.76
2006**	0.12	0.35	0.76	1	23.3	1	0.70	1.61
	0.15	0.64	0.74	1	25.8	0.70	0.76	2.38

注：*数据引自邱顺林等（2002）；**数据引自段辛斌等（2008）

(二) 一维非恒定水流数学模型验证

采用长江中游宜昌—城陵矶河段的实测资料对一维非恒定水流数学模型进行验证。长

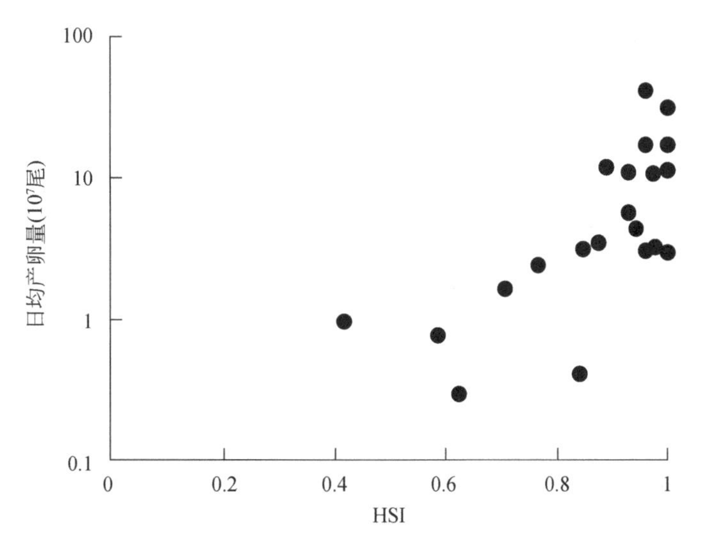

图 4-3　监利断面实测日均产卵量与计算的栖息地适宜度指数（HSI）的关系

江中游河段宜昌—城陵矶，长为 380km，中间有清江汇入长江，同时又有松滋、太平、藕池 3 口分流入洞庭湖。对河道进行了计算区域河网结构的概化，如图 4-4 所示。整个计算范围概化为 9 条河段，4 个汊点，共计 227 个断面。

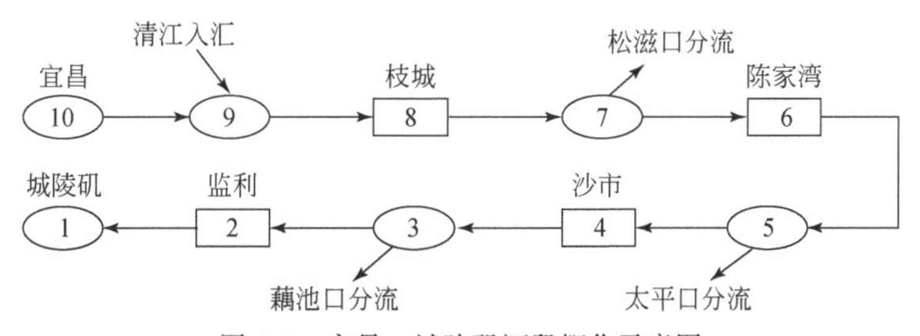

图 4-4　宜昌—城陵矶河段概化示意图

采用 1998 年 4 月 1 日 ~6 月 30 日“四大家鱼”产卵期间的地形资料、水位、流量过程，对模型进行验证。流量、水位验证结果如图 4-5、图 4-6 所示，其中 CS51、CS107、CS193 分别代表枝城、沙市、监利。由验证结果可以看出，计算水位和流量过程能基本准确地反映实测水流、流量过程的变化，模型基本原理正确，参数选取合理。

（三）栖息地适宜度模型验证

图 4-7 为 1998 年统计的宜昌—城陵矶河段推测实际发生产卵的河段。表 4-2 列出了“四大家鱼”产卵期间不同涨水过程的日期、涨水水量和水位。一维非恒定水流数学模型计算出该时段水位升降幅度及流速，深潭、回水区及沼泽地面积百分率根据河道地形资料计算出每个断面深潭和回水区的面积。对于长江中游河段。图 4-8 为考虑水位变幅、流速及回水区分布，23 个涨水日“四大家鱼”产卵场适宜区域的分布结果。由图 4-8 可以看

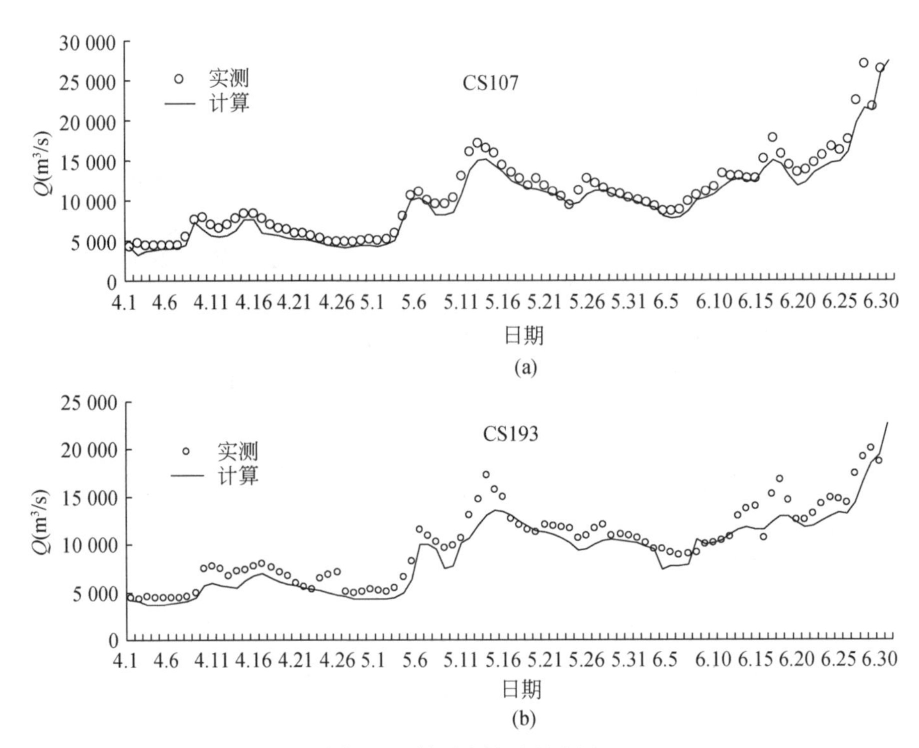

图 4-5 断面流量过程验证

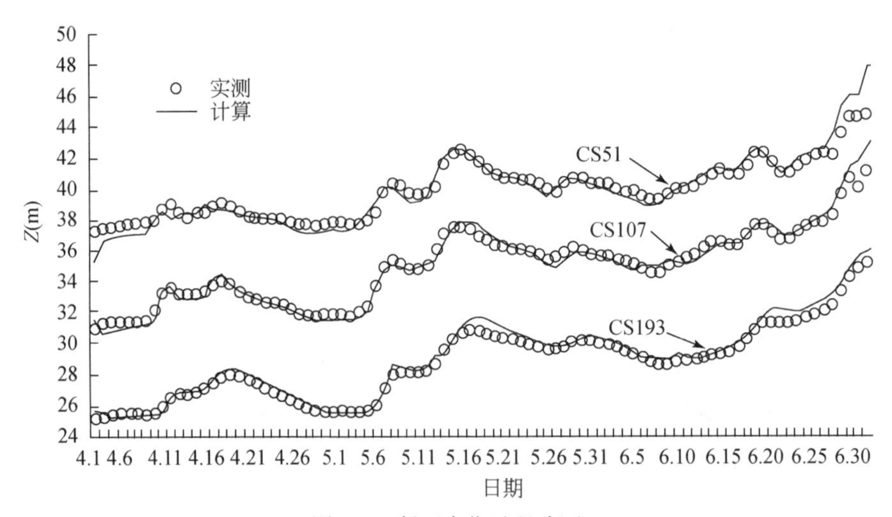

图 4-6 断面水位过程验证

出，实测到的产卵发生区域对应模拟结果中适宜度较高的河段，涨水初期（如 1998 年 4 月 8～9 日，1998 年 5 月 24～25 日，1998 年 6 月 8～10 日），上游区域适宜程度高，下游区域适宜程度低甚至不适宜，这是由于涨水过程需要一定的历时向下游传递。涨水末期（1998 年 5 月 12～13 日，1998 年 6 月 28～29 日），则下游河段适宜度明显高于上游，上游适

表 4-2　1998 年“四大家鱼”产卵期间涨水日期及情况

测量时间	宜昌(CS1)				枝江(CS51)		沙市(CS107)				监利(CS193)				城陵矶(CS227)	
	Z (m)	变幅 (m)	Q (m^3/s)	变幅 (m)	Z (m)	变幅 (m)	Z (m)	变幅 (m)	Q (m^3/s)	变幅 (m)	Z (m)	变幅 (m)	Q (m^3/s)	变幅 (m)	Z (m)	变幅 (m)
1998 年 4 月 8 日	40.69		7 410		38.32		32.16		5 390		25.51		4 557		23.12	
1998 年 4 月 9 日	41.31	0.62	8 120	710	39.01	0.69	33.29	1.13	7 592	2 202	25.97	0.46	4 890	333	23.15	0.03
1998 年 4 月 14 日	41.11		7 940		38.76		33.42		7 708		27.15		7 193		25.04	
1998 年 4 月 15 日	41.35	0.24	7 900	−40	39.11	0.35	33.87	0.45	8 355	647	27.49	0.34	7 331	138	25.4	0.36
1998 年 5 月 3 日	40.42		7 100		38.34		32.47		5 955		25.69		5 415		23	
1998 年 5 月 4 日	42.42	2	11 000	3 900	39.64	1.3	33.74	1.27	8 105	2 150	26.07	0.38	6 618	1 203	23.28	0.28
1998 年 5 月 5 日	43.13	0.71	11 800	800	40.36	0.72	35.02	1.28	10 600	2 495	27.10	1.03	8 270	1 652	23.82	0.54
1998 年 5 月 24 日	42.34		10 100		39.94		35.38		9 425		29.70		11 725		27.4	
1998 年 5 月 25 日	43.07	0.73	11 800	1 700	39.87	−0.07	35.55	0.17	11 217	1 792	29.65	−0.05	10 700	−1 025	27.54	0.14
1998 年 5 月 26 日	43.39	0.32	12 700	900	40.43	0.56	35.97	0.42	12 750	1 533	29.85	0.20	10 904	203.7	27.73	0.18
1998 年 5 月 27 日	43.43	0.04	12 800	100	40.70	0.27	36.16	0.19	12 125	−625	30.12	0.27	11 725	821.3	27.91	0.18
1998 年 6 月 8 日	42.42		10 800		40.00		35.28		10 534		28.83		9 169		26.12	
1998 年 6 月 9 日	42.94	0.52	12 200	1 400	40.19	0.19	35.43	0.15	11 027	493	28.92	0.09	9 984	815	26.07	−0.05
1998 年 6 月 10 日	43.27	0.33	13 000	800	40.46	0.27	35.66	0.23	11 673	646	28.97	0.05	10 150	166	25.98	−0.09
1998 年 6 月 11 日	43.85	0.58	14 100	1 100	41.03	0.57	36.15	0.49	13 391	1 718	29.09	0.12	10 350	200	25.88	−0.1
1998 年 6 月 12 日	43.96	0.11	14 300	200	41.24	0.21	36.52	0.37	13 018	−373	29.30	0.21	10 775	425	25.89	0.01
1998 年 6 月 26 日	46.38		23 000		43.26		38.38		17 600		32.71		15 068		30.81	
1998 年 6 月 27 日	47.71	1.33	28 000	5 000	44.44	1.18	39.69	1.31	22 400	4 800	33.44	0.73	17 433	2 365	31.62	0.81
1998 年 6 月 28 日	47.74	0.03	26 900	−1 100	44.63	1	40.74	1.05	26 900	4 500	34.39	0.95	19 200	1 787	32.45	0.83
1998 年 6 月 29 日	47.64	−0.1	33 000	6 100	44.70	0.069	40.16	−0.58	21 600	−5 300	34.85	0.46	20 050	850	33.04	0.59
1998 年 6 月 30 日	49.52	1.88	37 200	4 200	45.99	1.286	41.11	0.95	26 300	4 700	35.17	0.32	18 600	−1 450	33.38	0.34

宜度甚至为零，这是因为洪水消退，上游水位不再增长甚至消退，下游位于洪峰尾部，水位依然增长。说明水位增长是家鱼发生产卵的必要条件。计算的产卵适宜区域分布与实测统计结果吻合较好，表明模型能预测不同水流情况下，“四大家鱼”产卵场的优劣程度。

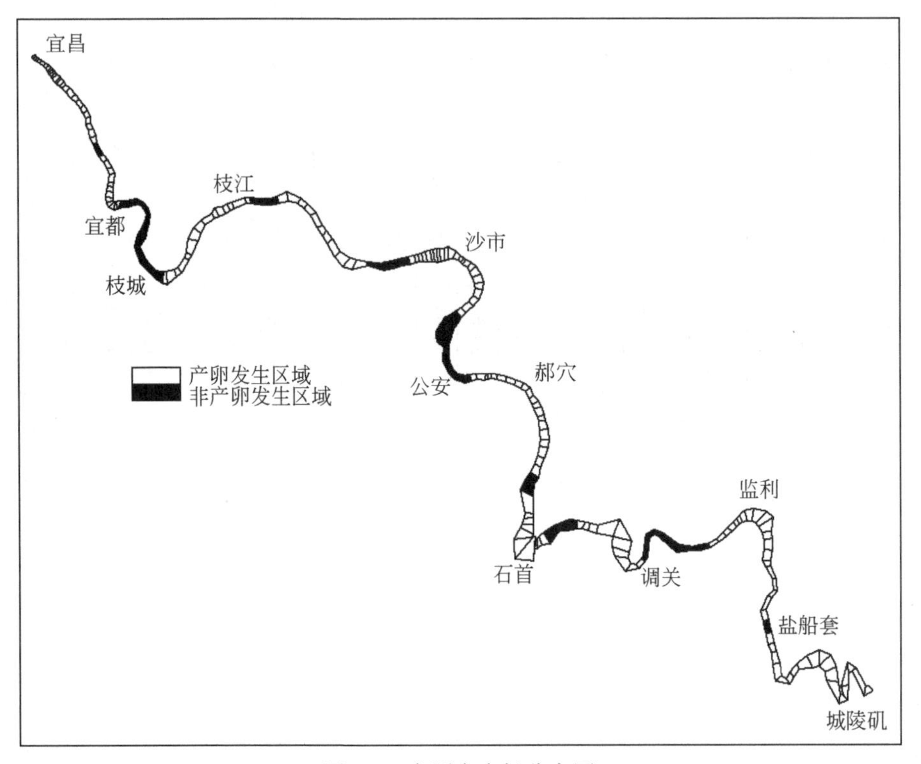

图 4-7　实测产卵场分布图

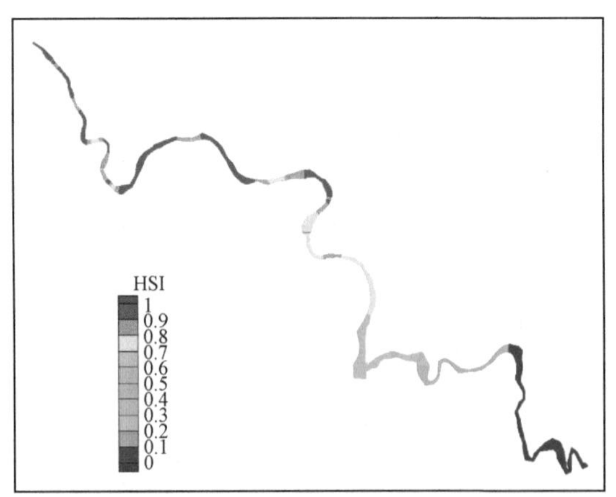

(a)1998年4月8~9日

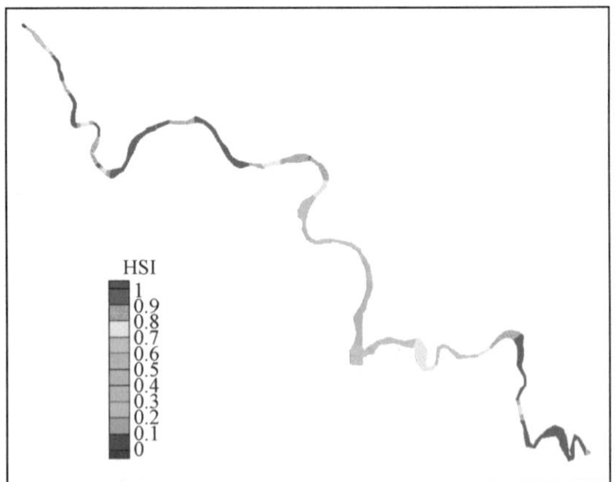

(b)1998年4月14~15日

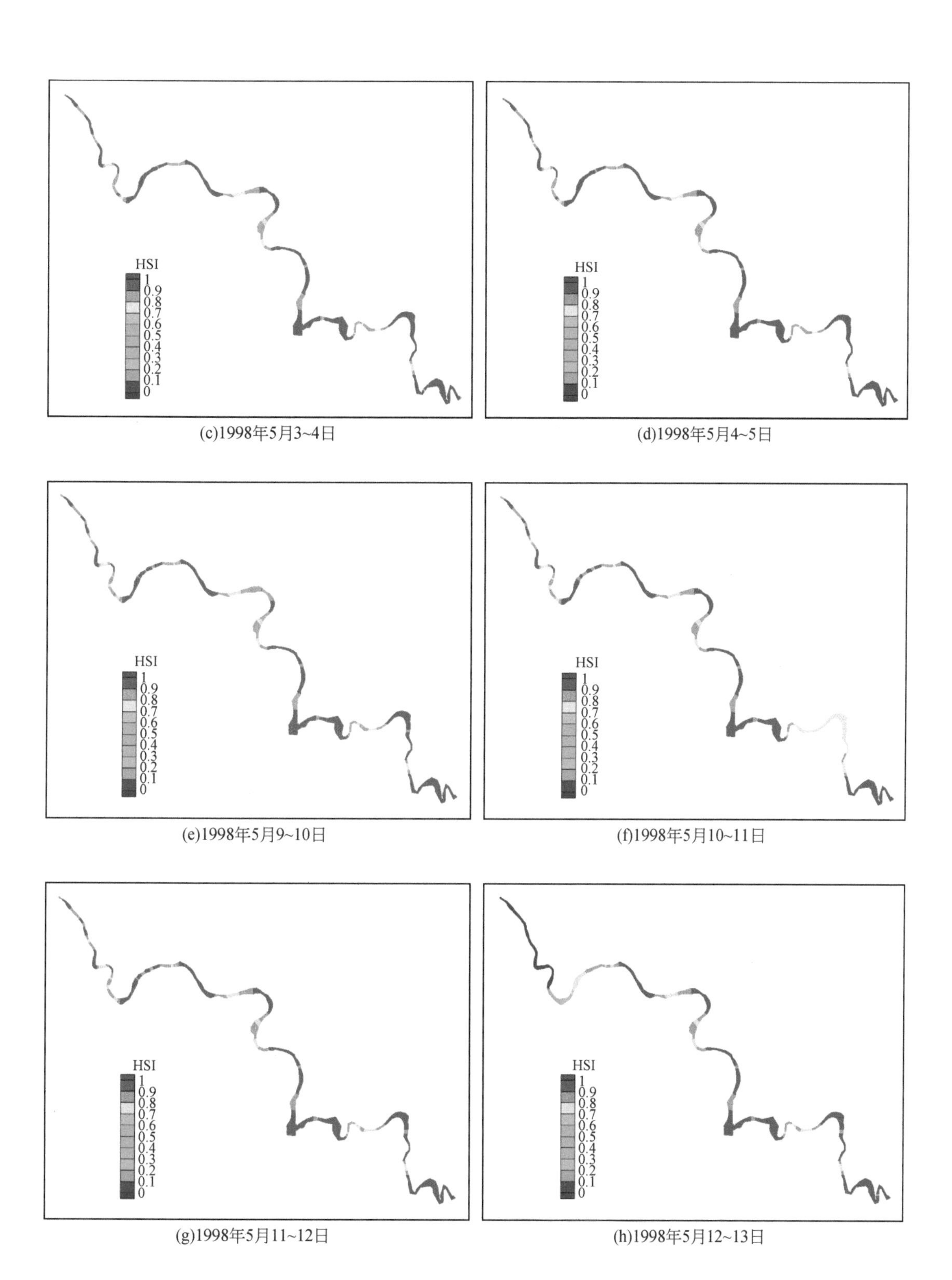

(c)1998年5月3~4日

(d)1998年5月4~5日

(e)1998年5月9~10日

(f)1998年5月10~11日

(g)1998年5月11~12日

(h)1998年5月12~13日

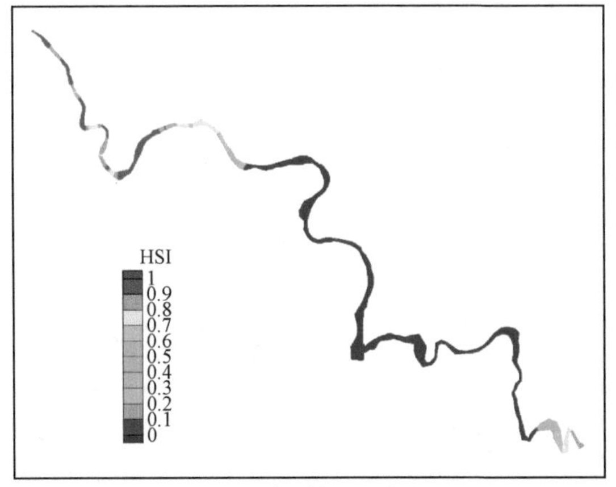

(i)1998年5月24~25日

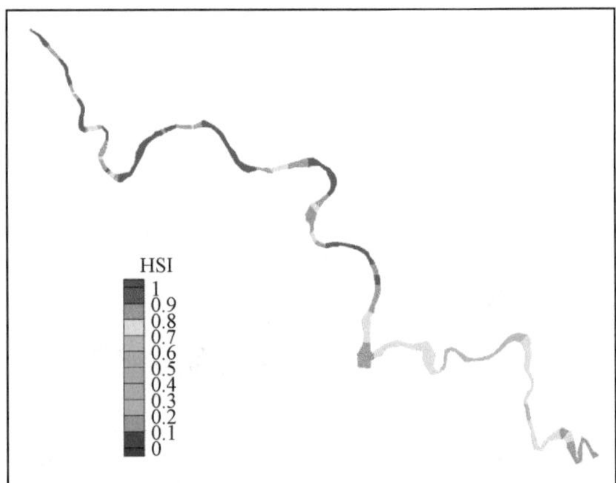

(j)1998年5月25~26日

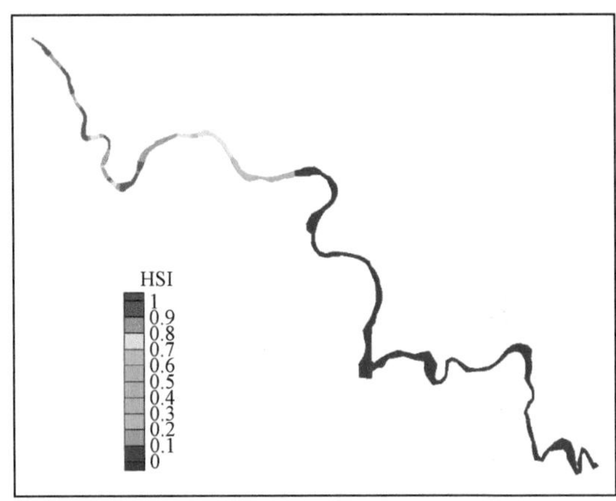

(k)1998年5月26~27日

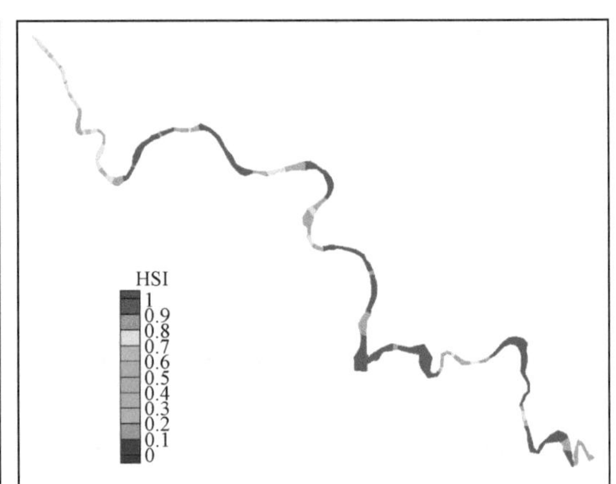

(l)1998年6月8~9日

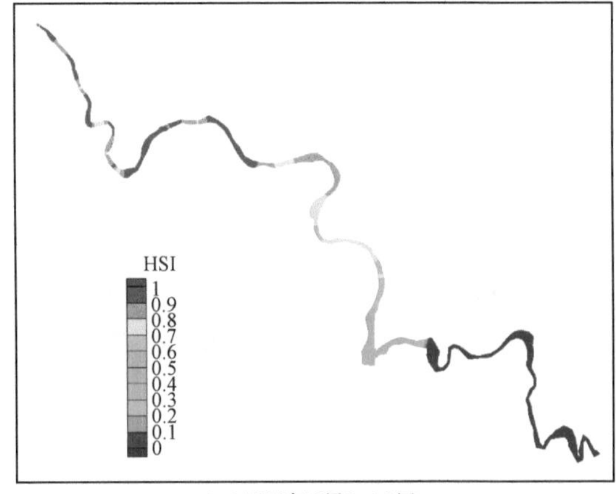

(m)1998年6月9~10日

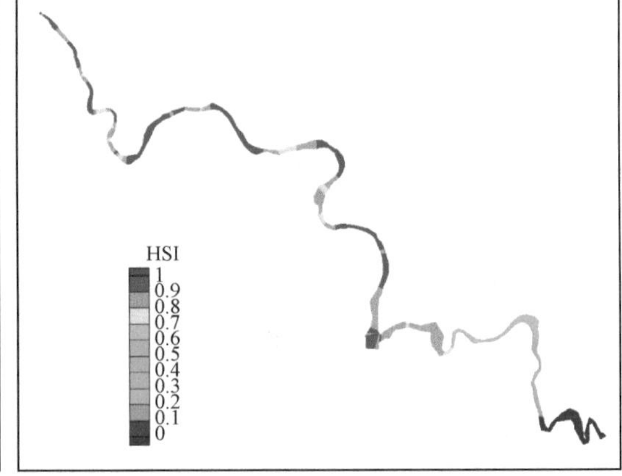

(n)1998年6月10~11日

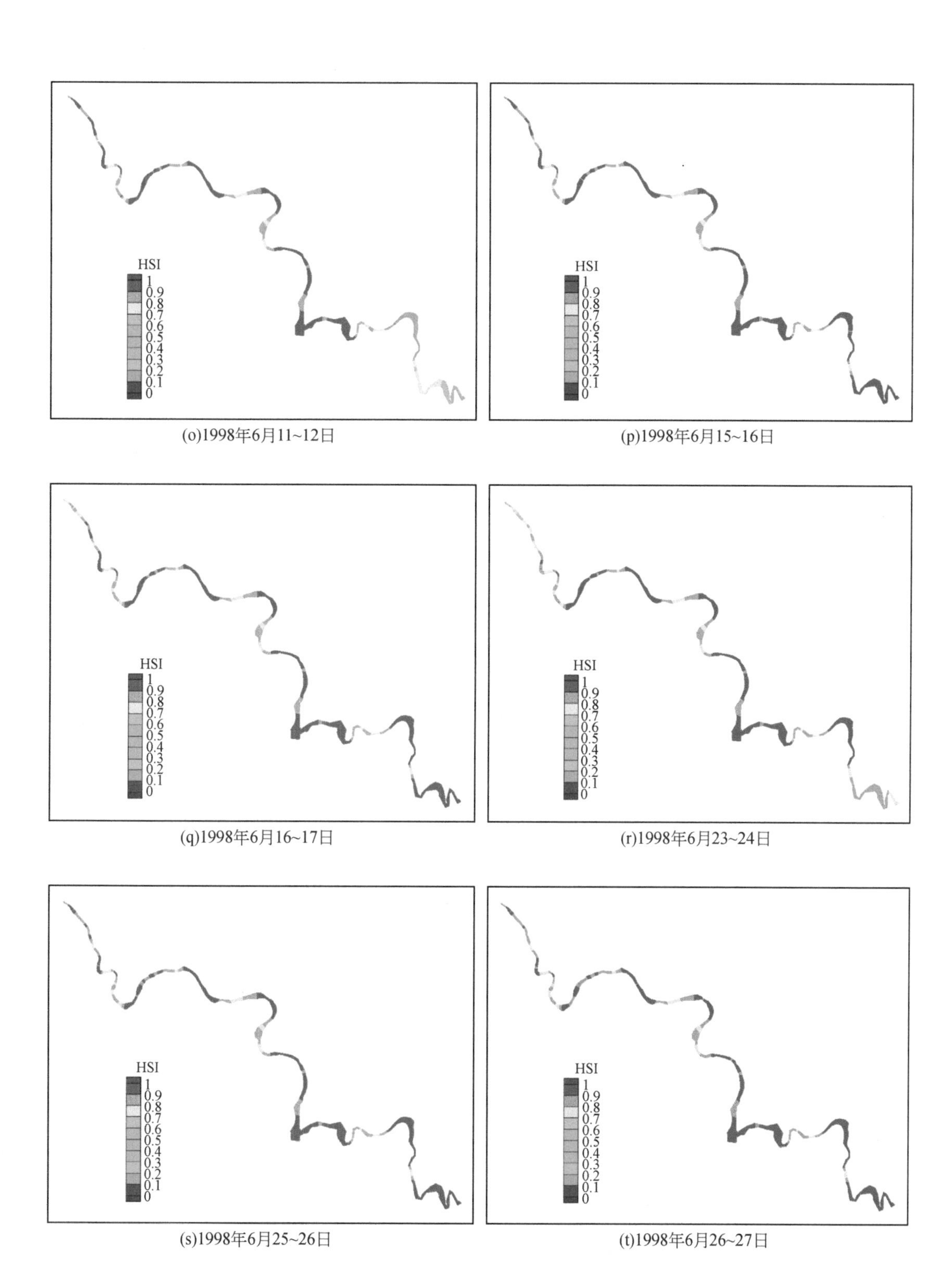

(o)1998年6月11~12日

(p)1998年6月15~16日

(q)1998年6月16~17日

(r)1998年6月23~24日

(s)1998年6月25~26日

(t)1998年6月26~27日

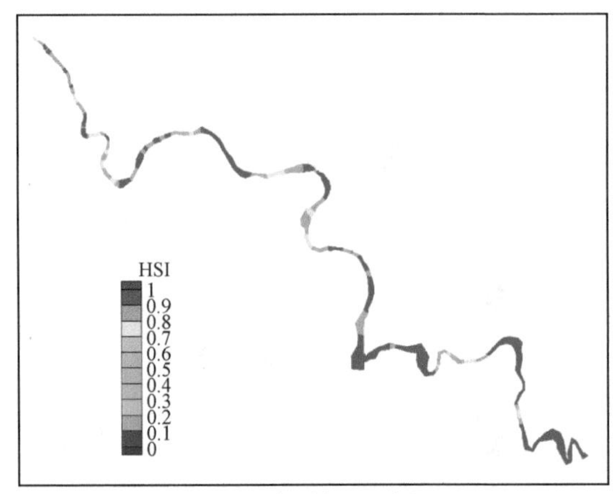

(u)1998年6月27~28日

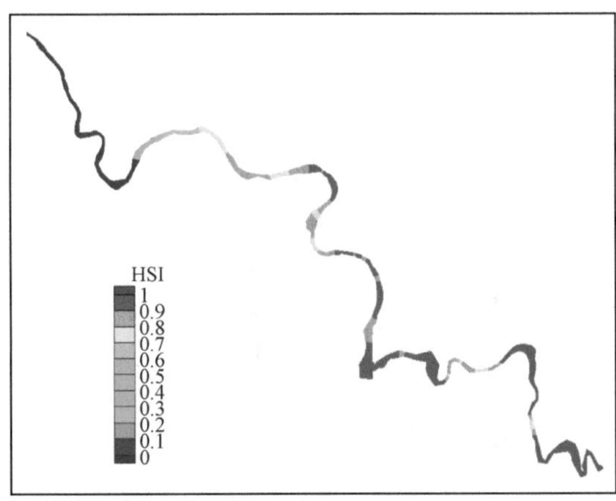

(v)1998年6月28~29日

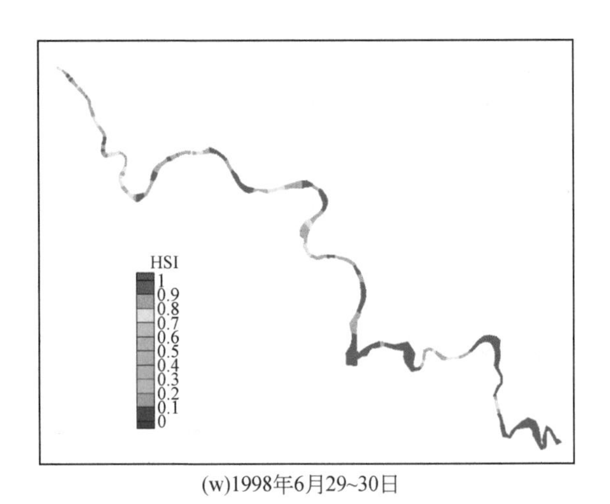

(w)1998年6月29~30日

图 4-8　不同涨水日期计算产卵场适宜度分布情况

二、四大家鱼栖息地适宜度模型应用

（一）最小生态需水量

本节讨论提高家鱼栖息地质量的水库运行模式，并计算得出了最小生态需水量和适宜的水位变化。

最小生态需水量决定流速的适宜度（I_V），对葛洲坝下游家鱼主要产卵场宜昌—城陵矶 380km 河段进行了计算，模拟了不同流量下的流速适宜度并确定了最小生态需水量，计算结果如图 4-9 所示。

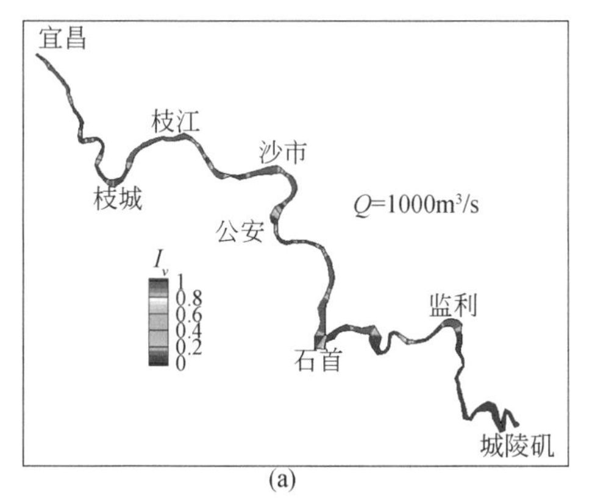

(a)

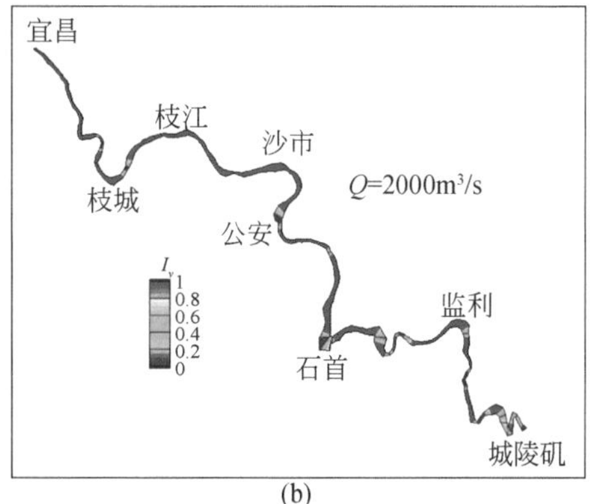

(b)

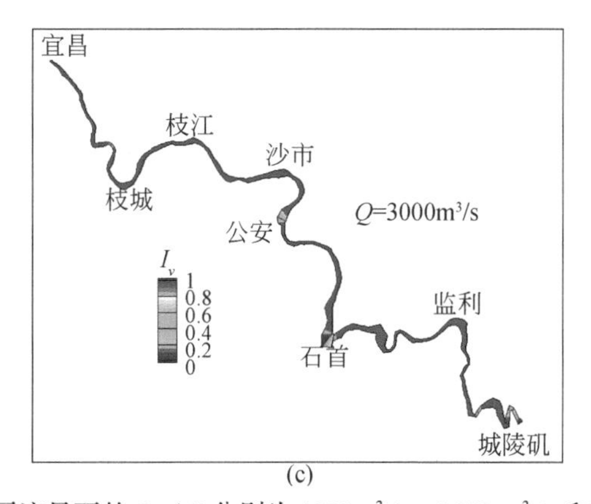

(c)

图 4-9　不同流量下的 I_V（Q 分别为 1000m³/s，2000 m³/s 和 3000 m³/s）

模拟结果表明：

当 $Q=1000\text{m}^3/\text{s}$ 时，约 45% 的河段的流速适宜产卵，约 55% 的河段由于流速过低不能提供适宜的产卵条件；

当 $Q=2000\text{m}^3/\text{s}$ 时，约 85% 的河段的流速适宜产卵；

当 $Q=3000\text{m}^3/\text{s}$ 时，约 95% 的河段的流速适宜产卵。

家鱼产卵的最小生态需水量为 3000m³/s 。

历史实测显示，中华鲟产卵季节该河段天然的最小流量均大于 4000m³/s，流速均能满足家鱼产卵的需要。水库运行后，在满足发电和航运的需求下，保证下泄流量不小于 3000m³/s，以满足家鱼繁殖的需要。

（二）适宜流量过程

模型模拟了不同初始流量（Q）条件下，不同的日均流量涨幅（d_Q）的水位变化情况，并得到了该情景下的水位变化适宜度（I_{dZ}），计算结果如图 4-10 所示，结果分析见表 4-3。

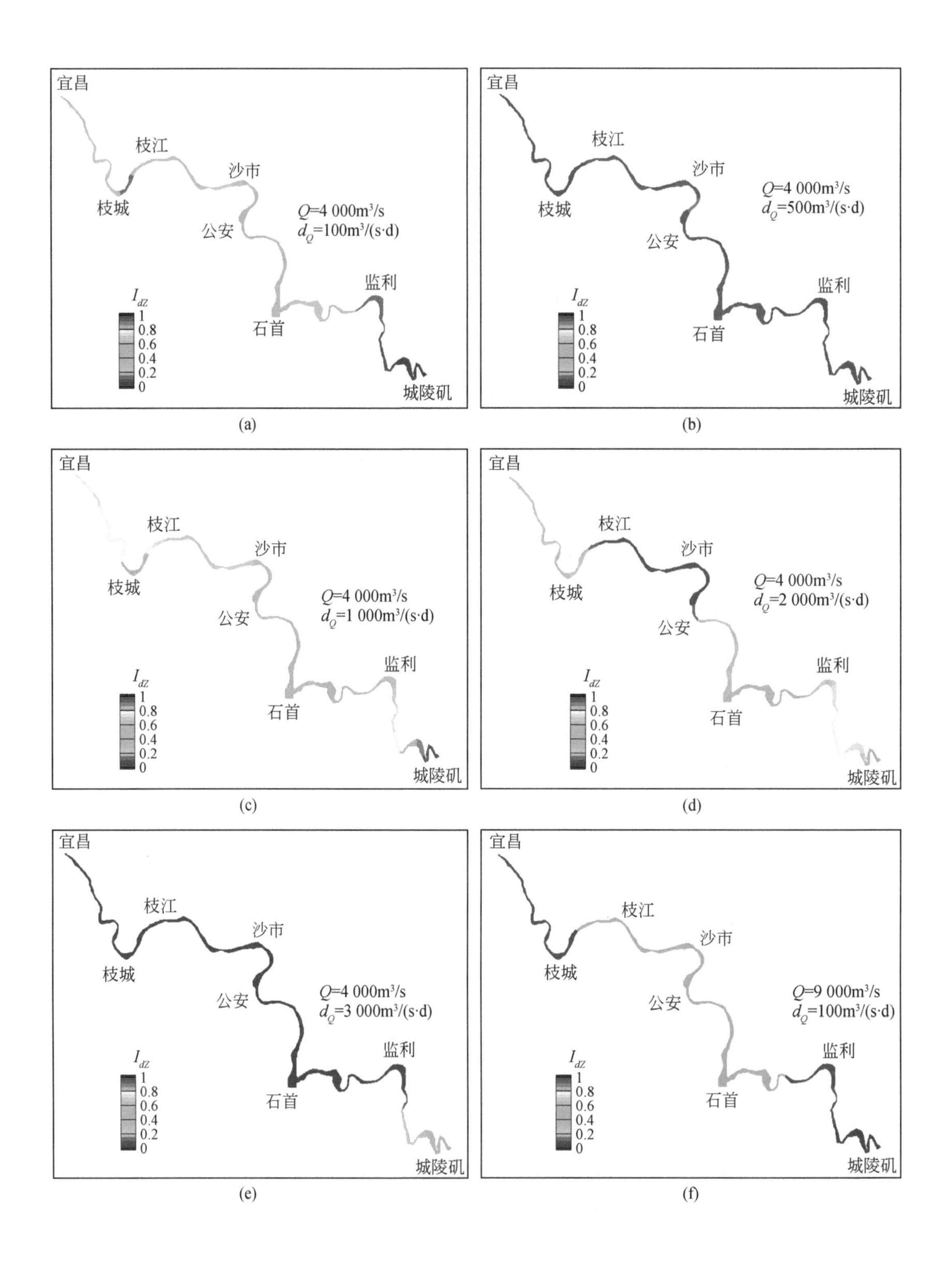
宜昌
枝江
沙市
枝城
公安
Q=4 000m³/s
d_Q=100m³/(s·d)
监利
石首
城陵矶
I_dZ
1
0.8
0.6
0.4
0.2
0
宜昌
枝江
沙市
枝城
Q=4 000m³/s
d_Q=500m³/(s·d)
公安
监利
石首
城陵矶
宜昌
枝江
沙市
枝城
Q=4 000m³/s
d_Q=1 000m³/(s·d)
公安
监利
石首
城陵矶
宜昌
枝江
沙市
枝城
Q=4 000m³/s
d_Q=2 000m³/(s·d)
公安
监利
石首
城陵矶
宜昌
枝江
沙市
枝城
公安
Q=4 000m³/s
d_Q=3 000m³/(s·d)
监利
石首
城陵矶
宜昌
枝江
沙市
枝城
公安
Q=9 000m³/s
d_Q=100m³/(s·d)
监利
石首
城陵矶

(a) (b) (c) (d) (e) (f)

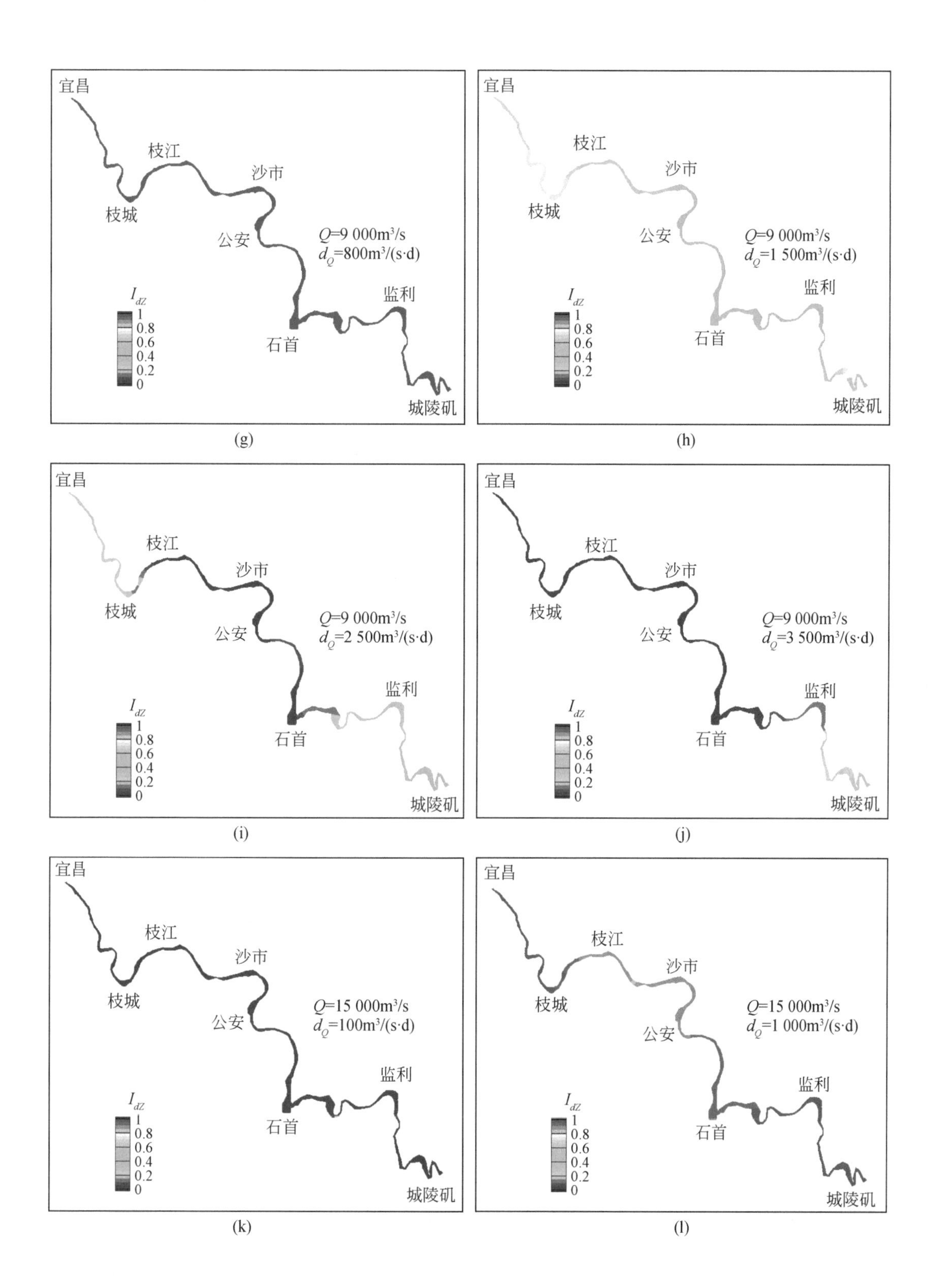
宜昌
枝江
沙市
枝城
公安
Q=9 000m³/s
dQ=800m³/(s·d)
监利
石首
城陵矶
IdZ
1
0.8
0.6
0.4
0.2
0
dQ=1 500m³/(s·d)
dQ=2 500m³/(s·d)
dQ=3 500m³/(s·d)
Q=15 000m³/s
dQ=100m³/(s·d)
dQ=1 000m³/(s·d)

(g)

(h)

(i)

(j)

(k)

(l)

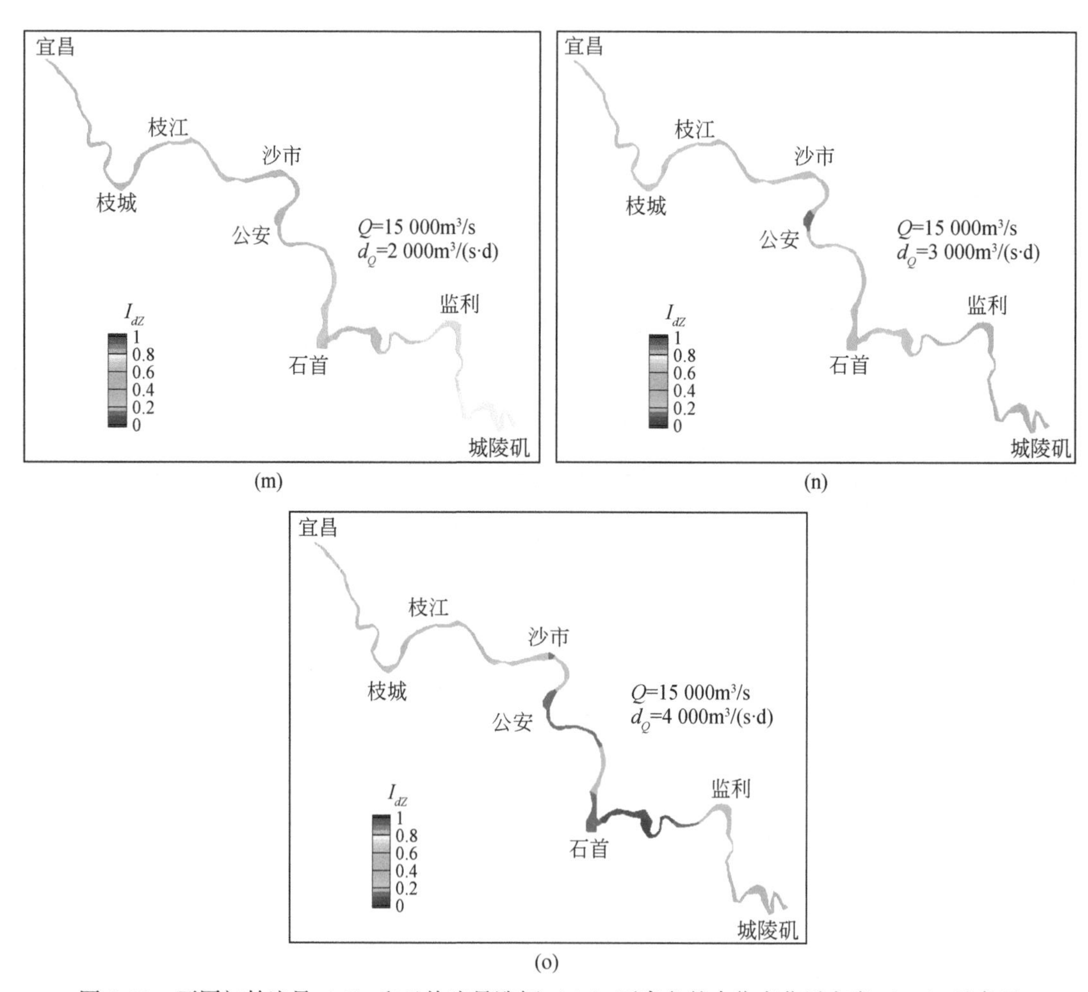

图 4-10　不同初始流量（Q）和日均流量涨幅（d_Q）下家鱼的水位变化适宜度（I_{dZ}）示意图

表 4-3　不同初始流量（Q）和日均流量涨幅（d_Q）下家鱼的水位变化适宜度（I_{dZ}）

Q (m³/s)	d_Q [m³/(s·d)]	I_{dZ}
4 000	100	I_{dZ}为 0～0.4，栖息地适宜度很差，无法支持家鱼产卵
	500	I_{dZ}为 0.8～1，栖息地适宜度良好
	1 000	I_{dZ}为 0.5～1，87% 的河段 I_{dZ}位于 0.5～0.8，栖息地适宜度较 d_Q为 500m³/(s·d)时要差，但产卵条件仍然较好
	2 000	I_{dZ}为 0～0.8，70% 的河段 I_{dZ}仅为 0～0.3，栖息地适宜度较差
	3 000	I_{dZ}为 0～0.5，98% 的河段 I_{dZ}为 0～0.1，日均水位涨幅过大

续表

Q (m^3/s)	d_Q [$m^3/(s \cdot d)$]	I_{dZ}
9 000	100	整个河段 I_{dZ} 均小于 0.1，日均水位涨幅无法满足产卵需要
	800	整个河段 I_{dZ} 等于 1，栖息地适宜度非常好
	1 500	I_{dZ} 为 0.4 ~ 0.85，其中 81% 的河段 I_{dZ} 为 0.5 ~ 0.75，栖息地适宜度较好
	2 500	I_{dZ} 为 0 ~ 0.5，44% 的河段 I_{dZ} 小于 0.1，并有 26.4% 的河段 I_{dZ} 等于 0，日均水位涨幅适宜度指数较低
	3 500	I_{dZ} 为 0 ~ 0.3，其中 76.2% 的河段 I_{dZ} 等于 0，日均水位涨幅过大，该河段不适宜产卵
15 000	100	整个河段的 I_{dZ} 均小于 0.05，日均水位涨幅过小，无法刺激家鱼产卵
	1 000	I_{dZ} 为 0.8 ~ 1，栖息地适宜度良好
	2 000	I_{dZ} 为 0.2 ~ 0.8，栖息地适宜度相比 1000 $m^3/(s \cdot d)$ 要低，但仍不失为较好的产卵条件
	3 000	I_{dZ} 为 0.1 ~ 0.6，其中 80% 的河段 I_{dZ} 为 0.1 ~ 0.3，日均水位涨幅对家鱼产卵来说偏大
	4 000	I_{dZ} 为 0 ~ 0.8，80% 的河段 I_{dZ} 小于 0.3，栖息地适宜度差

适宜的日均流量涨幅与初始流量大小密切相关。当初始流量为 4000 m^3/s 时，最优的日均流量涨幅约为 500 $m^3/(s \cdot d)$；当初始流量为 9000 m^3/s 时，最优的日均流量涨幅约为 800 $m^3/(s \cdot d)$；当初始流量为 15 000 m^3/s 时，最优的日均流量涨幅约为 1000 $m^3/(s \cdot d)$。日均流量涨幅太大或太小均不利于家鱼产卵。

（三）水坝运行建议

葛洲坝水电站是一个低水头径流式电站，对河流径流过程改变较小。1997 ~ 2002 年三峡大坝蓄水以前，监利断面在家鱼产卵季节 6 年间共有 13 次主要的鱼苗径流。三峡水库为季调节水库，其特征水位列于表 4-4。为满足防洪要求，水库汛期（5 ~ 9 月）的防洪限制水位为 145m，上游来流洪峰通过水库调蓄被抹平。图 4-11 为宜昌站的月平均流量，由图 4-11 可以看出，三峡水库蓄水后增加了蒸发量和用水量，导致长江中游总水量减少，宜昌站汛期月平均流量有所下降，而家鱼产卵季节（4 ~ 7 月）保持在 6000 ~ 18 000m^3/s。

表 4-4　三峡水库特征水位

特征水位	初始运行阶段		正常运行阶段	
	水位（m）	库容（$10^8 m^3$）	水位（m）	库容（$10^8 m^3$）
正常蓄水位	156.0	234.8	175.0	393.0
防洪限制水位	135.0	124.0	145.0	171.5
枯水期最低消落水位	140.0	147.0	155.0	228.0

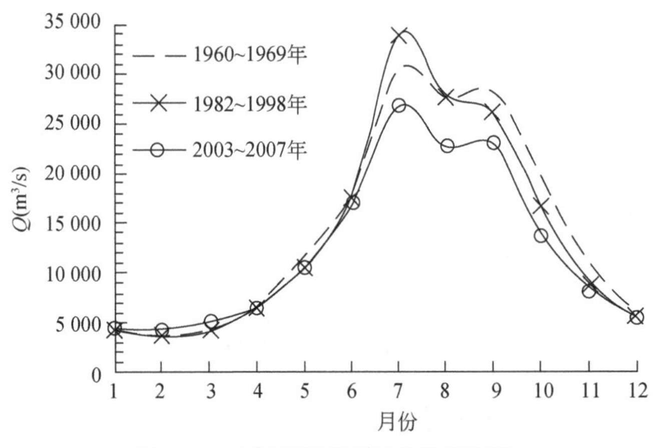

图 4-11　不同时期宜昌站月均径流量

三峡蓄水后，大坝下游的洪水流量变化显著。洪水水位降低，水位变幅消减。监利站的水位变幅变小。从 2003 年起，6 月底至 7 月初三峡大坝下游长江中游河段的洪峰波动削减，导致该河段家鱼的产卵量明显减少。因此，在家鱼产卵期，三峡大坝的调度应该考虑生态的要求，根据前面的计算，应保持最小流量不小于 3000m³/s，流量日增幅不小于500 m³/(s·d)。

第四节　基于食物网的多受体综合生态风险模拟

在单受体（鱼类）模拟的基础上，结合食物链和食物网，分析、整合多受体的生态影响和建坝影响，从而可以实现水坝的多受体综合风险模拟。食物网通过对多点分布性随机采样进行调查，同时调用历史数据进行补充，从而为生态风险模型构建提供生物基础。

一、基于食物网的多受体生态风险网络构建

在食物网调查中，包括各种群的生物量、摄食量、呼吸强度和消耗排泄量等都需要有效的量化或估算。以漫湾水库为例，食物网可划分为 12 个功能单位，每个功能单位由特定的物种类群组成，以其在食物网中不同的营养习性进行分隔（图 4-12）。在计算了系统所有的外界能流（如捕鱼流失）和内部能流（如摄食、掉入碎屑和呼吸）以后，进行平衡判别和处理，可以获取一个量化的能流网络（Chen et al.，2015）。

在风险网络中，每一个生态功能单位都当作是风险的受体，都有可能受到水坝建设直接和间接的影响。其中，我们认为一些组分会先暴露于某个特定的风险因子，然后再由网络路径影响其他非直接受险的组分。因为，我们首先将水库环境因子转化为初始风险值，然后识别初始的风险受体和初始风险强度，最后通过网络模型模拟风险的传递过程和测算最终的系统整合风险。

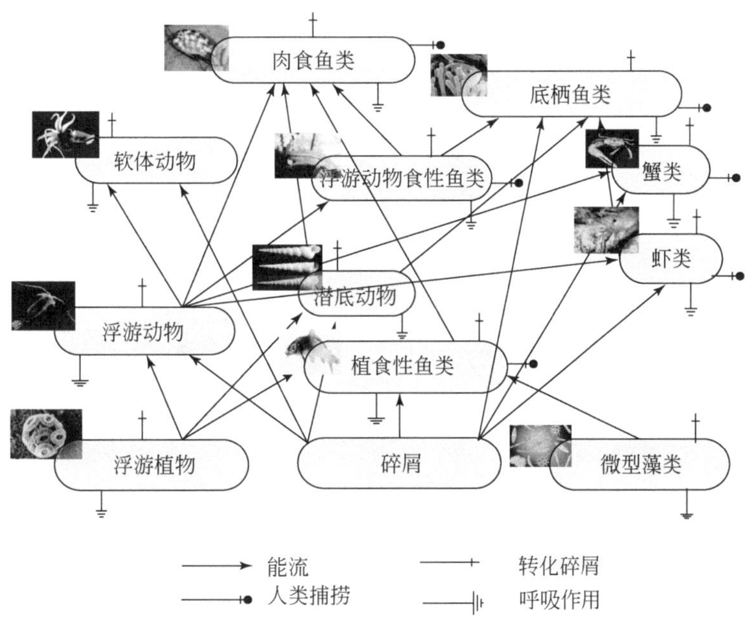

图 4-12　漫湾水库的食物网构成（Chen et al.，2015）

二、水坝生态风险的多受体间传递模拟

环境因子包括底泥淤积、径流量改变、铅污染，其被认为是水坝建设后形成影响的最主要的因素。其中，对于底泥淤积，底栖鱼类、底层微藻、内生动物和软体动物是敏感的 4 个组分。图 4-13 是由这些敏感受体诱发的风险流动路径，组成 4 个相对独立的子风险网络。从这些子风险网络可以量化由每个诱发受体引起的风险强度，识别系统风险流动的模式。

通过整合以上 4 种风险流动路径，得到水库底泥淤积的整合风险网络，揭示由于此环境变化引起的生态风险发生过程和机制［图 4-14（a）］。利用相同的方法，得到径流量改变和铅污染的整合风险网络［图 4-14（b）和图 4-14（c）］。通过对以上各环境因子的网络进行叠合处理，得到多因子的生态风险网络模型［图 4-14（d）］。

信息网络风险分析最突出的优点在于多个风险因子在同一模型得到兼容和统一分析，从而也能够将水坝建设后主要的环境变迁都归纳在内，完整考虑其带来的直接和间接效应；同时，多个敏感受体的风险值和整体系统的风险值均可得到追踪和量化。

漫湾库区的案例研究结果显示，尽管一开始并非全部组分都对各环境因子变化敏感，但最后几乎所有生物组分都因为水坝建设受到不同程度的威胁，形成错综复杂且广泛联系的风险网络。另外，一些表面上不危险的物种实际上也会受到间接作用，甚至会比直接的物种还要危险，因此值得在生物保护和水坝调度决策时引起注意。

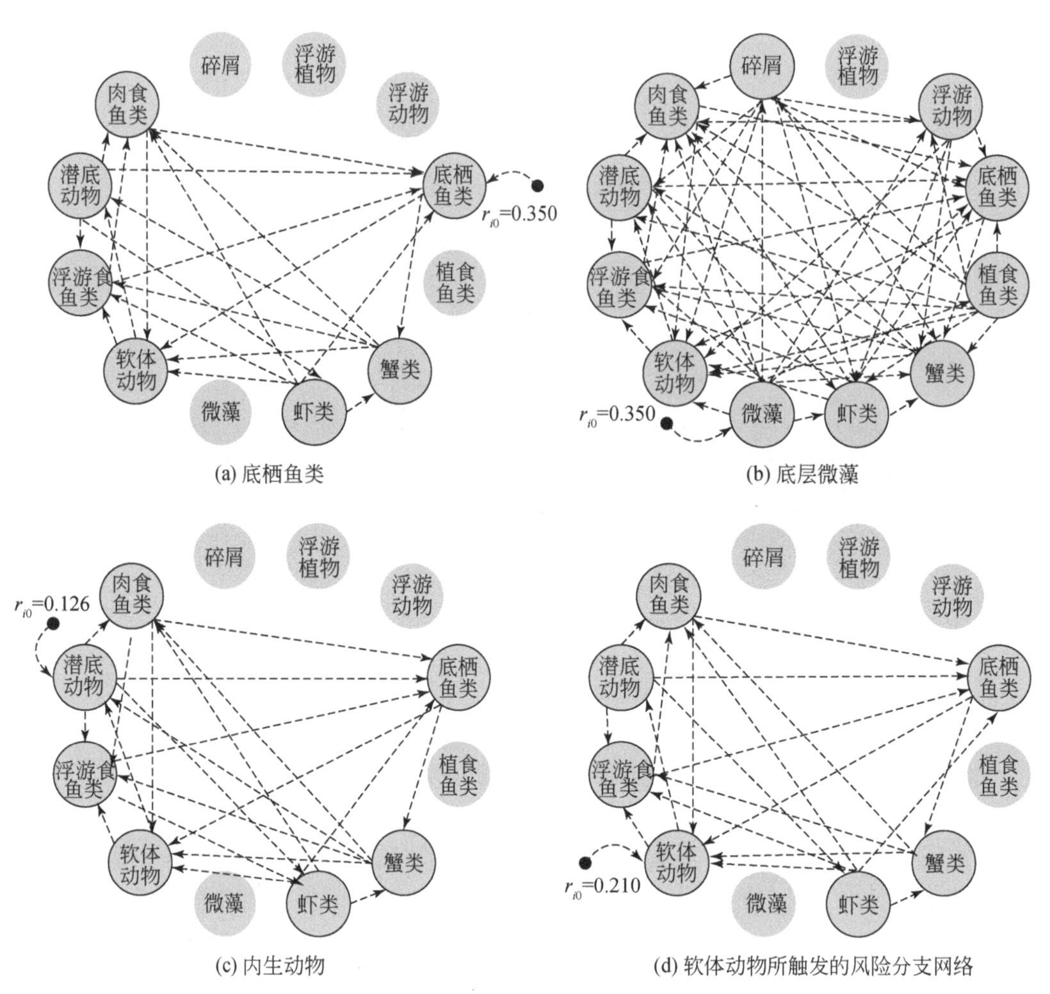

(a) 底栖鱼类　　(b) 底层微藻

(c) 内生动物　　(d) 软体动物所触发的风险分支网络

图 4-13　水库底泥淤积引起的生态系统风险传递（Chen et al.，2015）

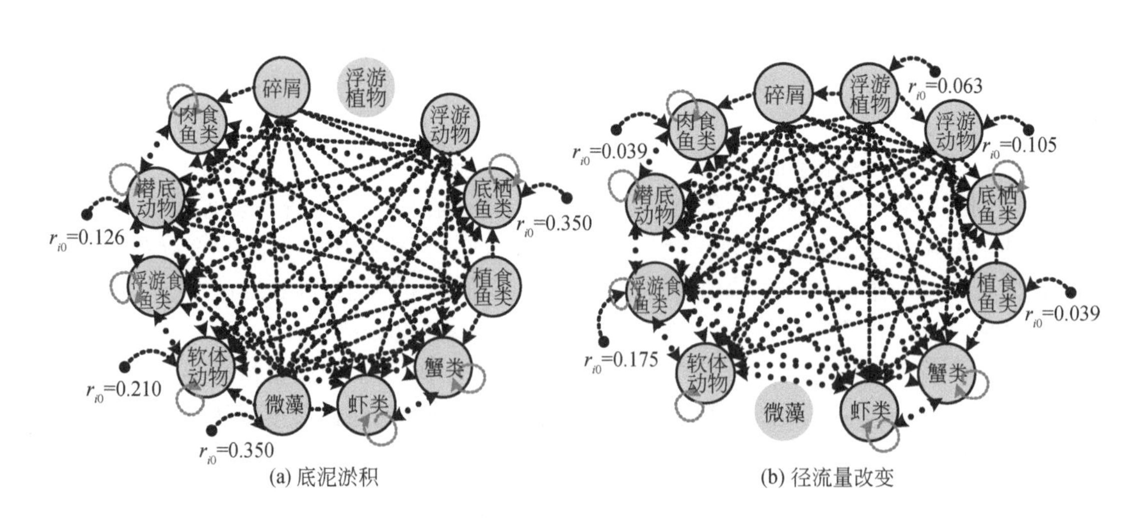

(a) 底泥淤积　　(b) 径流量改变

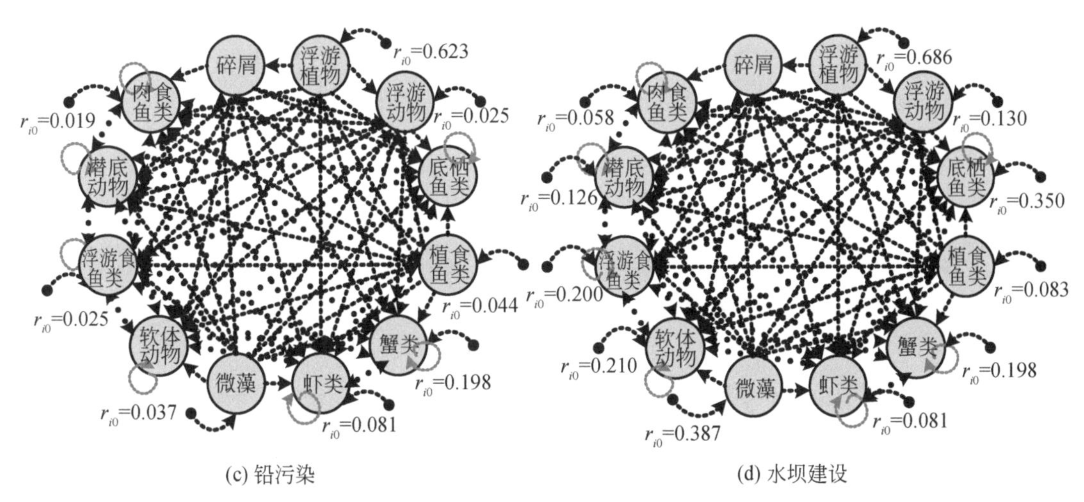

(c) 铅污染　　(d) 水坝建设

图 4-14　水坝工程整合风险传递网络（Chen et al.，2015）

本章小结

生态水动力学模型是借助计算机模拟技术，将河流的水动力过程与生物的生存状态相关联，进行精细定量化模拟的方法，是最常用的有栖息地模型。生态动力学模型可以根据研究区域的大小、面向问题的尺度，采用一维、二维或三维的模型。生态水动力学模型的基础是水动力模拟，由于河流系统中，相比垂向来说，纵向和横向尺度要大很多，所以针对河流系统的模拟较多地运用一维或二维的模型模拟。栖息地适宜度模型通过将水动力模型和物种栖息地偏好特性相结合，模拟流量和栖息地质量之间的定量关系。

“四大家鱼”是我国主要的经济鱼类，也是典型的江湖半洄游性鱼类。通过对影响“四大家鱼”的各种生态因子的统计研究，选取影响“四大家鱼”生存和产卵的关键因子，并根据实测数据和现有科研成果分析整理出各个因子的临界值，最终得出了各关键因子适宜度曲线，并建立了长江“四大家鱼”栖息地适宜度方程。用 1997 ~ 2001 年 15 组长江监利鱼苗径流量实测数据，对“四大家鱼”的适宜度公式中繁殖适宜度进行了验证。结果表明，“四大家鱼”栖息地适宜度方程繁殖适宜度的关键因子选取合理，方程形式合理。

将一维非恒定水流数学模型与“四大家鱼”栖息地适宜度方程相结合，建立了长江“四大家鱼”栖息地适宜度模型。对一维非恒定水流数学模型和“四大家鱼”栖息地适宜度模型用 1998 年宜昌—城陵矶江段的实测资料进行了验证。结果表明，计算流量和水位与实测吻合较好，“四大家鱼”栖息地适宜度模拟结果与实测统计分布吻合很好，模型可以用来模拟家鱼栖息地适宜度。通过耦合栖息地适宜度曲线和一维非恒定水流数学模型，建立“四大家鱼”栖息地适宜度模型。通过模拟，结果表明长江中游满足“四大家鱼”繁殖的最小生态流量为3000 m^3/s,对应不同的初始流量需要有不同的流量增幅。日流量增幅过大或过小均不利于家鱼产卵。因此，调整水库运行调度方式，给家鱼产卵提供有利的流量和水位增长刺激是保护家鱼资源量的可行措施。

在单受体（鱼类）模拟的基础上，结合食物链和食物网，分析、整合多受体的生态影响和建坝影响，建立了基于食物网的生态风险模拟网络；通过整合不同受体间的生态风险转移和流动，揭示由于水坝建设引起的生态风险发生过程和机制，从而为水坝工程生态安全调控模式的建立提供理论依据。

参考文献

曹文宣，余志堂，许蕴轩.1987. 三峡工程对长江鱼类资源影响的初步评价及资源增殖途径的研究//长江三峡工程对生态与环境影响及其对策研究论文集. 北京：科学出版社：3-17.

段辛斌，陈大庆，李志华，等.2008. 三峡水库蓄水后长江中游产漂流性卵鱼类产卵场现状. 中国水产科学，15（4）：523-532.

李思发.2001. 长江重要鱼类生物多样性和保护研究. 上海：科学技术出版社.

刘绍平，陈大庆，段辛斌，等.2004. 长江中上游四大家鱼资源监测与渔业管理. 长江流域资源与环境，13（2）：183-186.

邱顺林，刘绍平，黄木桂，等.2002. 长江中游江段四大家鱼资源调查. 水生生物学报，26（6）：716-718.

唐会元，余志堂，梁秩燊，等.1996. 丹江口水库漂流性鱼卵的下沉速度与损失率初探. 水利渔业，84（4）:25-27.

徐小明，何建京，汪德爟.2001. 求解大型河网非恒定流的非线性方法. 水动力学研究与进展（A辑），16（1）:18-24.

徐小明，汪德爟.2001. 河网水力数值模拟中Newton-Raphson法收敛性的证明. 水动力学研究与进展（A辑），16（3）：319-324.

易伯鲁，梁秩燊.1964. 长江家鱼产卵场的自然条件和促使产卵的主要外界因素. 水生生物学集刊，5（1）:1-15.

易伯鲁，余志堂，梁秩燊.1988. 葛洲坝水利枢纽与长江四大家鱼. 武汉：湖北科技出版社.

余志堂.1985. 葛洲坝水利枢纽工程截流后的长江四大家鱼产卵场//鱼类学论文集（第四辑）. 北京：科学出版社：2-5.

张大伟，董增川.2004. Preissmann隐式格式在新沂河洪水演进中的应用研究. 水利与建筑工程学报，2（4）:41-43.

中国科学院三峡工程生态与环境科研项目领导小组.1988. 长江三峡工程对生态与环境影响及其对策研究论文集. 北京：科学出版社.

Bovee K D. 1982. A Guide to Stream Habitat Analysis Using the Instream Flow Analysis Incremental Methodology. Fort Collins：US Fish and Wildlife Service.

Chen S Q，Chen B，Fath B D. 2015. Assessing the cumulative environmental impact of hydropower construction on river systems based on energy network model. Renewable and Sustainable Energy Reviews，42：78-92.

Hardy T B，Addley R C. 2001. Evaluation of Instream Flow Needs in the Klamath River，Phase II，Final Report. Inst. f. Natural Systems Engineering，Utah State University，Logan.

Karr J R，Dudley D R. 1978. Biological integrity of a headwater stream：Evidence of degradation，prospects for recovery. Environmental Impact of Land Use on Water Quality，3-25.

Nakamura. 1989. Intromsitivity of uncertain preferential Judgements and Fuzzy Utivity Modeling Transactions of the society. Instrument and Control Engineers，25（6）：706-713.

Poff N I，Ward J V. 1990. Physical habitat template of lotic systems：Recovery in the context of historical patterns of spatiotemporal heterogeneity. Environmental Management, 14: 629-645.

Statzner B, Gore J A, Resh V H. 1988. Hydraulic stream ecology: Observed patterns and potential applications. Journal of the North American Benthological Society, 7 (4): 307-360.

Stone R. 2008. Three gorges dam: Into the unknown. Science, 321: 628-632.

第五章　基于水环境的水坝工程生态风险评价

水坝建设在保障电力供应、改善航运条件、增强防洪能力及改善灌溉等方面为人类发展提供了重要条件，但同时也给流域生态系统的健康发展带来一定影响（Wu et al.，2004）。水坝的建设和运行使天然河流的水文情势受到干扰和改变，主要表现为水体流速减慢和沉积物淤积，水文情势的改变会影响重金属有毒污染物在沉积物中的时空分布情况，形成不同程度的生态风险。一方面，污染物对水体中的浮游生物、底栖生物等多种鱼类的饵料生物造成危害，破坏鱼类食物链；另一方面，又通过食物链使有毒物质在鱼体中积累，浓度严重超标的一些重金属离子对鱼类产生毒害作用，常常扰乱鱼类的正常生命活动，引起鱼类的中毒和死亡（Uluturhan and Kucuksezgin，2007；Bidar et al.，2009），而且沉积物和水生食物链的积累与生物放大作用，进一步导致当地鱼类种群减少或产生亚致死效应（Megeer et al.，2000；Jones et al.，2001；Almeida et al.，2002；徐永江等，2004；Sakan et al.，2007）。本章通过澜沧江中游底泥重金属污染和营养盐富集及长江中下游底泥和鱼类重金属污染的生态风险评价，阐明水坝建设的水环境生态风险。

第一节　澜沧江中游底泥重金属及营养元素污染的生态风险

底泥沉积物往往是水体污染物的源和汇，底泥和水体中有机质（OM）、总氮（TN）、总磷（TP）含量增加是水库营养化过程的标志（王天阳和王国祥，2008）。同时，底泥也对重金属的迁移和释放起关键作用（陈同斌和陈志军，2002；Wen et al.，2012），底泥沉积物重金属含量是水体污染的敏感指标，可以反映流域内人类活动对水环境的影响（张晓晶等，2011）。因此，研究沉积物重金属的含量及其与 OM、TN、TP 等营养元素间的关系，可在一定程度上反映水体重金属污染的内在机理及潜在生态风险（Akcay et al.，2003）。目前，国内部分学者针对不同区域、不同水体（湖泊、河口、河流等）的水环境特征，研究了沉积物中重金属元素和营养元素的分布规律（王天阳和王国祥，2008；冯金顺等，2009；尹丽等，2009；李卫平等，2010）。但是，鲜有学者对水坝上下游沉积物重金属元素、营养物质的分布特征进行深入研究。本节以漫湾库区为研究对象，重点分析沉积物中重金属和营养元素在水坝上下游的分布特征，揭示沉积物中重金属含量与营养元素含量的关系，量化沉积物重金属和营养元素的环境风险，从而为库区重金属污染的生态风险防控管理提供科学依据。

一、研究区及研究方法

20 世纪 80 年代，澜沧江流域被列为国家重点开发区和水能开发基地，并规划了 8 个梯级电站（李俊峰，2012），已建成 4 座电站。澜沧江流域梯级水电大坝建成后对生态环境的影响引起了国内外学者的广泛关注（Nilsson et al.，2005），部分学者开展了流域或区域尺度的生态环境影响评价研究，如魏国良等（2008）对水电开发对河流生态系统服务功能的影响进行分析；王海珍等（2004）研究了漫湾水库甲藻水华现象；傅开道等（2008）评估了漫湾水电站的拦沙能力；王聪等对漫湾库区水体中的重金属含量进行了分析（Wang et al.，2012）；苏斌等（2011）对澜沧江-湄公河干流底沙中重金属含量的空间变化进行了研究。但是，这些研究工作尚未涉及沉积物的重金属元素与营养元素含量的空间分布特征及二者间的协同效应。因此，我们在澜沧江中下游漫湾库区及坝下地区开展了重金属污染和营养盐污染及二者协同效应的研究。

澜沧江中游漫湾水电站库区（包括漫湾大坝下游）位于云南省云县和景东县交界处的漫湾镇附近（24°25′N～24°40′N，100°05′E～100°25′E）。库区山高谷深，属于典型峡谷河道型水库，水库位于澜沧江河段两岸分水岭以内的区域。漫湾水库大坝于 1986 年 5 月正式开工，1993 年 6 月第一台机组投产发电，1995 年 6 月一期工程全部投产。漫湾水库坝长为 418m，高为 132m，总库容为 10.6 亿 m^3，控制流域面积为 11.45 万 km^2，干流回水约为 70km，总装机容量为 150 万 kW。

2012 年 4 月，对漫湾大坝库区及其下游的沉积物进行了系统采样。根据漫湾库区及其下游河道的长度、形态、水深、水流等特征，用全球定位系统（GPS）布设了 11 个代表性采样断面（图 5-1），每个断面分别使用抓斗式采泥器采集距离两侧岸边 3m 和中心处表层的沉积物样品。采样断面总体按照从上游到下游的分布进行编号，其中 M1、M3、M4、M7、M8 位于大坝上游干流，N9～N11 位于大坝下游干流，其余断面位于支流与干流的汇合处。

将各断面不同位置的 3 个沉积物样品等量混合后，经自然风干，除去明显的石块，混匀后过 65 目①筛。采用 ICP-AES（SPECTRO analytical instruments GmbH）测定金属元素，分析过程中用程序空白、水系沉积物成分分析标准物质 GBW07309 来控制实验的准确性和精确性，测得标准物质中各重金属的变异系数均小于 15%。采用重铬酸钾氧化法测定 OM；采用硒粉-硫酸钾-硫酸消解，凯氏滴定法测定 TN；磷钼蓝分光光度法测定 TP（李卫平等，2010）。

对漫湾大坝上下游的 11 个采样断面的沉积物的重金属含量进行了地积累指数评价、潜在生态风险评价和人为贡献率分析，还对营养元素含量进行了有机污染指数分析。本书采用 EXCEL 软件对重金属与营养元素的空间分布进行分析，计算各种元素的最大值、最小值，并通过公式对重金属与营养元素环境质量进行评价。针对沉积物中组分的空间分布

① 1 目=0.01mm。

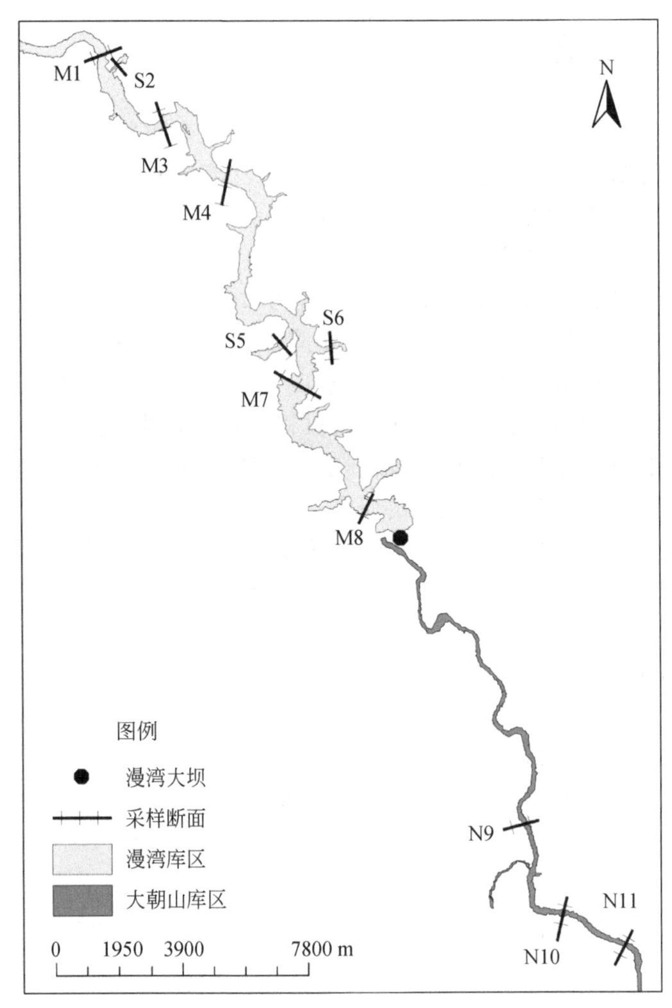

图 5-1 沉积物采样断面分布图

情况，采用 SPSS18.0 中的系统聚类模块分析沉积物中重金属元素来源的相似性；采用 Pearson 模块计算重金属元素和营养元素的相关性。用 Microtrac Inc S3500 型激光粒度分析仪对样品进行测定，并通过计算机的粒度分析软件对测定结果进行整理和计算，从而得出不同断面的粒度组成和中值粒径。

二、沉积物粒度分布特征

由图 5-2 可知，从大坝上游到坝前，干流断面沉积物中细粉粒和黏粒质量分数逐渐增加，中值粒径逐渐减小；支流断面沉积物中均有黏粒和粉粒含量。从坝前到大坝下游，干流断面沉积物细粉粒含量比坝前黏粒含量明显减少，且均不含黏粒，中值粒径明显高于坝前地区。结果表明，大坝建设对干流沉积物粒径分布影响明显，坝前区域细颗粒泥沙较易沉积。

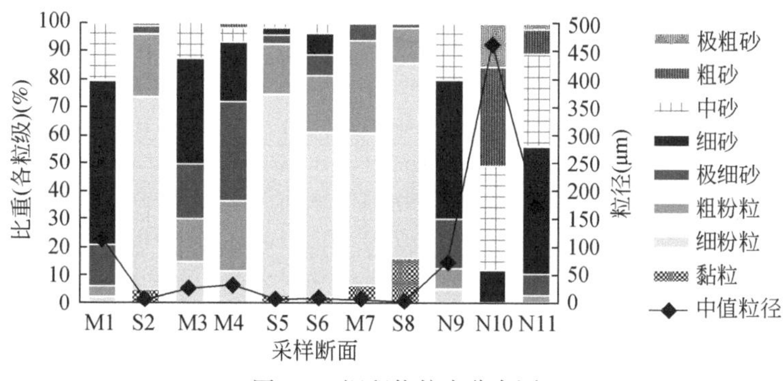

图 5-2 沉积物粒度分布图

三、沉积物中重金属元素与营养元素含量分布特征及相关性

（一）沉积物中重金属元素与营养元素含量分布特征

从表5-1可以看出，Al由于化学性质稳定，因此在各断面含量变化较小；As、Cd、Pb的最大值出现在坝前的M8，最小值出现在上游支流的S2，在干流呈现出越靠近大坝其含量越高的趋势。Cr、Ni的最大值出现在S2，最小值出现在干流中游的M4；Cu、Zn的最大值均出现坝前的M8，最小值分别出现在M4和N11；Mn的最大值出现在S5，最小值出现在N10。总体来看，除Cr、Ni之外，重金属在大坝上游干流的M7、M8含量较高，大坝下游干流的N9～N11断面含量较低，且变化明显；干流沉积物重金属含量高于临近的支流断面。由此可见，漫湾水库大坝建设对干流沉积物中重金属的分布产生了较大影响。沉积物中OM和TN呈明显同步变化的特征，在上游的M1、M3、M8以及下游的N9等采样断面含量较高。TP含量普遍在M3和S5～S6、M7～M8含量较高，在N9～N11含量较低。营养元素普遍呈现出支流含量少于干流的特征。这些断面中，M1、M3断面位于祁家村、昔宜大村附近，M8位于大坝前，N9位于漫湾镇附近，由此可见营养元素的分布同时受到人为活动和大坝建设的影响。

表5-1 沉积物重金属与营养元素含量

采样断面	Al (g/kg)	As (mg/kg)	Cd (mg/kg)	Cr (mg/kg)	Cu (mg/kg)	Mn (mg/kg)	Ni (mg/kg)	Pb (mg/kg)	Zn (mg/kg)	TP (mg/kg)	OM (%)	TN (%)
M1	23.71	27.43	0.91	49.46	28.82	549.00	24.91	33.38	123.90	447.99	1.21	0.07
S2	29.62	4.91	0.19	89.35	28.18	602.28	44.63	16.80	95.75	529.58	0.77	0.02
M3	38.28	32.44	0.98	49.77	24.82	495.87	25.26	33.46	129.51	705.57	1.90	0.13
M4	32.80	40.08	1.26	37.95	24.23	445.19	19.10	35.66	179.72	451.30	1.15	0.03
S5	29.79	38.24	0.89	61.04	37.14	904.71	33.15	37.11	138.45	585.17	1.04	0.07

续表

采样断面	Al (g/kg)	As (mg/kg)	Cd (mg/kg)	Cr (mg/kg)	Cu (mg/kg)	Mn (mg/kg)	Ni (mg/kg)	Pb (mg/kg)	Zn (mg/kg)	TP (mg/kg)	OM (%)	TN (%)
S6	31.03	25.33	0.70	66.45	27.06	688.95	41.51	28.60	118.46	587.69	1.17	0.07
M7	31.94	36.01	1.05	58.91	35.51	653.21	31.18	40.62	153.54	639.56	1.01	0.05
M8	34.09	46.76	1.63	60.70	45.80	797.44	33.76	60.34	203.98	650.84	1.25	0.07
N9	25.81	36.48	0.48	62.57	40.86	647.53	32.27	42.48	116.65	436.19	1.24	0.09
N10	28.05	24.78	0.34	70.72	25.84	437.09	33.48	39.61	101.36	728.45	0.93	0.07
N11	28.13	23.20	0.42	88.88	39.75	464.59	34.00	33.92	93.80	584.08	0.91	0.06
最大值	38.28	46.76	1.63	89.35	45.80	904.71	44.63	60.34	203.98	728.45	1.90	0.13
最小值	23.71	4.91	0.19	37.95	24.23	437.09	19.10	16.80	93.80	436.19	0.77	0.02
平均值	30.30	31.88	0.80	63.26	32.55	607.81	32.11	36.54	132.29	576.95	1.14	0.07

（二）重金属元素与营养元素的相关性

通过表层沉积物中重金属元素与营养元素的相关性分析，可以确定重金属元素与营养元素的来源异同及其在大坝上下游分布的控制因素。当沉积物中不同种物质来源相同或相似时，不同种重金属元素之间或者重金属元素与营养元素之间便会具有显著的相关性。从表 5-2 可以看出，高毒性的 As、Cd、Cu、Mn、Pb、Zn 之间均呈正相关关系。特别是 As 与 Cd、As 与 Pb、As 与 Zn、Cd 与 Zn、Cu 与 Pb、Pb 与 Zn 呈显著正相关，说明这些重金属元素具有相似的来源，并且相互影响彼此的分布。Cr 和 Ni 呈显著正相关，但与其他重金属呈现负相关关系，说明沉积物中 Cr、Ni 与其他重金属元素不受同种因素影响。OM 和 TN 具有显著的相关性，说明两者来源相似。OM 和 TP、TN 和 TP 则具有较弱的正相关关系。除 Cr 和 Ni 外，重金属元素均与 OM 和 TN 元素表现出正相关关系。除 Cu 外，重金属元素与 TP 元素呈正相关关系。Cr 与 OM 呈显著的负相关关系。结果表明，营养元素的含量对高毒性的重金属蓄积具有增强作用。

表 5-2 沉积物重金属与营养元素的相关性

元素	As	Cd	Cr	Cu	Mn	Ni	Pb	Zn	OM	TN	TP
As	1										
Cd	0.818**	1									
Cr	−0.698**	−0.713*	1								
Cu	0.427	0.234	0.261	1							
Mn	0.356	0.326	0.010	0.573	1						
Ni	−0.585	−0.536	0.825**	0.205	0.375	1					
Pb	0.839**	0.664*	−0.341	0.649*	0.322	−0.302	1				
Zn	0.810**	0.953**	−0.649*	0.281	0.357	−0.451	0.690*	1			
OM	0.434	0.450	−0.606*	−0.161	−0.068	−0.502	0.228	0.285	1		
TN	0.308	0.090	−0.254	0.068	0.017	−0.223	0.263	−0.095	0.816**	1	
TP	0.039	0.067	0.185	−0.033	0.010	0.198	0.243	0.007	0.192	0.342	1

注：* 表示在 0.05 水平（双侧）上显著相关；** 表示在 0.01 水平（双侧）上显著相关

四、重金属元素的聚类分析

沉积物一般以某种矿物、化合物或有机体、有机化合物的形态沉积下来，而沉积元素特征一般受控于母岩类型、气候和沉积环境等诸多因素，同时随着大坝建设和人类活动的影响，沉积物元素变化特征为自然过程叠加人类活动影响的结果。对重金属元素进行系统聚类分析，可以揭示不同元素之间的远近关系，从而探求大坝上下游重金属污染源的相互作用。聚类分析结果表明（图 5-3），所有元素可分为 4 组：Cd、As、Pb 为高毒性重金属，与低毒性的 Zn 聚成一组，且 Cd、As 在坝前区域含量最高，说明这些元素明显受到大坝建设的影响；Al 作为地壳中的稳定金属元素单独为一组，说明稳定金属元素在沉积物中分布较独立，受大坝建设影响较小；Cr 和 Ni 同为毒性较小的重金属聚成一组，且大坝上游含量高于坝前地区，表明两者主要受周边环境人类活动和母岩类型等自然因素的影响；Cu、Mn 同为毒性较小的生物的必需元素聚成一组，干流坝前区域含量高于其他区域，部分支流含量高于附近干流，说明两者受大坝建设和周边生物的共同影响。

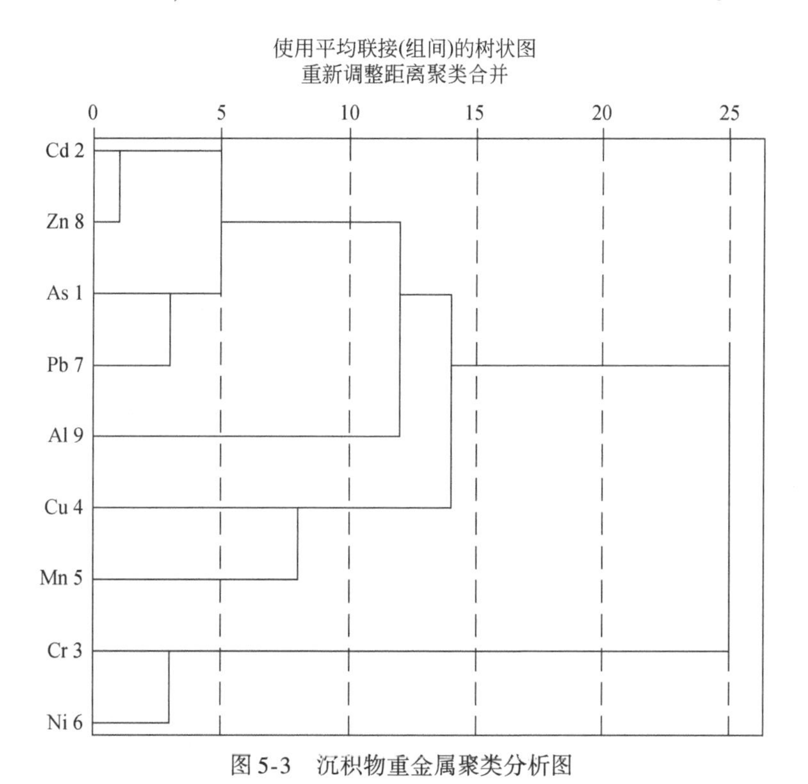

图 5-3　沉积物重金属聚类分析图

五、金属元素的生态风险评价

（一）地积累指数法

地积累指数是德国科学家 Müller 于 1979 年提出的一种研究水环境沉积物中重金属污染的定量指标（Müller，1969）。计算公式为

$$I_{geo} = \log_2\left[\frac{C_n}{1.5 \times B_n}\right]$$

式中，C_n为样品中所测得的元素 n 的浓度；B_n为黏质沉积岩中元素 n 的地球背景浓度。目前，由于水库沉积物缺乏相应的背景值参考，因此本书采用云南省的土壤背景值作为标准（魏复盛等，1991）。I_{geo}与污染程度分级的关系见表 5-3。云南地区的金属元素背景值见表 5-4。

表 5-3　地积累指数法 I_{geo}与污染程度分级的关系

I_{geo}	<0	0~1	1~2	2~3	3~4	4~5	>5
级数	0	1	2	3	4	5	6
污染程度	无	无—中	中	中—强	强	强—极强	极强

表 5-4　云南地区的土壤金属元素背景值

重金属元素	As	Cd	Cr	Cu	Mn	Ni	Pb	Zn
背景值（10^{-6}）	10.8	0.1035	57.6	33.6	461	33.4	36	80.5

表 5-5 显示了漫湾大坝上下游表层沉积物的重金属含量地积累指数。从此表可以看出，所有断面的 Cd 都处于严重污染状态，尤其是位于干流的采样断面 M4 和 M8 的 Cd 污染水平最高；除 S2 外，所有断面的 As 都处于中度污染状态，尤其是在采样断面 M4、M8 污染最为严重。Cr 只在采样断面 S2 和 N11 上有轻度污染。其余重金属仅在采样断面 M7 或 M8 出现轻度污染现象。

表 5-5　重金属含量地积累指数评价结果

采样断面	As	Cd	Cr	Cu	Mn	Ni	Pb	Zn
M1	0.76/1	2.55/3	-0.80/0	-0.81/0	-0.33/0	-1.01/0	-0.69/0	0.04/1
S2	-1.72/0	0.27/1	0.05/1	-0.84/0	-0.20/0	-0.17/0	-1.68/0	-0.33/0
M3	1.00/1	2.65/3	-0.80/0	-1.02/0	-0.48/0	-0.99/0	-0.69/0	0.10/1
M4	1.31/2	3.02/4	-1.19/0	-1.06/0	-0.64/0	-1.39/0	-0.60/0	0.57/1
S5	1.24/2	2.52/3	-0.50/0	-0.44/0	0.39/1	-0.60/0	-0.54/0	0.20/1
S6	0.64/1	2.17/3	-0.38/0	-0.90/0	-0.01/0	-0.27/0	-0.92/0	-0.03/0
M7	1.15/2	2.76/3	-0.55/0	-0.51/0	-0.08/0	-0.68/0	-0.41/0	0.35/1

续表

采样断面	As	Cd	Cr	Cu	Mn	Ni	Pb	Zn
M8	1.53/2	3.40/4	−0.51/0	−0.14/0	0.21/1	−0.57/0	0.16/1	0.76/1
N9	1.17/2	1.63/2	−0.47/0	−0.30/0	−0.09/0	−0.63/0	−0.35/0	−0.05/0
N10	0.61/1	1.12/2	−0.29/0	−0.96/0	−0.66/0	−0.58/0	−0.45/0	−0.25/0
N11	0.52/1	1.44/2	0.04/1	−0.34/0	−0.57/0	−0.56/0	−0.67/0	−0.36/0

（二）潜在生态风险指数法

潜在生态风险指数法是瑞典科学家 Hakanson（1980）依据重金属性质及其环境行为特点进行研究后，从沉积学角度提出的对沉积物中重金属污染进行评价的方法。此方法不仅考虑了重金属的含量，而且与重金属的生态毒理学联系在一起，采用具有可比性的等价属性指数分级法进行评价，最后得出各断面定量化的潜在生态风险程度。潜在生态风险指数法计算公式如下：

$$RI = \sum_{i=1}^{n} E_r^i = \sum_{i=1}^{n} T_r^i \times C_f^i = \sum_{i=1}^{n} T_r^i \times \frac{C^i}{C_n^i}$$

式中，RI 为潜在生态风险指数；E_r^i 为第 i 种元素的潜在生态危害系数；T_r^i 为第 i 种元素的毒性相应系数；C_f^i 为第 i 种元素的污染指数；C^i 为沉积物中第 i 种元素的实测值；C_n^i 为第 i 种元素的背景值。Mn、Cu、Zn、Ni、Cr、Pb、Cd、As 8 种重金属相对应的毒性系数 T_r^i 分别为 1、5、1、5、2、5、30、10。重金属潜在生态风险指数 RI 与污染程度的分级见表 5-6。

表 5-6　潜在生态风险指数与污染程度的分级

指数类型	所处范围	生态风险程度
潜在生态风险指数 RI	<150	轻微
	150≤RI<300	中等
	300≤RI<600	强
	≥600	很强

表 5-7 显示漫湾大坝上下游表层沉积物中重金属含量的潜在风险评价结果。从此表可以看出，各断面的重金属潜在生态风险指数为 77.79～543.44，变化幅度较大。其中，断面 S2 和 N10 的重金属潜在生态风险指数（RI）分别为 77.79 和 140.07，属于轻微风险。M7 和 M8 的重金属潜在生态风险指数最高，分别为 359.83 和 543.44，属于强风险。干流采样断面的生态风险指数总体呈现水坝上游地区高于下游地区，且越靠近大坝潜在生态风险指数越高。支流采样断面 S2、S5、S6 的潜在生态风险受大坝建设影响较小，其受上游人类活动和大坝建设的共同影响。

表 5-7　重金属含量潜在生态风险评价结果

采样断面	E_r^i								RI	风险程度
	As	Cd	Cr	Cu	Mn	Ni	Pb	Zn		
M1	25.40	264.28	1.72	4.29	1.19	3.73	4.64	1.54	306.79	强
S2	4.54	54.44	3.10	4.19	1.31	6.68	2.33	1.19	77.79	轻微
M3	30.03	283.09	1.73	3.69	1.08	3.78	4.65	1.61	329.66	强
M4	37.11	364.35	1.32	3.61	0.97	2.86	4.95	2.23	417.39	强
S5	35.41	258.49	2.12	5.53	1.96	4.96	5.15	1.72	315.34	强
S6	23.45	202.64	2.31	4.03	1.49	6.21	3.97	1.47	245.58	中等
M7	33.34	305.53	2.05	5.28	1.42	4.67	5.64	1.91	359.83	强
M8	43.30	473.53	2.11	6.82	1.73	5.05	8.38	2.53	543.44	强
N9	33.78	138.87	2.17	6.08	1.40	4.83	5.90	1.45	194.48	中等
N10	22.95	98.10	2.46	3.85	0.95	5.01	5.50	1.26	140.07	轻微
N11	21.48	122.24	3.09	5.92	1.01	5.09	4.71	1.17	164.70	中等

（三）人为贡献率

为了定量地反映出人类活动对漫湾沉积物中重金属的贡献，采用 N'Guessan 等（2009）提出的计算方法，近似估算人为贡献率 M，公式如下：

$$M = \frac{X_{\text{sample}} - Y_{\text{sample}}(X/Y)_{\text{baseline}}}{X_{\text{sample}}} \times 100\%$$

式中，M 为人为贡献率；X_{sample} 为样品中某元素的实测值；Y_{sample} 为参照元素的实测值；X_{baseline} 为某元素的背景值；Y_{baseline} 为参照元素的背景值。本书选取地壳稳定元素 Al 作为参照元素。

表 5-8 显示了漫湾大坝上下游表层沉积物的重金属含量的人为贡献率。从此表可以看出，各断面表层沉积物中重金属含量的人为贡献率为 51%～97%。其中，Cd 的平均贡献率最高，为 93.10%，Ni 的平均贡献率最低，为 60.73%。毒性较高的 As 和 Cd 的平均人为贡献率高于其他重金属元素，其余重金属元素的平均贡献率也在 50% 以上。结果表明，人类活动对各断面重金属元素的含量的影响作用明显。

表 5-8　重金属含量人为贡献率　（单位：%）

采样断面	As	Cd	Cr	Cu	Mn	Ni	Pb	Zn
M1	85.61	96.76	66.80	66.76	76.06	61.78	69.26	81.48
S2	20.05	79.98	76.58	56.68	72.19	72.81	22.16	69.46
M3	87.83	96.13	57.71	50.54	66.03	51.68	60.68	77.29
M4	92.47	97.70	57.61	61.27	71.08	51.16	71.80	87.49
S5	88.88	95.43	62.86	64.40	79.95	60.35	61.82	77.12

续表

采样断面	As	Cd	Cr	Cu	Mn	Ni	Pb	Zn
S6	83.82	94.38	67.11	52.90	74.61	69.47	52.25	74.22
M7	88.54	96.25	62.66	63.87	73.05	59.09	66.15	79.98
M8	91.01	97.53	63.06	71.45	77.50	61.49	76.78	84.64
N9	86.56	90.19	58.21	62.66	67.68	53.02	61.52	68.67
N10	84.07	88.82	70.22	52.46	61.44	63.53	66.77	70.97
N11	82.79	90.93	76.04	68.75	63.31	63.68	60.75	68.27
平均值	81.71	93.10	65.35	61.07	71.17	60.73	60.91	76.32

(四)有机污染指数

有机污染指数常被用作衡量水域沉积物营养化过程的指标(王天阳和王国祥,2008),其计算公式如下:

$$有机污染指数 = w(OM) \times w(ON)$$

式中,w(OM)为有机质质量分数;w(ON)为有机氮质量分数,w(ON)$=0.95w$(TN)。参照国内相关标准和国内相关研究(黄漪平和孙顺才,1993),制定如下评价标准,可见表5-9。

表5-9 沉积物有机指数评价标准

等级	Ⅰ	Ⅱ	Ⅲ	Ⅳ
有机污染指数	<0.05	0.05~0.20	0.20~0.50	≥0.50
类型	清洁	较清洁	尚清洁	有机污染
w(ON)(%)	<0.033	0.033~0.066	0.066~0.133	≥0.133
类型	清洁	较清洁	尚清洁	有机氮污染

从图5-4可以看出,尽管M3断面有机污染指数最高,但仍处于尚清洁水平。由于该

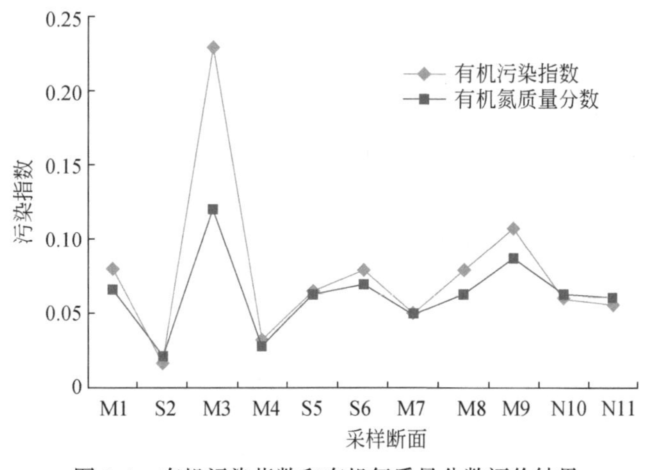

图5-4 有机污染指数和有机氮质量分数评价结果

区域位于落底河与澜沧江大桥下游，因此支流上游的村落和干流的人类活动对其影响作用明显。其余区域的有机污染和有机氮污染较低，均处于较清洁和尚清洁的污染水平。

六、结论

重金属和营养元素多数吸附在悬移质泥沙中，它们随着水流的作用或重力沉降，最后富集于沉积物之中。漫湾大坝建成后，水文情势的改变会导致重金属的分布发生变化，干流靠近大坝的水域的流速较慢，使得水中的悬移质泥沙易沉积（刘启贞，2007），也使得沉积物中的重金属元素释放得到减缓。根据本书采样所得沉积物的实测值来看，重金属元素和营养元素的分布情况在各断面差异较大。其中，干流各采样断面上高毒性的 As、Cd、Pb、Zn 的含量呈现离大坝越近含量越高，大坝上游明显高于大坝下游的趋势。根据澜沧江流域已有的研究表明，漫湾大坝的建设对于澜沧江中的泥沙具有拦截作用（傅开道等，2008），水、沙相关性明显减小，且泥沙的季节分配和年内分配规律受水库运行影响明显（贺玉琼等，2009）。支流采样断面重金属分布规律受大坝影响较小，主要受上游地区和岸边人类活动的影响，但支流作为干流泥沙的输入源，对干流重金属元素的积累具有增强作用。地壳稳定金属元素 Al 的含量变化规律不明显，这与其化学性质稳定、地壳含量较高的实际相吻合（翟萌等，2010）。漫湾水电站自建成 20 年来，虽然库底的清淤工作会减少营养元素的积累（张琳，2007），但受水文条件和人类活动的影响，营养元素更易沉积于村庄和大坝附近区域。

重金属元素之间的显著相关性表明，距离较近的重金属元素可能是来源于同一物质或者相互结合沉淀。这是由于 Ni、Cr 常在稀土矿中共生，水中的可溶性 Ni 离子能与水结合形成水合离子（兰乐，2011），当遇到氢氧化物、黏土或絮状的有机物时，会被吸附而沉淀。Cd、As、Pb、Zn 都是采矿、电镀等工业生产活动的伴随产物，这些元素一部分在土壤中与阴离子形成稳定的络合物和碳酸盐产物（张蕾，2009），另一部分以残渣态的形式储存于晶格之中（庄宇君，2011），并随着水土流失和胶体、矿物运移进入水体。有机物质的积累与高毒性的重金属呈正相关关系，但与 Ni、Cr 呈负相关关系，这可能是受同一类环境因子（如水流流速、岸边坡度等）的制约而出现相同的分布特征，也可能是当有机质和重金属共存时，其络合物与黏土颗粒有一定的结合能力，增强了黏土对重金属的吸附能力（白庆中等，2000）。前人的研究结果表明，固相有机质具有吸附重金属的能力（陈同斌和陈志军，2002），黏土对 Cd 和 As 等重金属具有更强的吸附能力（敖子强等，2009）。通过干流沉积物中毒性较高的 Cd、As、Pb 元素含量与细颗粒（$d<20\mu m$，x 表示含量百分数）的线性拟合结果可以看出，两者之间均呈现正比关系，具体关系为 $Cd = 0.0106x+0.6529$（$R^2 = 0.6004$）；$As = 0.1391x+32.228$（$R^2 = 0.3118$）；$Pb = 0.0215x+35.231$（$R^2 = 0.6245$）。本书的研究发现，沉积物的粉粒与黏粒可通过富集作用，增强对重金属元素的吸附效果，毒性较低的 Ni 和 Cr 可富集在沙粒和粉粒中。另外有研究表明，颗粒态与溶解态重金属元素，呈现含沙量越高颗粒态越高的现象（成凌等，2007）。因此，探究沉积物中重金属分布的规律，还需从重金属的形态和不同粒径的沉积角度探索。

本书的研究发现，Cd 和 As 的污染水平明显高于其他重金属元素。库中、坝前地区的重金属污染最为严重，潜在生态风险指数最高，而大坝下游的潜在生态风险指数明显减小。由此可见，大坝对干流水文情势和泥沙运移的改变是造成坝前 Cd 和 As 污染的主要原因。通过比较我国不同地区沉积物重金属的含量（表 5-10），可以看出漫湾大坝上下游沉积物中的 Cd 元素已明显富集，且超过全国平均值的 3 倍。本研究区域周边没有重工业或重污染企业，因此重金属含量比全国其他区域低，但是漫湾大坝对重金属元素在坝前地区的蓄积作用仍然十分明显。人为贡献率结果显示，沉积物中重金属含量变化的人为贡献率均在 50% 以上，说明水坝建设和其他人类活动对沉积物的作用较为明显。虽然沉积物的有机污染水平较低，且大部分地区呈现清洁或较清洁的水平，但是营养元素可以吸附 Cd 和 As，可能对沉积物的重金属污染具有放大效应，因此沉积物的有机污染状况及其对重金属的吸附也应得到关注。

表 5-10　我国不同地区的水系沉积物重金属含量

名称	参考文献	重金属元素（μg/g）				
		Cd	Cr	Cu	Pb	Zn
丹江口水库	雷沛等，2013	1.16	177.78	58.33	14.39	14.39
密云入库河段	乔敏敏等，2013	2.77	49.47	34.74	21.13	102.26
湘江长株谭段	李军，2008	36.63	20.7931	65.35	197.92	898.92
澜沧江漫湾段	本书	0.80	63.26	32.55	36.54	132.29
全国水系沉积物	罗燕等，2011	0.26	68.00	25.60	29.20	77.00

第二节　长江中下游底泥重金属污染风险评价

悬浮泥沙吸附水中的污染物，从而降低水体中污染物的浓度。重金属在泥沙环境中是惰性的，尽管在某些干扰情况下可能会释放到水体中（Agarwal et al.，2005），构成对生态的潜在威胁（Chow et al.，2005；Hope，2006），但通常认为重金属是保存性污染物（Wilcock，1999；Olivares-Rieumont et al.，2005）。底部沉积物还为底栖动物提供了栖息的场所和食物来源，底泥污染物可能会直接或间接地毒害水生动植物。由于污染物在食物网中的生物积累和生物浓缩作用，其对陆地上的动植物也会产生影响（Zhang and Ke，2004；伍钧等，2005）。因此，对靠近人口稠密地区，如对长江中下游地区的河流底泥中的重金属分布进行分析，可以用来阐释大坝建设、污染物排放等人类活动对生态系统造成的影响，从而有利于对其进行生态风险评估（胡庚东等，2002；de Mora et al.，2004；Zheng et al.，2008）。

一、研究区及研究方法

长江中下游曲流发达，连接着许多湖泊，这个区域被称为“水道”，是中国主要的农业区之一。几个大中型城市沿河分布，形成了一个繁荣的产业带。与中游宽阔的平原不同，长江下游的平原呈狭长状。江汉平原位于中游北面，而洞庭湖平原和鄱阳湖平原位于南面。湖口和镇江之间，狭窄的冲积平原延伸在主河道的两侧。河道顺着长江的中下游缓慢流动，平原时而宽时而窄。大通点以下，主要受潮汐的影响，河水流动变慢，此时泥沙的沉积作用增强。

采样点包括长江中游主要支流和湖泊的17个断面，以及下游的10个断面（图5-5）。采样步骤依据国际公认的准则（UNEP，1991）进行。

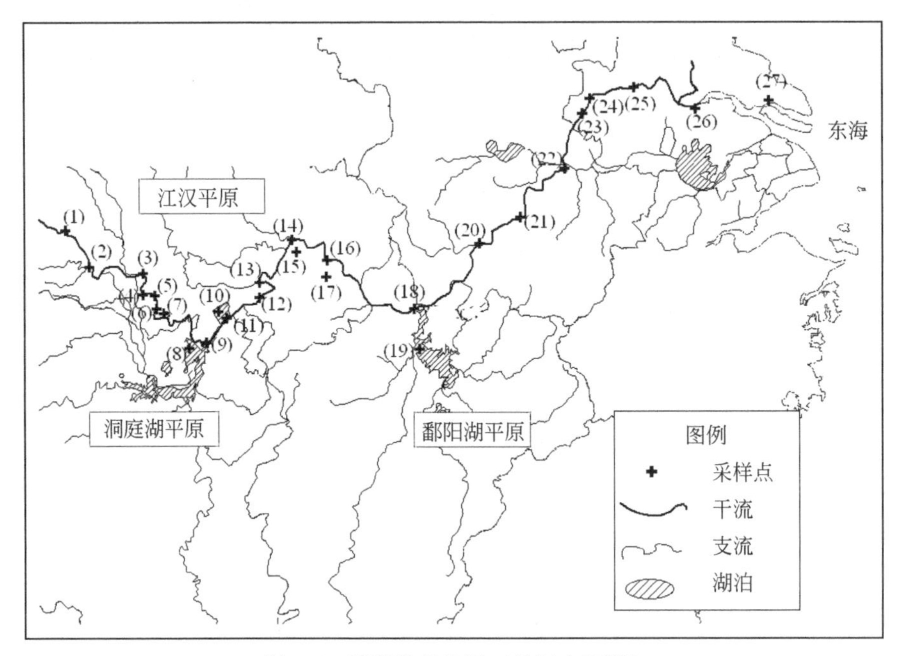

图5-5　研究地点地图（长江中下游）

（1）宜昌；（2）宜都；（3）锦州；（4）公安县；（5）郝穴；（6）新昌；（7）白鳍豚保护区（白鳍豚），监利县；（8）洞庭湖；（9）城陵矶；（10）洪湖；（11）洪湖口附近的长江；（12）嘉裕；（13）簰洲湾；（14）武汉；（15）东湖；（16）鄂州；（17）梁子湖；（18）九江；（19）鄱阳湖；（20）安庆；（21）大通；（22）芜湖；（23）江宁；（24）南京；（25）镇江；（26）江阴；（27）海门

近岸水域既是人类活动较频繁的区域，也是鱼类等水生生物栖息与觅食的场所，工业与生活排污对其影响较大，对湖泊和河流两个区域进行监测能较全面地反映其水环境状况，对比各元素含量水平能反映其污染状况，采样点分布如图5-5所示。从长江流域中下游的27个采样点采集水、泥沙、鱼和小龙虾样本，主干河流的中游设12个点，下游设9个点，中下游的湖泊区域设6个点，总计采集了27个水和底泥样本，469个鱼样

本（鱼类名录见附表6）。

根据以往的工作和对现场及污染源的调查，选定该江段鱼样测定As、Pb、Cd、Zn、Cu、Fe、Hg、Cr。所有的水和底泥样品使用电感耦合等离子体质谱仪（ICP-MS）分析其中Cd和Pb的浓度，而Cr、Cu、Zn的浓度用电感耦合等离子体原子发射光谱（ICP-AES）测定，As和Hg的浓度用原子荧光光谱仪（AFS）测定。组织样品中As和Hg的浓度用AFS测定，组织中Cu的浓度使用ICP-MS和ICP-AES法同时测定，组织中Zn的浓度用ICP-AES专门测定，而Cr、Cd、Pb的浓度用ICP-MS测定。

二、底泥中重金属含量分布

长江中下游流域底泥中重金属含量见表5-11，TN、TP和OM的浓度也列出以供后续分析。湖泊中Hg、Pb、Cr、Cu、Zn和OM的平均浓度最高。而干流下游Cd、As、TN、TP的平均浓度最高。中游重金属的平均浓度相对较低。这可能是由中上游含重金属的悬浮泥沙顺流而下并沉积，加上下游局部污染导致的。湖泊底泥的重金属含量比河流中的高，这是因为河流中流体扰动较高，导致污染物重新悬浮起来并向下游移动。

表5-11　长江中下游流域底泥中重金属浓度和营养元素的汇总统计（干重）

项目		Hg (mg/kg)	Cd (mg/kg)	Pb (mg/kg)	Cr (mg/kg)	Cu (mg/kg)	Zn (mg/kg)	As (mg/kg)	TN (%)	TP (%)	OM (%)
Ⅰ	最小值	0.011	0.064	20	42	22	48	6	0.015	0.037	2.55
	最大值	0.535	0.77	110	96	67.4	350	63	0.17	0.14	7.38
	平均值	0.17	0.40	39.32	72.54	44.75	120.42	16.73	0.06	0.07	4.39
	标准偏差	0.16	0.29	23.94	18.65	15.08	79.18	19.67	0.05	0.03	1.56
	变异系数（%）	95.84	73.07	60.89	25.70	33.70	65.75	117.62	83.97	50.28	35.60
Ⅱ	最小值	0.01	0.13	13	56.7	21.7	54	7.8	0.013	0.041	3.42
	最大值	0.55	0.76	48.11	96.4	75.1	190.29	82	0.38	0.19	7.55
	平均值	0.19	0.48	29.77	74.88	44.24	107.68	33.92	0.22	0.08	5.00
	标准偏差	0.21	0.26	13.90	13.74	16.03	47.48	31.66	0.19	0.07	1.79
	变异系数（%）	113.41	54.34	46.70	18.35	36.23	44.10	93.35	85.21	84.09	35.83
Ⅲ	最小值	0.08	0.08	16	48	22	45	6.9	0.047	0.041	2.01
	最大值	0.44	0.86	88	121	75	750	83	0.13	0.057	11.83
	平均值	0.22	0.38	44.17	84.17	50.43	218.33	26.92	0.08	0.05	6.55
	标准偏差	0.15	0.32	27.84	27.98	21.03	270.06	28.94	0.03	0.01	4.31
	变异系数（%）	68.52	83.81	63.03	33.25	41.70	123.69	107.53	38.53	12.34	65.77

注：Ⅰ表示中游河流；Ⅱ表示下游河流；Ⅲ表示中下游的湖泊

三、潜在生态风险评价

在某些情况下，这些金属可能会累积达到一种有毒的浓度水平，这可能会导致生态破坏（Jefferies and Freestone，1984）。评估底泥中重金属所造成的生态风险的方法包括地积累指数法（Porstner，1989）、潜在生态风险指数法（Håkanson，1980），以及回归过量分析法（ERA）（Hilton et al.，1985），其中前两个指数法是最常用的。

瑞典科学家 Hakanson 于 1980 年建立了一套评价水生污染控制的生态风险的方法。该方法基于水生系统的敏感性取决于其生产量这一假设。这一方法引入了潜在生态风险指数（RI），是依据重金属的毒性和环境对其的反应来评估底泥中重金属污染的程度。

$$\mathrm{RI} = \sum E_r^i \tag{5-1}$$

$$E_r^i = T_r^i C_f^i \tag{5-2}$$

$$C_f^i = C_0^i / C_n^i \tag{5-3}$$

式中，RI 为底泥中所有重金属危险因子的总和；E_r^i 为单一金属潜在生态风险因子，是对于某个给定物质的毒性响应因子，表 5-12 列出了污染因子、底泥中金属的浓度、金属的参考值。

表 5-12　沉积物中重金属的参考值（C_n^i）和毒性系数（T_r^i）

因子	Hg	Cd	As	Cu	Pb	Cr	Zn
C_n^i（mg/kg）	0.2	0.5	15	30	25	60	80
T_r^i	40	30	10	5	5	2	1

资料来源：Hilton et al.，1985

风险指数 RI 是 Hakanson 基于 8 个参数（PCB、Hg、Cd、As、Pb、Cu、Cr 和 Zn）提出的。以这些元素的参考值为基础，潜在生态风险指数 RI 调整后的评估标准列在表 5-13 中。

表 5-13　重金属及与污染程度的关系

E_r^i	单因子污染物生态风险程度	RI	总的潜在生态风险程度
$E_r^i<40$	轻微	RI<95	轻微
$40 \leqslant E_r^i<80$	中等	95≤RI<190	中等
$80 \leqslant E_r^i<160$	强	190≤RI<380	强
$160 \leqslant E_r^i<320$	很强	RI≥380	极强
$E_r^i \geqslant 320$	极强		

用式（5-1）~式（5-3）和表 5-12 中列出的参数，计算得到各采样点重金属的潜在生态风险指数及各采样点潜在生态风险指数，并列于表 5-14。根据这些数据可以看出，Hg 在 5 个点构成了相当大的生态风险，在两个点产生了中度风险。此外，Cd 和 As 在这些区域也带来相对较高的生态风险。这 3 种重金属在淡水生态系统中的高生态风险是由它们

的高毒性响应因子引起的。根据它们的空间分布可知，具有 Hg、Cd 的中度或较强的潜在生态风险指数的点靠近大城市（武汉、南京、江阴），或港口（城陵矶），或受高强度人类活动影响的湖泊（洞庭湖和东湖）。As 的潜在生态风险指数最高的点分布在下游，主要是鄱阳湖的下游。其他金属（Pb、Cu、Cr 和 Zn）的潜在生态风险指数较低。单一污染物潜在生态风险因子表明七大重金属污染的严重程度的大小顺序为 Hg>Cd>As>Cu>Pb>Cr>Zn。

表 5-14　长江水系的底泥重金属污染潜在生态危害指数

河段	采样点	E_r^i							RI
		Hg	Cd	Pb	Cr	Cu	Zn	As	
中游	宜昌	22.6	40	7.6	3	8.6	1.7	5.7	88.8
	宜都	30	8.4	4	1.4	5.3	0.9	4.4	54.5
	荆州	18.2	45.6	9.2	2.9	10.7	1.8	6.4	95
	公安	17.6	20.4	4.6	2.2	5.2	0.8	4	54.8
	郝穴	20	40	7.8	3	8.8	1.7	6.8	87.7
	新厂	2.2	13.2	7.8	2.6	5.7	1.2	36	68.7
	城陵矶	**94**	46.2	22	3.2	10.3	4.4	42	**222.1**
	洪湖口外	30	8.4	4.8	2.3	8.3	1	4.1	59
	嘉裕	17.2	3.84	4.8	1.6	3.7	0.6	4.5	36.2
	簰洲湾	22	12.6	5.8	1.9	5.8	1.1	6.7	55.8
	武汉	**107**	43.2	9	3.1	11.2	1.8	6.7	**182**
	鄂州	22	4.9	7	1.9	5.8	1.1	6.4	49.1
下游	九江	37	40	6.7	2.7	9.2	1.5	10.7	**107.3**
	安庆	2	13.2	6.2	2.1	7	0.9	42	73.4
	大通	2.4	7.8	4	2	5.3	0.8	54	76.3
	芜湖	5.4	11.4	3.4	2.2	5	0.7	54.7	82.7
	江宁	22	32.4	3.14	2.7	6.7	1.4	7.7	76
	南京	**107**	45.6	9	3.2	12.5	1.9	8.7	**187.9**
	镇江	34	43.2	8.9	2.8	8.2	1.8	8.1	**107**
	江阴	**110**	45.6	9.6	2.9	8.9	2.4	12.5	**191.8**
	海门	16	20.4	2.6	1.9	3.6	0.8	5.2	50.5
中下游湖泊	监利天鹅洲	16.8	5.4	3.4	1.6	3.7	0.6	4.6	36
	东洞庭湖	72	51.6	9	2.9	9.2	1.3	11.3	**157.3**
	洪湖	16	4.8	7.2	2.9	7.5	1	4.8	44.2
	东湖	**88**	28.8	12.6	3.5	12.5	3.1	10.3	**158.9**
	梁子湖	42	37.2	17.6	4	12	9.4	21.3	**143.5**
	鄱阳湖	28	10.2	3.2	1.9	5.6	1.1	55.3	**105.3**

注：E_r^i 是单一金属潜在生态风险指数，RI 是总的重金属潜在生态风险指数；黑体表示有中度或重大生态风险的采样点

RI 代表不同生物群落对有毒物质的敏感性，也代表重金属所造成的潜在生态风险。干流中游的 12 个点中，有两个点表现为中等或较强的生态风险。而且大部分湖泊和分布在干流下游的点表现出中等或较强的生态风险。RI 值明显与人为干扰的程度有关。例如，天鹅洲湿地，是中国一个的自然保护区，它的重金属浓度和潜在生态风险最小，而靠近大城市（如武汉、南京、江阴）的区域，则显示出相对较高的生态风险。本区域主要河流和湖泊的重金属污染的来源受很多因素的影响，包括自然和人为的因素。许多支流汇入主要河流和湖泊，同时河流的梯度逐渐减小，从而导致流速变慢，化学元素沉积增加。

总体而言，长江下游底泥中重金属含量明显高于中游。此外，湖泊底泥中重金属的积累量比主要河流高得多，这可能是因为湖泊环境受湍流的影响较小。底泥中重金属的浓度比水中重金属浓度高 1000 ~ 100 000 倍。底泥中重金属含量的潜在生态风险分析表明，长江中下游一些采样点存在着相对较高的生态风险。根据一个独立的监管机构提供的潜在生态风险指数，Hg 在 7.4% 的采样点造成中度风险，在 18.5% 的采样点造成相当大的风险；Cd 和 As 分别在 37% 和 22% 的采样点造成中度风险。多种重金属的生态系统的潜在生态风险指数（RI）表明，7.4% 的采样点存在相当大的风险，33% 的采样点为中度风险。

四、重金属之间的相关关系

在底泥和鱼体中的重金属会威胁水生动物和人类健康，所以分析和控制污染的来源是相当重要的。底泥中的重金属往往表现出复杂的相互关系。许多因素会影响它们的相对丰度，如母岩和母质中重金属原始含量、成土过程、人类活动的污染和其他人为因素等（李崇等，2008）。Pearson 利用 SPSS 软件进行了相关分析，来确定重金属和 TN、TP、OM 含量之间的关系，并进行了主成分分析（PCA），来确定最常见的污染源。

表 5-15 是相关系数矩阵，列出了皮尔逊积矩相关系数。其中，以下金属元素之间呈显著相关关系：Hg 和 Cd（r = 0.650），Hg 和 Pb（r = 0.581），Hg 和 Cr（r = 0.549），Hg 和 Cu（r = 0.705），Cd 和 Pb（r = 0.584），Cd 和 Cr（R = 0.746），Cd 和 Cu（r = 0.755），Pb 和 Cr（r = 0.762），Pb 和 Cu（r = 0.729），Pb 和 Zn（r = 0.796），Cr 和 Cu（R = 0.891），Cr 和 Zn（R = 715），Cu 和 Zn（r = 0.61），它们都有 P <0.01。底泥中某些特定重金属之间的相关性很高，可能说明污染的水平相当和（或）来自同一污染释放源（Hakanson and Jansson，1983；Li et al.，2009）。Hg、Cd、Pb、Cr、Cu 和 Zn 之间存在相对较强的正相关关系，但 As 与这些金属之间没有显示出显著的相关性（表 5-15）。Hg、Cd、Pb、Cr、Cu、Zn 聚集在一起，表明本研究区域底泥中的这些重金属与人为来源密切相关。As 已经被证实是人类致癌物质之一，同时它还可能会对生态群落造成损害（Sadiq et al.，2003）。As 浓度较高的点主要分布在下游的主要河流和湖泊。TN 和 As 之间呈显著正相关（P <0.01）（表 5-15），但 As 和其他重金属之间的相关性非常低，这表明 As 的污染源与其他金属的污染源不同，但与 TN 的污染源相关。

表 5-15　底泥中不同重金属元素之间的相关系数（$n=27$）

元素	Hg	Cd	Pb	Cr	Cu	Zn	As	TN	TP	OM
Hg	1									
Cd	0.650**	1								
Pb	0.581**	0.584**	1							
Cr	0.549**	0.746**	0.762**	1						
Cu	0.705**	0.755**	0.729**	0.891**	1					
Zn	0.36	0.432*	0.796**	0.715**	0.610**	1				
As	-0.168	-0.196	0.073	-0.075	-0.143	0.068	1			
TN	-0.296	-0.122	-0.043	0.018	-0.157	0.013	0.727**	1		
TP	-0.013	0.078	0.223	0.121	-0.051	0.02	0.521*	0.613**	1	
OM	0.087	0.012	0.305	0.504*	0.372	0.238	0.016	0.176	0.239	1

注：* $P < 0.05$；** $P < 0.01$

五、主成分分析

主成分分析（PCA）已广泛应用于确定由成岩作用和人为干扰产生的重金属的污染程度（Facchinelli et al.，2001；Chen et al.，2005；Zhou et al.，2007；Rodríguez et al.，2008；Sun et al.，2010）。重金属组成主成分分析的结果列于表 5-16 中，根据这些结果，Hg、Cd、Pb、Cr、Cu、Zn 和 As 的浓度可组成双组分模型，它们占了总方差的 78.48%。

表 5-16　长江流域底泥表层中重金属的总方差解释表和主成分矩阵

组分	初始特征值			提取的平方和载入			旋转后的平方和载入		
	合计	方差的（%）	累积（%）	合计	方差的（%）	累积（%）	合计	方差的（%）	累积（%）
1	4.33	61.80	61.80	4.33	61.80	61.80	4.29	61.32	61.32
2	1.17	16.68	78.48	1.17	16.68	78.48	1.20	17.17	78.48
3	0.64	9.08	87.56						
4	0.41	5.84	93.41						
5	0.23	3.33	96.74						
6	0.16	2.22	98.96						
7	0.07	1.04	100.00						

元素	主成分载荷		旋转后的主成分载荷	
	*F*1	*F*2	*F*1	*F*2
Cu	0.93	-0.09	0.92	-0.19
Cr	0.93	0.06	0.93	-0.04
Pb	0.87	0.28	0.9	0.19
Cd	0.83	-0.25	0.79	-0.34
Zn	0.77	0.39	0.8	0.3
Hg	0.75	-0.27	0.72	-0.34
As	-0.11	0.89	-0.02	0.9

注：提取方法为主成分分析法；旋转方法为最大方差法；旋转后有 3 个是重叠的

初始因子载荷矩阵显示，Hg、Cd、Pb、Cr、Cu、和 Zn 是相关联的，在第一主成分上有较高载荷（$F1$，贡献率为61.8%），而且这6个重金属之间的相关性是显著的（表5-16）。这一结果意味着，Hg、Cd、Pb、Cr、Cu、Zn可以看成是人类活动产生的组分，或者它们可能来源于类似的污染源，这一结果恰好与相关分析的结论一致。地域特征分析表明，这6种重金属在以下城市的浓度最高，包括城陵矶、武汉、南京、江阴、东湖、梁子湖、洞庭湖，这些城市因工业废水和生活污水的排放而导致了严重的污染，这是导致6种重金属浓度最高的原因。根据在长江中游的武汉地带进行的重金属污染研究（Yang et al.，2009），这一区域中重金属主要来自金属加工、电镀行业、工业废水和生活污水。Hg主要来自于煤炭燃烧，这可能是Hg与其他5种重金属的相关性较差的原因。

As在第二主成分的载荷比其他重金属高得多（$F2$，贡献率为17.17%）。相关分析也表明，As与其他6种重金属无显著相关性，但与TN显著相关。

对河流底泥中的重金属进行主要成分分析，得到重金属在27个采样点的分布情况（表5-17）。根据试验结果，27个采样点底泥中重金属的浓度可以提出两个主成分，累积占了总方差的94%。初始因子载荷矩阵中，鄱阳湖、安庆、大通、芜湖是相关的，并在第二个主成分因子上有较高载荷（$F2$，贡献率为14.25%），其他23个采样点表现出了与第一因子很强的相关性（$F1$，贡献率为79.75%）。旋转后的矩阵与初始因子载荷矩阵基本一致。该结果意味着在鄱阳湖和芜湖之间有一些不同的人类活动。

表5-17　河流底泥中重金属浓度的方差分解主成分提取分析表

组分	初始特征值			提取的平方和载入			旋转后的平方和载入		
	合计	方差的(%)	累积(%)	合计	方差的(%)	累积(%)	合计	方差的(%)	累积(%)
1	21.53	79.75	79.75	21.53	79.75	79.75	20.80	77.03	77.03
2	3.85	14.25	94.00	3.85	14.25	94.00	4.58	16.97	94.00
3	1.40	5.19	99.19						
4	0.22	0.81	100.00						

元素	主成分载荷		旋转后的主成分载荷	
	$F1$	$F2$	$F1$	$F2$
郝穴	0.997	-0.073	0.991	0.132
宜昌	0.997	-0.079	0.992	0.126
簰洲湾	0.995	-0.086	0.992	0.119
九江	0.995	-0.044	0.983	0.159
江宁	0.991	0.093	0.952	0.293
镇江	0.99	-0.067	0.982	0.136
鄂州	0.986	-0.13	0.992	0.073
武汉	0.985	-0.141	0.993	0.062
荆州	0.984	-0.136	0.991	0.068
宜都	0.984	-0.077	0.979	0.125
南京	0.981	-0.134	0.988	0.069
海门	0.972	0.084	0.935	0.28

续表

元素	主成分载荷		旋转后的主成分载荷	
	*F*1	*F*2	*F*1	*F*2
洞庭湖	0.968	−0.181	0.985	0.021
江阴	0.965	0.021	0.94	0.217
东湖	0.957	−0.03	0.943	0.166
公安	0.952	−0.097	0.952	0.1
洪湖口外	0.944	−0.172	0.959	0.024
嘉裕	0.929	−0.165	0.943	0.027
天鹅洲	0.925	−0.068	0.919	0.122
洪湖	0.891	−0.208	0.914	−0.022
梁子湖	0.865	0.125	0.821	0.298
新昌	0.854	0.465	0.742	0.629
城陵矶	0.838	0.094	0.801	0.263
大通	0.138	0.985	−0.066	0.992
芜湖	0.072	0.965	−0.127	0.96
鄱阳湖	0.398	0.897	0.207	0.96
安庆	0.601	0.794	0.427	0.9

注：提取方法为主成分分析法；旋转方法为最大方差法；旋转后有3个是重叠的

重金属污染是长江流域的重要环境问题之一。相关分析和主成分分析说明，长江中下游的重金属（Hg、Cd、Pb、Cr、Cu、Zn）可能来源于金属加工、电镀行业、工业废水和生活污水。Hg可以来自另一个污染源，煤的燃烧。As与TN显著相关。对河流底泥中重金属进行的主成分分析表明，鄱阳湖—芜湖段流域可能有一些与其他段不同的人类活动。因此，改善水文条件、减少工业污水和生活污水的排放是改善水生环境的有效措施。此外，减少上游水坝的储水量往往会增加河床的侵蚀，促进污染物的迁移。总之，控制输入污染物的数量和浓度、降低河流污染负荷是改善水质最有效的措施。

第三节　长江中下游鱼体重金属污染健康风险评价

鱼体重金属污染健康风险评价是水坝生态风险的主要受体及其终点评价的重要内容，目前许多学者已经提出了几种评估鱼类体内重金属对人类健康造成的潜在风险的方法。潜在风险可以划分成致癌性和非致癌性两种，确定致癌污染物是将所测得的或预测的暴露浓度与产生不利影响的阈值进行比较，也就是通过剂量-效应关系确定（Solomon et al.，1996）。概率风险评估技术能充分利用可用的曝光和毒性数据，其已被许多研究者采用（Solomon et al.，1996；Cardwell et al.，1999；Giesy et al.，1999；Hall et al.，2000；Wang et al.，2002）。然而，这些方法只能用来确定致癌污染物的健康风险。

目前，非致癌污染物的风险评估方法不能定量评估暴露于污染物中并产生非致癌影响的概率，这些方法通常是以靶标危害系数（THQ）为基础。虽然以 THQ 为基础的风险评估方法并不能提供暴露在污染物中的人群产生不良健康反应的可能性的定量估计，但它提供了一种与污染物暴露有关的风险度的指示。风险估计这种方法已被许多研究者采用（Chien et al.，2002；Wang et al.，2005），结果表明这种方法是切实有效的。因此，我们运用 THQ 对长江中下游的鱼体重金属污染生态风险进行了评价。

一、长江中下游鱼体内的重金属含量分布

近年来，工业和经济发展引起的长江流域的水污染问题得到了越来越多的关注。每年有超过 250 亿 t 的废水排入长江，这些废水来自于工矿企业以及附近城市的生活污水，而且排入长江流域的大部分废水和生活污水（80%）是未经处理的。长江主河道有 60% 的流域受污染影响，在工业和人口稠密的中下游尤为普遍（刘文国和武勇，2006）。污水中的重金属也被排放到河流中并沉积在底泥中，从而影响河流的生态，对浮游生物和底栖鱼类的捕食产生长期不利的影响。重金属通过食物链在鱼类体内积累，可能最终会通过鱼类消费引发人体健康的风险。

虽然湖泊底泥中重金属的分析在污染监测中广泛应用（Pekey et al.，2004；Liu et al.，2007），但很少有研究人员关注重金属从底泥到鱼类再到人类的迁移路径。长江的 pH、离子强度，以及水温为吸附重金属提供了理想的条件，从而使长江有很高的自净能力。进入长江的重金属，10min 内就会有 85% 从水相中清除，这个过程主要是通过吸附和沉淀完成的（朱圣清和臧小平，2001）。因此，该区域中的泥沙高度浓缩了地表水中的污染物，所以进一步研究污染物的生态影响，研究改善该区域环境条件的方法是很重要的。本书通过评估在环境和鱼类体内重金属的生态风险，研究了重金属污染对长江流域渔业的影响。通过检测和分析长江中下游主要分支和湖泊的水、底泥和鱼类体内的重金属，从而对底泥和鱼类体内含有的重金属进行相关的健康风险评价。

采集到的鱼样和虾样共计 469 个，分属 2 纲，9 目，14 科，33 属，41 种（鱼类名录见附表 6）。鱼虾体内的重金属含量及栖息环境见表 5-18，中华绒螯蟹体内 Cu、Zn、As 和 Hg 的含量最高。短身间吸鳅体内 Pb、Cd 的含量最高，长薄鳅和薄口铜鱼体内 Cr 的含量最高，而吻鮈体内 As 的含量最高。底栖动物（如中华绒螯蟹）、底层鱼类（如短身间吸鳅、吻鮈和长薄鳅）和生活在较低层水体的鱼类（如薄口铜鱼），比生活在上层水体的鱼类体内的重金属含量高。我们推测是因为它们经常与污染的底泥接触，它们摄取来自底栖动物捕食者体内重金属的机会更大（Yi et al.，2008）。

表 5-18　鱼体内重金属的平均含量及栖息水层

鱼的种类	Cu	Zn	Pb	Cd	Hg	Cr	As	样本	栖息水层
青鱼	1.19	7.6	0.29	0.075	0.02	0.15	0.022	19	底层
草鱼	0.87	4.2	0.25	0.054	0.02	0.02	0.01	30	中下层
赤眼鳟（Rich.）	1.39	6.68	0.77	0.022	0.003	0.055	0.019	2	中层
鲢鱼	0.86	4.47	0.56	0.073	0.02	0.166	0.018	49	中上层

续表

鱼的种类	Cu	Zn	Pb	Cd	Hg	Cr	As	样本	栖息水层
鳙鱼（Rich.）	0.78	9.86	0.793	0.17	0.025	0.19	0.019	14	中上层
鲤鱼	1.04	7.39	0.51	0.12	0.02	0.178	0.022	51	底层
鲫鱼	1.09	9.4	0.89	0.17	0.014	0.33	0.019	20	底层
大眼华鳊	2.18	14.87	0.05	0.0047	0.021	0.012	0.019	3	中层
翘嘴红鲌（Bleeker）	1.08	4.06	0.48	0.11	0.002	0.101	0.015	3	上层
蒙古红鲌（Basilewsky）	0.361	3.815	1.87	—	0.018	0.105	—	1	上层
白鲦（Basil.）	1.54	8.95	0.16	0.019	0.022	0.025	0.019	6	顶层
麦穗鱼（Temminck et Schlegel）	0.77	5.82	0.011	0.013	0.034	0.005	0.022	3	中上层
黑鳍鳈（Günther）	1.05	4.98	0.025	0.007	0.031	0.011	0.023	5	中下层
铜鱼（Bleeker）	1.034	3.9	0.32	0.1	0.01	0.57	0.029	56	下层
圆口铜鱼	1.6	7.33	0.56	0.1	0.015	**0.805**	0.023	15	下层
圆筒吻鮈	1.21	17.87	1.61	0.39	0.006	0.023	0.025	2	底层
长鳍吻鮈	2.22	4.73	1.16	0.067	—	—	—	2	底层
吻鮈	3.41	4.04	0.066	0.097	0.015	0.033	**0.039**	2	底层
长须片唇鮈	1.28	0.793	1.65	0.229	0.006	0.038	0.023	2	底层
长薄鳅（Bleeker）	0.57	4.4	0.71	0.088	0.032	**0.805**	0.02	8	底层
泥鳅	1.53	10.79	0.011	0.009	0.029	0.732	0.02	1	底层
短身间吸鳅（güntheri）	2.5	34.7	**10.1**	2	—	—	—	1	底层
黄颡鱼	1.28	9.34	0.86	0.15	0.038	0.54	0.014	39	底层
长吻鮠	0.78	4.93	0.65	0.099	0.011	0.43	0.026	19	底层
钝吻鮠	1.71	6.2	1.56	0.22	0.016	0.64	0.027	4	底层
大鳍鲮（Bleeker）	1.718	7.58	0.184	0.11	0.023	0.017	0.025	3	底层
鲇鱼	1.39	5.82	1.14	0.292	0.036	0.233	0.019	40	底层
刀鲚	2.28	14.46	0.1	0.02	0.04	0.031	0.021	3	中上层
短颌鲚	0.53	6	1.252	0.1	0.019	0.76	0.016	3	中上层
风鲚（Linnaeus）	6.01	15.77	0.258	0.05	0.023	0.193	0.015	4	中上层
花鲈	2.75	6.83	0.009	0.001	0.011	0.005	0.012	1	中下层
斑鳜	0.94	4.99	0.49	0.035	0.019	0.024	0.016	8	中下层
沙塘鳢	2.66	5.75	0.019	0.035	0.015	0.012	0.019	4	底层
鲤鱼（Cantor）	0.94	2.98	0.056	0.001	0.032	0.013	0.012	2	底层
针口鱼	1.09	9.76	0.1	0.002	0.048	0.033	0.014	5	中上层
梅童鱼（Richardson）	5.44	11.075	0.175	0.036	0.022	—	—	2	底层
银鲳鱼	7.76	13.86	0.44	0.07	0.03	—	—	1	中上层
踏板鱼	3.55	7.66	0.0166	0.02	0.023	—	—	5	底层
脊尾白虾	5.54	8.9	0.175	0.065	0.017	0.033	0.009	5	底层
青虾	10.74	11.7	0.72	0.184	0.024	0.373	0.028	18	底层
中华绒螯蟹	**18.76**	**50.8**	0.142	0.262	**0.054**	0.06	0.024	8	底层

注：黑体字表示每种金属的最高含量，—表示金属含量低于检测下限

我们实测及其他文献中报道的鱼类体内重金属的含量见表5-19 。公开文献的数据显示，从不同地点捕获的鱼，其肌肉组织内重金属含量相差很大（表5-19）。Chi 等（2007）

表 5-19　鱼体内重金属含量与来自公开发表的文献中数据的比较

采样地点	Cu	Zn	Pb	Cd	Hg	Cr	As	参考文献
长江 **	0. 361 ~ 18. 76	0. 793 ~ 50. 8	0. 009 ~ 10. 1	ND ~ 2	ND ~ 0. 054	ND ~ 0. 805	ND ~ 0. 039	本书
长江 **	<2. 0 ~ 14. 92		0. 24 ~ 1. 75	0. 03 ~ 0. 18				陈家长等,2002
珠江 *	1. 17 ~ 6. 72	2. 62 ~ 20. 2	0. 05 ~ 1. 94	ND ~ 33. 2	0. 98 ~ 7. 86	ND ~ 5. 36	0. 17 ~ 1. 46	谢文平等,2010
珠江 *	0. 009 ~ 2. 025	ND ~ 5. 507	ND ~ 1. 049	0. 005 ~ 0. 079		ND ~ 0. 772	ND ~ 1. 23	魏泰莉等,2002
太湖 **	0. 228 ~ 1. 89	16 ~ 130	0. 177 ~ 0. 287	0. 003 ~ 0. 021		ND ~ 0. 387		Chi et al. ,2007
伊斯肯德伦湾 **	1. 239 ~ 2. 201	3. 025 ~ 4. 873	1. 808 ~ 3. 474	0. 831 ~ 1. 341		1. 309 ~ 2. 719		Türkmen et al. ,2005
克尔格伦群岛 **	0. 5 ~ 2. 5	9. 2 ~ 33. 2		0. 010 ~ 0. 086	0. 044 ~ 1. 19			Bustamante et al. , 2003

注:ND 表示未检出; * 数值表示范围或表示 mg/kg(干重); ** 数值表示范围或表示 mg/kg(湿重)

测定了从太湖中捕获的各种鱼类的肌肉组织中重金属的浓度，并公布了 Cu、Zn、Pb、Cd 以及 Cr 的取值范围分别为 0.228 ~ 1.89、16 ~ 130 、0.177 ~ 0.287、0.003 ~ 0.021、ND ~ 0.387mg/kg（干重），可以看出除 Zn 以外的其他金属含量均比本书中的测定值低。Bustamante 等（2003）发现，克尔格伦群岛的不同鱼种体内 Cu、Zn、Cd、Hg 的含量分别为 0.5 ~ 2.5、9.2 ~ 32.2、0.01 ~ 0.1、0.044 ~ 1.19mg/kg（干重），除了 Hg 以外，其他金属的测定结果普遍比目前的结果要高。Türkmen 等（2005）从伊斯肯德伦湾测得的数据与本书的相比，除了 Cr 金属以外，其他金属含量普遍低于本书的结果。从长江收集的鱼类体内的 Cu、Zn 和 Pb 的含量比同时从珠江收集的鱼类体内的金属含量高，但是 Cd、Hg、Cr 和 As 的含量要比从珠江收集的鱼类体内的含量低。近年来，长江和珠江鱼类体内重金属含量要比 10 年前鱼类体内重金属含量高。这表明，中国河流的重金属污染正变得越来越严重。

二、靶标危害系数的确定（THQ）

对食用长鱼类可能造成的健康风险进行评估，评估依据美国国家环境保护局定义的靶标危害系数（THQ）。靶标危害系数（THQ）是用来评价污染物的非致癌风险，是污染剂量和参考剂量之比。该方法假设摄取的剂量，即吸收的污染剂量，烹调对污染物没有影响（Cooper et al.，1991）。THQ 是污染剂量和参考剂量（reference dose 或 RfD）之比，用来评价污染物的非致癌风险。如果该比值小于 1，将不会对身体带来危害。相反，如果污染剂量等于或大于参考剂量，暴露在该环境中的人群就会有健康风险。确定靶标危害系数的方法是根据由美国国家环境保护局三区提供的风险基础浓度表得到的（USEPA，2000）。剂量计算均根据综合美国国家环境保护局风险分析的标准假设进行。本书健康风险计算假的设见表 5-20。

表 5-20　THQ 计算的假设

假设	参考文献
摄入剂量等于吸收的污染物的剂量	USEPA，1989
烹调对污染物没有影响	Cooper et al.，1991
中国人承认平均体重为 55.9 kg	葛可佑，1992
中国人的平均寿命为 70 年	

THQ 值低于 1 说明暴露水平小于参考剂量；每天暴露在这个水平中的人群在一生当中产生不良反应的几率较小。

估算 THQ 的模型为（Chien et al.，2002）

$$THQ = \frac{EFr \times EDtot \times FIR \times C}{RfDo \times BWa \times ATn} \times 10^{-3} \tag{5-4}$$

式中，THQ 为靶标危害系数；EFr 为暴露频率，365d/a；EDtot 为暴露时间，假设平均寿命为 70 年；FIR 为食物摄取率（g/d）；C 为鱼体重金属含量（μg/g）；RfDo 为口服参考剂量［mg/(kg·d)］，见表5-21；BWa是成人体重，55.9 kg；ATn为非致癌物质的平均暴露时间，365d/a×暴露年数，假设为70年。

表5-21　重金属口服参考剂量标准

重金属	Hg	Cd	Pb	Cr	Cu	Zn	As
RfDo［mg/(kg·d)］	1.6×10^{-4}	1×10^{-3}	4×10^{-3}	1.5	4×10^{-2}	3×10^{-1}	3×10^{-4}

资料来源：USEPA，2009

当同时来自多种重金属污染时，应该计算其累积或交互的影响（Hallenbeck，1993）。本书对重金属的累积效应采用加和计算，总靶标危害系数（TTHQ）计算式如下（Chien et al.，2002）：

$$TTHQ = THQ（有毒物1）+ TH（有毒物2）+ \cdots + THQ（有毒物 n） \quad (5\text{-}5)$$

三、食用鱼类可能造成的健康风险评价

中国沿海城市的鱼类消费估计（Jiang et al.，2005；Zhang and Ke，2004）表明，普通人群平均每天吃105g鱼和小龙虾，而渔民的平均消费量为250g/d。表5-22和图5-6显示了鱼体重金属对长江流域普通居民和渔民的单一重金属靶标危害系数（THQ）和总靶标危害系数。

表5-22　长江流域普通居民和渔民食用鱼类的单一重金属靶标危害系数（THQ）及总靶标危害系数（TTHQ）

暴露群体	Hg	Cd	Pb	Cu	Zn	As	TTHQ
普通居民	0.17	0.29	0.34	0.11	0.06	0.16	1.13
渔民	0.33	0.55	0.66	0.22	0.11	0.30	2.17

从表5-22可以看出，对于单个重金属，靶标危害系数THQ均小于1，说明居民食用长江鱼类，不会出现单个重金属造成的健康危害。Cd和Pb的THQ值比Hg、Cu、Zn和As的THQ值高，说明它们对健康风险的贡献率较高。Cr的潜在健康风险最低，可能与它的口服参考剂量高有关。重金属Cu、Zn、Pb、Cd、As和Hg分别占总靶标危害系数（TTHQ）的比例如图5-6所示。Pb无论对普通居民还是渔民，都有相对较高的风险贡献率，占TTHQ的30%。其次是Cd，占TTHQ的25%；Hg和As居中，均为15%；Cu和Zn的相对较低，分别为10%和5%；Cr最低，不到0.04%。说明根据美国国家环境保护局定义的重金属健康风险评估方法，对食用长江鱼类的居民，Cr引起的健康危害很小，Cd和Pb对健康的风险贡献较大。单个金属的靶标危害系数（THQ）从大到小排列为Pb>Cd>Hg>As>Cu>Zn>Cr。与潜在生态风险的排序相比，Pb的THQ从第5位升到第1位，这可能是因为Pb在计算中使用的是低值。其他重金属的潜在生态风险排序和THQ的排序基本相似。这表明，底泥和鱼体内重金属污染的严重程度和单一重金属的生态风险是统一的。Cd、Hg、As是3个污染最严重的金属。

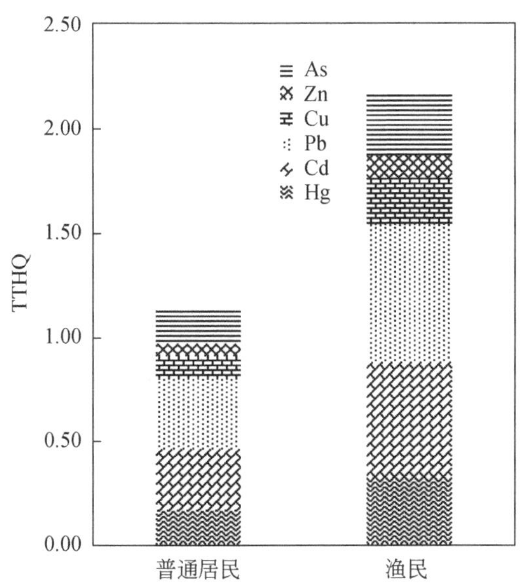

图 5-6　鱼体重金属对普通居民及渔民的总靶标危害系数（TTHQ）
Cr 的值过小，没有在图中显示

对于总靶标危害系数，普通居民的 TTHQ 超过 1（表 5-22）。然而，根据健康风险评估的一系列假设，TTHQ 值是高度保守的，是一个相对指标。实际上，TTHQ>1 并不能说明食用的人群一定会发生健康风险。也就是说，对于普通居民，食用长江里的鱼有非致癌风险。渔民的 TTHQ 是普通居民的两倍，为 2. 17，说明渔民食用鱼类的风险更高，可能会产生一定程度的健康危害效应。

对食用长江鱼类可能造成的健康风险分析表明，人们只食用鱼体内的一种金属不会造成明显的潜在健康风险。虽然普通居民的总靶标危害系数超过 1（1. 13），但不表明普通居民都会受到非致癌风险的威胁。渔民的靶标危害系数是普通居民的两倍左右（2. 17），可能会对渔民产生一定程度的不良健康影响。金属 Hg、Cd 和 As 在底泥中的潜在生态风险很高，与此一致的是，Pb、Cd、Hg、As 4 种金属是对健康风险影响最大的。此外，鱼类的营养价值很高，它对于均衡的饮食是不容忽略的。因食用鱼类而造成的人类健康风险是不容小觑的，很明显我们应该对鱼体内重金属污染物的来源加以控制。

第四节　鱼体重金属含量影响因素分析

一、鱼体重金属含量与环境中重金属浓度的关系

进入水体的重金属会被底泥吸收，随后可能会通过生物和化学过程，随着水、底泥、生物群之间的交换而迁移。20 世纪 60 年代，在瑞典发生了严重的汞污染事件（Jernelöv et al.，1975），后来在加拿大也出现了汞污染（Wheatley，1997）。在这些事件发生后，研究

人员开始更加关注重金属污染。重金属在鱼体内的积累首先来自于与水面的接触，然后通过呼吸，最后通过食物链。通过这 3 种途径中的哪种途径摄取取决于鱼类栖息地的重金属含量。表 5-23 列出了这些不同介质中的重金属含量。底泥中重金属的浓度比水中的高 1000 ~100 000 倍。许多研究已经报告了类似的现象（Enk and Mathis，1977；Anderson et al.，1978；Burrows and Whitton，1983；Barak and Mason，1989）。鱼类和底栖无脊椎动物体内的重金属浓度比水中的高 10 ~ 1000 倍，但比底泥中的浓度低（表 5-23）。重金属在水中不会降解，但一般浓度不会太高，主要归功于其在底泥中的沉积，同时也归功于动植物的摄取（Yi et al.，2008）。底泥中的重金属通过底栖动物的摄食进入食物链。

表 5-23　水、底泥和生活在不同水层的鱼类所含重金属的平均浓度

重金属	Cu	Zn	Pb	Cd	Hg	Cr	As
水	0.002 8	0.031	0.002	0.000 4	0.000 04	0.001 3	0.000 97
上层鱼类	1.16	6.08	0.48	0.072	0.021	0.123	0.016
底栖鱼类和底栖动物	2.24	8.05	0.57	0.128	0.022	0.365	0.022
底泥	45.7	135.6	37	0.423	0.155	76.4	24.7

注：鱼组织和水的值是指 mg/kg（湿重），底泥的值是指 mg/kg（干重）

底泥、鱼体中重金属浓度最高。底栖鱼类和底栖动物体内 Cu、Cd、Pb、Zn、Hg、Cr 的浓度普遍比中上层和中下层鱼类体内的浓度高（表 5-23 和图 5-7）。重金属浓度由大到

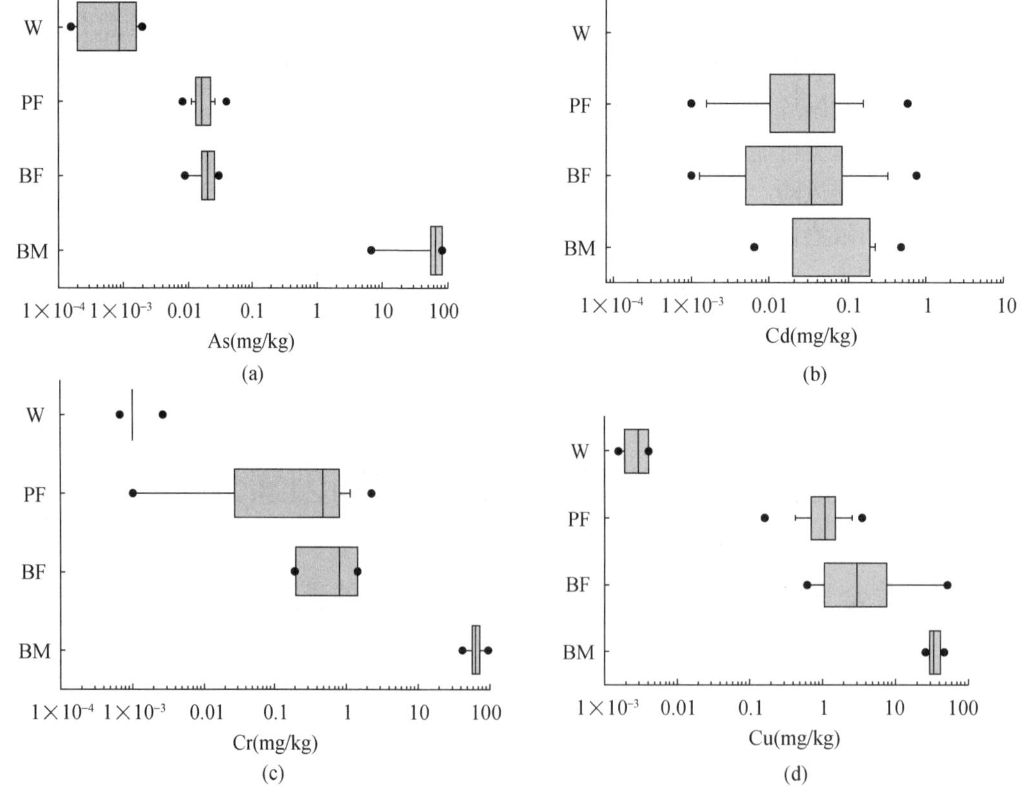

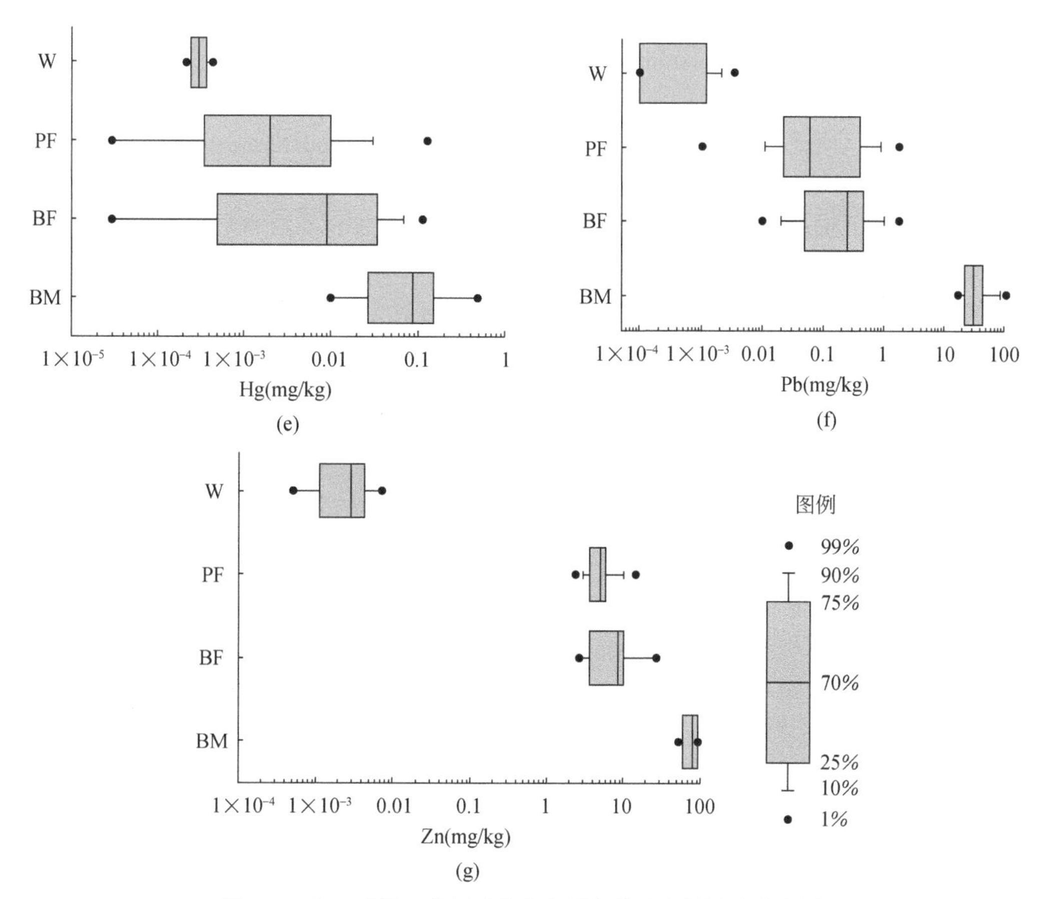

图 5-7 水、底泥、底栖动物和上层鱼类重金属浓度分布图

BM：底部物质（底泥），BF：底栖鱼类和底栖动物，PF：上层鱼类，W：水

小排列为底泥>底栖鱼类和底栖动物>上层鱼类>水。我们的研究结果支持如下假设：底泥是痕量金属污染的主要的汇，并且在鱼类摄食重金属的过程中发挥重要作用（Luoma and Bryan，1978）。底泥中的重金属会慢慢被吸收并储存在组织中（高宏等，2001）。因此，控制水生系统中水和底泥污染的来源是保护鱼类资源的主要方法。

鱼类和无脊椎动物组织中的金属浓度介于底泥和水之间。生活在河流或湖泊底层，并以底栖无脊椎动物为食的鱼类比生活在水体中上层的鱼类体内的重金属浓度要高。大多数重金属通过以下途径在食物链中转移：底泥—底栖动物—底栖肉食性动物—人类。

二、鱼体内重金属含量与鱼体大小的关系

重金属中，如 Cu 和 Zn 为鱼类代谢所需，然而其他的，如 Hg、Cd、Pb 则不是生物系统所需（Canli and Atli，2003）。对于鱼类的正常代谢，必要的金属需从水、食物或底泥中获取。然而，获取必要金属的同时，非必要的金属同样也被鱼吸收（它们最终富集在鱼体

内)。野外和实内实验的研究结果均表明，重金属在鱼体类的富集，主要取决于周围水体中重金属浓度和暴露时间(Liu et al.，2011；Yi et al.，2011)，另外一些其他的环境因素，如盐度、pH、硬度、温度也在重金属积累中发挥重要作用。研究发现，生态需求和水生动物的个体大小也会影响它们对重金属的积累程度（Canli and Furness，1993；Kalay and Canli，2000)。

因此，深入了解动物大小与必需和非必需金属浓度之间的关系非常重要。长江流域水和泥沙的重金属污染备受研究人员的关注（Yi et al.，2008；Yang et al.，2009；Zhang et al.，2009)。然而，据我们所知，现有的研究并没有探讨金属浓度和鱼体大小之间的关系。这项研究就是为了确定重金属（Cd、Cr、Cu、Hg、Pb、Zn）在长江的 7 个主要经济鱼类(鲢鱼、草鱼、鲫鱼、鲤鱼、铜鱼、鲶鱼、黄颡鱼）肌肉中的浓度。其中，铜鱼等只栖息于长江，由于水坝建设、过度捕捞和污染等原因，其种群数量在最近几年逐步下降（Yan et al.，2008)。本书对鱼的大小（长度和重量)、环境因素、采样点位置与金属浓度之间的关系进行了研究。

本书研究的样本收集于 1996 ~ 2003 年，采样点为从宜宾到湖口的 6 个站点（图 5-8)，其中有 3 个采样点位于上游河段，3 个采样点在中游河段。总共收集鱼类样本 292 例。采样程序依照国际公认的准则联合国环境规划署（UNEP，1991）完成。

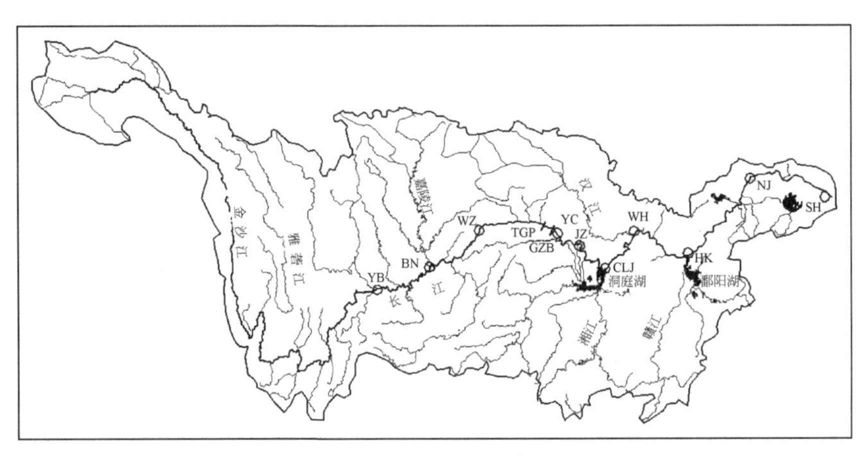

图 5-8　采样地点分布图

YB，宜宾；BN，巴南；WZ，万州；YC，宜昌；JZ，荆州；CLJ，城陵矶；WH，武汉；HK，湖口；NJ，南京；SH，上海；TGB，三峡工程；GZB，葛洲坝

(一) 数据分析

运用统计分析软件 SPSS15.0 对数据进行分析。假定低于检测极限（LOD）的物质的浓度为检测极限浓度的一半（ND=1/2 LOD)。用 Pearson 相关分析方法来分析重金属含量与鱼类的个体长度、净重和环境因素之间的显著关系。显著性水平设定的概率小于 0.05 ($P<0.05$)。为了评估实验组之间的显著差异，用 Levene 检验来检验方差是否齐性。之后根据数据的分布（正态或非正态）用 ANOVA 或 Kruskal Wallis 进行检验。

使用富尔顿条件因子（Fulton's condition factor）（Bagenal and Tesch，1978）研究环境对鱼类重金属负荷的影响，确定鱼类样本个体情况这一因素：$K = 100\ W/L^3$（其中，W 和 L 分别为鱼的净重和总长）。同时，对鱼体重金属含量与空间分布和营养级水平的关系进行了研究，该分析没有区分鱼类物种中大小的差异。

（二）结果

表 5-24 列出了鱼的种类，鱼类样本的数量、长度和重量的范围及它们之间的关系。所研究的鱼类样品属于 0 ~7 岁年龄群体。它们长度为 23 ~731mm，净重量为 6 ~8048g。表 5-25 列出了 7 种鱼类的生活水层和营养级，这 7 种鱼类分别生活在不同的水层，有不同的食物来源。表 5-26 列出了鱼体中重金属的平均含量和标准偏差。Cu 和 Zn 的最高含量在黄颡鱼体内检测出来，而 Cd 和 Pb 的最高含量在鲫鱼体内检测出来。Hg 的最高含量在鲶鱼体内检测出来。Cr 含量在不同的鱼类之间是变化的，其含量最高的鱼类是鲤鱼。总的来说，鲶鱼和黄颡鱼体内金属含量相对较高，而鲢鱼和草鱼体内金属含量较低。这种差异是由它们生活环境和营养级的不同引起的。

表 5-24 长江中鱼样的大小，鲢鱼、草鱼、鲫鱼、鲤鱼、铜鱼、鲶鱼和黄颡鱼样品的体重（W）和体长（L）之间的关系，以及样品数量（n）

种类	数量	体长范围（cm）	体重范围（g）	关系式*	相关系数（R）
鲢鱼	53	18 ~69.4	372 ~8048	$L = 3.0472W^{0.3633}$	0.93
草鱼	40	10.2 ~73.1	163 ~7227.5	$L = 0.1174W^{2.54}$	0.99
鲫鱼	20	2.3 ~20	9.1 ~211	$L = 0.0344W + 10.263$	0.93
鲤鱼	56	5.5 ~50.4	95 ~3154.4	$L = 2.9268W^{0.3536}$	0.95
铜鱼	46	7 ~31.6	35 ~469.7	$L = 0.168W^{2.24}$	0.93
鲶鱼	37	3.6 ~39.8	20 ~7420	$L = 4.7675W^{0.324}$	0.93
黄颡鱼	40	6.4 ~35.8	6 ~488	$L = 0.0576W + 11.484$	0.93

注：* L 为鱼体总长（cm），W 为鱼的净重（g）

表 5-25 鱼的生活水层和营养级

种类	生活水层	营养级
鲢鱼	上层和中层	食浮游植物
草鱼	中层	食草
鲫鱼	上层、中层、下层	杂食性
鲤鱼	底层	杂食性
铜鱼	下层	杂食性。主要食物包括河壳菜蛤、蚬、螺、软体动物，其次是高等植物碎屑和硅藻
鲶鱼	中层和下层	底栖肉食性。它们主要吃小鱼，小虾和水生昆虫
黄颡鱼	底层	广食性。幼鱼主要吃浮游动物、水生昆虫的幼虫、成鱼食小鱼和无脊椎动物

表 5-26　长江鱼体内各重金属的平均含量（湿重）和标准偏差

种类	鱼龄（岁）	Cu（mg/kg）	Zn（mg/kg）	Pb（mg/kg）	Cd（mg/kg）	Hg（mg/kg）	Cr（mg/kg）
鲢鱼	0～3	0.771±0.726	3.39±2.89	0.529±0.493	0.062±0.051	0.006±0.009	0.206±0.252
草鱼	0～3	0.834±0.655	2.8±3.17	0.21±0.236	0.0457±0.0449	0.006±0.013	0.121±0.0874
鲫鱼	0～5	0.934±0.406	6.445±6.72	0.811±0.763	0.132±0.144	0.0079±0.0114	0.19±0.16
鲤鱼	0～4	0.99±0.89	5.0±4.7	0.43±0.45	0.096±0.108	0.015±0.03	0.239±0.178
铜鱼	0～4	0.97±1.09	3.45±3.82	0.53±0.62	0.085±0.164	0.005±0.01	0.123±0.074
鲶鱼	0～7	0.78±0.63	4.6±4.3	0.55±0.58	0.115±0.128	0.0304±0.0582	0.209±0.153
黄颡鱼	0～2	1.22±1.11	7.55±6.89	0.607±0.83	0.1±0.15	0.017±0.029	0.10±0.076

注：不同鱼类体内的金属含量对比使用单向方差分析进行统计。所有比较的统计学显著差异 $P<0.01$

（三）结论

表 5-27 列出了重金属含量和鱼的大小（体长和体重）之间的关系，以及金属含量和肥满度之间的关系。重金属含量和体重之间的关系，重金属含量和体长之间的关系基本一致，少数不一致的情况列在括号中。体长或净重量对鱼体重金属含量的影响没有实质性的差别。因此，长度被视为基本控制量，因为相对净重量来说，体长发生大的波动的可能性要小，而体重很容易受到肌肉组织近似组成（特别是脂肪百分比）（Anno et al.，2003）变化的影响。

表 5-27　重金属含量与肥满度、长江鱼的大小（体长和体重）之间关系的 Pearson 相关系数（*R*）和显著性水平（*P*）

种类	参数	Cu	Zn	Pb	Cd	Hg	Cr
鲢鱼	DF*	41	34	41	40	37	35
长度	*R*	−0.282	−0.248	−0.245	−0.149	−0.123	−0.151
	P	NS**	NS	NS	NS	NS	NS
肥满度，K	*R*	0.404	0.463	−0.053	0.172	−0.616	0.061
	P	0.009	0.006	NS	NS	<0.0001	NS
草鱼	DF	28	25	30	30	27	27
长度	*R*	0.064	0.448	0.027	0.413	0.626	0.637
	P	NS	0.025	NS	0.023	<0.0001	<0.0001
肥满度，K	*R*	−0.077	−0.389	−0.11	−0.399	−0.503	−0.485
	P	NS	NS	NS	0.029	0.008	0.01
鲫鱼	DF	13	11	13	13	13	13
长度	*R*	0.176	−0.338	−0.418	0.182	0.357	0.462
	P	NS	NS	NS	NS	NS	NS
肥满度，K	*R*	0.193	0.344	0.162	0.278	0.01	0.145
	P	NS	NS	NS	NS	NS	NS
鲤鱼	DF	47	43	47	46	40	39
长度	*R*	−0.181	0.04	0.265	0.358	0.231（0.366）***	0.425
	P	NS	NS	NS	0.014	NS（0.02）	0.007

续表

种类	参数	Cu	Zn	Pb	Cd	Hg	Cr
肥满度，K	*R*	0.358	0.29	−0.034	−0.184	0.232	−0.085
	P	0.014	NS	NS	NS	NS	NS
铜鱼	DF	24	24	24	24	24	24
长度	*R*	−0.17	0.248	0.448	−0.116	−0.211	0.248
	P	NS	NS	0.028	NS	NS	NS
肥满度，K	*R*	0.037	−0.105	0	0.375	0.341	0.115
	P	NS	NS	NS	NS	NS	NS
鲶鱼	DF	30	28	31	30	20	16
长度	*R*	−0.004	0.03	0.109	0.029	−0.542	−0.069
	P	NS	NS	NS	NS	0.014（NS）	NS
肥满度，K	*R*	−0.047	0.058	0.025	−0.029	0.501	0.475
	P	NS	NS	NS	NS	0.024	NS
黄颡鱼	DF	28	28	27	27	23	22
长度	*R*	0.073	0.114	−0.005	0.072	−0.648	−0.659
	P	NS	NS	NS	NS	0.001	0.001
肥满度，K	*R*	−0.169	−0.167	0.049	−0.05	0.509	0.794
	P	NS	NS	NS	NS	0.013	<0.0001

注：* DF 是检测重金属含量的鱼的数量； ** NS 表示不显著，$P>0.05$； *** 括号内的数据是重金属含量和体重之间关系的结果。如果重金属含量与体重之间的相关性和重金属含量与长度之间的相关性是基本一样的，那么只列出了长度的结果

鱼的体长（体重）和体内的 Cu 含量之间没有显著的相关关系。鱼的大小与草鱼体内的 Zn 含量呈中度正相关（$R = 0.448$ ，$P <0.05$），与铜鱼体内的 Pb 含量呈中度正相关（$R =0.448$ ，$P <0.05$），与草鱼（$R = 0.413$ ，$P < 0.05$）和鲤鱼（$R = 0.358$，$P < 0.05$）体内 Cd 含量呈中度正相关。在鱼体内 Hg 含量与鱼大小之间的关系中，草鱼显示出显著的正相关关系（$R = 0.626$，$P < 0.0001$ ），鲤鱼显示出中度正相关关系（$R = 0.366$，$P <0.05$ ），而鲶鱼（$R = -0.542$，$P < 0.05$）和黄颡鱼（$R = -0.648$，$P < 0.001$）则显示出显著负相关关系。与 Hg 类似，鱼体内 Cr 含量与鱼大小之间的关系中，草鱼呈显著正相关关系（$P < 0.0001$），鲤鱼呈中度正相关关系（$P <0.01$），而黄颡鱼呈显著负相关关系（P <0.0.001）。

鱼体内重金属含量与个体的肥满度之间也有类似的关系，和重金属含量与长度的关系（表 5-27）对比，呈现出特有的相反趋势。肥满度和 Cu 含量之间，鲢鱼（$R = 0.404$，$P <0.01$）、鲤鱼（$R = 0.358$，$P <0.05$）呈中度正相关关系；肥满度与 Cd 含量之间，草鱼呈中度负相关关系（$R = -0.399$，$P <0.05$）；与 Hg 含量之间，鲢鱼（$R = -0.616$，$P < 0.0001$）、草鱼（$P <0.01$）呈显著负相关关系，鲶鱼（$P < 0.05$）、黄颡鱼（$R = -0.503$，$P <0.05$）呈正相关关系，与黄颡鱼肥满度呈正相关关系（$P <0.0001$）。

重金属浓度与鱼的大小之间的关系见表 5-27。结果表明，大多数鱼体大小和重金属含量呈正相关，仅 Hg 和 Cr 的含量与黄颡鱼的大小呈负相关关系。根据 Al-Yousuf 等（2000）以往的研究发现，Zn、Cu、Hg、Cd 在 *Lethrinus lentjan* 体内的含量与鱼的体长和体重之间显示出正相关关系。de Mora 等（2004）在波斯湾和阿曼湾进行的海洋生物（鱼类和各种

双壳类）重金属污染程度评估发现，总 Hg 浓度一般随着鱼的年龄和大小的增加而增加。在肝脏和肌肉中的 Hg 含量取决于鱼的大小（湿重）。此前已有研究表明石斑鱼肌肉中的 Hg 含量仅是鱼体长的函数（Kureishy，1993；Sadiq et al.，2002）。由于 Hg 在鱼体内具有生物累积性，由此可以预计顶级捕食者体内 Hg 含量会相对较高。郭建东（2005）发现文昌鱼体内 Cu 和 Zn 的浓度与鱼的体长之间、Hg 和 Cd 的浓度与鱼的体长和体重之间存在正相关关系，而 Pb 的浓度与鱼的体长和体重之间没有明显的关系。Widianarko 等（2000）研究了鱼（*Poecilia reticulata*）体内金属（Pb、Zn、Cu）的含量和个体大小之间的关系，发现随着鱼个体的增大，Pb 含量有显著下降的趋势（而 Cu 和 Zn 的含量不依赖体重）。也有研究表明，鱼的大小与鱼体内的重金属浓度之间呈负相关关系（Garcia- Montelongo et al.，1994；Farkas et al.，2003；Canli and Atli，2003）。

尽管这些研究中，鱼的个体大小与重金属含量之间没有明确的或已建立的关系。但是已经发现鱼类在达到一定的年龄后，其体内的重金属积聚会达到稳定状态（Douben，1989）。这表明，Cu 和 Zn 这类参与鱼的新陈代谢的重金属元素会控制并保持在一定的浓度。但是，还没有发现与个体增长或年老个体中较低的代谢活动相关的组织内重金属含量降低的情况。然而，如果周围环境中的重金属浓度高于其环境容量，那么在成鱼个体中新陈代谢活动的高和（或）低也许就不会导致组织中重金属浓度的降低。在这种情况下，可能会发生重金属的不断累积，并且动物个体的大小（作为年龄的替代）与组织中的重金属浓度呈正相关性。

三、鱼体内重金属含量与空间分布的关系

6 个采样点重金属的空间分布示意图如图 5-9 所示。除了鲫鱼，其他鱼体内的 Cd、Hg、Pb 和 Zn 的含量从上游到下游逐渐增加。采样点之间的 Cu 含量没有显著变化。Cr 含量在万州、荆州地区较低。根据水产品中有毒有害物质限量标准，鲤鱼、鲶鱼和黄颡鱼体内所测得的 Cd 含量均高于限制值（表 5-28）。与 Cd 类似，在鲤鱼、铜鱼、鲶鱼和黄颡鱼体内测得的 Pb 含量均超标。鱼体内的其他金属含量均低于下限值（表 5-28）。

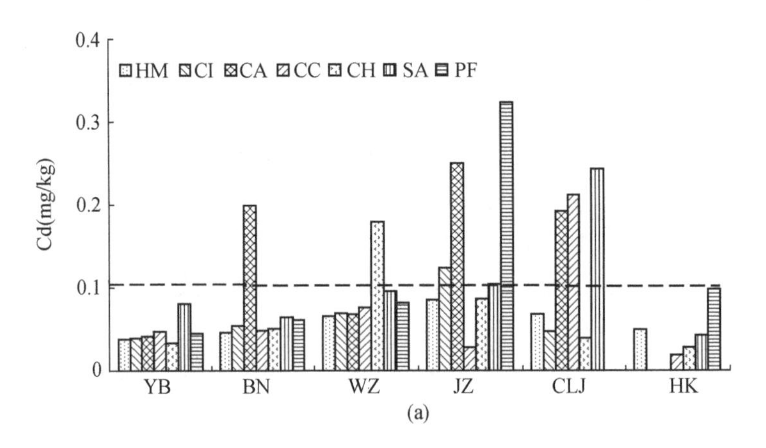

(a)

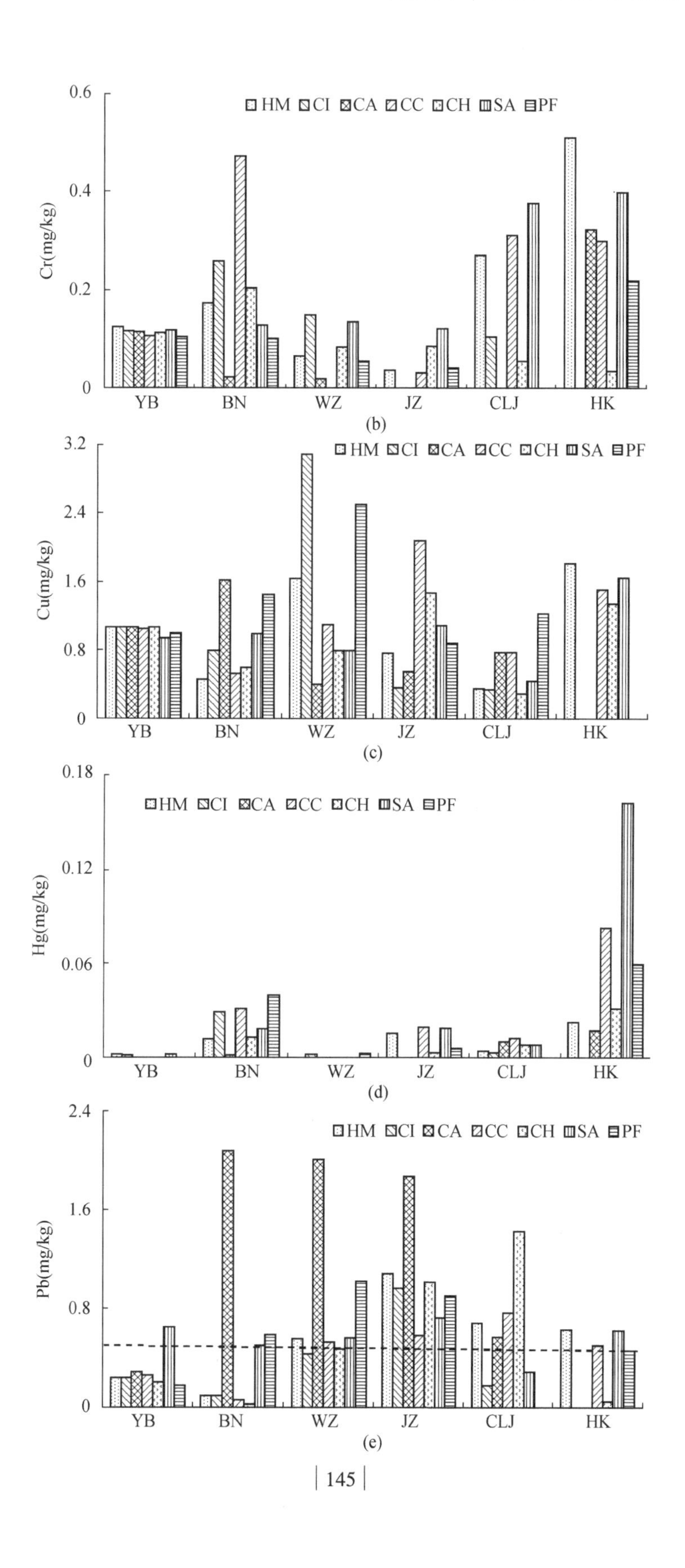
0.6
0.4
0.2
0
Cr(mg/kg)
HM CI CA CC CH SA PF
YB BN WZ JZ CLJ HK
3.2
2.4
1.6
0.8
0
Cu(mg/kg)
HM CI CA CC CH SA PF
YB BN WZ JZ CLJ HK
0.18
0.12
0.06
0
Hg(mg/kg)
HM CI CA CC CH SA PF
YB BN WZ JZ CLJ HK
2.4
1.6
0.8
0
Pb(mg/kg)
HM CI CA CC CH SA PF
YB BN WZ JZ CLJ HK

(b)

(c)

(d)

(e)

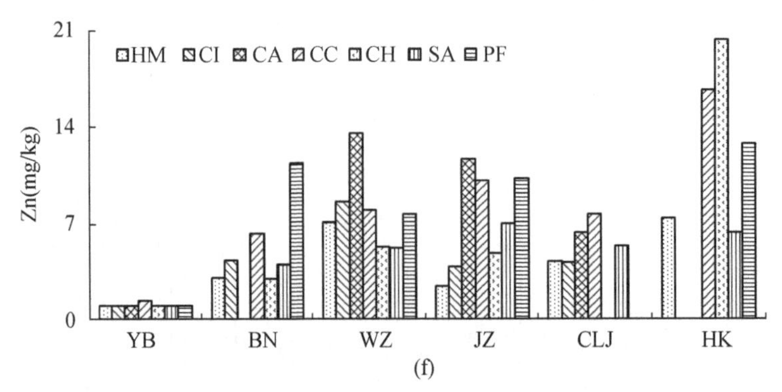

图 5-9　不同采样点鱼体内的重金属含量

YB，宜宾；BN，巴南；WZ，万州；JZ，荆州；CLJ，城陵矶；HK，湖口。下同

HM，鲢鱼；CI，草鱼；CA，鲫鱼；CC，鲤鱼；CH，铜鱼；SA 鲶鱼；PF，黄颡鱼

表 5-28　水产品中有毒有害物质限量

金属	Cd	Cr	Hg	Pb	Cu	Zn
含量（mg/kg）	0.1	2.0	0.5	0.5	50	50

注：Zn 的物质限量引自 GB13106-91，其他来自 NY 5073—2006

图 5-10 为水体中重金属浓度。宜宾 Cu、Pb 和 Hg 的浓度相对较高，Cd 浓度最低。巴南 Cr 浓度最高，Cu、Pb、Hg 和 Zn 的浓度相对较低。万州的重金属浓度居于两者之间。荆州的 Zn 浓度最高，Cu 含量相对较高，但其他重金属浓度相对较低。城陵矶、湖口的金属浓度不是特别高。水体中重金属浓度与鱼体内重金属浓度没有显著关系。

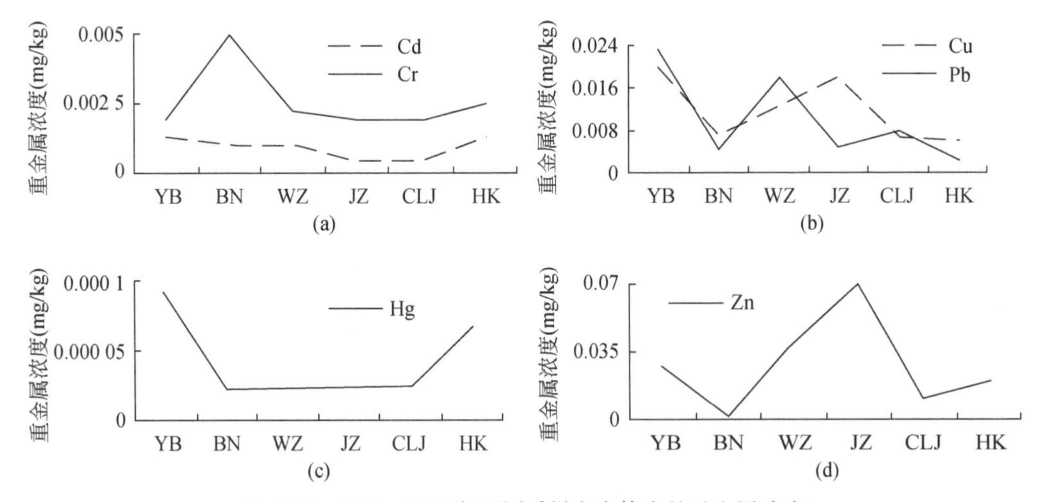

图 5-10　1997 ~ 2003 年不同采样点水体中的重金属浓度

试验结果表明，草鱼体内重金属含量相对较低，这可能与它们的觅食行为有关（草鱼是草食性鱼类）。黄颡鱼（Cu 1.22mg/kg、Zn 7.55mg/kg、Pb 0.607mg/kg、Cd 0.1mg/kg 和 Hg 0.017mg/kg）和鲶鱼（Cu 0.78mg/kg、Zn 4.6mg/kg、Pb 0.55mg/kg、Cd 0.115mg/

kg、Hg 0. 304mg/kg、Cr 0. 209mg/kg）体内的重金属浓度相对较高，这种趋向可能与它们的摄食行为和生活环境有关。黄颡鱼是广食性鱼类，它们在幼年期主食浮游动物和水生昆虫，而在成年期主食鱼苗和虾。鲶鱼是肉食性鱼类，主要吃小鱼、小虾、浮游动物，而且其游泳能力强，也会导致在体内积累较多的重金属（Karadede et al.，2004）。

水体中的重金属浓度与鱼体内重金属含量没有显著的相关性。这表明水质不是影响鱼体金属含量的主要因素。在不同区域研究鱼体组织里重金属的含量也表现出了多样性，下游河段鱼体中重金属的浓度高于上游河段（图 5-10）。

根据已有的相关研究表明，底泥中重金属的浓度是周围水体中的 100 ~ 10 000 倍（Yi et al.，2008）。同时，当悬浮底泥随水流往下游流动时，底泥会从水中吸附重金属，最终增加下游的重金属浓度。

在鲤鱼、鲶鱼和黄颡鱼体中 Cd 和 Pb 的含量，铜鱼中 Pb 的含量，都超出了水产品中有毒有害物质的限量。尤其是黄颡鱼体中 Cd 的含量是限值的 3. 24 倍，巴南地区鲤鱼中 Pb 的浓度是限值的 4. 16 倍。普遍发现重金属含量超过制定的相对限值（Canli and Atli，2003）。但这并不表明食用长江里的鱼会使人有健康风险（Ersoy and Celik，2010）。然而，从鱼类特性和人类健康的角度出发，在长江鱼类肌肉组织研究中 Cd 和 Pb 的含量应该当作一种重要的警示信号。

通过分析长江不同河段鱼体中重金属的含量，来研究生活环境和营养级对不同鱼类重金属累积的影响。研究结果表明，鱼体中的微量金属含量大不相同，不仅是由于鱼个体的大小和每个采样点的污染负荷不同，而且每个区域底泥中重金属的积累和每个物种的新陈代谢及营养级对其影响也很大。

本章小结

澜沧江中游底泥重金属污染生态风险研究表明，Cd 和 As 的污染水平较高。库中、坝前地区最为严重，潜在生态风险指数最高，而大坝下游的潜在生态风险指数明显减小。大坝对干流水文情势和泥沙运移的改变是造成坝前 Cd 和 As 污染的主要原因。漫湾大坝上下游沉积物中的 Cd 元素已明显富集，超过全国平均值的 3 倍。沉积物中重金属含量变化的人为贡献率均在 50% 以上，说明水坝建设和其他人类活动对沉积物的作用较为明显。

长江流域中下游河流和湖泊水、底泥、鱼体和底栖动物的重金属（Hg、Cu、Cr、Zn、Cd、Pb、As）研究表明，长江下游底泥中重金属含量明显高于中游。湖泊底泥中重金属的积累量比主要河流高得多，这可能是因为湖泊环境受湍流和混合的影响较小。底泥中重金属的浓度比水中重金属浓度高 1000 ~ 100 000 倍。底栖鱼类和无脊椎动物组织中的重金属浓度介于底泥和水之间。生活在河流或湖泊底层，并以底栖无脊椎动物为食的鱼类比生活在水体中上层的鱼类体内的重金属浓度要高。大多数重金属通过以下途径在食物链中转移：底泥—底栖动物—底栖肉食性动物—人类。

底泥中重金属含量的潜在生态风险分析表明，长江中下游一些采样点的生态风险较高。其中，Hg 在 7. 4% 的采样点中的风险等级为中度，在 18. 5% 的采样点中风险等级为强；Cd 和 As 分别在 37% 和 22% 的采样点为中度风险。总的潜在生态风险程度（RI）计算结果表明，7.4% 的采样点存在相当大的风险，33% 的采样点为中度风险。相关分析和主成分分析说明，重金属（Hg、Cd、Pb、Cr、Cu、Zn）可能来源于金属加工、电镀行业、工业废水和生活污水。Hg 污染还可能来源于煤的燃烧。

对鱼体重金属含量可能造成的健康风险计算表明，无论对普通居民还是渔民，单个重金属的靶标危害指数（THQ）均小于 1，总靶标危害系数（TTHQ）则大于 1。表明食用长江鱼类的居民不会受到单个重金属污染的健康威胁，多个重金属的累积效应可能会给人类带来一定的健康风险。各重金属对健康风险的贡献率依次为 Pb>Cd>Hg >As>Cu>Zn >Cr。因此，需要对长江流域的重金属污染采取一定的控制措施，以保证人类食用鱼类的安全。

生活环境和营养级对不同鱼类重金属积累的影响研究结果表明，长江中下游鱼体中重金属含量不仅受到鱼个体大小和采样点污染负荷的影响，而且受到相应区域底泥重金属含量以及物种的新陈代谢和营养级的影响。

参考文献

敖子强，严重玲，林文杰，等 . 2009. 土法炼 Zn 区废渣重金属固定研究 . 生态环境学报，(3)：899-903.
白庆中，宋燕光，王晖 . 2000. 有机物对重金属在粘土中吸附行为的影响 . 环境科学，(5)：64-67.
陈家长，孙正中，瞿建宏，等 . 2002. 长江下游重点江段水质污染及对鱼类的毒性影响. 水生生物学报，26（6）:635-640.
陈同斌，陈志军 . 2002. 水溶性有机质对土壤中 Cd 吸附行为的影响 . 应用生态学报，(2)：183-186.
成凌，程和琴，杜金洲，等 . 2007. 长江口底沙再悬浮对重金属迁移的影响 . 海洋环境科学，（4)：317-320.
冯金顺，朱佰万，黄顺生 . 2009. 洪泽湖沉积物重金属和营养元素垂向分布研究 . 海洋地质动态，（2)：34-38.
傅开道，黄江成，何大明 . 2008. 澜沧江漫湾水电站拦沙能力评估 . 泥沙研究，(04)：36-40.
高宏，暴维英，张曙光，等 . 2001. 多沙河流污染化学与生态毒理研究. 郑州：黄河水利出版社.
葛可佑 . 1992. 90 年代中国人群的膳食与营养状况. 北京：人民卫生出版社.
郭建东 . 2005. 几种海洋濒危动物体内重金属含量及评价. 济南：山东大学硕士学位论文.
贺玉琼，李新红，张培青 . 2009. 水利工程对澜沧江干流水文要素的扰动分析 . 水文，(29)：93-98.
胡庚东，吴伟，瞿建宏，等 . 2002. 长江下游重点江段水质污染及对鱼类的毒性影响. 水生生物学报，26（6）:635-640.
黄漪平，孙顺才 . 1993. 太湖 . 北京：海洋出版社 .
兰乐 . 2011. 鸭儿湖表层沉积物中重金属的赋存形态研究 . 武汉：武汉工程大学硕士学位论文 .
雷沛，张洪，单保庆 . 2013. 丹江口水库典型库湾及支流沉积物重金属污染分析及生态风险评价 . 长江流域资源与环境，(01)：110-117.
李崇，李法云，张营，等 . 2008. 沈阳市街道灰尘中重金属的空间分布特征研究 . 生态环境学报，17（2）:560-564.
李军 . 2008. 湘江长株潭段底泥重金属污染分析与评价 . 长沙：湖南大学硕士学位论文 .
李俊峰 . 2012. 近 20 年漫湾库区生态变化及其影响研究 . 昆明：云南大学硕士学位论文 .
李卫平，李畅游，贾克力，等 . 2010. 内蒙古呼伦湖沉积物营养元素分布及环境污染评价 . 农业环境科学学报，（2）：339-343.
刘启贞．2007. 长江口细颗粒泥沙絮凝主要影响因子及其环境效应研究．上海：华东师范大学博士学位论文．
刘文国，武勇．2006．长江已患“早期癌症”污染治理需及时. http：//www. xinhuanet. com/chinanews/2006-03/01/content_ 6349953. htm［2010-10-20］.
罗燕，秦延文，张雷，等．2011. 大伙房水库表层沉积物重金属污染分析与评价．环境科学学报，（05）：987-995.
乔敏敏，季宏兵，朱先芳，等．2013. 密云水库入库河流沉积物中重金属形态分析及风险评价．环境科学学报，（12）：3324-3333.
苏斌，傅开道，钟荣华，等．2011. 澜沧江-湄公河干流底沙重金属含量空间变化及污染评价．山地学报，（06）：660-667.
王海珍，刘永定，沈银武，等．2004. 云南漫湾水库甲藻水华生态初步研究．水生生物学报，（02）：213-215.
王天阳，王国祥．2008. 昆承湖沉积物中重金属及营养元素的污染特征．环境科学研究，（1）：51-58.
魏复盛，陈静生，吴燕玉，等．1991. 中国土壤环境背景值研究．环境科学，（04）：12-19.
魏国良，崔保山，董世魁，等．2008. 水电开发对河流生态系统服务功能的影响——以澜沧江漫湾水电工程为例．环境科学学报，（02）：235-242.
魏泰莉，杨婉玲，赖子尼，等．2002. 珠江口水域鱼虾类重金属残留的调查. 中国水产科学，9（2）：172-176.
伍钧，孟晓霞，李昆．2005. Pb 污染土壤的植物修复研究进展. 土壤，37（3）：258-264.
谢文平，陈昆慈，朱新平，等．2010. 珠江三角洲河网区水体及鱼体内重金属含量分析与评价. 农业环境科学学报，29（10）：1917-1923.
徐永江，柳学周，马爱军．2004. 重金属对鱼类毒性效应及其分子机理的研究概况. 海洋科学，28（10）:67-70.
尹丽，郭琳，弓晓峰．2009. 湿地沉积物中重金属的吸附与解吸研究进展．井冈山学院学报，（2）：16-19.
翟萌，卢新卫，黄丽，等．2010. 渭河（杨凌—兴平段）表层沉积物中重金属的粒径分布特征及污染评价．陕西师范大学学报（自然科学版），（04）：94-98.
张蕾．2009. 巢湖沉积物重金属污染特征研究．北京：北京交通大学硕士学位论文．
张琳．2007. 深圳石岩水库清淤过程水质变化研究．广州：中国科学院广州地球化学研究所博士学位论文．
张晓晶，李畅游，贾克力，等．2011. 乌梁素海表层沉积物重金属与营养元素含量的统计分析．环境工程学报，（9）：1955-1960.
朱圣清，臧小平．2001. 长江主要城市江段重金属污染状况及特征. 人民长江，32（7）：23-25，50.
庄宇君．2011. 雷州半岛近岸沉积物重金属分布特征及化学形态研究．湛江：广东海洋大学博士学位论文．
Agarwal A，Singh R D，Mishra S K，et al. 2005. ANN-based sediment yield river basin models for Vamsadhara（India）. Water SA，31（1）：95-100.
Akcay H，Oguz A，Karapire C. 2003. Study of heavy metal pollution and speciation in Buyak Menderes and Gediz river sediments. Water Research，37：813-822.
Almeida J A，Diniz Y S，Marques S F G，et al. 2002. The use of oxidative stress responses as biomarkers in Nile tilapia（oreochromis niloticus）exposed to in vivo dadmium contamination. Environ Int，27：673-679.

Al-Yousuf M H, El-Shahawi M S, Al-Ghais S M . 2000. Trace metals in liver, skin and muscle of Lethrinus lentjan fish species in relation to body length and sex. SCI Total Environ, 256: 87-94.

Anderson R V, Vinikour W S, Brower J E. 1978. The distribution of Cd, Cu, Pb, and Zn in the biota of two freshwater sites with different trace metal inputs. Holarctic Ecology, 13: 377-384.

Anno G H, Young R W, Bloom R M, et al. 2003. Dose response relationships for acute ionizing-radiation lethality. Health Phys, 84: 565-575.

Bagenal T B, Tesch F W. 1978. Age and growth//Bagenal T B. Methods for Assessment of Fish Production in Fresh Waters. IBP Handbook. Oxford, London, Edinburgh, Melbourne: Blackwell Scientific Publications: 101-136.

Barak N A- E, Mason C F. 1989. Heavy metal in water, sediment and invertebrates from rivers in eastern England. Chemosphere, 19 (10/11): 1709-1714.

Bidar G, Pruvot C, Garçon G, et al. 2009. Seasonal and annual variations of metal uptake, bioaccumulation, and toxicity in Trifolium repens and Lolium perenne growing in a heavy metal-contaminated field. Environ SCI Pollut Res, 16: 42-53.

Burrows I G, Whitton B A, 1983. Heavy metal in water, sediments and invertebrates from a metal-contaminated river free of organic pollution. Hydrobiologia, 106: 263-273.

Bustamante P, Bocher P, Cherel Y, et al. 2003. Distribution of trace elements in the tissues of benthic and pelagic fish from the Kerguelen Islands. The Science of the Total Environment, 313: 25-39.

Canli M, Atli G. 2003. The relationships between heavy metal (Cd, Cr, Cu, Fe, Pb, Zn) levels and the size of six Mediterranean fish species. Environ Pollut, 121: 129-136.

Canli M, Furness R W. 1993. Toxicity of heavy metals dissolved in sea water and influences of sex and size on metal accumulation and tissue distribution in the Norway lobster Nephrops norvegicus. Mar Environ Res, 36: 217-236.

Cardwell R D, Brancato M S, Toll J, et al. 1999. Aquatic ecological risks posed by tributyltin in United States surface waters: Pre-1989 to 1996 data. Environmental Toxicology and Chemistry, 18: 567-577.

Chen T B, Zheng Y M, Lei M, et al. 2005. Assessment of heavy metal pollution in surface soils of urban parks in Beijing, China. Chemosphere, 60: 542-551.

Chi Q Q, Zhu G W, Alan L. 2007. Bioaccumulation of heavy metals in fishes from Taihu Lake, China. Journal of Environmental Sciences, 19: 1500-1504.

Chien L C, Hung T C, Choang K Y, et al. 2002. Daily intake of TBT, Cu, Zn, Cd and As for fishermen in Taiwan. The Science of the Total Environment, 285: 177-185.

Chow T E, Gaines K F, Hodgson M E, et al. 2005. Habitat and exposure modeling for ecological risk assessment: A case study for the raccoon on the Savanah River Site. Ecological Modelling, 189: 151-167.

Cooper C B, Doyle M E, Kipp K. 1991. Risk of consumption of contaminated seafood, the quincy bay case study. Environmental Health Perspectives, 90: 133-140.

De Mora S, Fowler S W, Wyse E, et al. 2004. Distribution of heavy metals in marine bivalves, fish and coastal sediments in the Gulf and Gulf of Oman. Mar Pollut Bull, 49: 410-424.

Douben P E . 1989. Lead and cadmium in stone loaeh (Noemacheilus barbatulus L.) from three rivers in Derbyshire. Ecotox Environ Saf, 18: 35-58.

Enk M D, Mathis B J. 1977. Distribution of cadmium and lead in a stream ecosystem. Hydrobiologia, 52 (2-3): 153-158.

Ersoy B, Celik M. 2010. The essential and toxic elements in tissues of six commercial demersal fish from Eastern

Mediterranean Sea. Food Chem Toxicol, 48: 1377-1382.

Facchinelli A, Sacchi E, Mallen L. 2001. Multivariate statistical and GIS-based approach to identify heavy metal sources in soils. Environmental Pollution, 114: 313-324.

Farkas A, Salánki J, Specziár A. 2003. Age- and size-specific patterns of heavy metals in the organs of freshwater fish Abramis brama L. populating a low-contaminated site. Water Res, 37: 959-964.

Freestone P. 1984. Chemical analysis of some coarse fish from a Suffolk River carried out as part of the preparation for the first release of captive-bred otters. Journal of Otter Trust, 1 (8): 17-22.

García-Montelongo F, Díaz C, Galindo L, et al. 1994. Heavy metals in three fish species from the coastal waters of Santa Cruz de Tenerife (Canary Islands) . SCI Mar, 58: 179-183.

Giesy J P, Solomon K R, Coates J R, et al. 1999. Chlorpyrifos: Ecological risk assessment in North American aquatic environments. Reviews of Environmental Contamination and Toxicology, 160: 1-129.

Hall L W, Scott M C, Killen W D, et al. 2000. A probabilistic ecological risk assessment of tributyltin in surface waters of the Chesapeake Bay watershed. Human Ecological Risk Assessment, 6: 141-179.

Hallenbeck W H. 1993. Quantitative Risk Assessment for Environmental and Occupational Health. Chelsea, MI: Lewis Publishers.

Hilton J, Davison W, Ochsenbein U. 1985. A mathematical model for analysis of sediment coke data. Chemical Geology, 48: 281-291.

Hope B K. 2006. An examination of ecological risk assessment and management practices. Environment International, 32 (8): 983-995.

Håkanson L. 1980. An ecological risk index for aquatic pollution control of sediment ecological approach. Water Research, 14: 975-1000.

Håkanson L, Jansson M. 1983. Principles of Lake Sedimentology. Berlin: Springer-Verlag.

Jefferies D J, Freestone P. 1984. Chemical analysis of some coarse fish from a Suffolk River carried out as part of the preparation for the first release of captive-bred otters. Journal of Otter Trust, 18: 17-22.

Jernelöv A, Landner L, Larsson T. 1975. Swedish perspectives on mercury pollution. Water Pollution Control Federation, 47 (4): 810-822.

Jiang Q T, Lee T K M, Chen K, et al. 2005. Human healthrisk assessment of organochlorines associated with fish consumption in a loostal city in China. Environment Pollution, 136: 155-165.

Jones I, Kille P, Sweeney G. 2001. Cadmiun delays grouth hormone expression during rainbow trout development. J Fish Biol, 59: 1015-1022.

Kalay M, Canli M. 2000. Elimination of essential (Cu, Zn) and nonessential (Cd, Pb) metals from tissues of a freshwater fish Tilapia zillii following an uptake protocol. Tr J Zoology, 24: 429-436.

Karadede H, Oymak S A, Ünlü E. 2004. Heavy metals in mullet, Liza abu, and catfish, Silurus triostegus, from the Atatürk Dam Lake (Euphrates), Turkey. Environ Int, 30: 183-188.

Kureishy T W. 1993. Concentration of heavy metals in marine organisms around Qatar before and after the Gulf War oil spill. Mar Pollut Bull, 27: 183-186.

Li F Y, Fan Z P, Xiao P F, et al. 2009. Contamination, chemical speciation and vertical distribution of heavy metals in soils of an old and large industrial zone in Northeast China. Environmental Geology, 54: 1815-1823.

Liu J, Zhang X H, Tran H, et al . 2011. Heavy metal contamination and risk assessment in water, paddy soil, and rice around an electroplating plant. Environ SCI Pollut Res, 18: 1623-1632.

Liu Y, Guo H C, Yu Y J, et al. 2007. Sediment chemistry and the variation of three altiplano lakes to recent anthropogenic impacts in south-western China. Water SA, 33 (2): 305-310.

Luoma A N, Bryan G W. 1978. Trace metal bioavailability: Modeling chemical and biological interactions of sediment-bound zinc. Miami: Reprints of papers pres. at the 176th Nat. Meet. ACS, Div. Bnviron. Chem: 413-414.

Megeer J C, Szebedinszky C, McDonald D G, et al. 2000. Effect of chronic sublethal exposure to waterborne Cu, Cd, or Zn in rainbow trout 1: Iono-regulatory disturbance and metabolic costs. Aquat Toxicol, 50 (3): 231-243.

Mellor G L, Oey L Y, Ezer T. 1998. Sigma coordinate pressure gradient errors and the seamount problem. Journal of Atmospheric and Oceanic Technology, 15: 1122-1131.

Mellor G L, Yamada T. 1982. Development of a turbulence closure model for geophysical fluid problems. Reviews of Geophysics and Space Physics, 20 (4): 851-85.

Müller. 1969. Index of geoaccumulation in sediments of Rhine River. Geo J, 2: 108-118.

Nilsson C, Reidy C A, Dynesius M. 2005. Fragmentation and flow regulation of the world's large river systems. Science, 308 (5720): 405-408.

N' Guessan Y M, Probst J L, Bur T. 2009. Trace elements in stream bed sediments from agricultural catchments (Gascogne region, S-W France): Where do they come from? Science of the Total Environment, 407 (8): 2939-2952.

Olivares-Rieumont S, de la Rosa D, Lima L, et al. 2005. Assessment of heavy metal levels in Almendares River sediments-Havana City, Cuba. Water Research, 39: 3945-3953.

Pekey H, Karakas D, Ayberk S, et al. 2004. Ecological risk assessment using trace elements from surface sediments of Izmit Bay (Northeastern Marmara Sea) Turkey. Marine Pollution Bulletin, 48: 946-953.

Porstner U. 1989. Lecture Notes in Earth Sciences (Contaminated Sediments) . Berlin: Springer-Verlag.

Rodi W. 1993. Turbulence Models and Their Application in Hydraulics, IAHR Monograph Series, Third Edition. The Netherlands.

Rodríguez J A, Nanos N, Grau J M, et al. 2008. Multiscale analysis of heavy metal contents in Spanish agricultural topsoils. Chemosphere, 70: 1085-1096.

Sadiq M, Saeed T, Fowler S W. 2002. Seafood contamination//Khan N Y, Munawar M, Price A R G. The Gulf Ecosystem: Health and Sustainability. Leiden: Bakhuys Publishers: 327-351.

Sadiq R, Husain T, Bose N, et al. 2003. Distribution of heavy metals in sediment pore water due to offshore discharges: An ecological risk assessment. Environmental Modelling and Software, 18 (5): 451-461.

Sakan S, Gržetić I, Dorđević D. 2007. Distribution and fractionation of heavy metals in the Tisa (Tisza) River sediments. Env SCI Pollut Res, 14 (4): 229-236.

Solomon K R, Baker D B, Richards R P, et al. 1996. Ecological risk assessment of atrazine in North American surface waters. Environmental Toxicology and Chemistry, 15 (1): 31-74.

Sun Y B, Zhou Q X, Xie X K, et al. 2010. Spatial, sources and risk assessment of heavy metal contamination of urban soils in typical regions of Shenyang, China. Journal of Hazardous Materials, 174: 455-462.

Türkmen A, Türkmen M, Tepe Y, et al. 2005. Heavy metals in three commercially valuable fish species from İskenderun Bay, Northern East Mediterranean Sea. Turkey Food Chemistry, 91: 167-172.

Uluturhan E, Kucuksezgin F. 2007. Heavy metal contaminants in Red Pandora (Pagellus erythrinus) tissues from the Eastern Aegean Sea, Turkey. Water Res, 41: 1185-1192.

UNEP. 1991. Sampling of Selected Marine Organisms and Sample Preparation for the Analysis of Chlorinated Hydrocarbons. Nairobi：Reference Methods for Marine Pollution Studies.

USEPA. 1989. Risk Assessment Guidance for Superfund：Human Health Evaluation Manual Part A, Interim Final, vol. I. Washington (DC)：Office of Solid Waste and Emergency Response.

USEPA. 2000. Risk-Based Concentration Table. Philadelphia PA：United States Environmental Protection Agency, Washington DC.

Wang C, Liu S L, Zhao Q H. 2012. Spatial variation and contamination assessment of heavy metals in sediments in the Manwan Reservoir, Lancang River. Ecotoxicology and Environmental Safety, 82：32-39.

Wang X L, Sato T, Xing B S, et al. 2005. Health risks of heavy metals to the general public in Tianjin, China via consumption of vegetables and fish. Science of the Total Environment, 350：28-37.

Wang X L, Tao S, Dawson R W, et al. 2002. Characterizing and comparing risks of polycyclic aromatic hydrocarbons in a Tianjin wastewater-irrigated area. Environmental Research, 90 (3)：201-206.

Wen S, Shan B, Zhang H. 2012. Metals in sediment/pore water in Chaohu Lake：Distribution, trends and flux. Journal of Environmental Sciences, 24 (12)：2041-2050.

Wheatley M A. 1997. Social and Cultural Impacts of Mercury Pollution on Aboriginal Peoples in Canada. Water, Air, & Soil Pollution, 97 (1-2)：85-90.

Widianarko B, Van Gestel C A M, Verweij R A, et al. 2000. Associations between trace metals in sediment, water, and guppy, Poecilia reticulate, from urban streams of Semarang, Indonesia. Ecotox Environ Saf, 46：101-107.

Wilcock D N. 1999. River and inland water environments//Nath B, Hens L, Compton P, et al. Environmental Management in Practice, vol. 3. New York：Routledge：328.

Wu J G, Huang J H, Han X G, et al. 2004. The Three Gorges Dam：An ecological perspective. Frontiers in Ecology and the Environment, 2 (5)：241-248.

Yan L, Wang D Q, Fang Y L, et al. 2008. Genetic diversity in the bronze gudgeon, Coreius heterodon, from the Yangtze River system based on mtDNA sequences of the control region. Environ Biol Fish, 82 (1)：35-40.

Yang Z F, Wang Y, Shen Z Y, et al. 2009. Distribution and speciation of heavy metals in sediments from the mainstream, tributaries, and lakes of the Yangtze River catchment of Wuhan, China. Journal of Hazardous Materials, 166：1186-1194.

Yi Y J, Wang Z Y, Yu G A. 2008. Sediment pollution and its effect on fish through food chain in the Yangtze River. Int J Sed Res, 23 (4)：338-347.

Yi Y J, Yang Z F, Zhang S H. 2011. Ecological risk assessment of heavy metals in sediment and human health risk assessment of heavy metals in fishes in the middle and lower reaches of the Yangtze River basin. Environ Pollut, 159：2575-2585.

Zhang M K, Ke Z X. 2004. Heavy metals, phosphorus and some other elements in urban soil of Hangzhou City, China. Pedosphere, 14 (2)：177-185.

Zhang W G, Feng H, Chang J N, et al. 2009. Heavy metal contamination in surface sediments of Yangtze River intertidal zone：An assessment from different indexes. Environ Pollut, 157：1533-1543.

Zheng N, Wang Q C, Liang Z Z, et al. 2008. Characterization of heavy metal concentrations in the sediments of three freshwater rivers in Huludao City, Northeast China. Environmental Pollution, 154：135-142.

Zhou F, Guo H C, Hao Z J. 2007. Spatial distribution of heavy metals in Hong Kong's marine sediments and their human impacts：A GIS-based chemometric approach. Marine Pollution Bulletin, 54：1372-1384.

第六章 基于生物完整性的水坝工程生态风险评价研究

生物完整性（biological integrity）是指生物群落的结构和功能相对于自然状态保持平衡和完整性（Schiemer, 2000；Schmutz et al., 2007）。生物完整性指数（the index of biological integrity, IBI）最初建立于20世纪80年代，其最早运用于采用鱼类群落评价水生态系统健康的研究中（Karr, 1981）。该指数克服了单纯采用物理化学指标对水生态系统健康评价的局限性（An et al., 2002）。此后，生物完整性指数经修正后广泛应用于水生态系统健康的评价研究中，且参与评价的生物类群逐渐发展到湖滨带植物（Rothrock et al., 2008）、浮游生物（Kane et al., 2009）、水生昆虫（de Marco and Resende, 2010）、大型底栖动物（Li et al., 2010）和底栖硅藻群落（Wu et al., 2012）。然而，基于各水生生物类群的生物完整性指数来评价水坝建设运行前后的生态效应方面的相关研究成果较少，特别是考虑在梯级水坝运行条件下的则更少涉及（Lugoli et al., 2012；Wu et al., 2012）。

本章以澜沧江流域中下游为研究区，分别以陆生生态系统和水生生态系统各关键要素，即河岸带和坡面植被、浮游植物、浮游动物、鱼类和底栖动物为研究对象，研究建立相应的生态风险评价指数并应用于梯级水坝建设和运行的生态风险评价，并在此基础上分析梯级水坝开发对流域生物完整性和生态系统健康的影响。

第一节 水坝影响下河岸带和坡面植被的生态风险评价

由于河岸带是关键环境过程的过渡区和多种动植物物种的栖息地，而水坝建设可以显著地影响并改变大坝水库淹没区与坝下的河岸带和坡面植物群落。水坝建设和运行作用于陆生和水生生态系统的生态过程，正成为河流生态学关注和研究的重点。由于河岸带和坡面植被对水文情势变化的高度敏感性，其常被认为是良好的水文和生态环境变化的指示因子。河岸带植被和水文情势的相互作用机制复杂多样并且具有独特性，河岸带植被显著受到水坝建设的影响，从而导致其生境的同质化、物种丰富度的降低、本地种的消失和外来物种的生物入侵。另外，河流的水文情势、地理位置、气候条件、植被类型、建坝前植被的组成和生物学特征都对建坝后的河岸带植被的分布格局产生影响。水坝建设对植被的短期和长期影响有所不同，水坝建设对植被的短期影响主要表现为水坝运行蓄水后水位上升的淹没效应，水坝运行蓄水后淹没区被水面代替，伴随着这一过程陆生植物群落则迅速消失；水坝建设对植被的长期影响需要综合考虑植被的动态变化和演替规律。

河流和河岸带植被的生境条件易受水坝建设的影响，从而导致河流和河岸带生态系统结构和功能的改变。通过对水坝影响下河岸带植被的生态风险研究，可以评估梯级水坝建设对河岸带植被和坡面植被的结构与分布格局的影响，确定梯级水坝蓄水后影响植被结构与分布格局的主要动力因子，建立可行的评价方法，定量评价梯级水坝建设对岸带植被和坡面植被的影响程度，从而为其他流域梯级水坝建设对陆生生态系统的影响评价提供理论参考。但迄今为止，尚缺少通用的模型来评价水坝建设及运行对河岸带和坡面植被的影响程度。本节将通过建立植被影响指数，以期定量评价水坝工程对岸带和坡面植被带来的生态风险。

一、植被与环境因子调查

结合澜沧江中下游地区 8 个梯级水坝的地理位置，分别于各大坝上游淹没区和下游垂直于澜沧江干流的方向上设置调查样线，该调查样线的范围包括河岸带植被和坡面植被，整个研究区共设置 24 条植物群落调查样线（图 6-1）。沿澜沧江中下游，植物群落调查样

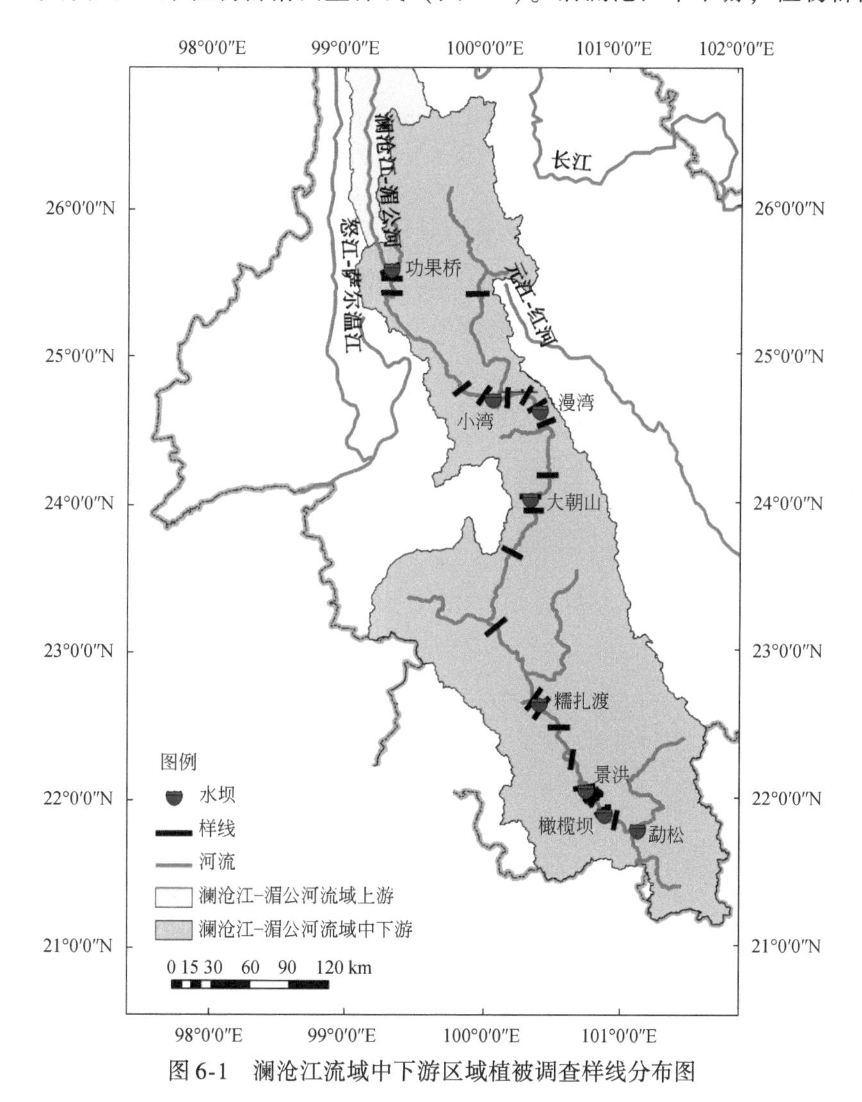

图 6-1　澜沧江流域中下游区域植被调查样线分布图

线的选择应遵循以下原则：①样线应包含沿澜沧江中下游河岸带和坡面的主要植被类型；②样线调查应综合考虑地形因子的变化，如坡度（slo）、坡向（asp）和海拔（alt）高度的变化；③植被调查样线的选择应包括不同的土地利用类型，包括森林、草地、农田、居住用地和弃耕地；④植被调查样线为垂直于河流两岸 1 ~ 1000 m 的范围，并在距离水坝坝址 1 ~ 50km 的范围内设置样线；⑤沿着每条植被调查样线的梯度设置 5 ~ 6 个 10m×10m 的植被调查样方。总计，在澜沧江流域中下游区域共获取了 126 个植被样方（植物名录见附表 1）。

森林群落的样方大小为 10m×10m，记录样方中所有乔木种（高度大于 3m），并在样方中随即选择 3 个 5m×5m 灌木样方和 3 个 1m×1m 的草本样方。灌木群落的样方大小为 5m×5m，并在其中随机选取 1m×1m 的 1 个草本样方。草本群落的样方大小为 1m×1m。样方的记录参照董鸣等（1997）的方法，记录植物群落的数量指标，包括乔木层物种盖度、灌木层物种盖度、草本层物种盖度、乔木种高度、灌木种高度、草本种高度及各植物种类在样方中的数量。

本书采用双向指示种分析（two-way indicator species analysis，TWINSPAN）这一等级聚类方法来对样方和植物物种进行分类（Hill et al.，1975；Hill，1979）。TWINSPAN 分析采用 WinTWINS（version 2.3）（Hill and Šmilauer，2005）软件进行计算。根据 TWINSPAN 数量分类结果，澜沧江中下游植被调查的 126 个样方共划分为 21 个植被类型，其中包括 10 个森林群落，7 个灌丛群落和 4 个草本群落（图 6-2）。各群落类型按照其优势种进行命名。受区域梯级水电大坝建设的强烈影响，澜沧江流域中下游植被的分布格局分异较大。随着水坝运

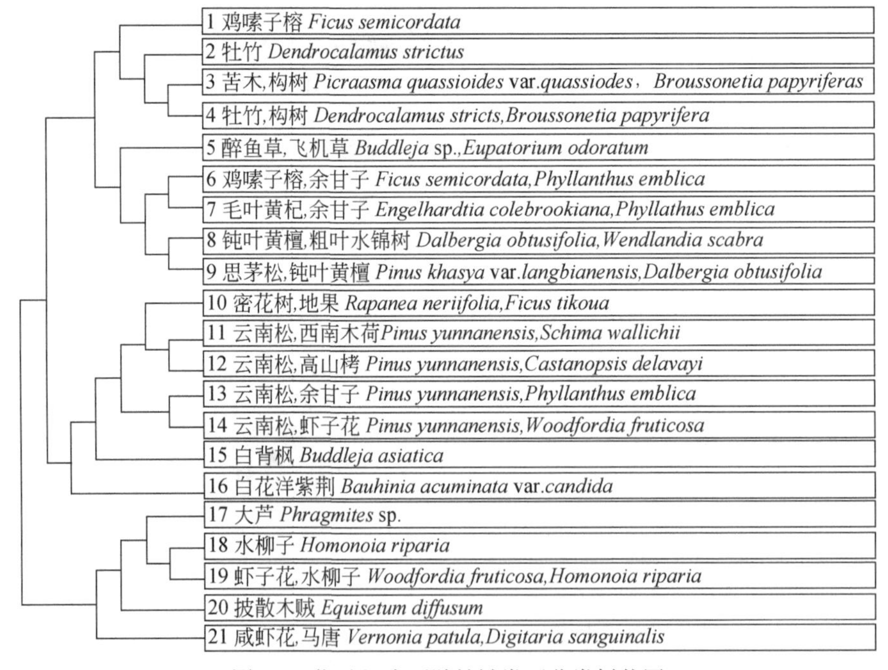

图 6-2 澜沧江中下游植被类型分类树状图

森林群落为 1，2，6，7，8，9，11，12，13，14；灌木群落为 3，4，10，15，16，18，19；草地群落为 5，17，20，21

行的蓄水，水位的升高是影响植被类型及分布格局的主要因子。澜沧江中下游8个梯级水坝运行蓄水后，植被调查所获取的126个样方中有36个样方将会随着蓄水过程而被淹没消失。研究表明，草本群落和灌木群落类型比森林群落受大坝蓄水淹没的影响更大。

二、大坝蓄水对植被的生态风险

（一）植被影响指数

为了分析水坝的蓄水和运行对河岸带和坡面植被的影响，本书建立植被影响指数（VII）作为定量指标来预测水坝蓄水淹没对各植被类型的影响程度。植被影响指数（VII）的计算如下所示：

河岸带植被：　　　　$VII = R_a/R_r$

坡面植被：　　　　$VII = R_b/R_u$

式中，R_a为水坝需水淹没后河岸带植被的分布范围（即河岸带植被不受水坝蓄水回水影响的范围）；R_r为水坝建设前河岸带植被的分布范围；R_b为坡面植被在水坝库区蓄水后海拔高度上的分布范围；R_u为水坝建设前坡面植被在海拔高度上的分布范围。本书依据植被影响指数（VII）的数值大小分为5个等级：① $0 \leq VII < 0.20$ 为5级，代表严重影响；② $0.20 \leq VII < 0.40$ 为4级，代表重度影响；③$0.40 \leq VII < 0.60$ 为3级，代表中度影响；④ $0.60 \leq VII < 0.80$ 为2级，代表轻度影响；⑤ $0.80 \leq VII \leq 1$ 为1级，代表轻微/无影响。

澜沧江流域中下游梯级水坝建设和蓄水后的植被影响指数（VII）见表6-1。具体来看，功果桥水坝库区植被类型Ⅶ云南松、高山栲群落（Ⅶ，*Pinus yunnanensis*，*Castanopsis delavayi*）和ⅩⅦ密花树、地果群落（ⅩⅦ，*Rapanea neriifolia*，*Ficus tikoua*）为严重影响。小湾水坝库区植被类型Ⅲ鸡嗉子榕、余甘子群落（Ⅲ，*Ficus semicordata*，*Phyllanthus emblica*），Ⅵ毛叶黄杞、余甘子群落（Ⅵ，*Engelhardtia colebrookiana*，*Phyllanthus emblica*）和ⅩⅦ密花树、地果群落（ⅩⅦ，*Rapanea neriifolia*，*Ficus tikoua*）为严重影响，而植被类型ⅩⅥ白背枫群落（ⅩⅥ，*Buddleja asiatica*）和Ⅳ钝叶黄檀、粗叶水锦树群落（Ⅳ，*Dalbergia obtusifolia*，*Wendlandia scabra*）为中度影响。漫湾水坝库区植被类型Ⅴ思茅松、钝叶黄檀群落（Ⅴ，*Pinus khasya* var. *langbianensis*，*Dalbergia obtusifolia*）和Ⅵ毛叶黄杞、余甘子群落（Ⅵ，*Engelhardtia colebrookiana*，*Phyllanthus emblica*）为轻度影响。大朝山水坝库区植被类型Ⅴ思茅松、钝叶黄檀群落（Ⅴ，*Pinus khasya* var. *langbianensis*，*Dalbergia obtusifolia*）为轻度影响。糯扎渡水坝库区植被类型ⅩⅤ牡竹、构树群落（ⅩⅤ，*Dendrocalamus strictus*，*Broussonetia papyrifera*）和ⅩⅪ芦苇群落（ⅩⅪ，*Phragmites* sp.）为严重影响，而Ⅱ鸡嗉子榕群落（Ⅱ，*Ficus semicordata*）为重度影响，植被类型Ⅲ鸡嗉子榕、余甘子群落（Ⅲ，*Ficus semicordata*，*Phyllanthus emblica*）和Ⅵ毛叶黄杞、余甘子群落（Ⅵ，*Engelhardtia colebrookiana*，*Phyllanthus emblica*）为轻度影响。景洪水坝库区植被类型ⅩⅨ披散木贼群落（ⅩⅨ，*Equisetum diffusum*），ⅩⅪ芦苇群落（ⅩⅪ，*Phragmites* sp.），Ⅺ白花洋紫荆群落（Ⅺ，*Bauhinia acuminata* var. *candida*），ⅩⅩ醉鱼草飞机草群落（ⅩⅩ，*Buddleja* sp.，

Eupatorium odoratum），Ⅻ水杨柳群落（Ⅻ，*Homonoia riparia*）和XⅢ水杨柳、虾子花群落（XⅢ，*Woodfordia fruticosa*，*Homonoia riparia*）为严重影响，而植被类型Ⅰ牡竹群落（Ⅰ，*Dendrocalamus strictus*）为重度影响，植被类型XⅣ苦木、构树群落（XⅣ，*Picrasma quassioides* var. *quassiodes*，*Broussonetia papyrifera*）为中度影响。橄榄坝水坝库区植被类型Ⅻ水杨柳群落（Ⅻ，*Homonoia riparia*），XⅧ咸虾花、马唐群落（*Vernonia patula*，*Digitaria sanguinalis*）和XXⅠ芦苇群落（XXⅠ，*Phragmites* sp.）为严重影响。勐松水坝库区植被类型XXⅠ芦苇群落（XXⅠ，*Phragmites* sp.）和Ⅻ水杨柳群落（Ⅻ，*Homonoia riparia*）为严重影响。

表 6-1　梯级水坝建成蓄水后的植被影响指数

库区	植被类型	植被影响指数	等级	库区	植被类型	植被影响指数	等级
GGQ	Ⅶ	0.0723	5	GGQ	XⅦ	0.0000	5
XW	XⅥ	0.5503	3	XW	XⅦ	0.0079	5
	Ⅳ	0.5059	3		Ⅶ	1.0000	1
	Ⅲ	0.0972	5		Ⅷ	1.0000	1
	Ⅵ	0.0769	5		Ⅹ	0.5543	3
MW	Ⅳ	0.8358	1	MW	Ⅷ	1.0000	1
	Ⅵ	0.7295	2		Ⅹ	1.0000	1
	Ⅴ	0.6489	2		Ⅸ	1.0000	1
DCS	Ⅳ	0.8770	1	DCS	Ⅵ	0.8117	1
	Ⅲ	0.8145	1		Ⅴ	0.7680	2
NZD	Ⅲ	0.6847	2	NZD	Ⅱ	0.2553	4
	XⅤ	0.0000	5		Ⅵ	0.7385	2
	XXⅠ	0.0141	5				
JH	Ⅱ	1.0000	1	JH	XX	0.0000	5
	Ⅰ	0.3057	4		Ⅻ	0.0000	5
	XⅣ	0.5000	3		XⅢ	0.0000	5
	XⅤ	0.8072	1		Ⅲ	0.9552	1
	XⅨ	0.0000	5		Ⅳ	1.0000	1
	XXⅠ	0.0000	5		Ⅴ	1.0000	1
	Ⅺ	0.0000	5				
GLB	XⅣ	1.0000	1	GLB	XXⅠ	0.1538	5
	Ⅻ	0.1538	5		Ⅴ	1.0000	1
	XⅧ	0.1538	5		XX	1.0000	1
MS	XXⅠ	0.0833	5	MS	Ⅰ	1.0000	1
	Ⅻ	0.0833	5				

注：GGQ 代表功果桥水坝库区；XW 代表小湾水坝库区；MW 代表漫湾水坝库区；DCS 代表大朝山水坝库区；NZD 代表糯扎渡水坝库区；JH 代表景洪水坝库区；GLB 代表橄榄坝水坝库区；MS 代表勐松水坝库区

本区域中受淹没效应影响最大的植被类型是沿澜沧江分布的河岸带灌木和草本植物群落。澜沧江流域中下游及东南亚的标志性河岸带灌木群落——水杨柳（*Homonoia riparia*）灌丛，在漫湾水坝蓄水前曾广泛分布于从澜沧江中游漫湾段到下游的橄榄坝河段。而漫湾水坝于1995年运行后，受蓄水淹没的影响，水杨柳灌丛则在漫湾库区范围内迅速消失。同时，本节的植被影响指数（VII）的计算结果也表明，水杨柳灌丛受到梯级水坝蓄水淹没的强烈影响（VII为5级），其生态风险最大。结果表明，其他的河岸带灌丛植物群落，白花洋紫荆（*Bauhinia acuminata* var. *candida*）灌丛、江边刺葵（*Phoenix roebelenii*）灌丛、密花树（*Rapanea neriifolia*）灌丛、地果（*Ficus tikoua*）灌丛将会随着澜沧江流域所有梯级水坝的蓄水运行而消失，其生态风险较大。此外，研究还发现水坝的建设和蓄水促进了一些外来种，如飞机草（*Eupatorium odoratum*）、紫茎泽兰（*Eupatorium adenophorum*）在漫湾库区河岸带的入侵。这一结果与相关学者的研究报道相一致，即水坝建设促进了外来植物在河岸带的严重入侵。

在长期时间尺度上，水坝蓄水引起的库区水位的上升、土壤的侵蚀、库区滑坡、土壤水分的饱和及地下水位的变化都对植物群落的更新及演替产生影响，进而导致库区范围内一些河岸带和坡面植被类型的变化和消失。本书建立的植被影响指数（Ⅶ）预测结果表明，梯级水坝蓄水运行后植物群落类型和分布格局发生显著变化。植被影响指数等级（VIIs，1～5级）表明，在水坝蓄水运行后随着库区水位上升，所引起的植物群落的消失和变化对应不同的风险等级。在深山峡谷的河流建设水坝，水坝建设运行的蓄水淹没不仅影响了河岸带植被和坡面植被沿海拔梯度的连通性，同时也影响了在沿河流经方向上的生物多样性的连通性，使生态风险加大。

（二）Jaccard 相似性指数

Jaccard 指数（Jaccard，1901）作为分析各样方之间相似程度的分析方法，在本书中用于分析梯级水坝蓄水运行前后相邻两个库区的植物群落类型相似性的变化情况。Jaccard 相似性指数采用以下公式进行计算：

$$\text{Jaccard 指数 } C_j = j/(a+b-j)$$

式中，j 为两个水坝库区共有的植被类型数量；a 和 b 为两个水坝库区各自所拥有的植被类型数量。

采用 Jaccard 相似性系数评价梯级水坝蓄水运行前后两个相邻库区的植物群落类型相似性的变化情况（表6-2）。分析结果显示，小湾-漫湾水坝库区植被类型的相似性系数（0.4000）和漫湾-大朝山水坝库区植被类型的相似性系数相对高于其他水坝库区。分析结果还表明，梯级水坝蓄水后相邻两个水坝库区的植物群落相似性，除大朝山-糯扎渡水坝库区外，其余均明显降低。

表6-2　各梯级水坝库区范围植被类型的 Jaccard 相似性系数

项目	GGQ-XW	XW-MW*	MW*-DCS*	DCS*-NZD	NZD-JH	JH-GLB	GLB-MS
建坝前	0.2500	0.4000	0.4286	0.2857	0.2857	0.3571	0.2857
建坝后	0.0000	0.3750	—	0.4000	0.2500	0.2500	0

注：GGQ代表功果桥水坝库区；XW代表小湾水坝库区；MW代表漫湾水坝库区；DCS代表大朝山水坝库区；NZD代表糯扎渡水坝库区；JH代表景洪水坝库区；GLB代表橄榄坝水坝库区；MS代表勐松水坝库区

*植被调查时该水坝库区已经蓄水淹没

澜沧江流域中下游，8 个梯级水电大坝将在 2020 年前建成并投入运行。梯级水电大坝对河岸带和坡面植被分布格局的影响及其复杂性远超过单一大坝。梯级水坝对上游库区和下游区域的作用机制及生态效应有所不同。水坝下游的生态效应作用于植被类型的分布则主要表现为河流水文情势变化后动力的相互作用。而梯级水坝的下游效应则综合了下游效应和下一级水坝的上游效应。在电力需求的高峰期，水电大坝运行导致下游河道区的水位和流量在短期内的大幅度变化，而这些变化远远超出了短期内自然水文情势下的水位和流量波动。本区域存在的高落差水坝，如小湾水坝和糯扎渡水坝对植被类型分布的影响远超过低落差的水坝，如漫湾水坝。水坝库区的植被类型越复杂，其受水坝蓄水和运行的影响就越大，生态风险也越大。

采用 Jaccard 相似性指数研究发现，梯级水坝相邻两个库区的植物群落相似性在水坝蓄水运行后明显降低。伴随着澜沧江流域梯级水坝蓄水运行，各库区植被类型分布和结构的变化均为这一变化趋势。这是由于梯级水坝的梯级效应增强了植物群落生境条件的破碎化并使得各原生植被类型的分布范围（在纬度和海拔梯度）较蓄水前大为缩小。综合考虑澜沧江流域的生态完整性，梯级水坝的蓄水和运行减弱了区域植被类型及分布格局的复杂性，并导致少量原生植被类型的消失，其生态风险较大。这一研究发现与其他学者的研究结论相一致，即水坝可以降低河岸带和坡面植被生境条件的异质性。此外，本书得出的研究结果与 Mallik 和 Richardson（2009）在加拿大得出的研究结果相一致，即梯级水坝蓄水运行对区域植被类型分布格局的影响小于该地区自然因素的影响，如海拔和经纬度的影响。

第二节　水坝影响下河流浮游生物的生态风险评价

浮游生物（plankton）包括浮游植物（phytoplankton）和浮游动物（zooplankton），是水生生态系统的主要组成成分，它们对水坝建设的响应较为敏感，可以作为水坝工程影响下生态环境变化的指示因子。浮游植物作为水生生态系统最重要的初级生产者，其群落的物种组成、结构和丰度受到水坝运行的显著影响。浮游动物作为水生生态系统的重要组成部分和食物链的重要中间环节，它们以浮游植物、细菌和碎屑等为食物来源，同时也是多种鱼类和水生生物直接或间接的饵料。由于浮游生物（包括浮游动物和浮游植物）的组成、结构、数量特征对水环境条件变化的敏感性，所以采集相对便宜易行，因而其被广泛应用于水环境和水生态系统监测项目研究中。

水坝运行所带来的库区水温上升、水力停留时间的延长、营养物质的富集可以引起浮游植物（藻类）的大量繁殖，并进而导致水库水体的富营养化，近年来很多学者推荐采用浮游植物群落作为可行指标，来评价水环境的变化和水生态系统的退化。本节通过对澜沧江中游区域梯级水坝建设运行前后浮游植物群落的调查监测，来分析梯级水坝运行对区域浮游植物群落丰度、结构、物种数量及生物量等方面影响，建立综合浮游生物完整性指数（CP-IBI）来定量评价梯级水电站开发前后水生态系统的健康状况。基于综合浮游生物完整性指数的生态健康影响评价，量化梯级水坝建设对浮游生物的生态风险，并分析水生生态系统的生态响应和动态演变过程。

一、浮游生物的采样方法及数据处理

基于澜沧江中下游梯级水电开发规划实际，结合该区域的历史调查资料，分别采集了1988年、1997和2011年澜沧江中游浮游植物的数据。1988年调查数据代表了未受水坝建设和运行影响的澜沧江中游自然河流的原始水生生态系统状况；1997年调查数据代表了受单一水坝建设和运行（漫湾，1995年）影响条件下的澜沧江中游干流水生生态系统状况，其中部分采样点受到漫湾水坝蓄水淹没和下泄径流调节的影响；2011年调查数据代表了梯级水坝建设和运行后，包括小湾水坝（2010年）和漫湾水坝影响条件下澜沧江中游干流水生生态系统状况，此外漫湾水坝下游的大朝山水坝于2003年建成和投入运行，所有采样点均受到梯级水坝蓄水和径流调节运行的影响。

在空间尺度上，考虑各采样点距离梯级水坝坝址的相对距离，本书共选取9个采样点（S1～S9）进行浮游植物群落学调查（图6-3）。1988年浮游植物群落调查包括7个采样点（S1、S3、S4、S5、S7、S8和S9），1997年调查包括8个采样点（S1、S2、S3、S4、S5、S7、S8和S9），2011年则包括9个采样点（S1～S9）。依据相关学者对建坝河流沿河流经向梯度的划分，本研究区梯级水坝库区生境条件可以划分为以下3个区域，包括湖泊静水区（lacustrine zone）、过渡区（transitional zone）和河流区（riverine zone）。这3个生境区各自拥有不同类型的水文情势：湖泊静水区受到水库蓄水淹没的影响，为静水生境；过渡区由于受到水坝运行的周期性蓄水水位变动，在急流生境和静水生境之间变换；河流区则处于急流生境，并受到上一级水坝的运行和下泄径流调节的影响。研究区梯级水坝建成和运行蓄水后，采样点S3和S7位于库区的湖泊静水区；S4、S8和S9则位于过渡区；S5和S6位于漫湾库区的河流区；S1和S2位于漫湾水坝的下游河流区，同时也作为下游大朝山（2003年）梯级水坝库区的河流区（图6-3）。由于受复杂地形和交通条件的限制，梯级水坝建设蓄水前后小湾库区范围仅设置3个浮游植物群落调查点。这3个调查点分属于湖泊静水区（S7）和过渡区（S8和S9）。澜沧江中游梯级水坝建设和蓄水运行前后库区不同生境条件的水面面积变化情况，见表6-3。

表6-3 澜沧江中游梯级水坝建设和运行蓄水前后库区不同生境的水面面积变化情况

调查时间（年）	D. M. (km^2)	小计 (km^2)	M. R. (km^2)			小计 (km^2)	X. R. (km^2)			小计 (km^2)	总面积 (km^2)
	R.		L.	T.	R.		L.	T.	R.		
2011	2.15	2.15	8.51	4.72	9.18	22.41	88.37	55.56	N. A.	143.93	168.49
1997	2.15	2.15	8.51	4.72	9.18	22.41	—	—	16.94	16.94	41.50
1988	2.15	2.15	—	—	5.97	5.97	—	—	16.94	16.94	25.06

注：D. M. 代表漫湾水坝下游；M. R. 代表漫湾水坝库区；X. R. 代表小湾水坝库区；R. 代表河流区；L. 代表湖泊静水区；T代表过渡区；N. A. 代表未调查

在每个浮游植物群落调查采样点，采用10 L有机玻璃采水器于水体表层（0.5 m）处采集3个水样并混匀。从混匀的水样中取1L的水样保存于塑料采样瓶中，同时加入1.5%

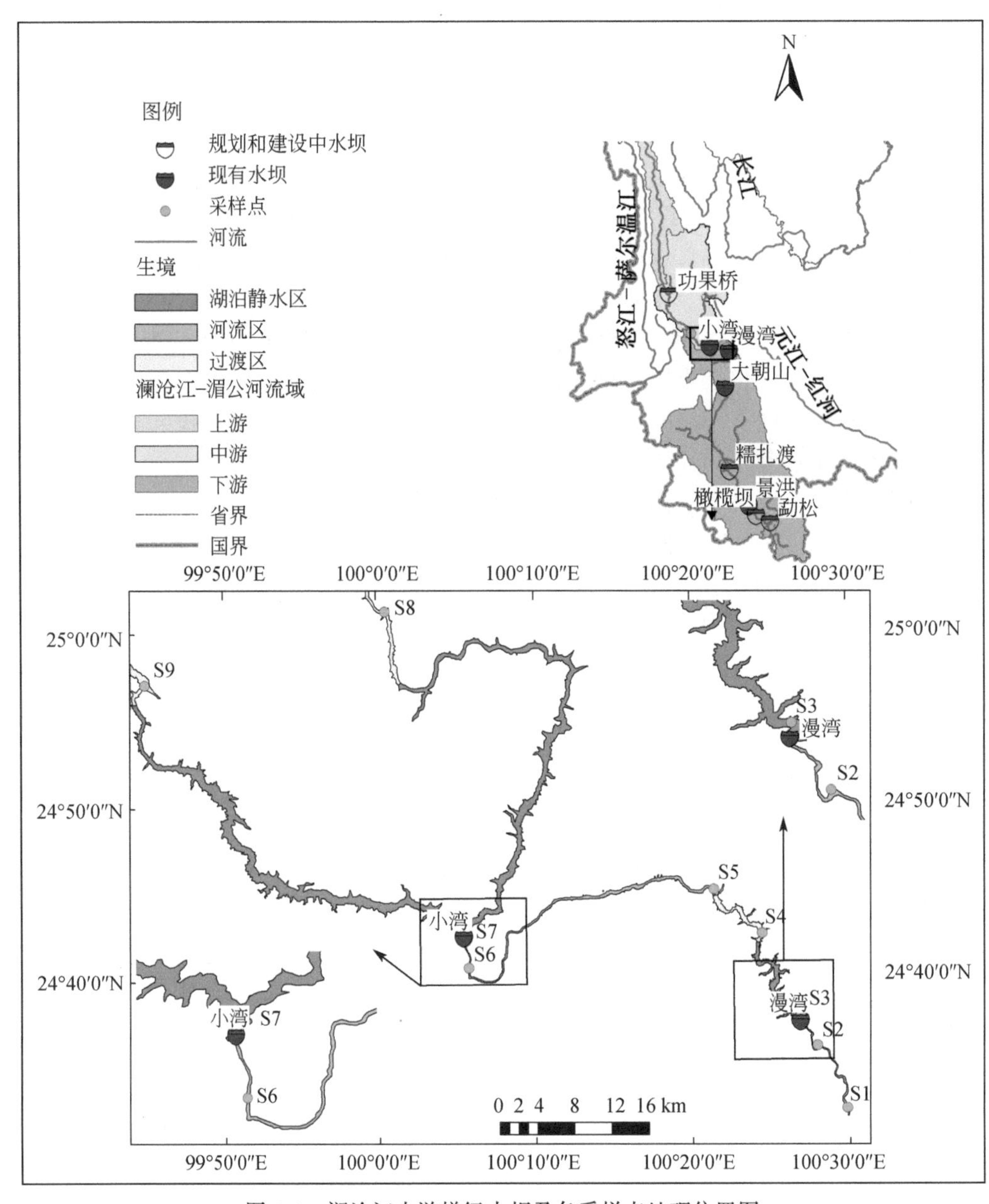

图 6-3　澜沧江中游梯级水坝及各采样点地理位置图

的鲁格试剂并静置 48 h 后浓缩至 30 ml。富集后的 30 ml 样品带回实验室在显微镜下（放大倍数 400×）进行鉴定分析，浮游植物物种鉴定参考胡鸿钧和魏印心（2006）推荐的方法开展，鉴定到种或属的水平（浮游植物名录见附表 2），并同时统计浮游动物各分类群的丰度（浮游动物名录见附表 3）。

二、浮游生物完整性指数构建与评价

澜沧江中游研究区从上游到下游，沿河流经向梯度共获取 33 个浮游植物群落和 41 个浮游动物调查样品，共包括 3 期调查数据，即 1988 年（旱季，河流原始状态）、1997 年（旱季，单级漫湾水坝运行）、2011 年（旱季和雨季，梯级水坝运行）。从时间和空间尺度上看，由于梯级水坝蓄水淹没和下泄径流调节的影响，浮游植物群落的结构和丰度的变化可以指示水生生态系统从河流的原始未干扰状态向退化状态转变。基于该假设，研究建立综合浮游生物完整性指数来定量评价澜沧江流域梯级水坝建设的生态效应。

在本书中，综合浮游生物完整性指数的建立过程如下：13 个评价指标分别隶属于生物量、丰度、生物多样性指数和营养状况，共计四大类（表 6-4）。为了减少冗余指标的影响，采用 Spearman 相关分析来分析 13 个候选评价指标的相关性系数。在本书中，各指标之间相关系数大于 0.7 被认为是冗余指标。最终参与综合浮游生物完整性指数计算的指标由 13 个减少为 12 个（表 6-5）。以各入选指标的 25%、50%、75% 和 90% 加权平均值等分划分为 5 个等级。如果该入选指标数值与原生水环境状况呈正相关，则<25%、25%~50%、50%~75%、75%~90%、>90% 加权平均值分别对应赋值 1、2、3、4 和 5。相反，如果该入选指标数值与原生水环境状况呈负相关，则<25%、25%~50%、50%~75%、75%~90%、>90% 加权平均值分别对应赋值 5、4、3、2 和 1。最终的综合浮游生物完整性指数的数值（表 6-5）为所有入选 12 个指标对应赋值的平均值，其数值范围为 1~5。综合浮游生物完整性指数的数值，可以把梯级水坝开发前后水生生态系统健康的变化情况划分为 5 个等级，4~5（Ⅰ，优）、3~4（Ⅱ，良）、2~3（Ⅲ，中）、1~2（Ⅳ，劣）和 1（Ⅴ，差）。计算梯级水坝开发建设和运行前后 9 个采样点 33 个样品的综合浮游生物完整性指数，并定量评价梯级水坝开发前后水生态系统的演变情况，发现生态系统健康状况变差，生态风险增加。

表 6-4　澜沧江中游综合浮游生物完整性指数计算的候选指标

类型	候选指标	缩写	单位	C. P.	参考文献/解释说明
生物量	浮游动物生物量	M1	mg/L	–	张觉民和何志辉，1991；Hillebrand et al.，1999
	浮游动物与浮游植物生物量比值	M2		–	
丰度	浮游植物的丰度	M3	ind/L	–	王德铭等，1993；胡鸿钧和魏印心，2006
	蓝藻门丰度的百分比	M4	%	–	蓝藻门的丰度
	硅藻门丰度的百分比	M5	%	+	硅藻门的丰度
	原生动物的丰度	M6	ind/L	–	原生动物的丰度
	浮游甲壳类动物的丰度	M7	ind/L	–	枝角类，桡足类和无节幼体的丰度（Gopalan et al.，1998）
	浮游动物与浮游植物丰度比值	M8		+	

续表

类型	候选指标	缩写	单位	C. P.	参考文献/解释说明
生物多样性指数	浮游植物群落的 Margalef 多样性指数	M9	–	+	Margalef, 1958
	浮游动物群落的 Margalef 多样性指数	M10	–	+	Margalef, 1958
	浮游动物群落的 Shannon 多样性指数	M11	–	+	Shannon and Weaver, 1949
营养状况	硅藻商	M12	–	–	Thunmark, 1945; Nygaard, 1949
	E/O	M13	–	–	Thunmark, 1945; Nygaard, 1949

注：C. P. 表示该指标的数值大小与原生水生生态系统的关系；+表示正相关，–表示负相关；E/O 表示营养型种/贫营养型种，下同

表 6-5　澜沧江中游综合浮游生物完整性指数计算的候选指标

参与计算指标	缩写	单位	赋值				
			5（best）	4	3	2	1（worst）
生物量	M1	mg/L	<163.70	163.70～581.81	581.82～939.58	939.59～2 593.60	>2 593.60
浮游动物与浮游植物生物量比值	M2	—	<0.27	0.27～1.10	1.11～5.56	5.57～26.90	>26.90
浮游植物的丰度	M3	ind/L	<61 850	61 850～154 200	154 201～2 260 548	2 260 549～4 584 580	>4 584 580
蓝藻门丰度的百分比	M4	—	0	0.01～0.39	0.40～2.34	2.35～6.10	>6.10
硅藻门丰度的百分比	M5	—	>99.63	98.57～99.63	92.72～98.56	73.86～92.71	<73.86
原生动物的丰度	M6	ind/L	<345	345～900	901～7 657.80	7 658～16 055	>16 055
浮游甲壳类动物的丰度	M7	ind/L	<0	0.01～0.30	0.31～28.25	28.25～290.20	>290.20
浮游植物群落的 Margalef 多样性指数	M9	—	>1.88	1.88～1.24	0.89～1.23	0.69～0.88	<0.69
浮游动物群落的 Margalef 多样性指数	M10	—	>6.75	3.94～6.75	1.70～3.93	0.64～1.69	<0.64
浮游动物群落的 Shannon 多样性指数	M11	—	>2.08	1.64～2.08	1.65～2.09	0.99～1.66	<0.99
硅藻商	M12	—	<0.18	0.18～0.25	0.26～0.58	0.59～0.90	>0.90
E/O	M13	—	<0.37	0.37～0.71	0.72～1.10	1.11～1.43	>1.43

表 6-6 澜沧江中游梯级水坝建设运行前后综合浮游生物完整性指数

调查时间	D. M			M. R.				D. X	X. R.			
	S1	S2	平均值±标准差	S3	S4	S5	平均值±标准差	S6	S7	S8	S9	平均值±标准差
2011 年 4 月	3. 00	3. 27	3. 14±0. 19(Ⅱ)	2. 55	3. 27	3. 09	2. 97±0. 38(Ⅲ)	3. 00	2. 64	2. 73	2. 91	2. 76±0. 23(Ⅲ)
2011 年 10 月	3. 18	3. 09	3. 14±0. 06(Ⅱ)	3. 00	2. 73	2. 82	2. 85±0. 14(Ⅲ)	2. 91	3. 00	2. 45	2. 45	2. 64±0. 31(Ⅲ)
1997 年 4 月	2. 91	3. 27	3. 09±0. 26(Ⅱ)	2. 45	2. 36	3. 55	2. 79±0. 66(Ⅲ)	N. A.	3. 82	3. 64	3. 55	3. 67±0. 52(Ⅱ)
1988 年 4 月	4. 09	N. A.	4. 09(Ⅰ)	4. 00	4. 09	4. 09	4. 06±0. 05(Ⅰ)	N. A.	4. 09	4. 09	3. 36	3. 85±0. 61(Ⅱ)

注：D. M. 代表漫湾水坝下游；M. R. 代表漫湾水坝库区；D. X. 代表小湾水坝下游；X. R. 代表小湾水坝库区；N. A. 代表未调查

澜沧江中游梯级水坝建设和投入运行前后综合浮游生物完整性指数的变化见表 6-6。梯级水坝开发前的 1988 年，澜沧江中游干流（S1、S3、S4、S5、S7）综合浮游生物完整性指数变化范围为 4.00 ~ 4.09，支流黑惠江（S9）则相对较低，为 3.36。漫湾水坝蓄水运行后的 1997 年，漫湾水坝库区综合浮游生物完整性指数均值显著降低，为 2.79，而漫湾水坝库区上游的小湾水坝库区河段由于未受漫湾水库回水淹没的影响，其综合浮游生物完整性指数均值为 3.67，同时漫湾水坝库区下游综合浮游生物完整性指数均值相比建坝前也有所降低，为 3.09。梯级水坝蓄水运行后的 2011 年，漫湾水坝库区综合浮游生物完整性指数均值相比 1997 年变化不大，旱季为 2.97，雨季为 2.85，而小湾水坝库区其综合浮游生物完整性指数均值，相比 1997 年则显著降低，旱季为 2.76，雨季为 2.64。

结合澜沧江水生态系统健康的划分等级，梯级水坝开发前的 1988 年，基于浮游生物的澜沧江中游干流水生生态系统健康处于Ⅰ级，支流黑惠江为Ⅱ级。漫湾水坝蓄水运行后的 1997 年，漫湾水坝库区范围的水生生态系统健康则下降显著，为Ⅲ级，生态风险较高；而未受水库回水影响的上游的小湾区域，水生生态系统健康相比建坝前从Ⅰ级降为Ⅱ级，同时漫湾水坝下游区域水生态系统所受影响相对较小，水生态系统健康也从Ⅰ级降为Ⅱ级，生态风险增加。梯级水坝运行后的 2011 年，漫湾库区范围水生生态系统健康在旱季和雨季仍为Ⅲ级，而小湾库区水生态系统健康相比 1997 年则明显下降，旱季和雨季均为Ⅲ级，生态风险增加。相对而言，漫湾水坝下游区域水生生态系统健康在旱季和雨季仍然维持为Ⅱ级，生态风险未增加。可见，梯级电站建设进一步加大了原有水坝库区的生态风险。

第三节　水坝影响下河流底栖生物的生态风险评价

底栖大型无脊椎动物（benthic macroinvertebrate）包括环节动物门（annelida）的寡毛纲（oligochaeta）动物、软体动物门（mollusca）、节肢动物门（arthropoda）的甲壳纲（crustacea）和昆虫纲（insecta）动物，它们是水生生态系统的重要组成部分。底栖动物由于其生活于水体的底层，栖息地相对稳定，移动能力相对较弱，容易采集与鉴定其种类和分布对水域不同生境有不同的敏感度，因此其广泛应用于水质的评价研究领域。底栖动物的群落组成及其分布格局作为水质物理化学指标的补充，日益广泛应用于水生生态系统健康状况评价研究领域中。欧盟和美国环境保护署推荐底栖动物作为评价水生生态系统健康的 4 个生物指标之一。同时，底栖动物是受水库蓄水淹没影响最敏感的生物类群之一，因此研究梯级水电开发对底栖动物的影响具有重要的生态学意义。

本节通过对澜沧江中游漫湾水坝库区底栖动物群落的监测与采样，结合漫湾水坝建设运行前后的历史数据资料，分析了梯级水坝运行对漫湾库区底栖动物的种类、密度、生物量、营养结构及分布格局的影响；分析对比了梯级水坝运行前后漫湾水坝库区底栖动物群落的组成、数量、密度和生物量变化；同时构建了生物多样性指数和生物指数（BI），并对库区水生生态环境进行评价；分析了梯级水坝运行对漫湾水坝库区底栖动物群落营养结构的影响及环境因子对漫湾水坝库区底栖动物分布格局的影响；量化了水坝建设对漫湾库区底栖动物造成的生态风险。

一、底栖动物采样与监测分析

本书选取澜沧江中游梯级水坝开发的典型区域，即漫湾水坝的库区及部分下游区域（图 6-4）开展底栖生物的采样和监测工作。

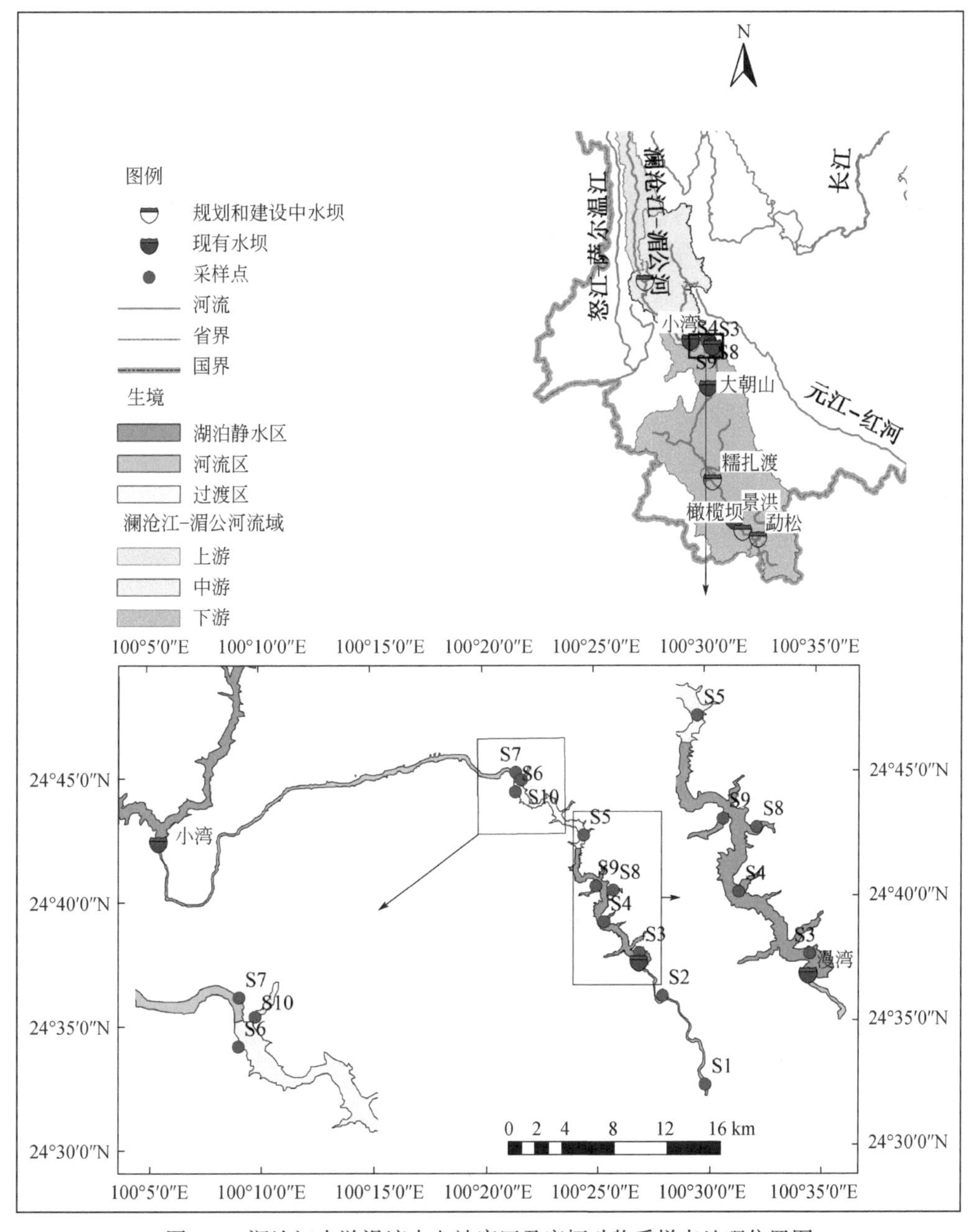

图 6-4　澜沧江中游漫湾水电站库区及底栖动物采样点地理位置图

基于澜沧江中下游梯级水电开发规划实际，结合该区域的历史调查资料，分别对1996年、1997年和2011年漫湾水坝库区底栖动物群落组成和分布进行调查研究。其中，参考了1996年和1997年底栖动物分布的调查结果，在此基础上，本书于2011年分2期对漫湾水坝库区底栖动物群落组成和分布状况进行了实地调查。1996年调查数据代表了未受漫湾水坝蓄水和淹没影响的澜沧江中游底栖动物群落的分布状况；1997年调查数据代表了受漫湾水坝蓄水、淹没及运行影响的澜沧江中游底栖动物群落的分布状况；2011年调查数据代表了受梯级水坝蓄水、淹没及运行影响的澜沧江中游底栖动物的分布状况。

依据漫湾水坝库区和坝下部分河段的水文和水生生态状况，并结合漫湾河段沿河流经向梯度生境的划分结果，2011年底栖动物群落调查共设置10个采样点（图6-4）。10个采样点包括漫湾水坝库区及下游区域的各种生境类型，包括静水湖泊区、过渡区和河流区。其中，S1和S2位于坝下河段，下游为大朝山水坝库区，生境划分为河流区，受漫湾大坝调度运行下泄流量调节的影响；S3和S4位于漫湾水坝库区，生境划分为湖泊静水区；S5和S6位于漫湾库区中游，生境划分为过渡区，受水库运行蓄水的水位变动的影响，处于湖泊静水区和河流带的过渡区；S7位于漫湾库区上游，生境划分为河流区，受上游小湾大坝调度运行下泄流量调节的影响；S8、S9和S10位于漫湾库区不同生境类型的支流库区，S8和S9分别位于湖泊静水区的景繁河和芒甩河支流库区，S10位于库区过渡区的落底河支流库区。2011年澜沧江中游漫湾水坝区域底栖动物群落调查分别于旱季（4月）和雨季（10月）进行2期调查。

底栖动物群落的调查采用开口面积为$1/50m^2$的Peterson采样器对每个采样点（3个重复）采集底泥，底泥采集上来后立即经40目尼龙筛淘洗过滤，去除泥沙和杂物，将筛上肉眼可见的底栖动物用镊子挑出，置入盛有75%的酒精的50ml塑料标本瓶中杀死、固定。将采集达到的样品带回实验室进行分类和鉴定（一般鉴定到种，部分为属），统计不同种类的个体数量，并用天平称量其湿重，最后核算出每个采样点内底栖动物的个体数量（ind/m^2）和生物量（g/m^2）。底栖动物中个体较大的软体动物用解剖镜进行鉴定，个体较小的寡毛类和摇蚊幼虫需制成临时片子在显微镜下参考有关资料进行鉴定（底栖动物名录见附表4）。底栖动物各功能摄食群（functional feeding group）的划分参照Barbour等（1999）的划分标准，共包括以下5种类型：即滤食/采集（filter/collector，FC）、掠食（predator，PR）、杂食（omnivore，OM）、撕碎（shredder，SH）、收集/采集（gatherer/collector，GC），并计算各个采样点的底栖动物生物多样性指数包括Margalef指数（d），Shannon-Weaver指数（H'），Simpson指数（$1-\lambda$），Pielou均匀度指数（J'）。

底栖动物生物指数（biotic index，BI）采用Chutter（1972）提出的并应用于水质评价的生物指数，该指数综合了底栖动物的耐污能力和底栖动物的物种多样性，因而被广泛应用于国内外水质的生物评价研究中（吴东浩等，2011）。

$$BI = \sum_{i=1}^{n} n_i t_i / N$$

式中，n_i为第i个分类单元（属或种）的个体数量；N为总个体数；t_i为第i个分类单元（属或种）的耐污值。耐污值（tolerance values，TV），是底栖动物对水环境的忍耐能力，其值范围为0~10，数值越高表示该底栖动物耐污性越强，反之则越低。根据相关学者的研究（王备新和杨莲芳，2004；张跃平，2006），依据耐污值的高低将底栖动物分为3类：TV≤3，敏感类群（intolerant group，IG）；3<TV<7，中间类群（medium group，MG）；TV≥7（tolerant group，TG），耐污类群。耐污值的高低反映了底栖动物对水环境污染的敏感性。

二、水坝建设对底栖动物的生态风险

（一）对底栖动物群落密度和生物量的影响

梯级水坝运行后漫湾水坝库区年内底栖动物的密度和生物量的调查结果，如图6-5所示。总体来看，旱季底栖动物的密度和生物量远大于雨季。从空间分布上来看，旱季库区河流静水区（S3、S4）的底栖动物的密度较高，并以昆虫纲和寡毛纲动物占优势，并出现少量软体动物；库区过渡区（S5、S6）的底栖动物密度则明显降低；库区河流区（S7），底栖动物密度较低，并以水生昆虫纲为主；支流库区（S8、S9）底栖动物密度相对较高，并以昆虫纲和寡毛纲动物占优势，支流库区样点S10底栖动物密度最大，以昆虫纲和寡毛纲动物占优势，这与支流库区上游人类活动影响有关；坝下河流区（S1、S2）底栖动物密度相对较低甚至为零［图6-5（a）］。在雨季，底栖动物的密度和分布范围相比旱季则明显减小，库区河流静水区（S3）和库区过渡区（S5）的底栖动物的密度较高，支流库区（S8、S9、S10）底栖动物密度则相对较低，坝下河流区（S1、S2）则未发现到底栖动物的分布［图6-5（a）］。对于生物量的空间分布，除了旱季坝下河流区（S1）和库区河流静水区（S3）由于软体动物的分布导致该两个样点生物量较高外，库区和坝下各个调查样点年内生物量分布与密度均保持一致的变化趋势，其中以昆虫纲和寡毛纲动物占优势［图6-5（b）］。因此，漫湾库区底栖动物密度和生物量的分布在沿着河流经向梯度表现出距离水坝越近的湖泊静水区，底栖动物的数量和密度越高，并受水坝年内运行调节的影响越小；距离水坝越远的库区过渡区和河流区，底栖动物的数量和密度越低，其分布受年内水坝蓄水水位的影响越大。

（二）对底栖动物功能摄食群的影响

梯级水坝运行后漫湾水坝库区年度底栖动物的功能摄食群调查结果如图6-6所示。从空间分布上来看，旱季库区河流静水区（S3、S4）的底栖动物功能摄食群以掠食类（PR）占优势，滤食/采集类（FC）和收集/采集类（GC）次之；库区过渡区则由掠食类（PR）占优势（S5）过渡到收集/采集类（GC）占优势（S6）；库区河流区则以掠食类（PR）为主；库区支流库区（S8、S9、S10）的底栖动物功能摄食群以掠食类（PR）占优势，滤食/采集类（FC）和收集/采集类（GC）次之，并出现了少量的撕碎类（shredder，SH），坝下河流区（S1）则以收集/采集类（GC）、掠食类（PR）和撕碎类（shredder，SH）为主，并有少量的杂食类（omnivore，OM）和滤食/采集类（FC）分布。雨季库区河

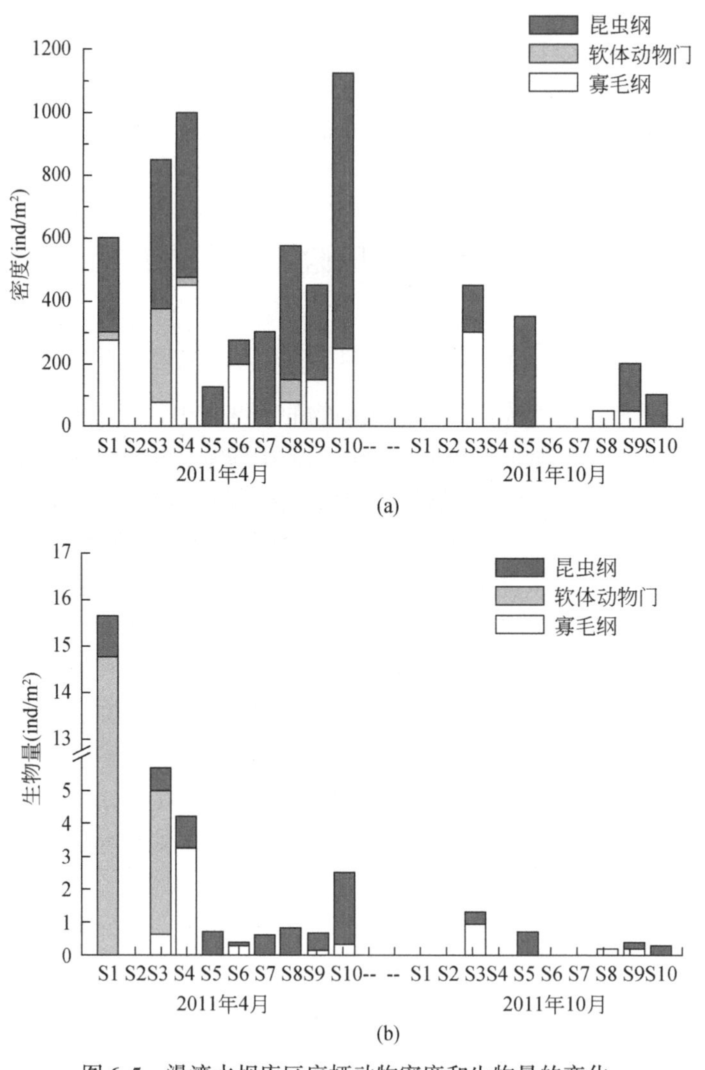

图 6-5 漫湾水坝库区底栖动物密度和生物量的变化

流静水区（S3）的底栖动物功能摄食群以掠食类（PR）和收集/采集类（GC）占优势，滤食/采集类（FC）则消失；库区过渡区（S5）则以撕碎类（shredder，SH）占优势，掠食类（PR）次之；库区支流库区（S8、S9、S10）的底栖动物功能摄食群以掠食类（PR）和收集/采集类（GC）占优势；其余库区和坝下河流区则未发现有底栖动物的分布。因此，漫湾库区底栖动物群落的功能摄食群分布表现为旱季多于雨季，沿着河流经向梯度表现出距离水坝越近的湖泊静水区，底栖动物群落的摄食功能群以掠食类（PR）占优势和以收集/采集类（GC）为主，并受水坝年内运行调节的影响越小，距离水坝越远的库区过渡区和河流区，底栖动物群落的摄食功能群受年内水坝蓄水水位的影响越大，同时库区支流库区的底栖动物群落功能摄食群受水坝年运行调节的影响较小。

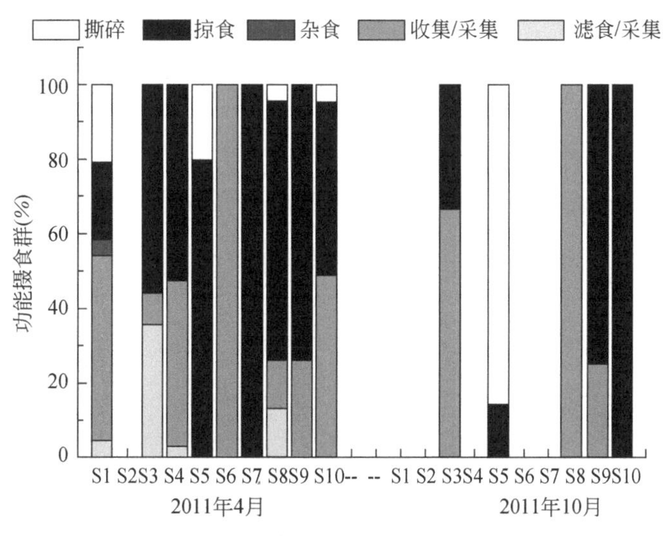

图 6-6　漫湾水坝库区底栖动物功能摄食群

（三）对底栖动物生物多样性的影响

梯级水坝运行后，漫湾库区各采样点底栖动物的物种数目如图 6-7（a）所示。总体来看，各采样点底栖动物的物种数目在旱季明显高于雨季。从空间分布上来看，旱季坝下河流区（S1）拥有最多的底栖动物物种数目，主要以昆虫纲种类占绝对优势，其余种类则包括软体动物门和寡毛纲类动物；库区河流静水区（S3、S4）的底栖动物数目相对较高，并且包括寡毛纲、软体动物门和昆虫纲动物；库区过渡区（S5、S6 ）底栖动物物种数目逐渐降低；库区河流区底栖动物种类（S7）则仅有水生昆虫类分布；此外库区支流库区（S8、S9、S10）则拥有较多的底栖动物物种数目，包括寡毛纲、软体动物门和昆虫纲动物。雨季底栖动物物种数目和种类相比旱季则明显降低，底栖动物仅分布于库区湖泊静水区（S3）、过渡区（S5）和支流库区（S8、S9、S10），其余各采样点未发现有底栖动物的分布。

梯级水坝运行后漫湾库区各采样点底栖动物的生物多样性指数如图 6-7（b）所示。总体来看，与物种数目的变化趋势相同，各采样点底栖动物的生物多样性指数旱季明显高于雨季。底栖动物生物多样性指数变化表现为旱季沿库区河流经向梯度由湖泊静水区（S3、S4）向过渡区（S5、S6）和河流区（S7）依次递减，支流库区（S8、S9、S10）由于水体交换条件较差及栖息地相对稳定，则拥有较高的生物多样性指数，坝下河流区（S1）也拥有相对较高的生物多样性指数。雨季各采样点底栖动物的生物多样性指数变化具有相同的趋势。

因此，漫湾库区各采样点底栖动物物种数目和生物多样性指数变化表现为旱季多于雨季，沿着河流经向梯度表现出距离水坝越近的湖泊静水区，底栖动物的物种数目和生物多样性指数越高，并受水坝年内运行调节的影响越小；而距离水坝越远的库区过渡区和河流区，底栖动物的物种数目和生物多样性指数相对较低，并受年内水坝蓄水水位的影响越

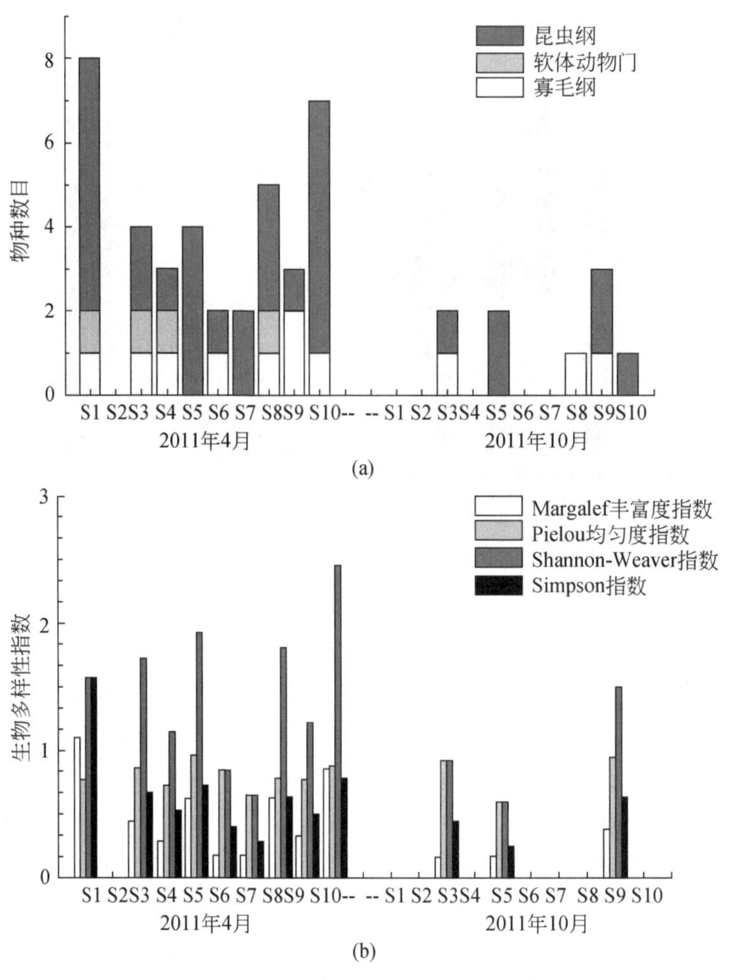

图 6-7 漫湾水坝库区底栖动物的生物多样性

大，同时库区支流库区的底栖动物物种数目和生物多样性指数较高，显示出支流库区水体交换条件较差、水环境条件相对稳定并受水坝年运行调节的影响也较小。

（四）生物指数（BI）的变化

梯级水坝运行后漫湾水坝库区各采样点底栖动物的生物指数计算结果见表 6-7。漫湾水坝库区除支流水坝库区采样点 S9 和 S10 的底栖生物指数（BI）雨季明显低于旱季外，其余各采样点雨季明显高于旱季，显示出雨季库区水质较旱季差。从 BI 指数数值的变化趋势来看，旱季库区湖泊静水区（S3、S4）BI 值较大，显示出旱季库区水质较差，生态风险较大；库区过渡区（S5、S6）BI 值则相对降低，显示出水质相对较好，生态风险较小；库区河流区（S7）BI 值最低，显示出水质相对最好，生态风险较小；而支流库区（S8、S9、S10）BI 值相对较高，水质相对较差，这与支流库区水体交换条件较差、污染物的聚集有关。因此，以生物指数（BI）评价漫湾库区的水质变化，沿着河流经向梯度表现出距离水坝越近的湖泊静水区，水质相对较差，生态风险较高；距离水坝越远的库区过渡区和河流区，水质相对较好，生态风险较低；而支流库区水质较差，生态风险较高。

表 6-7　漫湾水坝库区各采样点的生物指数（BI）

采样时间	S1	S2	S3	S4	S5	S6	S7	S8	S9	S10
2011 年 04 月	8.40	—	8.39	9.58	5.66	8.64	4.90	8.62	9.53	6.80
2011 年 10 月	—	—	9.77	—	8.41	—	—	10.00	8.83	4.90

（五）底栖动物群落的变化

参考历史调查资料，分别选取漫湾库区不同生境类型包括湖泊静水带（S3）、过渡带（S5）和河流带（S7）的 3 个调查样点，分析澜沧江中游梯级水坝建设运行前后漫湾库区底栖动物群落的变化，如图 6-8 所示。从底栖动物的密度来看，漫湾水坝蓄水前（1996 年）旱季的密度远高于雨季的密度；漫湾水坝蓄水后（1997 年），水库不同生境类型的密度相比蓄水前明显上升，雨季上升的趋势更明显，显示出蓄水后水库泥沙沉积、水流变缓之后，适宜底栖动物的生存和繁殖；梯级水坝运行后（2011 年）库区各生境类型的密度

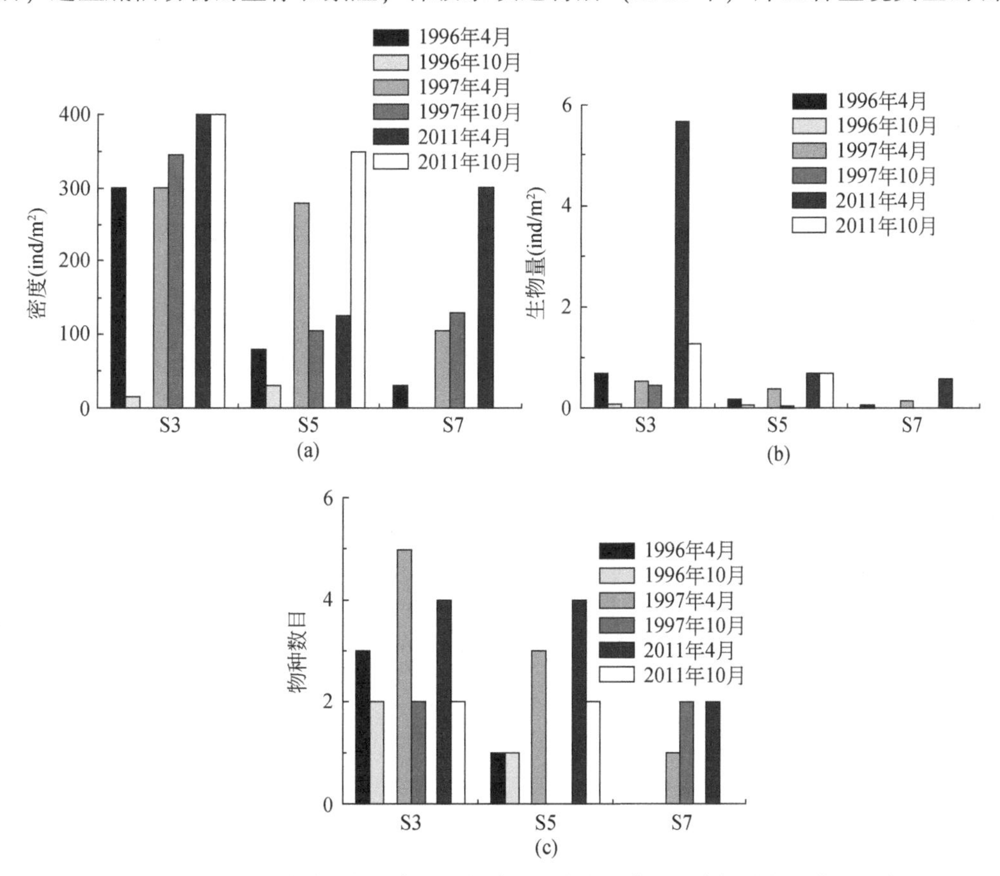

图 6-8　澜沧江中游梯级水坝建设运行前后漫湾水坝库区段底栖动物群落的变化

相比单一水坝运行时（1997 年）明显上升，同时在雨季库区湖泊静水区（S3）和过渡区（S5）上升趋势明显。底栖动物的生物量变化趋势则与密度变化类似，尤其是库区湖泊静水区（S3）的生物量在梯级水坝运行后（2011 年），旱季的生物量增加的趋势更为明显。库区不同生境类型采样点的底栖动物的物种数目相比单一水坝运行时（1997 年）和蓄水前（1996 年）显著上升，同时旱季的物种数目上升趋势更为明显。

第四节　水坝影响下河流鱼类的生态风险评价

鱼类作为水生生态系统食物链和食物网的顶级生物类群，其种类拥有多样化的营养类型。由于对水生生态和栖息地生境条件变化的敏感性使得鱼类可以作为水环境变化的指示生物。近年来，欧盟发布的最新的水环境政策，即《水框架指南》（*Water Framework Directive*，WFD）推荐鱼类作为评价水生态系统的 4 个生物指标之一。由于水坝建设和运行引起的水生生生态系统退化和生境条件的改变，鱼类被认为是受该影响最为敏感的指示生物。鱼类生物完整性指数（F-IBI）由 Karr 于 1981 年首次构建，其后该指数在国际上被广泛应用于水环境和水生生态系统状况的评价。然而，由于不同区域鱼类区系组成的差异，该指数需要改进和校准以适用于不同的研究区。

水坝建设和运行对河流的整个流域和水生生态系统具有深远的影响。许多研究表明，鱼类是受水坝建设和径流调节影响最敏感的生物类群。特别是由于建坝后河流经向连通性的阻断，洄游性鱼类受水坝建设影响更大。水坝同时引起土著鱼类适宜生境的破碎化和消失，进而导致土著鱼类的消失和灭绝、外来鱼类的生物入侵、流域鱼类 beta 多样性的降低和鱼类的生物同质化。目前，国际上鱼类生物同质化方面的研究主要集中于从大范围的时间和空间尺度上研究北美和欧洲地区。

澜沧江–湄公河流域作为世界上淡水鱼类生物多样性最丰富的流域之一，近年来其独特和多样化的鱼类区系正受到干流大量水坝建设的威胁，并引起了国际生态环境保护人士的广泛关注和争议。澜沧江–湄公河中国境内的部分，共记录 224 种鱼类，超过长江流域的 162 种鱼类。在这一鱼类生物多样性丰富的流域，中国境内的云南省澜沧江中下游正建设和规划 8 个梯级水电大坝。针对澜沧江流域梯级水电大坝的影响，许多学者分别从水文过程、水质和泥沙的输移等方面进行了深入的研究。事实上，水坝运行引起的水文过程、水质和泥沙的输移的变化则对流域土著鱼类的生存产生巨大的压力，而澜沧江流域有关水坝建设运行对鱼类影响的报道较为少见。在这一背景下，本书调查了小湾水坝蓄水运行前后澜沧江中下游区域鱼类群落营养结构和生境条件的变化，在此基础上建立了适用于该流域的鱼类生物完整性指数，分析了水坝蓄水运行前后水生生态系统的变化，探究了水坝蓄水运行前后鱼类区系的生物同质化过程，评价了水坝建设对鱼类带来的生态风险。

一、鱼类调查与采样

在鱼类调查样点的空间分布选取上，结合小湾水坝的坝址，在澜沧江中游小湾河段从上游到下游共设置 4 个调查样点（S1、S2、S3 和 S4）（图 6-9）。其中，在小湾水坝蓄水前的 2008 年，澜沧江中游鱼类调查共设置 3 个调查样点，分别为 S2、S3 和 S4，其中 S2 和 S3 代表了澜沧江中游干流鱼类分布的自然原始状况，S4 则代表了澜沧江支流黑惠江鱼类分布的自然原始状况。而在小湾水坝的蓄水期 2010 年和正常运行后的 2011 年，鱼类调

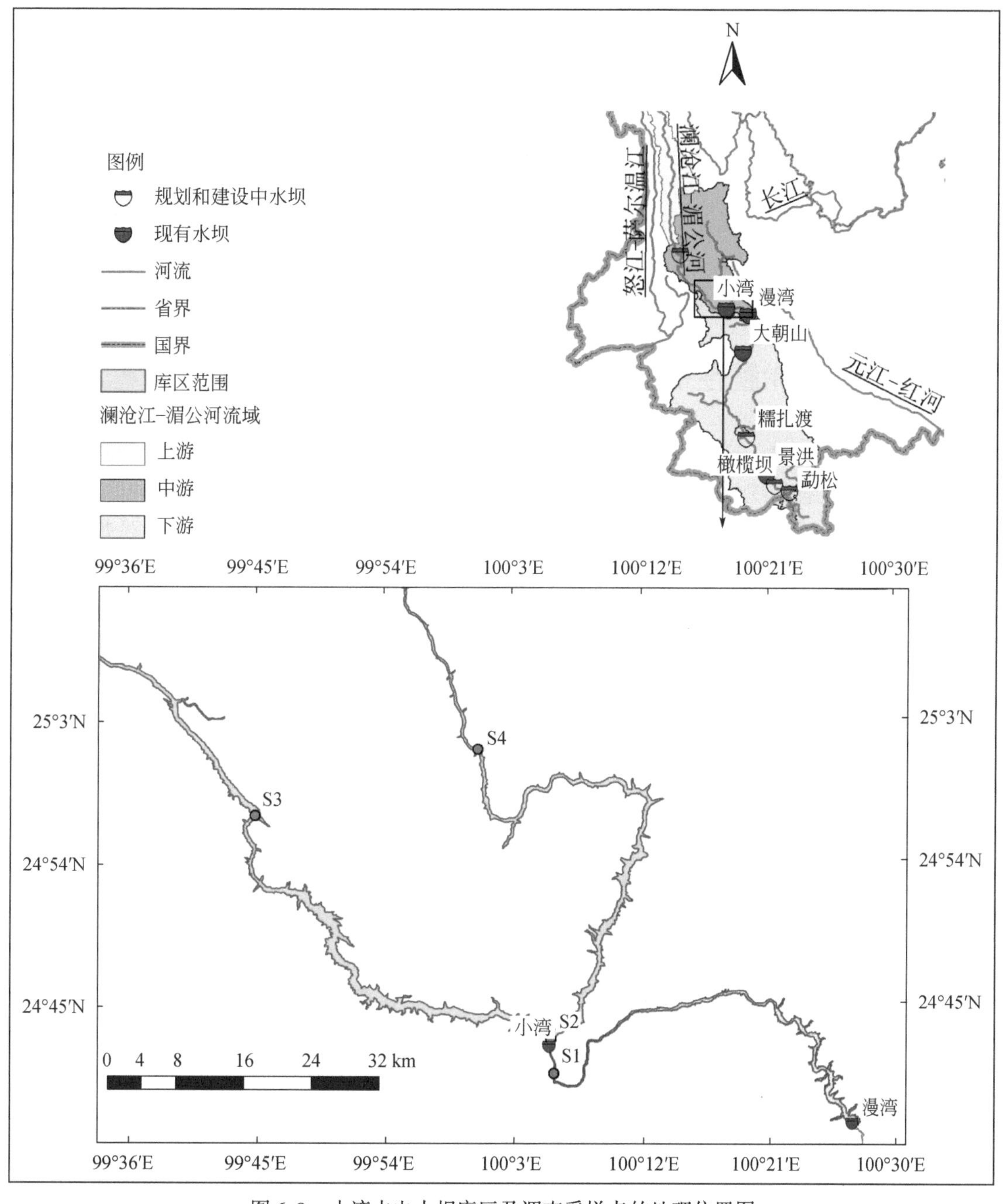

图 6-9　小湾水电大坝库区及调查采样点的地理位置图

查共设置4个调查样点，分别为S1、S2、S3和S4。调查样点S1位于小湾坝址下游，该样点受小湾水坝运行调度的径流调节的影响。调查样点S2位于小湾库区淹没区的坝前蓄水最深的区域，最深处达到252m，S3和S4位于小湾库区淹没区的上游区域，S3位于澜沧江干流库区且距离S2点为54.75 km的区域，S4位于澜沧江支流黑惠江库区且距离S2点为66.41 km的区域，这些样点均受小湾水坝蓄水淹没的影响。

由于澜沧江的河流水文过程在雨季和旱季的差异，研究区鱼类的调查分别于每年旱季的4月和雨季的8月分2次进行。鱼类的调查主要采用不同尺寸的刺网（20 mm、40 mm和60 mm）进行，并综合采用延绳钓、撒网、拖网和电击等方法为补充。分别于各采样点结合不同的水生境类型设置不同尺寸的刺网，下午撒网第二天早晨收网。在小湾水坝蓄水淹没前，各采样点鱼类调查包括澜沧江河道拥有的多样性的水生境类型，包括急流、浅滩和深水潭。而在小湾水坝蓄水后，各采样点鱼类调查则包括库区的深水区和湖滨区生境类型。各采样点调查获取的鱼类分别进行种类的鉴定（鱼类名录见附表5），计数，测量体长（mm）、称重（g）。典型标本标记后保存于10%的福尔马林溶液中作进一步分析。

二、鱼类生物完整性指数构建与分析

学者Karr于1981年首次研究并建立了基于鱼类群落的生物完整性指数（F-IBI），并用其来评价水生态系统的健康状况，该指数共包括12个鱼类群落学指标。此后，鱼类生物完整性指数及其评价方法被广泛地应用于北美大陆和世界上的其他地区。在欧洲，鱼类生物完整性指数被发展为欧洲鱼类指数（EFI）。综合学者的广泛研究，鱼类生物完整性指数的建立被认为需要结合研究区当地的鱼类区系、气候、生境条件和水生生态系统状况。

参与鱼类生物完整性指数计算的指标共有10个，分为四大类，包括物种组成和丰富度、营养类型、生境类型和对干扰的耐受性。其中，物种组成和丰富度包括3个指标，即土著种鱼类的物种数目、土著种鱼类的比例、特有种鱼类的比例。土著种鱼类的物种数目和土著种鱼类的比例表示鱼类群落结构的变化，其数值随水生生态系统的退化而降低。特有种鱼类的比例，包括平鳍鳅科（Homalopteridae）、鳅科（Cobitidae）、鮡科（Sisoridae）鱼类的比例，同时也被选为参与计算的指标，以上这些鱼类特有种指示了澜沧江流域的急流底栖生境。基于澜沧江流域的鱼类区系调查结果，并参考其他学者的相关研究，研究区鱼类的营养类型划分为以下5类，杂食类（食性广泛）、无脊椎动物类（以腹足类和水生昆虫幼体为食）、植物性食物类（以附生丝状藻类为食）、肉食类（以脊椎动物和其他鱼类为食）和浮游生物类（以浮游植物和浮游动物为食）。鱼类群落中杂食类比例的增加通常被认为是水生生态系统退化的标志。而在小湾水坝蓄水淹没后，由于库区深静水生境的建立，鱼类群落中无脊椎动物类和植物性食物类的比例显著降低。此外，库区鱼类群落中浮游生物类和肉食类的比例亦随库区生境条件的变化明显增加。由于小湾水坝运行蓄水后库区生境条件的巨大变化，澜沧江流域的多数土著鱼类适应急流生境，因此鱼类群落中喜急流生境的比例（包括急流水体和急流底栖类）在水坝蓄水后大幅降低，因此该指标也被选为参与计算鱼类生物完整性指数的指标。为了分析小湾水坝建设蓄水前后鱼类营养类型和生境条件的差异性，本书采用 SPSS 15.0 中的卡方检验（χ^2）分析同一调查采样点（S2、S3 和 S4）在不同调查年份的变化。基于鱼类对水环境条件退化的响应，参考以往的研究把澜沧江中游鱼类物种划分为耐受种和敏感种，其中耐受种鱼类可以在水坝蓄水前后发现，并且对水环境条件的改变不敏感，而敏感种则在水坝蓄水运行后种群数量明显降低甚至灭绝消失。本节中小湾水坝蓄水前后鱼类物种的耐受性参考澜沧江流域前期的鱼类调查结果。

在鱼类生物完整性指数的构建过程中，为了减少冗余指标的影响，Spearman 秩相关分析被用来分析 10 个参选指标的相关性系数。在本区域中，营养类型参数中的无脊椎动物类比例、浮游生物类比例和植物性食物类比例呈极显著相关（$P<0.01$）。因此，营养类型参数中的浮游生物类比例和植物性食物类比例这 2 个参选指标作为冗余指标被剔除出去，最终参与鱼类生物完整性指数（F-IBI）构建的指标共计 8 个（表 6-8）。

表 6-8　参与澜沧江中游小湾库区鱼类生物完整性指数（F-IBI）计算指标

类型	候选指标	缩写	R. E.
物种组成和丰富度	土著种鱼类的物种数目	SM_1	+
	土著种鱼类的比例	SM_2	+
	特有种鱼类的比例	SM_3	+
营养类型	肉食类比例	SM_4	−
	杂食类比例	SM_5	−
	浮游生物类比例	SM_6	−
生境	急流生境比例（包括急流水体和急流底栖类）	SM_7	+
耐受性	耐受种个体的比例	SM_8	−

注：R. E. 表示该指标的数值大小与自然河流原始水环境状况的关系，+表示正相关，−表示负相关

从时间和空间尺度上看，由于小湾水坝的蓄水淹没和径流调节，澜沧江中游鱼类群落的物种组成和丰富度、营养类型、生境和耐受性变化可以指示水生态系统从河流的原始和未干扰状态向退化状态的转变。鱼类生物完整性指数的构建过程如下，如果该入选指标数值变化与自然河流原始水环境状况呈正相关（SM_1、SM_2、SM_3、SM_7），则将各采样点的数据进行标准化，其值范围为 0～100（表 6-9）。相反，如果该入选指标数值变化与自然河流原始水环境状况呈负相关（SM_4、SM_5、SM_6、SM_8），则以 100 减去各采样点的数据标准化后的数值。最终的鱼类生物完整性指数为计算所有 8 个入选指标的平均值，数值范围为 0～100（表 6-9）。根据学者 Karr、Minns、Ganasan 和 Launois 的划分标准，研究区鱼类生物完整性指数划分为 6 个等级（表 6-9），计算小湾水坝建设和运行前后各采样点的鱼类生物完整性指数，进而定量评价水坝蓄水前后水生生态系统健康的演变情况。

表 6-9　澜沧江中游小湾水坝库区鱼类生物完整性指数（F-IBI）划分标准及对应的水生生态系统健康状况

F-IBI 值	等级	评价	特征
81≤F-IBI≤100	Ⅰ	优	相对自然原始的生态状况，多样性的土著鱼类分布
61≤F-IBI≤80	Ⅱ	良	土著鱼类种类降低，受低强度人类活动的干扰
41≤F-IBI≤60	Ⅲ	中	河流保持自然流动状态，土著鱼类种类明显降低，受相对较高人类活动强度的干扰
21≤F-IBI≤40	Ⅳ	劣	很少发现土著鱼类的生存，其生境受水坝蓄水淹没和径流调节的影响
1≤F-IBI≤20	Ⅴ	差	主要以外来种鱼类为主，土著鱼类的物种消失
0	Ⅵ	无鱼类分布	重复调查未发现鱼类的分布

各调查样点鱼类的物种丰富度通常小于研究区域内的期望值。为了分析水坝建设对澜沧江中游鱼类物种丰富度的影响，采用一阶 Jackknife 估计来计算研究区鱼类物种丰富度在建坝前后的变化。Jackknife 估计计算采用以下公式：

$$J_n(S) = S_0 + \frac{n-1}{n}\sum_{i=1}^{n} r_i$$

式中，S_0为所有调查样点均出现的鱼类物种数目；n 为调查样点的数目；r_i为仅出现于调查样点 i 的鱼类物种数目

Jackknife 估计的方差 J_n（S）采用以下公式进行计算：

$$\mathrm{VAR}[J_n(s)] = \frac{n-1}{n}\sum_{i=1}^{n}\left(r_i - \frac{1}{n}\sum_{i=1}^{n} r_i\right)^2$$

J_n（S）的标准差为$\sqrt{\mathrm{VAR}[J_n(S)]}$，Jackknife 估计的 95% 置信区间计算和表示为 J_n（S）±置信区间估计量。

研究区的澜沧江中游位于澜沧江鱼类区系的过渡区，由上游自然分布较少的鱼类物种且喜冷水生境逐渐向下游分布有较多鱼类物种且喜暖水生境过渡，该现象被称为自然条件下鱼类生物完整性的经向变化。为了表明自然条件下鱼类生物完整性的经向变化和水坝建设对其的影响，引入鱼类生物完整性指数变率（F-IBI_v）这一概念，澜沧江中游鱼类生物完整性指数变率的计算采用以下公式：

$$\mathrm{F-IBI}_v = \frac{|F_1 - F_2|}{D_{1\sim2}}$$

式中，F_1和 F_2为相邻两个调查样点的鱼类生物完整性指数；$D_{1\sim2}$为沿河道这两个相邻调查样点的距离，本节中沿澜沧江 S1 ~ S2、S2 ~ S3 和 S2 ~ S4 的距离分别为 3.86 km，54.75 km 和 66.41 km（图 6-9）。

三、水坝建设对鱼类的生态风险

（一）对鱼类群落的影响

澜沧江中游小湾水坝建设和蓄水运行前后 3 年鱼类调查共记录 45 种鱼类，其中 28 种

为土著种，占鱼类总数的62.22%。在小湾水坝蓄水淹没前的2008年，样点S3记录有最多的鱼类物种数目，共计17种，其中16种为土著种［图6-10（a）］。样点S2，共记录13种鱼类物种数目，其中9种为土著种。样点S4，共记录6种，6种均为土著种［图6-10（a）］。2010年为小湾水坝蓄水年，伴随着库区水位的上升和水坝运行对径流的调节，各调查样点（S1、S2、S3和S4）的土著鱼类物种数目和土著种鱼类的比例显著降低［图6-10（a），图6-10（b）］。2011年，小湾水坝正常蓄水运行，各调查样点（S1、S2、S3和S4）土著鱼类物种数目和土著种鱼类的比例进一步降低［图6-10（a），图6-10（b）］。其中，虽然样点S1在2011年受小湾水坝运行调度径流调节的影响，但样点S1（小湾水坝下游）在2011年鱼类调查中相对于库区各调查样点（S2、S3和S4）拥有较多的土著种鱼类物种数目。Jackknife估计表明澜沧江中游研究区鱼类的物种丰富度（95%置信区间）在小湾水坝建设运行前后变化明显。小湾水坝蓄水前的2008年研究区鱼类的物种丰富度为15.0±5.23，2010年蓄水期则显著降低为8.25±2.03，2011年正常蓄水运行后进一步降低为6.00±0.85。

在小湾水坝蓄水前的2008年，特有种鱼类的比例，包括平鳍鳅科（Homalopteridae）、鳅科（Cobitidae）、鮡科（Sisoridae）鱼类的比例，在澜沧江干流各采样点（S2和S3）占优势［图6-10（c）］。而在小湾水坝蓄水后的2010年和2011年，由于库区水文过程的改变和急流底栖生境的消失，特有种鱼类的比例急剧降低，接近于0。以2008年调查的采样点S3为例，捕获鱼类的组成比例在科水平上的分布：35.00%为鮡科（Sisoridae）、28.33%为平鳍鳅科（Homalopteridae）、22.50%为鳅科（Cobitidae）、13.33%为鲤科（Cyprinidae）［图6-10（c）］。其中，鲤科（Cyprinidae）鱼类中多以裂腹鱼亚科（Schizothoracinae）、鲃亚科（Barbinae）和野鲮亚科（Labeoniae）为主，这些鱼类适宜于急流生境中生存。然而，在小湾水坝建成蓄水和运行后，各调查样点（S1、S2、S3和S4）鱼类的群落组成发生了很大的变化。2010年，以采样点S3为例，鲤科（Cyprinidae）鱼类组成中多以外来种为主，而土著种则很少。2011年，小湾水坝库区淹没区的调查点S2则以外来种太湖新银鱼（*Neosalanx taihuensis*）占优势，而小湾坝下调查点S1则以外来种鲤科（Cyprinidae）鱼类和鰕虎鱼科（Gobiidae）鱼类占优势。

（二）水坝建设对鱼类营养结构的影响

如图6-10（d）所示，各采样点鱼类营养类型比例在小湾水坝蓄水和运行前后发生了很大的变化。以S3调查样点为例，2008年营养类型中无脊椎动物类比例为58.33%，植物性食物类比例为30.00%。2010年为小湾水坝库区蓄水期，营养类型中在所有调查样点以杂食类比例占绝对优势，其中S1点为94.42%、S2点为89.53%、S3点为86.40%，以及S4点为55.00%。2011年，小湾水坝正常运行期，除S1调查样点外，库区其余样点营养类型变为以浮游生物类比例（S2，66.33%；S3，48.64%；S4，72.43%）和杂食类比例（S2，23.67%；S3，40.14%；S4，25.95%）占优势，而S1点则仍以杂食类比例（76.11%）占优势。同时，卡方检验表明同一调查样点（S2、S3和S4）的鱼类营养结构比例在不同的调查年份有显著差异。

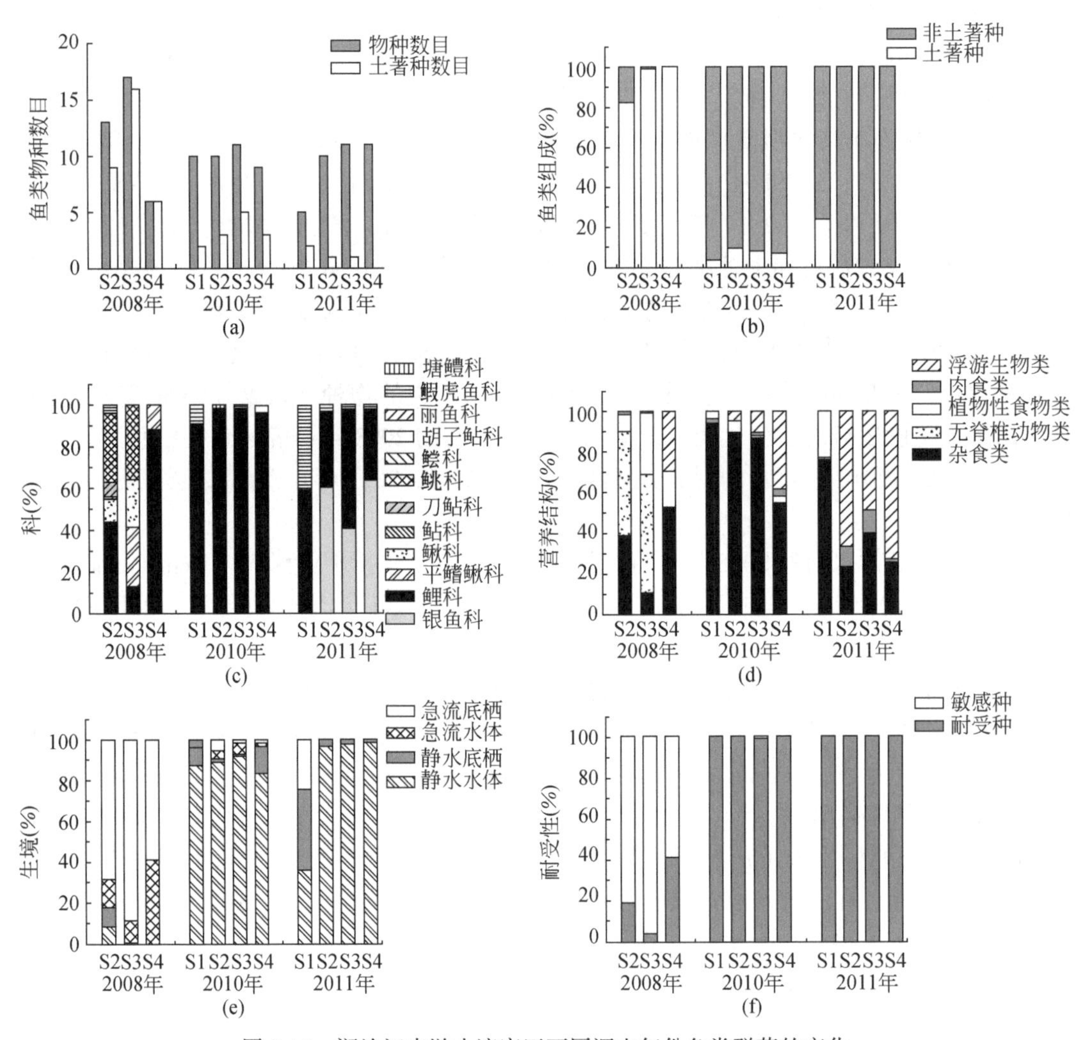

图 6-10 澜沧江中游小湾库区不同调查年份鱼类群落的变化

（a）为鱼类的物种数目和土著种鱼类的物种数目；（b）为土著种和外来种鱼类的比例；（c）为鱼类群落在科一级的组成；（d）为鱼类营养类型的比例；（e）为鱼类不同生境类型的比例；（f）为鱼类耐受性和敏感种的比例

（三）水坝建设对鱼类生境的影响

如图 6-10（e）所示，在小湾水坝运行和蓄水前的 2008 年，各采样点鱼类生境类型比例以急流底栖类（S2，68.13%；S3，88.33%；S4，58.82%）占优势，并有少部分的急流水体类（S2，14.29%；S3，10.83%；S4，41.18%）。2010 年的小湾水坝库区蓄水期，各采样点鱼类生境类型比例变为以静水水体类（S1，87.55%；S2，89.00%；S3，92.00%；S4，83.33%）占绝对优势。2011 年小湾水坝正常运行期，各采样点鱼类生境类型比例中静水水体类比例进一步升高（S2，96.53%；S3，96.83%；S4，98.38%），虽然 2011 年

S1 采样点鱼类生境类型比例以静水水体类占优势，但该样点仍有 23. 89% 的急流底栖类分布。同时，卡方检验表明同一调查样点（S2、S3 和 S4）的鱼类生境类型比例在不同的调查年份有显著差异。

（四）水坝建设对鱼类耐受性的影响

如图 6-10（f）所示，各采样点鱼类耐受性和敏感性物种比例在小湾水坝蓄水和运行前后发生了很大的变化。在小湾水坝运行和蓄水前的 2008 年，各调查样点（S2、S3 和 S4）鱼类敏感性物种比例分别为 80. 77%、95. 84% 和 58. 82%。2011 年小湾水坝正常运行期，各调查样点（S2、S3 和 S4）鱼类敏感性物种比例降低到接近于 0。相反，各调查样点（S2、S3 和 S4）鱼类耐受性物种比例在小湾水坝运行和蓄水前的 2008 年分别为 19. 23%、4. 16% 和 41. 18%，而 2011 年则接近于 100%。

（五）水坝建设对鱼类生物完整性指数的影响

澜沧江中游小湾水坝建设和运行前后鱼类生物完整性指数见表 6-10。在小湾水坝运行和蓄水前的 2008 年，澜沧江中游干流的鱼类生物完整性指数 S2 样点为 76. 55，S3 样点为 98. 85，支流黑惠江相对较低，为 65. 18。2010 年小湾水坝库区蓄水期，小湾库区鱼类生物完整性指数明显降低，干流库区 S2 样点为 29. 12，S3 样点为 28. 73，支流库区 S4 样点为 24. 10。同时，坝下 S1 样点鱼类生物完整性指数也明显降低，为 27. 04。2011 年小湾水坝正常运行期，小湾库区鱼类生物完整性指数进一步降低，干流库区 S2 样点为 13. 87，S3 样点为 13. 05，支流库区 S4 样点为 19. 90。同时坝下 S1 样点鱼类生物完整性指数相比 2010 年由所升高，为 35. 40。

表 6-10　澜沧江中游小湾库区及沿河流经向梯度的鱼类生物完整性指数（F-IBI）变率

F-IBI 值	S1	S2	S3	S4	S1 ~ S2 (km^{-1})	S2 ~ S3 (km^{-1})	S2 ~ S4 (km^{-1})
2008	NA	76. 55（Ⅱ）	98. 85（Ⅰ）	65. 18（Ⅱ）	NA	0. 41	0. 17
2010	27. 04（Ⅳ）	29. 12（Ⅳ）	28. 73（Ⅳ）	24. 10（Ⅳ）	0. 54	0. 01	0. 08
2011	35. 40（Ⅳ）	13. 87（Ⅴ）	13. 05（Ⅴ）	19. 90（Ⅴ）	5. 58	0. 01	0. 09

结合澜沧江水生生态系统健康的等级划分标准，在小湾水坝运行和蓄水前的 2008 年，基于鱼类生物完整性指数的澜沧江中游干流水生生态系统健康处于Ⅰ ~ Ⅱ级，支流黑惠江为Ⅱ级，生态风险较小。2010 年的小湾水坝库区蓄水期，小湾库区范围水生生态系统健康明显下降，处于Ⅳ级，生态风险较大；小湾坝下区域水生生态系统所受影响较大，水生生态系统健康也降低为Ⅳ级，生态风险较大。2011 年小湾水坝正常运行期，小湾库区范围水生生态系统健康进一步下降，处于Ⅴ级，生态风险极大；小湾坝下区域水生生态系统所受影响较小，水生生态系统健康仍然维持在Ⅳ级，生态风险较大。

澜沧江中游沿河流经向梯度的鱼类生物完整性指数变率在小湾水坝建设和运行前后也发生了较大的变化。在小湾水坝运行和蓄水前的 2008 年，鱼类生物完整性指数变率在澜沧江干流为0.41 km^{-1}，支流为黑惠江为0.17 km^{-1}。而在小湾水坝蓄水运行后的2010年和2011年，鱼类生物完整性指数变率在澜沧江库区干流和支流则迅速降低为接近于0 km^{-1}。同时，2011年坝下样点S1和坝上样点S2的鱼类生物完整性指数变率由2010年的0.54 km^{-1}增加到5.58 km^{-1}。

本章小结

植被淹没是梯级水坝建设、运行岸带和坡面生态系统造成的最主要的生态风险，本书建立的植被影响指数（VII）可以很好地定量评价梯级水库蓄水的淹没效应；植被影响指数等级（VIIs，1~5级）表明，在水坝蓄水运行后，随着库区水位的上升，引起的植物群落消失和变化所对应不同的风险等级；澜沧江流域中下游及东南亚的标志性河岸带灌木群落——水杨柳（*Homonoia riparia*）灌丛因漫湾水坝蓄水迅速消失，梯级水坝蓄水的淹没效应对其造成的生态风险最大，其植被影响指数（VII）等级最高（5级）。

基于澜沧江流域梯级水坝开发前后浮游植物和浮游动物群落对水文过程和水环境变化的敏感性，综合考虑浮游植物生物完整性指数（P-IBI）和浮游动物生物完整性指数（Z-IBI）的分析结果，建立了综合浮游生物完整性指数并定量评价澜沧江中游梯级水坝建设和运行前后水生态系统健康和退化的状况。综合浮游生物完整性指数的评价结果，漫湾水坝蓄水运行后漫湾库区范围的水生生态系统健康从Ⅰ级降为Ⅲ级，生态风险最大；未受水库回水影响的上游小湾区域水生生态系统健康从Ⅰ级降低为Ⅱ级，生态风险较大，漫湾坝下区域水生生态系统健康也从Ⅰ级降为Ⅱ级，生态风险较大；漫湾上游的小湾水坝运行后，梯级水坝的作用使小湾库区水生生态系统健康从Ⅱ级下降为Ⅲ级，生态风险加大，漫湾坝下区域水生生态系统健康仍然维持在Ⅱ级，梯级水坝对生态风险的作用不明显。

通过对漫湾库区运行16年后的底栖动物群落学调查，分析了底栖动物群落的结构、密度和生物量变化与底泥的物理化学性质之间的相互关系。在此基础上，分析水坝运行对底栖动物功能摄食群和生物多样性指数的影响。通过漫湾水坝建设前后3期底栖动物群落物种组成、密度和生物量的对比研究表明，库区底栖动物群落的发展与水库的泥沙淤积情况和库区水文状况密切相关，并随水坝的运行调度及调节处于动态变化中。基于底栖动物耐污性和生物多样性的生物指数评价结果表明，漫湾水坝库区水体水质和水生生态系统健康状况也表现出沿库区河流经向梯度变化，距离水坝越近的湖泊静水区，水体水质和水生生态系统健康状况相对较差，生态风险较大；距离水坝越远的库区过渡区和河流区，水体水质和水生生态系统健康状况相对较好，生态风险较小。

基于鱼类生物完整性指数的生态风险评价结果表明，小湾水坝蓄水期，库区水生生态系统健康明显下降，处于Ⅳ级，生态风险较大；小湾坝下区域水生生态系统所受影响较大，水生生态系统健康也从Ⅱ级降为Ⅳ级，生态风险增大。小湾水坝运行期，库区范围水生生态系统健康进一步下降，处于Ⅴ级，生态风险极大；小湾坝下区域水生生态系统所受影响较小，水生生态系统健康仍然维持在Ⅳ级，生态风险较大。另外，鱼类种类组成调查结果表明，建坝后伴随着库区急流生境的消失及外来鱼类的引入，导致库区大多数土著鱼类的消失和灭绝，生态风险较大。此外，Jaccard 相似性指数清晰的表明，建坝后澜沧江鱼类多样性的丧失和鱼类生物区系的同质化，其生态风险增大。

参考文献

董鸣，王义凤，孔繁志 . 1997. 陆地生物群落调查观测与分析 . 北京：中国标准出版社 .

胡鸿钧，魏印心 . 2006. 中国淡水藻类——系统，分类及生态 . 北京：科学出版社 .

王备新，杨莲芳 . 2004. 我国东部底栖无脊椎动物主要分类单元耐污值 . 生态学报，24：2768-2775.

王德铭，王明霞，罗森源 . 1993. 水生生物监测手册 . 南京：东南大学出版社 .

吴东浩，王备新，张咏，等 . 2011. 底栖动物生物指数水质评价进展及在中国的应用前景 . 南京农业大学学报，34（2），129-134.

张觉民，何志辉 . 1991. 内陆水域渔业自然资源调查手册 . 北京：中国农业出版社 .

张跃平 . 2006. 江苏大型底栖无脊椎动物耐污值、BI 指数及水质生物评价研究 . 南京：南京农业大学硕士学位论文 .

An K, Park S S, Shin J. 2002. An evaluation of a river health using the index of biological integrity along with relations to chemical and habitat conditions. Environment International, 28: 411-420.

Barbour M T, Gerritsen J, Snyder B D, et al. 1999. Rapid Bioassessment Protocols for Use in Streams and Wadeable Rivers: Periphyton, Benthic Macroinvertebrates and Fish, Second Edition. Washington DC: EPA 841-B-99-002. U. S. Environmental Protection Agency, Office of Water.

De Marco P, Resende D C. 2010. Adult odonate abundance and community assemblage measures as indicators of stream ecological integrity: A case study. Ecological Indicators, 10: 744-752.

Gopalan G, Culver D A, Wu L, et al. 1998. Effects of recent ecosystem changes on the recruitment of young-of-the-year fish in western Lake Erie. Canadian Journal of Fisheries and Aquatic Sciences, 55: 2572-2579.

Hill M O, Bunce R, Shaw M W. 1975. Indicator species analysis, a divisive polythetic method of classification, and its application to a survey of native pinewoods in Scotland. The Journal of Ecology, 1: 597-613.

Hill M O, Šmilauer P. 2005. TWINSPAN for Windows version 2. 3. Centre for Ecology and Hydrology & University of South Bohemia. Huntingdon & Ceske Budejovice.

Hill M O. 1979. TWINSPAN: A FORTRAN Program for Arranging Multivariate Data in an Ordered Two-Way Table by Classification of the Individuals and Attributes. Section of Ecology and Systematics, Cornell University.

Hillebrand H, Dürselen C D, Kirschtel D, et al. 1999. Biovolume calculation for pelagic and benthic microalgae. Journal of Phycology, 35: 403-424.

Jaccard P. 1901. Etude comparative de la distribution florale dans une portion des Alpes et du Jura. Impr. Corbaz.

Kane D D, Gordon S I, Munawar M, et al. 2009. The planktonic index of biotic integrity (P-IBI): An approach for assessing lake ecosystem health. Ecological Indicators, 9: 1234-1247.

Karr J R. 1981. Assessment of biotic integrity using fish communities. Fisheries, 6: 21-27.

Li F, Cai Q, Ye L. 2010. Developing a benthic index of biological integrity and some relationships to environmental factors in the subtropical Xiangxi River, China. International Review of Hydrobiology, 95: 171-189.

Lugoli F, Garmendia M, Lehtinen S, et al. 2012. Application of a new multi-metric phytoplankton index to the assessment of ecological status in marine and transitional waters. Ecological Indicators, 23: 338-355.

Mallik A V, Richardson J S. 2009. Riparian Vegetation change in upstream and downstream reaches of three temperate rivers dammed for hydroelectric generation in British Columbia, Canada. Ecological Engineering, 35: 810-819.

Margalef D R. 1958. Information theory in ecology. General Systtems, 3: 36-71.

Nygaard G. 1949. Hydrobiological studies on some Danish ponds and lakes: Part Ⅱ: The quotient hypothesis and some new or little known phytoplankton organisms: I kommission hos Munksgaard.

Rothrock P E, Simon T P, Stewart P M. 2008. Development, calibration, and validation of a littoral zone plant index of biotic integrity (PIBI) for lacustrine wetlands. Ecological Indicators, 8: 79-88.

Schiemer F. 2000. Fish as Indicators for the Assessment of the Ecological Integrity of Large Rivers. Springer.

Schmutz S, Cowx I G, Haidvogl G, et al. 2007. Fish-based methods for assessing European running waters: A synthesis. Fisheries Management and Ecology, 14: 369-380.

Shannon C E, Weaver W. 1949. The mathematical theory of communication. Urbana: University of Illinois Press IL.

Thunmark S. 1945. Zur Soziologie des süsswasserplanktons: Eine methodologisch-ökologische studie. Gleerupska Universitetsbokhandeln.

Wu N, Cai Q, Fohrer N. 2012. Development and evaluation of a diatom-based index of biotic integrity (D-IBI) for rivers impacted by run-of-river dams. Ecological Indicators, 18: 108-117.

Wu N, Schmalz B, Fohrer N. 2012. Development and testing of a phytoplankton index of biotic integrity (P-IBI) for a German lowland river. Ecological Indicators, 13: 158-167.

第七章　基于格局与过程的景观生态风险评价

区域生态风险评价是指在区域尺度上评价一种或多种压力对多重生态受体产生不利生态影响的概率的过程（殷贺等，2009）。区域景观生态风险分析是生态风险评价的一个分支，是在区域景观尺度上描述和评价环境污染、人为活动或自然灾害对生态系统的结构和功能所产生不利影响的可能性和危害程度（李谢辉和李景宜，2008）。目前，已有学者对流域的景观生态风险进行了研究（卢宏玮等，2003；卢远等，2010），也有学者探讨了道路建设的景观生态风险（刘世梁等，2005；张兆苓等，2010）。对于特殊地形地貌区的景观生态风险也有相应的研究报道（巫丽芸，2010）。水电开发会对环境产生显著影响，大型水利水电工程的建设和运行对区域生态环境的影响具有复杂性、潜在性、空间性、累积性及规模大的特点，往往造成难以估计的后果。水电开发能够导致土地利用及覆被的变化（Zacharias et al.，2004；Ouyang et al.，2010），继而改变陆地景观格局和生态学过程。因此，对水电开发下的生态风险进行研究具有十分重要的意义。目前，对水利水电建设的景观生态风险评价尚没有形成完善的理论和方法，仅体现在采用单一的景观生态学指标来衡量水电站建设对景观格局及过程的影响程度（李春晖等，2003；周庆等，2008；昝国盛，2009），基于景观格局与关键生态过程的研究较少，而采用综合景观生态风险指标来评价水利工程建设的景观生态风险还不多见。

本节采用地统计学方法并结合空间自相关指数 Moran's I 对漫湾水电站建设前后区域景观生态风险指数的时空分异特征进行分析，通过相关性分析对风险指数的影响因子进行研究，确定漫湾水电站的建设对区域景观生态水平的影响。

第一节　大坝建设对漫湾库区景观格局破碎化风险

景观格局变化对于流域水文变化影响剧烈，澜沧江大坝建设后，会直接或者间接影响土地利用的改变。以漫湾水库为例，分析了大坝建设对库区土地利用的影响。漫湾水库建成较早，大坝建设后，库区土地利用方式的改变对植被群落组成和演替过程有较大的影响，且其影响效应在区域尺度上表现出了空间异质性。针对该重点区域，利用土地利用和覆盖变化遥感分类结果，统计建坝前后不同时期各植被类型面积、比例的增减状况；利用景观格局指数定量分析植被景观结构组成和空间配置的变化情况；用核密度估计法研究漫湾库区植被格局变化的空间分布特征，景观格局的研究为流域生态风险及其生态水文过程模型的建立提供了基础。

漫湾水电站于 1991 年基本建成完工，进入试运行阶段，于 1993 年正式并网发电。所使用的漫湾库区基础数据源为 1974 年 1 月 4 日的 Landsat MSS 影像（#141/43）、1991 年 2

月 12 日和 2006 年 12 月 11 日的 TM 影像（均为#131/43），辅助数据有 1：50 000 地形图。图像解译在 ERDAS IMAGINE 9.0 软件中进行，并结合实地调研验证获取 3 个时期的库区景观类型图，其影像的分类精度达 91%。根据研究需要，将库区景观类型划分为水域、林地、灌丛、草地、农田和建设用地，共 6 个景观类型。

景观格局变化利用 FRAGSTATS 3.3 软件在类型水平上选取了景观百分比指数（PLAND）、斑块数（NP）、大斑块指数（LPI）、总边缘长度（TE）、邻近度指数（PLADJ）和结构连接度指数（CONNECT），在景观水平上加入香农多样性指数（SHDI），共 7 个指数计算库区整体及 4 个研究小区不同尺度的植被景观格局变化。选取的这 7 个格局指数是度量景观破碎化并与景观功能连接度密切相关的指标（Wu，2000），各指标公式及生态学意义见表 7-1。

表 7-1 景观格局指数

景观格局指数	公式	解释	参数
景观百分比指数（PLAND）	$\text{PLAND} = p_i = \dfrac{\sum_{j=1}^{n} a_{ij}}{A} \times 100$	PLAND 指某一类型景观的斑块面积占总研究区面积的百分比	P_i = 斑块面积百分比 a_{ij} = 斑块 ij 的面积（km^2） A = 研究区总面积（km^2）
斑块数（NP）	$\text{NP} = n_i$	NP 指斑块总数	n_i = 斑块总数
大斑块指数（LPI）	$\text{LPI} = \dfrac{\max_{j=1}^{n}(a_{ij})}{A} \times 100$	LPI 指最大斑块的面积占总面积的比例	a_{ij} = 最大斑块 ij 的面积（km^2） A = 研究区总面积（km^2）
总边缘长度（TE）	$\text{TE} = \sum_{k=1}^{m} e_{ik}$	TE 指所有斑块的周长之和	e_{ik} = 斑块周长（m）
邻近度指数（PLADJ）	$\text{PLADJ} = \left(\dfrac{g_{ii}}{\sum_{k=1}^{m} g_{ik}}\right) \times 100$	PLADJ 指通过邻近矩阵计算，能度量两两斑块之间的邻近度	g_{ii} = 用重复计算的方法计算斑块 i 的邻近斑块数量 g_{ik} = 用重复计算的方法计算斑块 i 和 k 的邻近斑块数量
结构连接度指数（CONNECT）	$\text{CONNECT} = \left[\dfrac{\sum_{j=k}^{n} c_{ijk}}{\dfrac{n_i(n_i-1)}{2}}\right] \times 100$	CONNECT 可以度量斑块之间连接度的最大可能性	c_{ijk} = 基于特定阈值，斑块 j 和 k 与斑块 i 之间的连接性（0 = 不连接，1 = 连接） n_i = 与斑块 i 相关的斑块数
香农多样性指数（SHDI）	$\text{SHDI} = -\sum_{i=1}^{m}(P_i \cdot \ln P_i)$	SHDI 用来度量景观尺度上的种群多样性	P_i = 景观类型 i 的面积百分比

利用核密度估计法（kernel density estimation，KDE）对库区的植被斑块密度在不同时期的空间演变规律进行分析，该方法采用复杂的距离衰减测度局部密度的变化，结合 GIS 技术和植被的格局指数，可以揭示库区植被的空间结构特征及演进规律（刘锐等，2011）。核密度估计法属于非参数密度估计的一类，方法是在每一个数据点处设置核函数对点格局的密度进行估计。通常采用 Rosenblatt-Parzen 核估计（Gatrell et al.，1996）：

$$f_n(x) = \frac{1}{nh}\sum_{i=1}^{n} k(\frac{x - x_i}{h}) \tag{7-1}$$

式中，k 为核函数；h 为带宽；$x-x_i$为估计点到样本 x_i处的距离。核密度估计中，带宽的选择决定了密度图形的光滑性。随着带宽的增加，图形更为光滑缓和，但会掩盖密度的结构；带宽减小时，密度图形则比较尖锐（Silverman，1986）。通过比较分析后选择带宽1300 m 来分析库区的植被格局演变。

一、漫湾库区植被格局变化的定量研究

大型水利工程建设是区域土地覆盖及利用变化的重要驱动力之一。水电站及附属工程的建设、移民搬迁等都会对流域的景观格局，特别是对植被格局产生重大影响。本节用GIS 技术结合景观生态学原理及方法，定量研究漫湾库区建坝前后植被格局的时空变化特征。

（一）漫湾库区整体景观格局指数变化

建坝前漫湾库区的天然植被覆盖率接近94%，其中林地约占69%，灌丛约占28%，草地约占2%。1991 年大坝主体工程建设完成，进入试运行阶段，在大型工程建设等人类干扰下，库区的林地面积减少了151.43 km^2，较1974 年下降了20.10%；灌丛面积变化不大，仅下降5.67%；草地面积增加了4.58 倍。大坝建设后，水域面积增加到21.21km^2；由于移民的耕地质量下降，产出减少，为了增加耕地，库区毁林开荒的现象严重，农田面积较1974 年增加了47%，面积为95.04 km^2；建筑用地由1974 年的2.28 km^2，增加到1991 年的11.59 km^2。1991 ~2006 年，在漫湾水电站运行的15 年间，当地政府多次强调严禁毁林开荒。云南省从2000 年开始试点实行退耕还林工程，2002 ~2005 年漫湾库区所属的南涧、云县、景东和凤庆4 县正式实行退耕还林还草和宜林荒山荒地造林，库区的植被覆盖率较1991 年有所升高。其中，林地面积由601.92 km^2增加到639.32 km^2，增幅为6.21%；灌丛面积由291.59 km^2增加到316.35 km^2，增幅为8.49%；草地面积由142.48 km^2下降到91.66 km^2，下降了35.67%；而农田面积由95.04 km^2下降到83.59 km^2，下降了12.05%（图7-1）。

从库区的总体景观格局指数变化可以看出（表7-2），1974 ~1991 年，库区总体的斑块数（NP）增加了6.77 倍；大斑块指数（LPI）下降了49.55%；总边缘长度（TE）增加了1.81 倍。这3 个指数综合表征大坝建设后库区的总体景观格局呈现破碎化。邻近度指数（PLADJ）呈下降趋势，说明较1974 年库区斑块有分散分布的趋势，聚集度下降。结构连接度指数（CONNECT）下降了45.71%，表明斑块破碎化及聚集度下降后，斑块间的结构连接度也会下降，这可能对植物的种子扩散传播和动物的迁徙觅食等生态过程都产生影响。香农多样性指数（SHDI）的增加，说明库区总体的景观类型多样化、结构复杂化，景观的异质性增加。1991 ~2006 年，NP 降低到12 320；LPI 增加到22.41，破碎化的趋势有所降低。PLADJ 和SHDI 分别降低到93.71 和1.19，说明大坝的运行期斑块进一步

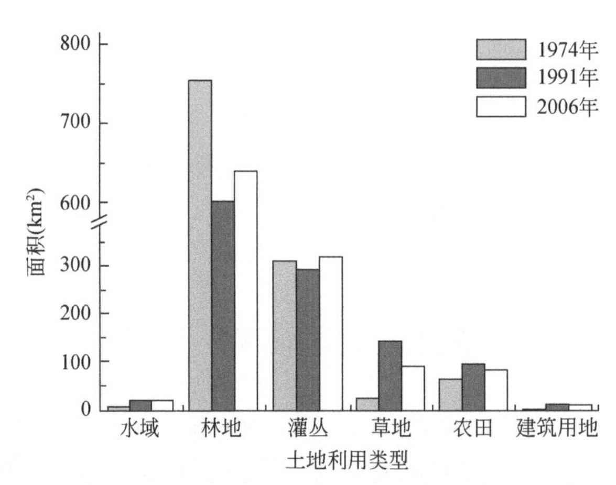

图 7-1　1974 年、1991 年和 2006 年漫湾库区土地利用变化

趋于分散分布，但是景观异质性程度有所降低，而且 CONNECT 没有发生变化。

表 7-2　1974 ~ 2006 年漫湾库区总体景观格局指数

年份	NP	LPI	TE	PLADJ	CONNECT	SHDI
1974	1 902	36.43	4 562 360	97.99	1.05	0.93
1991	14 779	18.38	12 837 860	94.43	0.57	1.27
2006	12 320	22.41	14 510 540	93.71	0.57	1.19

为了进一步研究库区斑块组成结构的变化，根据国外相关文献（Platt and Lowe，2002；Pascual-Hortal and Saura，2007），按照斑块面积大小分为 3 个等级，小型斑块为面积 $<0.25\ km^2$ 的斑块；中型斑块为 $0.25km^2<$ 面积 $<10km^2$ 的斑块；大型斑块为面积 $>10\ km^2$ 的斑块。表 7-3 结果表明，建坝之前小型斑块的斑块数为 4380，但是其面积占库区总面积的 10.71%，大型斑块数为 11，但面积为 790.73 km^2，占总面积的 67.95%；大坝建设后，1991 年小型斑块数大量增加，是建坝前的 6.93 倍，其面积增加了 2.78 倍，大型斑块数只减少了 4 个，但是其面积为 506.21 km^2，只占总面积的 43.50%，中小型斑块成为库区的主要斑块类型。到 2006 年，小型斑块数目进一步增加到 40 357，但是面积有所减少；中型斑块的数量和面积都有所减少；大型斑块面积增加到 538.43 km^2。总之，1974 ~ 2006 年 32 年间，库区小型斑块数量增加了近 10 倍，面积增加了 2.65 倍；中型斑块数量增加了 34.52%，面积增加了 16.64%；大型斑块斑块数量虽然只减少了一个，但是面积减少了 252.3 km^2，库区破碎化严重。

表 7-3　漫湾库区斑块组成结构

年份	小型斑块		中型斑块		大型斑块	
	斑块数	面积（km^2）	斑块数	面积（km^2）	斑块数	面积（km^2）
1974	4 380	124.63	252	248.36	11	790.73
1991	30 358	346.78	349	310.74	7	506.21
2006	40 357	330.74	339	289.69	10	538.43

总的来说，从1974年大坝建设前到2006年大坝建设和运行后，库区的中型斑块和大型斑块减少，小型斑块增加，破碎化程度加剧。其中，林地总面积减少了15.13%；灌丛、草地和农田总面积分别增加了2.34%、2.5倍和29.00%。斑块数增加了5.47倍；大斑块指数下降了38.48%；总边缘长度增加了2.18倍。大型水利工程建设和移民搬迁等人类干扰对漫湾库区景观组成和格局造成了一定影响，这种影响主要表现在库区的景观破碎化和分散程度加剧、景观异质性增强以及景观的结构连接度降低。其中，大坝建设的景观生态影响主要发生在建设期，而在大坝的运营期景观格局的破碎化和异质性程度都有所降低。

（二）漫湾库区植被格局指数变化

表7-4为漫湾库区不同植被类型1974年、1991年和2006年的格局指数，其中林地和灌丛的生境破碎化程度最为严重。在1991年漫湾水电站建设完成后，林地和灌丛的总面积（TA）和大斑块指数（LPI）均减少，但斑块数（NP）分别增长了4.30倍和6.05倍；草地和农田的总面积（TA）虽然分别增加了4.59倍和46.67%，但是斑块数（NP）分别增长了8.95倍和7.39倍。建坝之后，库区各植被类型都呈明显的破碎化分布，而且总边缘长度（TE）增加，邻近度指数（PLADJ）和结构连接度指数（CONNECT）都有所下降，说明植被斑块的形状呈不规则趋势，景观的聚集度和连接度下降。到2006年大坝运行期，库区在25°以上的坡耕地和严重沙化耕地实行退耕还林、宜林荒山荒地造林和封山育林，库区植被破碎化程度有所缓和，结构连接度也有不同程度的增加。但是，各植被类型的邻近度指数（PLADJ）都呈下降趋势，并进一步呈分散分布，而且林地和灌丛的总边缘长度（TE）继续增加，斑块形状复杂化程度加剧。

表7-4　1974～2006年漫湾库区植被类型景观格局指数

景观类型	年份	TA	NP	LPI	TE	PLADJ	CONNECT
林地	1974	753.35	333	36.43	3 652 540	98.73	1.45
	1991	601.92	1 765	2.91	8 419 870	96.44	1.37
	2006	639.32	2 312	4.16	11 553 440	95.41	0.62
灌丛	1974	309.11	731	0.92	3 547 090	97.10	0.82
	1991	291.59	5 154	18.38	7 580 240	92.14	0.53
	2006	316.35	4 612	0.41	11 056 610	91.24	0.50
草地	1974	25.49	331	0.10	646 830	93.56	1.18
	1991	142.48	3 294	0.47	4 422 980	92.22	0.63
	2006	91.66	1 774	0.36	2 971 380	91.82	0.81
农田	1974	64.80	375	0.19	1 022 030	96.04	1.39
	1991	95.04	3 148	0.35	4 739 440	92.60	0.54
	2006	83.59	1 968	1.99	2 801 500	91.60	0.60

二、植被格局变化的空间分布特征

本节用核密度估计法进一步研究库区植被格局变化的空间分布特征，特别是不同类型植被破碎化的空间演变规律，并将斑块的聚集程度均分为5个等级，聚集度最高的等级用红色表示，为斑块破碎化的“核心区”。结果表明，1991年建坝后林地、灌丛和草地的斑块密度总体上呈现单调递增的态势，植被破碎化主要分布在库区的北部和中西部地区。到2006年，林地斑块破碎化的核心区不断扩大，主要分布在库区中部南涧和云县境内以及库区的西南部凤庆县境内；而灌丛斑块的破碎化核心区在整个库区呈现不规则分布；草地的破碎化分布则变化不大，主要分布在云县和凤庆县境内（图7-2）。

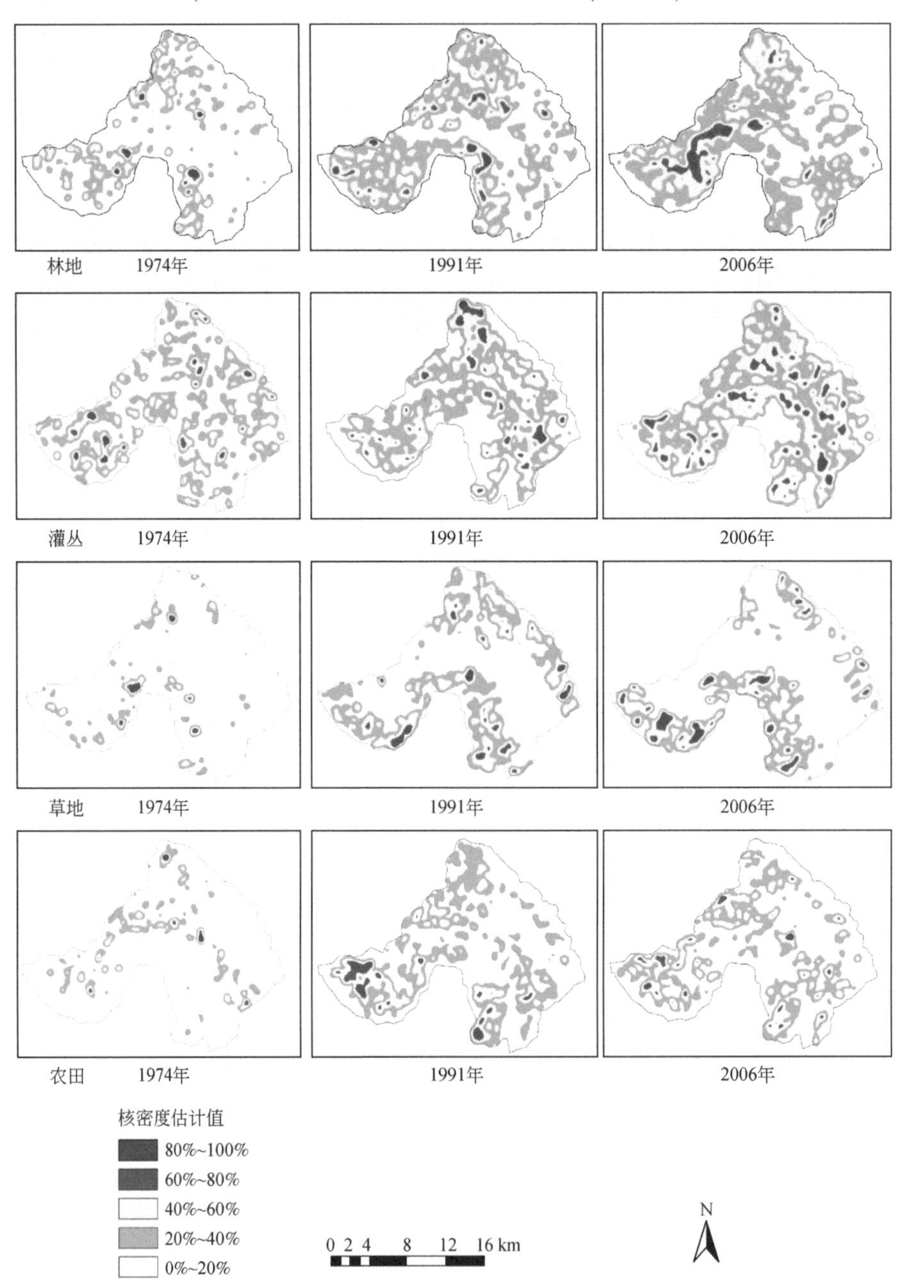

图7-2　1974年、1991年和2006年基于核密度估计的漫湾库区不同植被类型空间分布特征

这可能是因为引起破碎化的原因不同，大斑块变为数个小斑块和植被小斑块的再生都

会在空间上形成不同的斑块破碎化和聚集分布。建坝期间，林地、灌丛面积减少的斑块数增加，破碎化主要是由工程建设、移民搬迁和毁林开荒等人类干扰导致，漫湾库区的移民安置主要采取就地后靠搬迁安置和就地后靠生产安置为主，共靠后安置 1676 人，建设 6 个移民新村，主要安置位置在沿河道 1000m 的河岸带区（Fu et al. ，2006），所以在建设期植被破碎化主要分布在沿河岸带的中部地区和人口相对稠密的北部和西部地区，而由于库区的东部属于无量山自然保护区，因此植被保存相对完好。到 2006 年，各植被类型的破碎化程度都有所缓和，其中灌丛破碎化不规则分布在整个库区，一个重要的原因是村民自主开荒的现象仍然存在，部分地区的大中型灌丛斑块中嵌入了农田后灌丛面积减少导致的破碎化；另一个重要的原因是部分陡坡开荒的农田弃耕后形成撂荒地，在次生植被演替的初级阶段产生了很多小面积的灌草丛，灌丛植被有所恢复也会呈现空间分布的破碎化，所以到 2006 年灌丛的破碎化“核心区”遍布漫湾库区且面积较大。从图 7-2 中也可以看出，1991 年小面积农田斑块主要集聚在库区西南部的凤庆县和南部的云县境内，到 2006 年农田斑块的空间分布格局变化不大，但是破碎化程度有所降低。

采用 GIS 空间分析的核密度估计法与景观格局指数相结合，探讨漫湾库区植被格局的时空演变，特别是植被破碎化的空间分布特征，用直观形象的植被斑块格局变化图分析大坝建设前后 32 年间库区不同类型植被演变的规律，从而在一定层面上揭示库区植被破碎化发展演变的时空模式与特征。此外，本章研究了植被格局变化对库区生境质量的影响，分析了库区重要生境斑块变化的空间分布规律，从而为库区植被保护与重建提供科学指导。基于上述分析，得到如下基本结论：①大型水利工程建设和移民搬迁等人类干扰对漫湾库区植被景观组成和格局造成了一定影响。从 1974 年大坝建设前到 2006 年大坝建设和运行后，漫湾库区的不同类型的植被斑块密度总体上呈现单调递增的态势，破碎化程度加剧；植被景观趋于分散而且景观异质性增强、结构连接度降低。其中，林地和灌丛的生境破碎化程度最为严重。②从植被格局破碎化发展的空间特性来看，林地的破碎化主要发生在西南和沿河道的河岸带区域；灌丛斑块的核中心则从西南方向的少核发展到整个库区的多核分布；建坝前后草地和农田核密度分布变化相对不明显，主要分布在库区的西部地区。研究表明核密度函数为我们寻找植被斑块的破碎化核心提供了一个较好的、直观的量化工具。

第二节　基于格局与过程的景观生态风险评价模型构建

利用 1974 年、1988 年、2004 年的 1：100 万云南省交通图数字化和 1：25 万中国基础地理信息中的道路要素图，以水系图和居民点作为参考，按照国家公路工程技术标准（编号 JTJ 001-97），数字化道路要素，得到两年的道路矢量数据。利用 ERDAS 图像处理软件结合野外调查，对 1974 年、1988 年和 2004 年 3 个时段的 TM 影像，进行人工目视判读与监督分类，并结合实地调研验证获取 3 个时期研究区景观类型图、村落分布图、主干道路图，其影像的分类精度达 91%。根据研究目标与实际情况，将研究区划分为水域、林地、灌丛、草地、农田和建设用地 6 种景观类型，来计算研究区域的景观生态风险程度，并通过图层叠加分析村落分布、道路建设与景观生态风险空间分异的关系。地形图采用1∶10万 DEM 数据。

一、景观生态风险指数的构建

景观格局是指景观组分的空间分布和组合特征，它是自然、生物和社会要素之间相互作用的结果。常根据现有的数据和研究需要，结合当地的实际情况，选取景观破碎度（C_i）、分离度（S_i）和优势度指数（DO_i），建立1个综合的景观格局指数，定量反映风险源对景观格局的影响。为建立景观结构和区域面积综合生态环境状况之间的联系，利用景观组分的面积比重，引入景观生态风险指数：

$$\mathrm{ERI} = \sum_{i}^{N} \frac{S_{ki}}{S_k} \cdot \sqrt{E_i \cdot F_i} \tag{7-2}$$

式中，N 为景观类型的数量；S_{ki}为第 k 个风险小区 i 类景观组分的面积；S_k为第 k 个风险小区的总面积；E_i为景观生态风险指数；F_i为景观脆弱度指数。

1. 景观生态风险指数（E_i）

景观破碎度（C_i）是指景观被分割的破碎程度，它与人类活动密切相关，景观破碎化分析可在一定程度上揭示景观稳定性和人类干扰程度。景观分离度（S_i）是指某一景观类型中不同斑块个体的分离程度，可用来分析各景观类型的空间分布特征。优势度指数（DO_i）是用于测度景观结构中一种或几种景观类型占支配地位的程度。参照谢花林（2008）选取这3种指数来反映水电站建设对景观格局的影响，具体公式为

$$E_i = aC_i + bS_i + c\mathrm{DO}_i \tag{7-3}$$

$$C_i = N_i/A \tag{7-4}$$

$$S_i = D_i/P_i \tag{7-5}$$

式中，C_i为景观破碎度；S_i为景观分离度；DO_i为景观优势度，DO_i =（斑块的密度+斑块的比例）/2，其中斑块密度=斑块 i 的数目/斑块的总数目，斑块的比例=斑块的面积/样方的总面积；a、b 和 c 为相对应指标的权重；D_i为距离指数，$D_i = 0.5\sqrt{N_i/A}$；P_i为面积指数，$P_i = A_i/A$；A 为景观的总面积；A_i为景观斑块 i 的总面积；N_i为景观 i 的斑块数。

2. 景观脆弱度指数（F_i）

不同生态系统在维护生物多样性、保护物种、促进景观结构自然演替等方面的作用不同，同时抵抗外界干扰的能力、对外界的敏感程度也有差别，这种差异性与自然演替过程中所处的阶段有关（卢远等，2010）。根据前人的研究成果（贡璐等，2007；谢花林，2008；卢远等，2010），对景观类型赋予一定的权重以表示其脆弱度的大小，其中农田权重取5、草地权重取4、灌丛权重取3、林地权重取2、建设用地权重取1，将景观类型的权重进行标准化后农田为0.3333、草地为0.2667、灌丛为0.2000、林地为0.1333、建设用地为0.0667。

二、景观生态风险指数的计算

根据研究区景观格局及生态系统特点，1km×1km 的正方形网格将研究区划分为 448 个风险小区，按式（7-2）计算每一小区中的景观生态风险指数，作为该风险小区的景观生态风险指数。

1. 空间自相关分析

空间自相关的度量是用来检验在空间上具有一定规律性的空间变量在不同空间位置上的相关性（林琳和马飞，2007）。度量空间自相关性的方法和指标有很多，如 Moran's I、Geary'C，这些指标都分为全局指标和局部指标两种，全局指标用于验证整个研究区域某一要素的空间模式，而局部指标用于反映整个大区域中，一个局部小区域单元上的某种地理现象或某一属性值与相邻局部小区域单元上的统一现象或属性值的相关程度。Moran's I 是空间统计分析中被广泛应用的空间自相关判断指标。应用 Geoda 软件对景观生态风险指数的空间结构进行全局空间自相关指标 Moran's I 分析和局部空间自相关指标 LISA 分析。

2. 地统计学分析

地统计学是一系列检测、模拟和估计变量在空间上的相关关系和格局的统计方法。半方差分析是地统计学中的一个重要组成部分，用于描述和识别格局的空间结构、空间局部最优化插值，即克里格插值。景观生态风险指数作为一种典型的区域化变量，它在空间上的异质性规律，可以用半方差来分析（Wu，2000）。

$$r(h) = \frac{1}{2N(h)} \sum_{i=1}^{n} [Z(x_i) - Z(x_i + h)]^2 \tag{7-6}$$

式中，h 为样本间隔距离；N（h）为抽样间距为 h 时的样点对总数；Z 为某一系统属性的随机变量；x 为空间位置；Z（x_i）、Z（x_i+h）分别为变量在 x_i点和 x_i+h 点的取值。

半方差 γ（h）是度量空间依赖性与空间异质性的一个综合性指标，它具有 3 个参数：块金值（nugget）、基台值（still）和变程（range）。当 $h=0$ 时，γ（h）$=$ C_0，该值为块金值；当 h 增大至 A_0时，γ（h）从非零值达到一个相对稳定的常数 C_0+C_1，该常数称为基台值，A_0称为变程，C_1称为结构方差。块金值 C_0表示随机性因素引起的空间异质性，较大的块金值表示小尺度的某种过程不可忽视；结构方差 C_1表示空间自相关部分引起的空间异质性；基台值 C_0+C_1表示最大变异程度，基台值越大，表示总的空间差异性程度越高；而块金值占基台值的比例 $C_0/(C_0+C_1)$ 则可用来估计随机因素在所研究的空间异质性中的相对重要性。

三、空间变异原因分析

景观生态风险的空间变异程度除了受建坝的影响外，还可能受到库区的地形地貌、道路建设等因素的影响。

选取以下影响因子：综合地形指数 CTI［应用 ArcGIS10.0 中 Geomorphometry&Gradient

Metrics (version 1.01) 模块计算，反映空间位置湿度]、坡度位置 (slop position，SP)、与漫湾水电站的直线距离 (dis-MW)、与河流的距离 (dis-river)、与主干道的距离 (dis-road)、海拔高度 (ele)。首先计算每个风险区域中相应的影响因子的值，以平均值作为风险区域中心点的值，然后用 SPSS 18.0 进行影响因子与生态风险值的相关分析。

第三节　景观生态风险指数空间分析

一、景观生态风险指数的空间自相关

全局 Moran's I 和局部空间自相关 LISA 结果如图 7-3、图 7-4 所示。1974 年、1988 年、2004 年全局 Moran' s I 都为正数，表明 1974 ~ 2004 年研究区域的生态风险指数在地理空间上呈显著的正空间自相关，研究区的景观生态风险指数在空间上存在着一定的空间集聚效应。而 1974 ~ 2004 年全局 Moran's I 呈现先增大后减小的趋势，说明漫湾水电站的建设提高了景观生态风险指数空间自相关水平，随着 1 期工程的竣工，空间自相关水平有所降低，但未达到建坝前的水平。由局部 Moran's I (图 7-4) 可见，1974 年景观生态高-高风险聚集区面积较小，1988 ~ 2004 年研究区景观生态高风险聚集区主要分布在库中至库尾段，低风险聚集区主要分布在库首到库中段。

(a) 1974年　(b) 1988年　(c) 2004年

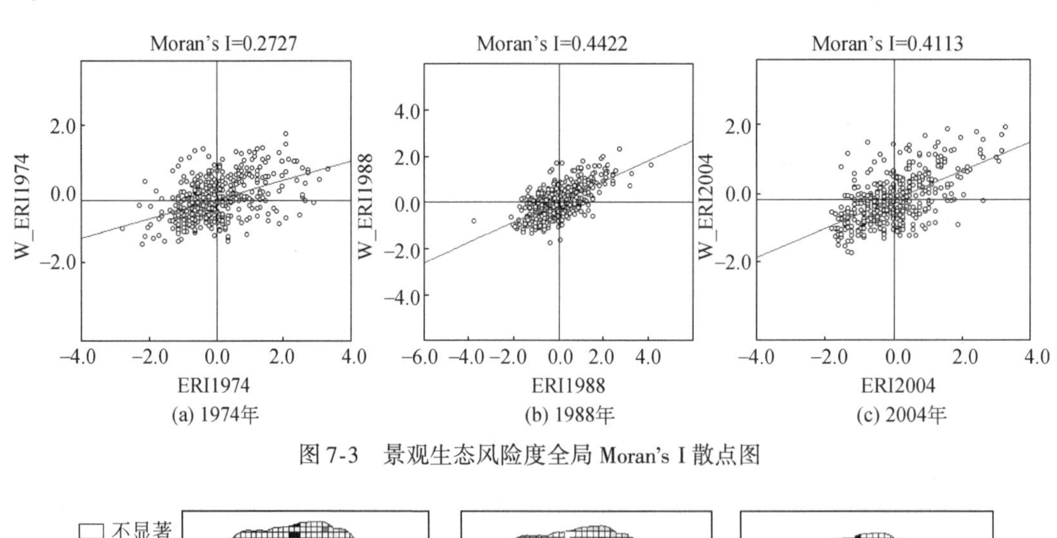

图 7-3　景观生态风险度全局 Moran's I 散点图

(a) 1974年　(b) 1988年　(c) 2004年

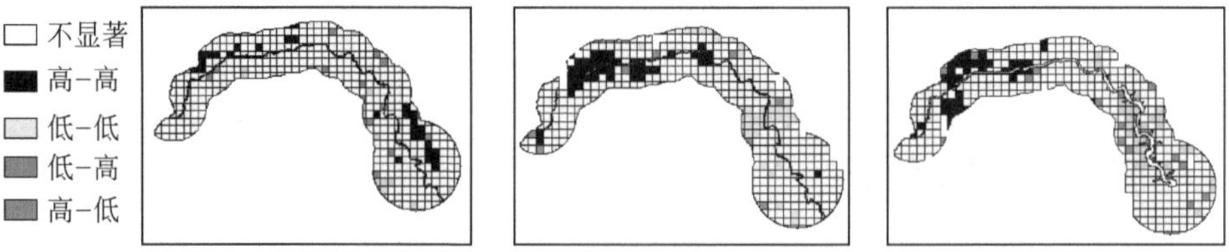

图 7-4　景观生态风险度局部空间自相关 LISA 结果

二、景观生态风险度地统计分析

研究区景观生态风险描述性统计结果见表 7-5。利用 explore data 对研究区内各个单元的生态风险值进行 Histogram 直方图检验，发现 1974 年、1988 年风险值数据符合正态分布的直方图形式，2004 年风险数值经对数变换后符合正态分布的直方图形式，可以进行地统计学分析。利用地统计模块，对 448 个研究单元的景观生态风险值进行半方差拟合，并进行交叉验证（表 7-6），发现 1974 年、1988 年步长为 1km 时，指数模型拟合效果较好，2004 年步长为 1km 时，球状模型的拟合效果较好，基于此，得到研究区景观生态风险值空间分异情况见表 7-7。

表 7-5　景观生态风险描述性统计结果

年份	生态风险指数最小值	生态风险指数最大值	生态风险指数均值	标准差	分布类型
1974	0.03	0.77	0.37	0.12	正态
1988	0.2	1.26	0.70	0.20	正态
2004	0.5	1.04	0.69	0.16	偏态

表 7-6　球形、指数模型拟合经验半变异函数交叉验证结果

年份	模型	平均误差	均方根预测误差	平均标准误差	标准平均值	标准均方根预测误差
1974	球状	0.001 39	0.107	0.111	0.0107	0.957
	指数	0.001 49	0.106	0.113	0.0118	0.941
1988	球状	0.002 89	0.113	0.123	0.0226	0.925
	指数	0.002 22	0.111	0.119	0.0176	0.929
2004	球状	0.000 209	0.090 6	0.092 2	-0.001 92	0.977
	指数	-0.000 032	0.089 2	0.090 0	-0.004 86	0.987

表 7-7　景观生态风险度变异函数的相关参数

年份	模型	块金值	基台值	变程（km）	结构比
1974	球状	0.009 17	0.016	4.15	0.57
1988	指数	0.012 3	0.019	20.00	0.65
2004	球状	0.015 6	0.023	20.00	0.68

空间异质性主要由随机部分和自相关部分组成。块金值表示随机部分的空间异质性，较大的块金值表明较小尺度上的某种过程不可忽视。1974～2004 年块金值逐渐增大，说明较小尺度上的某种过程作用逐渐明显。块金值与基台值的比值可以表明随机变量的空间相关性程度，如果比值<25%，说明系统具有强烈的空间相关性；如果比值为 25%～75%，说明系统具有中等的空间相关性；如果比值>75%，说明系统空间相关性很弱。

1974～2004 年块基比为 25% ～75%，说明 1974～2004 年景观生态风险值具有中等空间相关性，在距离 1 km 内存在着一些小尺度上的人为干扰，影响研究区的生态环境质量。而 3 个时期的块基比逐渐增大，说明人为干扰等随机因素导致生态风险的空间分异有加强趋势。变程用来说明研究对象的空间自相关尺度，1974 年变程非常小，说明在研究区内 1974 年景观生态风险指数分布比较均匀，而 1988 年、2004 年变程均为 20 km，为研究区东西长度的一半，生态风险指数空间相关距离较高，主要由于研究区内筑坝等人为干扰，导致小尺度上随机因素的干扰增强，加之研究区内地形相差较大，使在不同尺度上结构性因素的影响存在差异，从而共同导致生态风险指数空间分布的不均匀性。

第四节　景观生态风险度的时空动态分析

为了便于比较不同时段景观生态风险水平的变化，将普通克里格插值结果按 Jenks 自然分类法划分为 3 级：Ⅰ级为低风险区（0≤ERI<0.58），Ⅱ级为中风险区（0.58≤ERI<0.72），Ⅲ级为高风险区（ERI≥0.72）。由图 7-5 可知，研究区 1974 年建坝前的景观生态风险度均为Ⅰ级，而 1988 年、2004 年可分为低、中、高 3 个等级。1988 年、2004 年高风险区主要分布在库中至库尾段，中风险区基本覆盖了整个区域，低风险区主要分布在库首至库中段。由表 7-8 可知，与 1988 年相比，2004 年低风险区域的面积减少了 2.6%，尤其是在河流周围的高风险区域面积显著减少，中风险区域的面积增加了 9.5%，高风险区域的面积减少了 6.9%。因此，漫湾水电站建成后研究区整体景观生态风险度水平趋于平均，各个风险小区的风险水平差距减小。

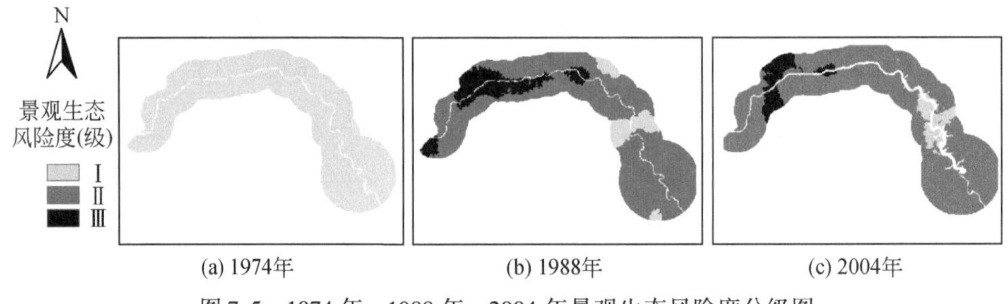

图 7-5　1974 年、1988 年、2004 年景观生态风险度分级图

表 7-8　1988 年、2004 年各级风险度区域面积

年份	参数	Ⅰ级	Ⅱ级	Ⅲ级
1988	面积（km^2）	29.0	281.9	52.1
	面积比例（%）	8.0	77.7	14.3
2004	面积（km^2）	19.0	304.9	25.9
	面积比例（%）	5.4	87.2	7.4

将1988年各小区的风险值减去1974年的风险值，得到1974～1988年风险变化，将各小区风险值的变化结果进行克里格插值并分类，得到1974～1988年风险差值分级图［图7-6（a)］，同理得到1988～2004年的风险差值分级图［图7-6（b)］。1988年各小区的风险值均比1974年大，增大0.39～0.57的区域与1988年高风险值的分布区域相近，与1988年相比，2004年大部分区域景观生态风险水平降低，这些区域主要分布在河流沿岸，而风险度升高的区域分散分布于距离河流较远处。

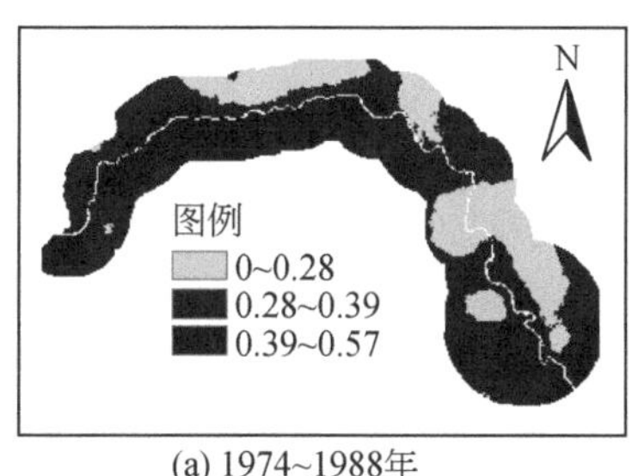

(a) 1974~1988年

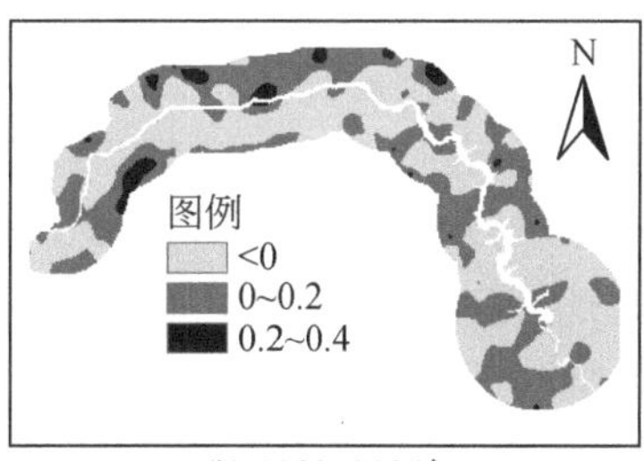

(b) 1988~2004年

图7-6　1974～1988年、1988～2004年景观生态风险差值分级图

由表7-9、表7-10可知，1974～1988年生态风险等级由低风险转变为高风险的面积是137.41 km^2，占总面积的37.8%，可见漫湾水电站的建设大大增加了研究区的生态风险级别。1988～2004年，生态风险等级由低风险转换为高风险的面积为86.31 km^2，而由高等级转换为低等级的面积为85.03 km^2，分别占总面积的27.2%、26.8%，可见1988～2004年，随着一期工程的建成和投入运行，由低风险等级向高风险等级转换的速度大大降低，大面积的高风险区域转化为低风险区域，研究区的整体风险水平降低。

表7-9　1974～1988年各生态风险等级相互转换

1988年风险等级 / 1974年风险等级	Ⅰ	Ⅱ	Ⅲ	总计
Ⅰ	61.89	140.3	137.41	339.6
Ⅱ	3.96	5.76	12.43	22.15
Ⅲ		0.87	1.9	2.77
总计	65.85	146.93	151.74	364.52

表7-10　1988～2004年各生态风险等级相互转换

2004年风险等级 / 1988年风险等级	Ⅰ	Ⅱ	Ⅲ	总计
Ⅰ		34.73	11.95	46.68
Ⅱ	3.71	85.47	39.63	128.81
Ⅲ	0.48	80.84	60.95	142.27
总计	4.19	201.04	112.53	317.76

第五节 大坝建设的景观生态风险的影响因子分析

为探讨景观生态风险度空间分布规律的内在影响因子，选取综合地形指数（CTI）、坡度位置（SP）、与漫湾水电站的直线距离（dis-MW）、与河流的距离（dis-river）、与主干道的距离（dis-road）、海拔高度（ele）作为变量，分别对各研究单元的景观生态风险指数做相关分析。由表7-11可知，1974年建坝前的景观生态风险度与与河流的距离呈显著负相关，与海拔高度呈较显著负相关，可见建坝前生态风险主要与自然因素有关，与人为因素关系不大。1988年研究区景观生态风险指数与综合地形指数、与主干道的距离呈显著正相关，而与与漫湾水电站的直线距离、与河流的距离呈显著负相关，与1974年相比，其与海拔高度的相关性降低，可见1988年景观生态风险度与自然及人类活动的多种因子相关性较强。2004年景观生态风险指数（ERI）与与漫湾水电站的直线距离呈明显的负相关，与综合地形指数及主干道路的距离呈较明显的正相关，与海拔高度呈显著正相关，1988年、2004年生态风险指数都与漫湾水电站的直线距离呈显著负相关，表明水电站的建设使距离较近的区域的景观生态风险度升高。

表7-11 景观生态风险指数与其影响因子的相关系数矩阵

变量	1974年ERI	1988年ERI	2004年ERI	1974～1988年ERI	1988～2004年ERI
CTI	-0.080	0.172**	0.126*	0.071	-0.113*
SP	-0.030	-0.007	0.064	-0.024	0.087
dis-MW	-0.062	-0.218**	-0.353**	0.354**	-0.016
dis-river	-0.267**	-0.316**	-0.005	0.066	0.216**
dis-road	0.091	0.175**	0.106*	0.011	0.032
ele	-0.358*	-0.109*	0.140**	0.327**	0.109*

注：** 相关系数的显著性水平达到0.01（计算双尾概率）；* 相关系数的显著性水平达到0.05（计算双尾概率）

对1974～1988年、1988～2004年的景观生态风险差值与以上参数做相关分析，结果表明，1974～1988年景观生态风险指数与与漫湾水电站的直线距离、海拔高度呈显著正相关，即距离漫湾水电站较远的高海拔处景观生态风险程度大大增加，可能由于水库蓄水后，水位由原天然水位的891 m提高到994 m，原994 m以下河谷地带的村落、耕地、陆生动植物全部被淹没。在1000～1500 m的谷坡地带，原有的坡度稍缓的次生丛林、草地等均被新开垦的坡耕地及聚落环境所取代，生态环境较以前脆弱（付保红和何永彬，2003）。而1988～2004年的景观生态风险差值与与距离河流的距离呈显著正相关，与综合地形指数呈较显著的负相关。

总的来说，①1974～2004年，研究区景观生态风险度块基比为25%～75%，说明1974～2004年景观生态风险值具有中等空间相关性。而3年的块基比逐渐增大，说明人为干扰等随机因素导致的生态风险的空间分异有加强的趋势。②1974～1988年，生态风险等级由低级别转变为高级别的面积是289.84 km^2，占总面积的79.5%，而由高风险等级转换为低风险等级的面积仅为4.83 km^2，占总面积的1.3%。可见，漫湾水电站的建设大大增加了研究区的生态风险级别。1988～2004年，生态风险等级由低等级转换为高等级的面积为86.31 km^2，而由高等级转换为低等级的面积为85.03 km^2，分别占总面积的27.2%、26.8%。③1974年，建坝前的景观生态风险度与与河流的距离呈显著负相关，与海拔高度呈较显著负相关。1988年，研究区景观生态风险指数与综合地形指数、与主干道路的距离呈显著正相关，而与距漫湾水电站的直线距离、与河流的距离呈显著负相关。2004年景观生态风险指数与距漫湾水电站的直线距离呈明显的负相关，与综合地形指数及与主干道路的距离呈较明显的正相关，与海拔高度呈显著正相关。

空间异质性主要由随机部分和自相关部分组成。空间相关性分析表明，漫湾水电站建设前后研究区的景观生态风险值在空间上具有正空间自相关性，且空间自相关水平建坝后较建坝前升高。块基比逐渐增大，说明随机部分的空间相关性程度逐渐降低，人为干扰等随机因素导致的生态风险的空间分异有加强趋势。通过生态风险分级可以看出，1974年研究区整体风险水平都较低，与之相比，1988年每个小区的风险值增大，且大部分高风险区域都是由1974年的低、中风险区域转换而来，说明建坝导致整个研究区的风险水平大幅度升高。1988～2004年由低等级转换为中等级和由高等级转换为低等级的速度大致平衡，因此2004年研究区整体的风险水平趋于平均化，高风险区域的面积明显减小，说明漫湾水电站建设后人类活动的影响范围逐渐扩大，使各地风险差距缩小，同时由于采取相应的环境管理措施，使高景观生态风险区减少。相关及回归分析表明，1974年景观生态风险度与与河流的距离和海拔高度呈显著负相关，说明建坝前景观生态风险值受自然因素的影响较大。1988年生态风险度与综合地形指数、与漫湾水电站的直线距离、与河流的距离、与主干道路的距离、海拔高度都具有较高的相关性，说明1988年水电站建设期间研究区的生态风险水平受到自然因素和人为因素的共同影响。与之相比，2004年生态风险值与与漫湾水电站的直线距离呈现明显的负相关，与海拔高度呈显著正相关。1974～1988年生态风险值的变化与与漫湾水电站的直线距离、海拔高度显著正相关，主要由于水库蓄水使水位抬升，低海拔地区被淹没，而库区实行“就地后靠”的移民安置政策，使海拔1000～1500 m处的大量次生丛林和草地被开垦的农田和人类聚居区所代替，从而导致此处的生态环境更加脆弱。而1988～2004年生态风险值与与河流的距离呈显著正相关，与海拔高度的相关性也显著。

本章小结

水电站建设工程会直接导致景观格局的变化，进而影响生态学过程，其影响是长期的、潜在的。采用GIS空间分析的原理和方法，利用景观格局指数分析漫湾建设对景观破碎化的风险，并且通过空间自相关、地统计学分析探讨漫湾库区河流及水坝周围研究区域内景观生态风险指数的空间分异规律，同时结合相关分析、回归分析对影响景观生态风险的因素进行探索。这对指导在建及待建水电站的建设具有重要的现实意义，为已建水电站的生态和环境管理提供了依据。

本书的研究结果指出，总的来说，从 1974 年大坝建设前到 2006 年大坝建设和运行后，漫湾水电站的建设和移民搬迁等人类干扰对漫湾库区植被景观组成和格局造成了一定影响。植被景观趋于分散而且景观异质性增强、结构连接度降低。其中，林地和灌丛的生境破碎化程度最为严重，并且植被格局破碎化发展的空间特性有较大的差异。核密度函数可以从空间上分析植被斑块破碎化的分布。

综合的生态风险指数表明，不同时期的景观风险和驱动要素相关性显著。大坝建设前，景观生态风险度与与河流的距离、海拔高度呈较显著负相关。而建设后，风险程度与与漫湾水电站的直线距离呈明显的负相关。区域生态风险分析是一项复杂的系统工程，基于景观结构和空间统计学，探讨了水电站建设下区域生态风险的状况，揭示了水电站建设前后生态风险的时空分异规律，对风险源的影响进行了有益探索。今后在指数的选择上需要进一步研究，不仅涵盖景观格局信息，同时也要考虑景观过程的变化；对多种风险源共同作用的风险分析需进一步探索，不仅需要定性分析，还需要对其风险程度进行定量研究。

参考文献

付保红，何永彬 . 2003. 漫湾水电站库区耕地变化对移民收入和库区生态的影响 . 国土与自然资源研究，(4)：45-46.

甘淑，何大明，党承林 . 2002. 澜沧江流域上，中，下游典型案例区景观格局对比分析 . 山地学报，(5)：564-569.

贡璐，鞠强，潘晓玲 . 2007. 博斯腾湖区域景观生态风险评价研究 . 干旱区资源与环境，(1)：27-31.

李春晖，杨志峰，郭乔羽 . 2003. 黄河拉西瓦水电站建设对区域景观格局的影响 . 安全与环境学报，3 (2)：27-31.

李谢辉，李景宜 . 2008. 基于 GIS 的区域景观生态风险分析——以渭河下游河流沿线区域为例 . 干旱区研究，(6)：899-903.

林琳，马飞 . 2007. 广州市人口老龄化的空间分布及趋势 . 地理研究，(5)：1043-1054.

刘锐，胡伟平，王红亮，等 . 2011. 基于核密度估计的广佛都市区路网演变分析 . 地理科学，(1)：81-86.

刘世梁，杨珏婕，安晨，等 . 2012. 基于景观连接度的土地整理生态效应评价 . 生态学杂志，(003)：689-695.

刘世梁，杨志峰，崔保山，等 . 2005. 道路对景观的影响及其生态风险评价 . 生态学杂志，(8)：897-901.

卢宏玮，曾光明，谢更新，等 . 2003. 洞庭湖流域区域生态风险评价 . 生态学报，(12)：2520-2530.

卢远，苏文静，华璀，等 . 2010. 左江上游流域景观生态风险评价 . 热带地理，(5)：496-502.

巫丽芸 . 2010. 福建东山岛景观生态风险评价及管理研究 . 长江大学学报（自科版）农学卷，(4)：22-26.

谢花林 . 2008. 基于景观结构和空间统计学的区域生态风险分析 . 生态学报，(10)：5020-5026.

殷贺，王仰麟，蔡佳亮，等 . 2009. 区域生态风险评价研究进展 . 生态学杂志，(5)：969-975.

昝国盛 . 2009. 坝上地区景观格局动态变化分析 . 内蒙古林业调查设计，(3)：87-91.

张兆苓，刘世梁，赵清贺，等 . 2010. 道路网络对景观生态风险的影响——以云南省红河流域为例 . 生态学杂志，29 (11)：2223-2228.

周庆，欧晓昆，张志明，等 . 2008. 澜沧江漫湾水电站库区土地利用格局的时空动态特征 . 山地学报，(4)：

481-489.

Babbitt B. 2002. What goes up, may come down: Learning from our experiences with dam construction in the past can guide and improve dam removal in the future. BioScience, (8): 656-658.

Chen L D, Liu X H, Fu B J. 1999. Evaluation on giant panda habitat fragmentation in Wolong Nature Reserve. Acta Ecologica Sinica, (3): 291-297.

Corry R. 2005. Characterizing fine-scale patterns of alternative agricultural landscapes with landscape pattern indices. Landscape Ecology, (5): 591-608.

Cushman R M. 1985. Review of ecological effects of rapidly varying flows downstream from hydroelectric facilities. North American Journal of fisheries Management, (3A): 330-339.

Diaz-Varela E, Marey-Prez M, Rigueiro-Rodriguez A, et al. 2009. Landscape metrics for characterization of forest landscapes in a sustainable management framework: Potential application and prevention of misuse. Annals of Forest Science, (3): 301-301.

Dolan R, Howard A, Gallenson A. 1974. Man's impact on the Colorado River in the Grand Canyon: The Grand Canyon is being affected both by the vastly changed Colorado River and by the increased presence of man. American Scientist, (4): 392-401.

El-Shafie A, Abdin A, Noureldin A, et al. 2009. Enhancing inflow forecasting model at aswan high dam utilizing radial basis neural network and upstream monitoring stations measurements. Water Resources Management, (11): 2289-2315.

Forman R T T, Deblinger R D. 2000. The ecological road-effect zone of a massachusetts (USA) suburban highway. Conservation Biology, (1): 36-46.

Fu B H, Xu J, Chen L H. 2006. Resettlement for Manwan Dam: Socio-economic impact and institutional tensions. Yunnan Geographic Environment Research, (2): 40-45.

Gao Y, Vogel R, Kroll C, et al. 2009. Development of representative indicators of hydrologic alteration. Journal of Hydrology, (1-2): 136-147.

Gatrell A C, Bailey T C, Diggle P J, et al. 1996. Spatial point pattern analysis and its application in geographical epidemiology. Transactions of the Institute of British Geographers, (1): 256-274.

Hu W, Wang G, Deng W, et al. 2008. The influence of dams on ecohydrological conditions in the Huaihe River basin, China. Ecological Engineering, (3-4): 233-241.

Huang J, Lin J, Tu Z. 2010. Detecting spatiotemporal change of land use and landscape pattern in a coastal gulf region, southeast of China. Environment, Development and Sustainability, (1): 35-48.

Isik S, Dogan E, Kalin L, et al. 2008. Effects of anthropogenic activities on the Lower Sakarya River. Catena, (2): 172-181.

Jansson R, Nilsson C, Ren f lt B. 2000. Fragmentation of riparian floras in rivers with multiple dams. Ecology, (4): 899-903.

Jurajda P, Roux A L, Olivier J M. 1995. 0+ fish assemblages in a sector of the Rhôcne river influenced by the bregniér-cordon hydroelectric scheme. Regulated Rivers: Research & Management, (2-4): 363-372.

Lauterbach D, Leder A. 1969. The influence of reservoir storage on statistical peak flows. IASH Publication 85: 821-826.

Liu C F, Zhou B, He X Y, et al. 2010. Selection of distance thresholds of urban forest landscape connectivity in Shenyang City. Chinese Journal of Applied Ecology, (10): 2508.

Liu S, Cui B, Dong S, et al. 2008. Evaluating the influence of road networks on landscape and regional ecological risk-A case study in Lancang River Valley of Southwest China. Ecological Engineering, (2): 91-99.

Liu X, Li J. 2008. Scientific solutions for the functional zoning of nature reserves in China. Ecological Modelling, (1): 237-246.

Maingi J K, Marsh S E. 2002. Quantifying hydrologic impacts following dam construction along the Tana River, Kenya. Journal of Arid Environments, (1): 53-79.

Matteau M, Assani A, Mesfioui M. 2009. Application of multivariate statistical analysis methods to the dam hydrologic impact studies. Journal of Hydrology, (1-4): 120-128.

McGarigal K, Cushman S, Neel M, et al. 2002. Fragstats: Spatial Pattern Analysis Software for Categorical Maps. Massachusetts: Computer Software Program Produced by the Authors at the University of Massachusetts, Amhurst.

Morgan J, Gergel S. 2010. Quantifying historic landscape heterogeneity from aerial photographs using object-based analysis. Landscape Ecology, 2010: 1-14.

Nichols E, Spector S, Louzada J, et al. 2008. Ecological functions and ecosystem services provided by Scarabaeinae dung beetles. Biological Conservation, (6): 1461-1474.

Oeurng C, Sauvage S, Sάnchez-Pérez J-M. 2011. Assessment of hydrology, sediment and particulate organic carbon yield in a large agricultural catchment using the SWAT model. Journal of Hydrology, (3): 145-153.

Ouyang W, Hao F, Song K. 2011. Cascade dam-induced hydrological disturbance and environmental impact in the upper stream of the Yellow River. Water Resources Management, (3): 913-927.

Ouyang W, Hao F, Zhao C. 2010. Vegetation response to 30 years hydropower cascade exploitation in upper stream of Yellow River. Communications in Nonlinear Science and Numerical Simulation, (7): 1928-1941.

Ouyang W, Skidmore A, Hao F, et al. 2009. Accumulated effects on landscape pattern by hydroelectric cascade exploitation in the Yellow River basin from 1977 to 2006. Landscape and Urban Planning, (3-4): 163-171.

Palmer J. 2004. Using spatial metrics to predict scenic perception in a changing landscape: Dennis, Massachusetts. Landscape and Urban Planning, (2-3): 201-218.

Pascual-Hortal L, Saura S. 2006. Comparison and development of new graph-based landscape connectivity indices: Towards the priorization of habitat patches and corridors for conservation. Landscape Ecology, (7): 959-967.

Pascual-Hortal L, Saura S. 2007. Impact of spatial scale on the identification of critical habitat patches for the maintenance of landscape connectivity. Landscape and Urban Planning, (2-3): 176-186.

Platt S, Lowe K. 2002. Biodiversity Action Planning: Action planning for native biodiversity at multiple scales - catchment, bioregional, landscape, local. Department of Natural Resources and Environment, Melbourne.

Postel S. 1998. Water for food production: Will there be enough in 2025? BioScience, (8): 629-637.

Saura S, Castro S. 2007. Scaling functions for landscape pattern metrics derived from remotely sensed data: Are their subpixel estimates really accurate? ISPRS Journal of Photogrammetry and Remote sensing, (3): 201-216.

Shiau J, Wu F. 2006. Compromise programming methodology for determining instream flow under multiobjective water allocation criterial. Journal of the American Water Resources Association, (5): 1179-1191.

Silverman B W. 1986. Density Estimation for Statistics and Data Analysis. London: Chapman & Hall/ CRC.

Sutherland G D, Harestad A S, Price K, et al. 2000. Scaling of natal dispersal distances in terrestrial birds and mammals. Conservation Ecology, (1): 16.

Theobald D. 2010. Estimating natural landscape changes from 1992 to 2030 in the conterminous US. Landscape Ecology, 2010: 1-13.

Turner M. 1989. Landscape ecology: The effect of pattern on process. Annual Review of Ecology and Systematics,

20：171-197.

Uuemaa E，Roosaare J，Kanal A， et al. 2008. Spatial correlograms of soil cover as an indicator of landscape heterogeneity. Ecological Indicators，(6)：783-794.

Uuemaa E， Roosaare J， Mander. 2005. Scale dependence of landscape metrics and their indicatory value for nutrient and organic matter losses from catchments. Ecological Indicators，(4)：350-369.

Verstraeten G，Prosser I P. 2008. Modelling the impact of land-use change and farm dam construction on hillslope sediment delivery to rivers at the regional scale. Geomorphology，(3)：199-212.

Wu C G， Zhou Z X， Wang P C， et al. 2009. Evaluation of landscape connectivity based on least-cost model. Chinese Journal of Applied Ecology，(8)：2042.

Wu J G. 2000. Landscape ecology-concepts and theories. Chinese Journal of Ecology，2000：42-52.

Wu J，Zhang X，Xu D. 2004. Impact of land-use change on soil carbon storage. The Journal of Applied Ecology，(4)：593.

Xie X，Cui Y. 2011. Development and test of SWAT for modeling hydrological processes in irrigation districts with paddy rice. Journal of Hydrology，(1)：61-71.

Xu C， Liu M， Zhang C， et al. 2007. The spatiotemporal dynamics of rapid urban growth in the Nanjing metropolitan region of China. Landscape Ecology，(6)：925-937.

Xue Y D，Li L，Li D Q， et al. 2011. Analysis of habitat connectivity of the Yunnan snub-nosed monkeys (Rhinopithecus bieti) using landscape genetics. Acta Ecologica Sinica，(20)：5886-5893.

Zacharias I，Dimitriou E，Koussouris T. 2004. Quantifying land-use alterations and associated hydrologic impacts at a wetland area by using remote sensing and modeling techniques. Environmental Modeling and Assessment，(1)：23-32.

第八章　水坝工程生态安全综合调控

在水坝工程生态风险识别、模拟和评价的基础上，本章重点阐述生态风险综合调控的方法。首先以河流生态流量保证为主要指标，构建了流域生态安全综合预警模型，并将其作为生态风险调控的基础；进而将减少河流自然水文情势改变作为水库生态风险调控的重要思路，发展了新的河流水文情势改变程度度量方法，并将该方法应用于后续生态风险调控方法的建立。然后对水利工程运行阶段，构建了水库生态调度方法；对水利工程设计阶段，建立了水库合理库容确定方法；对水利工程规划阶段，提出了水电站合理发电量确定方法，实现水坝工程生态安全的综合调控。

第一节　流域生态安全综合预警

一、生态安全预警关键指标确定

为了更好地揭示水坝对流域生态安全的影响，尽可能满足生态需求，减少对发电量的影响，提出流域生态安全预警关键指标，重点是用于生态安全预警评价的生态流量破坏率。生态流量破坏率越大，生态安全警级越高。警级从低到高分别定义为无警区间、轻警区间、中警区间、重警区间、巨警区间。

生态流量破坏率计算公式如下：

$$P_{破} = \frac{\sum Q_t - \sum Q_s}{\sum Q_s} \times 100\% \qquad (Q_t \leqslant Q_s) \tag{8-1}$$

式中，t 为下泄流量小于生态流量的月份；Q_t 为下泄流量值；Q_s 为相应月份的生态流量，只有当 $Q_t \leqslant Q_s$ 时，生态流量破坏率 $P_{破}$ 才会存在。当计算一个月的生态流量破坏率时，若 $Q_t = Q_s$，则此月份的 $P_{破}=0$，否则定义为生态满足率，具体的计算公式如下所示：

$$P_{满} = \left(\frac{Q_t - Q_s}{Q_s} + 1\right) \times 100\% \qquad (Q_s > Q_t) \tag{8-2}$$

采用流域生态安全预警关键指标法中的生态流量破坏率，对澜沧江流域中下游漫湾水电站各个水平年生态安全进行了预警评价。澜沧江各典型年统计指标见表 8-1，表格中的生态流量破坏率是针对适宜生态流量计算的。

表 8-1 澜沧江丰水年、平水年、枯水年生态流量破坏率

水平年	典型代表年份	情景	情景编号	发电量（万 kW·h）	弃水量（亿 m^3）	发电量变化（%）	生态流量破坏率（%）
丰水年	2000	不考虑生态流量	1	787 078.45	146.68	0	0
		考虑最小生态流量	2	782 958.44	143.06	0.52	0
		考虑适宜生态流量	3	781 002.48	145.83	0.77	0
平水年	1961	不考虑生态流量	4	692 927.24	55.34	0	0
		考虑最小生态流量	5	692 570.24	51.70	0.05	0
		考虑适宜生态流量	6	691 962.08	54.91	0.12	0
枯水年	1994	不考虑生态流量	7	642 793.54	1.45	0	5.44
		考虑最小生态流量	8	642 664.56	0.00	0.02	3.97
		考虑适宜生态流量	9	637 436.50	0.33	0.83	3.36

从表 8-1 可以看出，澜沧江丰水年、平水年各种情景下生态流量破坏率为 0；而枯水年不考虑生态流量下生态流量破坏率最高，枯水年考虑最小生态流量下生态流量破坏率次之，枯水年考虑适宜生态流量下生态流量破坏率较小，即未来枯水年生态安全警级最高。为此，决策者可以根据未来可能的情况，综合考虑合理的调度方式，以避免生态风险。

二、生态安全预警模型构建

流域生态安全预警是在对流域生态系统结构、功能特征及稳定性分析的基础上，结合关键生态因子的安全阈值，建立相应的生态安全预警指标及等级标准。调控原理主要包括两种：调节调控原理和控制调控原理。调控目的是使受控对象的被控量等于或接近给定的值或范围，从而保证流域生态系统的健康发展。通过将霍尔系统工程方法论引入流域生态安全预警系统中，可得到由时间维、逻辑维和知识维构成的生态安全综合预警模型，如图 8-1 所示。

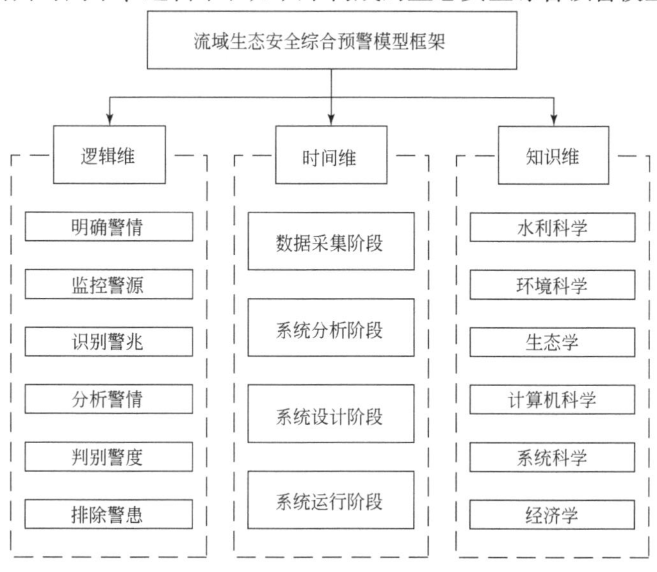

图 8-1 流域生态安全综合预警模型框架

流域生态安全综合预警模型算法包括以下三个步骤。

第一步：构建流域生态安全预警指标体系。

根据研究区的实际情况，结合相关文献经验，选取能较好反映流域生态安全的指标，构建流域生态安全预警指标体系及等级标准，见表8-2。

表8-2　流域生态安全预警指标体系及等级标准

风险源	评价指标	“生态风险”隶属度的标准分割点				
		低	较低	中	较高	高
自然源	径流系数变化率（%）	<10	10~20	20~30	30~40	>40
	河道内生态需水量保证率（%）	>90	70~90	50~70	30~50	<30
	植被覆盖率（%）	>90	70~90	50~70	30~50	<30
	鱼类种类变化率（%）	>60	50~60	40~50	30~40	<30
人为源	水资源利用率（%）	<20	20~35	35~50	50~65	>65
	水土流失面积比例（%）	<5	5~20	20~35	35~50	>50
	河流水质达标率（%）	>75	60~75	45~60	30~45	<30
	生活/生产/生态用水比例（%）	>0.6	0.4~0.6	0.2~0.4	0.05~0.2	<0.05
工程源	过洪能力变化率（%）	<20	20~30	30~40	40~50	>50
	防洪非工程措施完善率（%）	>90	80~90	70~80	60~70	<60
	防洪工程措施完善率（%）	>90	80~90	70~80	60~70	<60
	水流挟沙能力变化率（%）	<10	10~15	15~25	25~40	>40

第二步：确定各指标的权重。

选择适合的方法确定各指标的权重分配，本书主要采用层次分析法，通过计算可以得出判断矩阵的最大特征 $\lambda_{max}=3.0536$，一致性比率 $CR=0.0462<0.1$，一致性通过检验。最终确定澜沧江流域3类生态风险源的权重向量 $W_1=$（0.2493，0.5936，0.1571），12个评价指标的权重向量 W_2 均为0.25。

第三步：确定流域生态安全警度。

通过分析流域情况，将研究区不同时段各预警指标的实际值与相应的各级标准进行比较，判断和识别所研究流域生态系统是否处于安全状态。若该流域生态系统处于安全状态，则判断为无警状态；若不处于安全状态，则判断进入有警状态，并对处于不安全状态的严重程度进行识别。本书主要采用基于AHP-TOPSIS法进行生态安全预警计算，主要步骤如下。

1. 构建风险等级决策矩阵

基于流域生态安全预警指标体系确定的5种风险等级，选取每一级最小值构建决策矩阵：

$$X=[x_{ij}]_{m\times n}\quad (i=1,2,\cdots,m;\ j=1,2,\cdots,n) \tag{8-3}$$

式中，m 为生态风险等级；n 为评价指标序号。

2. 数据无量纲化处理

通过对流域实际情况统计分析，可得到反映流域生态安全状态的对应矩阵，表示为

$$R = [r_{ij}]_{m\times n} \quad (i=1,\ 2,\ \cdots,\ m;\ j=1,\ 2,\ \cdots,\ n) \tag{8-4}$$

通常来说，指标分为效益型和费用型两种，效益型是值越大越好，费用型是值越小越好。为消除不同物理量纲对预警结果的影响，应先根据属性类型对评价矩阵 r_{ij}进行规范化处理。

效益型指标：

$$r_{ij} = (x_{ij} - x_{ij}^{\min}) \Big/ (x_{ij}^{\max} - x_{ij}^{\min}) \quad (i=1,\ 2,\ \cdots,\ m;\ j=1,\ 2,\ \cdots,\ n) \tag{8-5}$$

费用型指标：

$$r_{ij} = (x_{ij}^{\max} - x_{ij}) \Big/ (x_{ij}^{\max} - x_{ij}^{\min}) \quad (i=1,\ 2,\ \cdots,\ m;\ j=1,\ 2,\ \cdots,\ n) \tag{8-6}$$

式中，$x_{ij}^{\max}$ 为第 j 个指标对应第 i 类警报的最大值；$x_{ij}^{\min}$ 为第 j 个指标对应第 i 类警报的最小值。

3. 确定正理想解 v_j^+ 和负理想解 v_j^-

$$V^+ = (v_1^+,\ v_2^+,\ \cdots,\ v_j^+) \quad (j=1,\ 2,\ \cdots,\ n) \tag{8-7}$$

$$V^- = (v_1^-,\ v_2^-,\ \cdots,\ v_j^-) \quad (j=1,\ 2,\ \cdots,\ n) \tag{8-8}$$

4. 计算每个方案到理想点的距离 S_i^+ 和到负理想点的距离 S_i^-

$$S_i^+ = \sqrt{\sum_{j=1}^{n} (v_{ij} - v_j^+)^2} \quad (i=1,\ 2,\ \cdots,\ m) \tag{8-9}$$

$$S_i^- = \sqrt{\sum_{j=1}^{n} (v_{ij} - v_j^-)^2} \quad (i=1,\ 2,\ \cdots,\ m) \tag{8-10}$$

5. 计算 C_i，并按相对接近度 C_i 的大小排序，确定流域生态安全级别，并进行相关预警

$$C_i = S_i^- / (S_i^+ + S_i^-) \quad (i=1,\ 2,\ \cdots,\ m) \tag{8-11}$$

第二节　生态水文情势扰动度量

在取水、水库调度等人类活动影响下，河流自然的水文情势已发生明显的改变。世界上有超过一半的河流受到水坝、堰等水利设施的影响（Nilsson et al.，2005）。人为因素造成的水文情势的改变会产生一系列负面的生态影响，主要包括：①河流和洪泛区上栖息地的减小或消失；②水生生物正常生命过程与水文情势的失调；③横向和纵向水力连通性的消失，尤其是那些对生态系统至关重要的季节性的河道网络和洪泛区之间的连通性的丧失；④外来物种的入侵（Bunn and Arthington，2002）。

自然的水文情势对维持河流生物多样性和生态完整性有着重要的作用（Poff et al.，1997）。维持河流自然的流量变化过程已成为河流生态系统保护和修复的主要原则（Poff et al.，1997；Naiman et al.，2002；Jowett and Biggs，2009）。然而，人类活动不可避免地会造成河流自然水文情势的改变，水文情势改变程度如何、会带来什么样的生态影响成为人们迫切想知道的问题。维持河流生态系统的生态功能是河流保护和修复的一个核心任务。水文情势的改变是造成生态功能改变的一个主要原因，生态水文情势扰动度量是生态安全调控的先决条件。建立水文情势扰动程度核算方法，用来了解河流生态功能的改变程度，具有明显的实用价值。本节将对水文情势扰动程度度量方法进行探讨。

一、研究进展

Richter 等（1996）选取了32个水文指标，用来反映水文情势的扰动程度（表8-3），并将这32个水文指标按照流量大小、发生时间、持续时间、发生频率和流量变化速率分为五大类。该方法是定量描述自然水文情势较早的方法，对河流生态学的发展具有重要的意义。在此方法基础上，Richter 等（1997）进一步构建了变异范围法（range of variability approach，RVA），用以衡量水文情势的扰动程度。变异范围法广泛地应用于水文情势扰动程度的计算（Galat and Lipkin，2000；Irwin and Freeman，2002；Shiau and Wu，2004，2006，2007，2008）。在变异范围法中，将每个水文扰动指数的值分为3个区间，将扰动前指数值的第25～第75百分位数之间定为目标区间，并将落在目标区间内的水文值频率的扰动前后的差值，作为该水文指数的扰动程度。如果扰动前后落到目标区间内的频率相同，认为水文情势的改变为0。变异范围法比较简单和有效，但 Shiau 和 Wu（2008）指出该方法只考虑了水文指数值落到目标区间内的频率，而未考虑落到其他两个区间内的频率，忽略了很多扰动信息。为此 Shiau 和 Wu（2008）对变异范围法做了一些改进，建立了柱状图匹配法（histogram matching approach，HMA）。该方法同时考虑了落到这3个区间内数值的频率，将水文扰动前和扰动后的柱状图的差别程度定为水文情势的扰动程度。

表8-3　水文情势改变指标表

类别	指标
月径流	月平均径流（12个参数）
极端水文事件的流量	年最小1日流量 年最小3日流量 年最小7日流量 年最小30日流量 年最小90日流量 年最大1日流量 年最大3日流量 年最大7日流量 年最大30日流量 年最大90日流量 基流：年最小（平均）7日流量
极端水文事件的发生时间	年最小1日流量的水文年日期 年最大1日流量的水文年日期
高流量和低流量事件的频率和持续时间	每个水文年的低流量事件次数 低流量事件的平均持续时间 每个水文年的高流量事件次数 高流量事件的平均持续时间
水文情势变化率和变化频率	日间流量平均增加率 日间流量平均减小率 流量过程转换的次数

变异范围法对衡量水文情势扰动具有重要的作用，到 2014 年该方法在科技论文中已被引用数百次。其被广泛应用于核算不同时期水文情势的差异（Galat and Lipkin，2000；Irwin and Freeman，2002），也被应用于指导水利工程的运行，即将减小用变异范围法核算出的水文情势的改变程度作为优化目标（Shiau and Wu，2004，2006，2007，2008；Yin et al.，2010，2011，2012；Yin and Yang，2011）。

实际上，人们想知道的是由于水文情势改变造成的生态功能的改变程度，而非单纯的水文情势的改变程度。与水文情势的改变相比，生态功能的改变是生态系统退化更直接的反应。变异范围法一个潜在的目标，是通过计算水文情势的改变程度，反映生态功能的改变程度（Mathews and Richter，2007；TNC，2007）。水文情势的改变引起生态功能的改变，进而造成生态系统的退化。生态功能的扰动越大，生态系统的退化程度也越剧烈。然而，到目前为止还没有一个定量模型，能够有效地建立生态功能和流量大小、水文事件发生时间、持续时间、发生频率和流量变化速率等参数的关系。因此，虽然变异范围法能够定量地计算出水文情势的扰动程度，但难以反映生态功能的扰动程度或者相对程度。

除此之外，变异范围法只考虑了各个指标数值出现的频率，而没考虑指标数值出现的顺序。变异范围法的一个潜在的假设是，如果指标值落到各个区间的频率不发生变化，水文情势的改变就为 0，生态功能也会得到维持。实际上，如果某些水文事件（如洪水）发生的年份改变，即使该类水文事件发生的频率不发生变化，生态功能也会受到影响。径流经常作为水生生物迁移和繁殖的启动信号，该流量信号经常是与水温情势，或者白昼长度甚至是月相耦合的（Welcomme，2008）。流量年际次序的改变可能会造成水文情势与温度情势和月相的不匹配。此外，河流生物体已适应了自然的水文情势和某些水文事件（如洪水）自然的出现次序。例如，在 30 年之内，自然状态下洪水每隔 5 年发生 1 次，而在人类扰动之后所有的洪水事件都发生在前 6 年，后面的 24 年内无洪水事件。在这种情况下，洪水的发生频率不发生改变，但水生生物的生命周期显然会受到影响。因此，水文时间序列的次序发生改变，计算出的水文情势改变程度不应为 0。

二、水文指标次序变化对水文情势扰动评价的影响

众多水文指标均同生态系统健康密切相关，这些生态相关水文情势指标在一段时间内的取值形成一系列时间序列，这些生态相关时间序列的变化表征了水文情势的改变。传统水文情势扰动评价方法通过描述生态相关水文情势指标的频率分布变化来评价水文情势改变。这些方法假设水文指标在某一时间段内的频率能够代表其概率分布，而水文指标的概率分布则代表着水文情势的全部意义。然而，根据国内外研究进展的分析，这些生态相关水文情势指标的次序对于生态系统同样十分重要。本书以生态水文学领域应用最为广泛的 RVA 为例，探讨水文指标次序变化对水文情势扰动评价的重要意义。

水文指标次序变化难以直接定量描述，本书用水文序列周期项改变代表水文序列次序改变。任何时间序列都可以表示为周期项、趋势项和随机项的组合，而任何时间序列次序的改变也是由这 3 部分的改变所导致的。周期项能够代表水文序列次序改变的原因有二：

第一，水文序列周期性同生态系统完整性密切相关；第二，水文序列周期性能够定量表达。水文序列周期同河流内泥沙侵蚀和沉淀以及水生生物生命史等都具有十分重要的相关性。同时，研究表明人类活动已经明显改变了水文序列周期大小，而这些改变也具有十分明显的生态危害。时间序列周期性通过其周期来体现，目前已经有确定时间序列周期的方法，而这些方法也普遍被应用于水文序列分析。对于时间序列的趋势项及随机项，由于其能部分体现于 RVA 方法之中，所以本书并没有单独考虑这些因素。对于趋势项，大部分情况下，趋势项都会影响到序列均值及离散度，因而会反映到 RVA 值中。对于随机项，由于随机项都是确定的概率分布，因而随机项的变化也会最终反映到 RVA 值中。

作为对比，本书提出改进的 RVA 以评价水文指标次序变化对水文情势扰动评价的影响。改进的 RVA 的基本步骤如下：①定量化 IHA 序列频率变化；②定量化 IHA 序列周期性变化；③在 IHA 序列频率和次序变化基础上定量化综合水文情势的扰动情况。

（一）IHA 序列频率变化评价方法

传统 RVA 使用的 IHA 水文指标见表 8-4，这 32 个水文指标每年都会有一个取值。对于每一个 IHA 指标，其在发生水文扰动前的 25 和 75 百分位数确定了一个该指标的目标范围，可以通过对比扰动前后落入该目标范围内的年数来定量化 IHA 序列的频率变化。

表 8-4　IHA 水文指标定义及特性

缩写	水文指标	缩写	水文指标
JANF	1 月平均径流	MI7F	年最小 7 日均流量
FEBF	2 月平均径流	MA7F	年最大 7 日均流量
MARF	3 月平均径流	MI30F	年最小 30 日均流量
APRF	4 月平均径流	MA30F	年最大 30 日均流量
MAYF	5 月平均径流	MI90F	年最小 90 日均流量
JUNF	6 月平均径流	MA90F	年最大 90 日均流量
JULF	7 月平均径流	BASF	基流量值
AUGF	8 月平均径流	TMIM	年最大日均流量发生日期
SEPF	9 月平均径流	TMAM	年最小日均流量发生日期
OCTF	10 月平均径流	NHP	年高脉冲次数
NOVF	11 月平均径流	NLP	年低脉冲次数
DECF	12 月平均径流	DHP	年高脉冲平均持续时间
MI1F	年最小日均流量	DLP	年低脉冲平均持续时间
MA1F	年最大日均流量	MPD	连续径流量增加时间段平均增加速率
MI3F	年最小 3 日均流量	MND	连续径流量减少时间段平均减少速率
MA3F	年最大 3 日均流量	NREV	径流量增减交换次数

因而，对于第 l 个 IHA 水文指标（D_l），其频率变化为

$$D_l = \left| \frac{O_{ol} - O_{el}}{O_{el}} \right| \tag{8-12}$$

式中，O_{ol}为发生水文扰动后 IHA 值落入该目标范围内的年数；O_{el} 为发生水文扰动后 IHA

值落入该目标范围内的预期年数，其数值为发生水文扰动后数据的年数乘以扰动以前落入该目标范围内年数的频率。关于 IHA 序列频率变化定量化方法的具体描述详见 Richter 等。

（二）IHA 序列周期计算方法

趋势项去除后，时间序列周期项可通过一系列具有特定波幅和周期的正弦波表示，其中波幅最大的正弦波的对应周期可以认为是该序列的主周期。通常一个时间序列有超过一个正弦波，其波幅远大于其他正弦波的波幅，其对应周期都可以认为是该时间序列的主周期。

目前，已有较多确定时间序列周期的方法，每个方法都有其优点和缺点。定量评价水文情势扰动的主要目的有：①历史水文数据分析；②水资源管理优化配置（如优化水库运行规则以减少其对生态系统的影响）。对于历史水文数据分析，水文情势扰动的评估一般只会进行有限次，因而评估的精确性对于这类研究十分重要。而对于水资源管理优化配置，可能水文情势扰动评价需要进行多次（如对于一个水资源管理参数的取值就需要进行一次评估），因而对于这类研究评估方法的简单和方便则更加重要。最大熵谱法和周期图法是时间序列周期性研究应用最为广泛的方法。其中，最大熵谱法结果更为精确，但其步骤更为繁琐，且需要人为主观判断。周期图法较为简单，但其精度相对较低。因而，最大熵谱法和周期图法分别适用于第一类和第二类研究。

1. 最大熵谱法

在最大熵谱法中，正弦波动的波幅通过在 f 频率的能谱 $S(f)$ 来体现。对于去趋势序列，其熵值能够代表序列的不确定性。最大熵谱法的基本思想在于通过最大化序列的熵值 E_d，使得任何基于最大熵谱法的估计都可以不考虑序列不确定性的影响。熵值 E_d 的计算方法如下：

$$E_d = \frac{1}{2}[\ln(2f_N)] + \left(\frac{1}{4f_N}\right)\int_{-f_N}^{f_N} \ln S(f)\,\mathrm{d}f \tag{8-13}$$

式中，$S(f)$ 为在 f 频率的能谱 $S(f)$；f_N 为奈奎斯频率，对于某一确定序列，f_N 为常数。因而，式（8-13）的最大值可以简化为如下的形式：

$$E_d = \int_{-f_N}^{f_N} \ln[S(f)]\,\mathrm{d}f \tag{8-14}$$

能谱值同自回归系数存在如下关系：

$$\int_{-f_N}^{f_N} \exp(i2\pi fk)S(f)\,\mathrm{d}f = r_x(k) \qquad (k < m) \tag{8-15}$$

式中，$i=(-1)^{1/2}$；$r_x(k)$ 为第 k 个自回归系数；m 为某一指定自回归过程的滞后系数。式（8-14）的最大化问题可通过自回归方式解决，而 $S(f)$ 则可以通过下式计算：

$$S(f) = \frac{p(m+1)}{2f_N \left| 1 + \sum_{j=1}^{m} \gamma_k(j)\exp(-i2\pi fk) \right|^2} \tag{8-16}$$

式中，$P(m+1)$ 为一步预测误差；$\gamma_x(j)$ 为滤波器系数。系数 $\gamma_x(j)$ 和 $P(m+1)$ 可以通过 Burg 法计算。滤波器长度 m 的选择有很多方法，如 Akaike 信息准则（AIC）、贝叶斯信息准则（BIC）等。然而，并没有研究表明某一方法比其他方法有明显的优势，因而需要对比不同方法的结果以决定最终 m 的取值。本书选择使用 FPE 和 AIC 方法选择滤波器的长度。

通过计算并对比不同 f 下能谱值 S（f），可筛选出显著大于其他能谱值的 S（f）所对应 f，并进一步推算该序列的主周期。本书采用 Fisher 检验作为确定某一能谱值是否显著大于平均 S（f）的依据。如果没有任何峰值通过 Fisher 检验，则认为该序列没有显著周期。

一般时间序列有超过一个 S（f）峰值，而有些峰值实际上是由伪周期导致的。因此，最大熵谱法结果需要同其他方法结果进行对比以避免伪周期的影响。本书采用最大似然谱法为最大熵谱法的结果提供进一步对比验证。对于滤波器长度为 m 的最大似然谱 MLS（f, m）的计算方法如下：

$$\frac{1}{\mathrm{MLS}(f,\ m)} = \frac{1}{m}\sum_{j=1}^{m}\frac{1}{\mathrm{MES}(f,\ j)} \tag{8-17}$$

式中，MES（f, j）为最大熵谱 S（f）的第 j 个谱值。如果最大熵谱法结果与最大似然谱法相同，则可认为其估算周期值合理。

通常最大熵谱法会确定超过一个周期值，在本书中扰动前水文数据的第 l 个指标的第 y 个周期表示为 T_{ly}，扰动后水文数据的第 l 个指标的第 z 个周期则表示为 T'_{lz}。

2. 周期图法

在周期图法中，正弦波动的波幅则通过在 ω_K 频率的周期图 S（f）来体现。对于去趋势时间序列，其周期图值 I_n（ω_K）可以表示为

$$I_n(\omega_K) = \frac{1}{n}\left|\sum_{t=1}^{n} x_t \mathrm{e}^{-it\omega_K}\right| \tag{8-18}$$

式中，ω_K为测试周期，$\omega_K=2\pi K/n$，$K=1$，…，$n/2$；n 为序列长度；x_t为时刻 t 的取值。I_n（ω_K）的峰值同样通过 Fisher 检验来确定，其基本步骤与最大熵谱法类似，但是并不需要同最大似然谱法的结果对比。

（三）周期性扰动矩阵

通常一个 IHA 时间序列的周期超过一个，而扰动前后 IHA 序列的周期数量可能不一致（扰动前后分别为 c_l、c'_l）。为了对比方便，人为将周期数量较少的序列添加几个 0 年的周期值使得 $C_l=\max$（c_l, c'_l）。从而，对于第 l 个 IHA 指标，扰动前后的周期可以分别表示为 T（T_{l1}，T_{l2}，…，T_{lC_l}）和 T'（T'_{l1}，T'_{l2}，…，T'_{lC_l}）。

对比这两个数列时，首先需要分别单独对比 T_{ly}和 T'_{lz}：

$$p_{l,\ y,\ z} = \begin{cases} \dfrac{T_{ly} - T'_{lz}}{T_{ly}} & ,\ \text{if}\quad T_{ly} > T'_{lz} \\ \dfrac{T'_{lz} - T_{ly}}{T'_{lz}} & ,\ \text{if}\quad T'_{lz} > T_{ly};\ y,\ z \in [1,\ C_1] \\ 0 & ,\ \text{if}\quad T'_{lz} = T_{ly} \end{cases} \tag{8-19}$$

对比完所有的 T_{ly}和 T'_{lz}时，需要通过综合性指数反映两个数列的区别。对比这两个数列

时，我们采取了如下准则：①对于扰动前和扰动后 IHA 指标的周期，任何周期值都只能参与一次对比；②扰动前某一周期值应当同与其最接近的扰动后的周期值进行对比。然而，存在这两条准则不能同时满足的可能性：某两个扰动前周期所对应的最接近的扰动后周期可能是同一个值，因而如果我们遵守准则 2，则需要破坏准则 1 的规定。我们通过下式以实现上述两条准则的平衡：

$$P_l = \min\left[\frac{P_{l,\ z,\ z_1} + p_{l,\ z,\ z_2} + \cdots + P_l C_l z C_l}{C_l}\right] \qquad (z_1 \neq z_2 \neq \cdots \neq z_{C_l}) \qquad (8\text{-}20)$$

式中，P_l为第 l 个 IHA 指标的周期性改变值。

（四）改进的 RVA

改进的 RVA 最后一步通过结合 IHA 指标的频率和周期改变定量评价水文情势扰动。为后续研究方便，我们认为最终的综合性指标 H 应符合下述条件：①取值范围为 0 ~ 1；②频率改变 D 和周期改变 P 的单调递增函数；③当 D 或 P 取 1 时，取最大值；④当 D 和 P 不全为零时不取零。同时，由于水文情势的频率和周期同样重要，因而 D 和 P 对 H 的贡献应当相同。从而，对于第 l 个 IHA 指标，其综合扰动程度为

$$H_l = D_l + (1 - D_l)P_l \qquad (8\text{-}21)$$

同时，式（8-21）还可以改写为

$$H_l = P_l + (1 - P_l)D_l \qquad (8\text{-}22)$$

式（8-21）和式（8-22）在数学上等价，因而 D 和 P 对 H 的贡献相同。最后，水文情势扰动 H 通过下式计算：

$$H = \frac{1}{32}\sum_{l=1}^{32} H_l \qquad (8\text{-}23)$$

（五）典型水库水文情势扰动程度度量

唐河（图 8-2）是大清河系的主要支流，流域面积为 4990 km^2，河道长度为 274 km，其中 182 km 的河道属于山区。唐河流域属于典型的大陆季风性气候，春季干燥、夏季湿热、秋季晴朗而冬季干冷。流域年降水量为 511mm，年蒸发量为 1511mm。大清河流经北京和天津两大中心城市。西大洋水库建于 1958 年，1961 年投入运行，位于唐河流域下游，控制流域面积为 4420 km^2。西大洋水库的主要功能为防洪，同时为保定市工农业生产供水，此外西大洋水库还是北京市的应急水源地。本书使用 1970 ~ 1991 年西大洋水库入流和出流日均径流量数据（图 8-3）分别代表改进的 RVA 方法中扰动前后的径流数据。西大洋水库入流和出流日均径流量数据均由西大洋水库管理处提供。西大洋水库的运行对唐河径流量造成了剧烈影响（表 8-5），水库运行导致 1 月、2 月、8 月、9 月、10 月和 12 月月均径流量减少了超过 50%，而 4 月、5 月和 6 月月均径流量则增加了超过 20%。

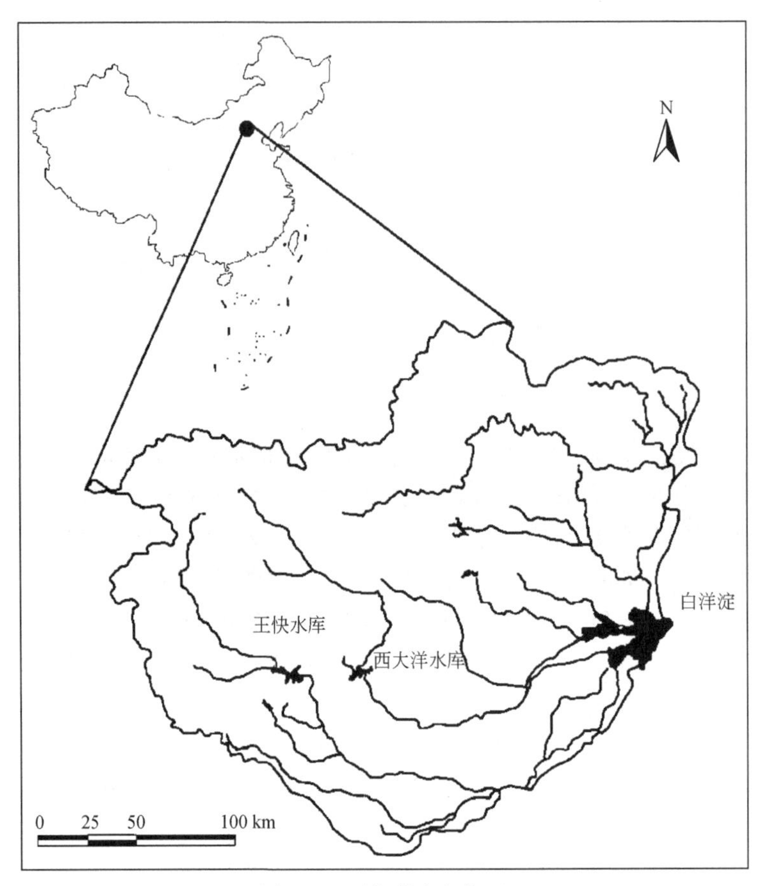

图 8-2 西大洋水库位置

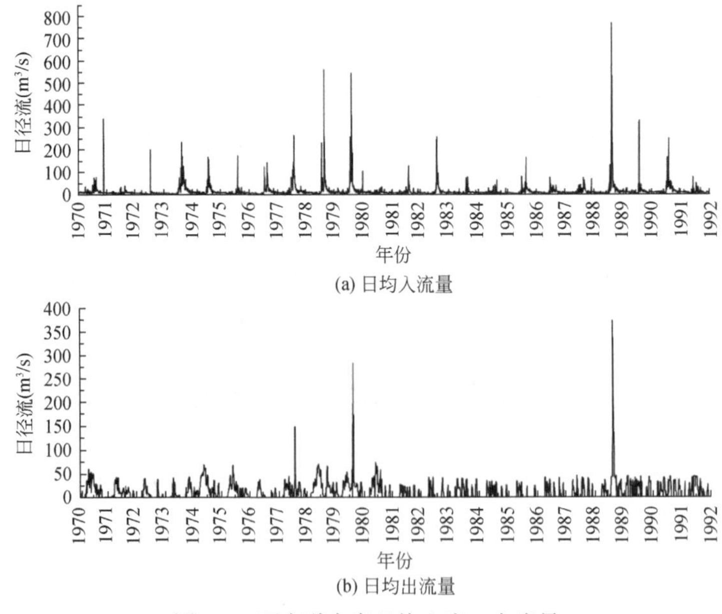

图 8-3 西大洋水库日均入流、出流量

表 8-5　西大洋水库入流出流数据统计特征（1970～1991 年）

项目	月份	1	2	3	4	5	6	7
入流	平均值（m^3/s）	6.9	8.9	6.0	4.1	3.4	4.7	15.4
	方差（m^3/s）	1.5	1.5	1.7	2.0	1.9	3.0	14.8
	变异系数	0.22	0.22	0.29	0.48	0.57	0.63	0.96
出流	平均值（m^3/s）	1.2	2.6	4.4	22.9	23.4	18.8	14.2
	方差（m^3/s）	2.9	9.4	7.6	10.2	15.6	18.7	12.8
	变异系数	2.48	3.62	1.72	0.44	0.67	1.00	0.90
项目	月份	8	9	10	11	12	年均	
入流	平均值（m^3/s）	33.8	17.9	10.5	6.9	7.8	13.0	
	方差（m^3/s）	38.6	13.5	5.0	3.1	2.1	6.5	
	变异系数	1.14	0.75	0.48	0.45	0.28	0.50	
出流	平均值（m^3/s）	12.4	7.4	5.4	7.6	0.8	12.0	
	方差（m^3/s）	29.6	11.7	7.5	10.5	2.5	6.2	
	变异系数	2.39	1.59	1.39	1.38	2.89	0.52	

水文指标“3 月平均径流”的最大熵谱图如图 8-4 所示。通过 FPE 法和 AIC 法选择的 m 值分别为 8 和 21。基于较大 m 值的计算结果需要与基于较小 m 值的计算结果对比，以避免周期计算的误差，因此我们同时使用这两个 m 值估算了周期值。最大似然谱法同最大熵谱法的结果基本一致。当 $m=21$ 时，最大似然谱法和最大熵谱法确定的周期值均为 11 年，而当 $m=8$ 时，这两个方法同时检出了一个 5.5 年的周期。通过对比其他 m 值，最终确定该指标的周期为 11 年。

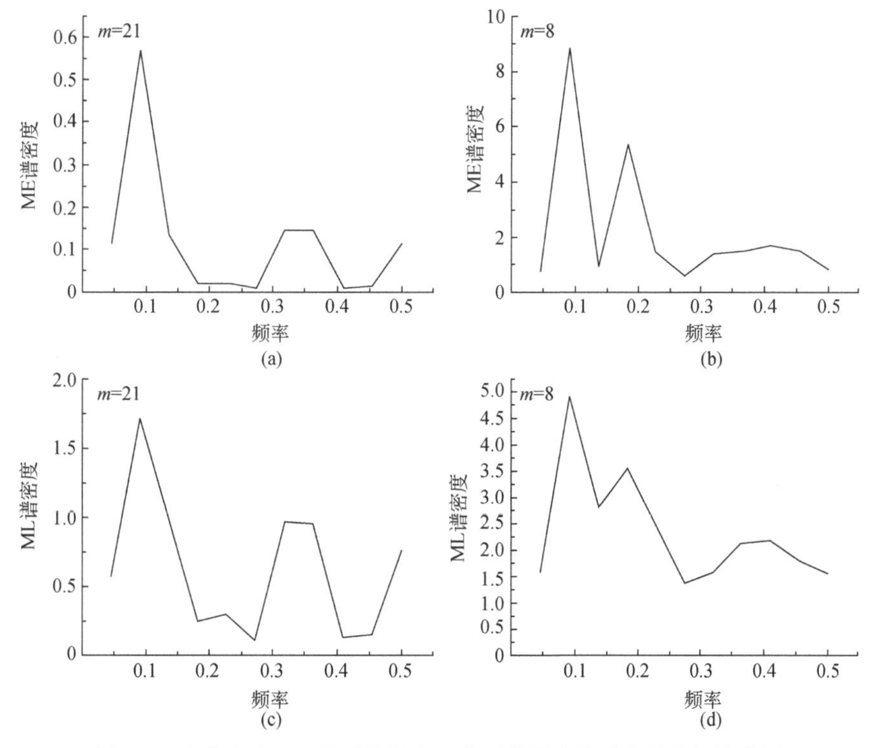

图 8-4　水库入流“3 月平均径流”序列的最大熵谱和最大似然谱图

水文指标“3 月平均径流”的周期图如图 8-5 所示，通过周期图法确定的周期为 11 年，与最大熵谱法结果相同。不同 IHA 指标的周期值见表 8-6。

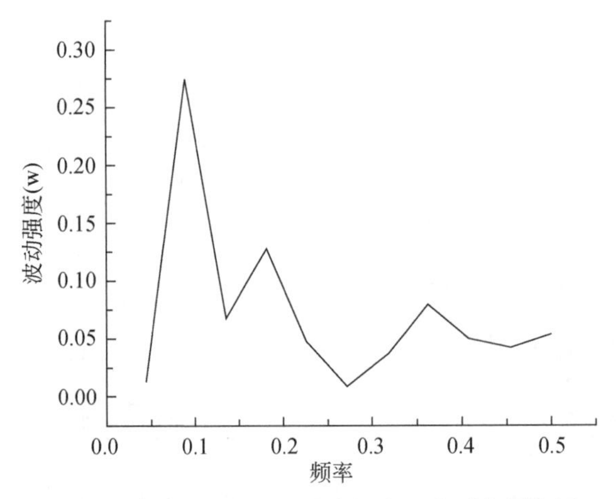

图 8-5　水库入流“3 月平均径流”序列的周期图

表 8-6　不同 IHA 指标的周期图法和最大熵谱法结果

指标	周期图法		最大熵谱法		指标	周期图法		最大熵谱法	
	Sig. =0. 95	Sig. =0. 90	Sig. =0. 95	Sig. =0. 90		Sig. =0. 95	Sig. =0. 90	Sig. =0. 95	Sig. =0. 90
JANF	11,4. 4	11,4. 4	11,4. 4	11,4. 4	MI7F	11	11,3. 1	11	11,4. 4
FEBF	4. 4	11,4. 4	11,4. 4	11,4. 4	MA7F	nan	11	11,3. 7	11,3. 7
MARF	11	11	11	11,4. 4	MI30F	11	11,3. 1	11,5. 5,3. 7	11,5. 5,3. 7
APRF	11,5. 5,3. 1	11,5. 5,3. 1	11,4. 4	11,4. 4	MA30F	11	11	nan	nan
MAYF	nan	nan	nan	nan	MI90F	nan	11	11	11
JUNF	nan	11,4. 4	nan	nan	MA90F	nan	11	11	11
JULF	nan	nan	4. 4	4. 4	BASF	11	11	11	11
AUGF	nan	nan	nan	nan	TMIM	nan	nan	2. 4,5. 5	2. 4,5. 5
SEPF	2. 4	2. 4	2. 4	2. 4	TMAM	nan	2. 4	nan	nan
OCTF	2. 4	2. 4,3. 1	2. 4	2. 4	NHP	nan	nan	11	11
NOVF	nan	nan	2. 4	2. 4	NLP	nan	nan	nan	nan
DECF	11	11,3. 1	nan	nan	DHP	nan	11,3. 1	11,4. 4	11,4. 4
MI1F	2. 4	2. 4	2. 4	2. 4	DLP	nan	nan	3. 1	3. 1,2. 4
MA1F	nan	nan	nan	nan	MPD	nan	nan	nan	nan
MI3F	11	11	11	11	MND	11	11	nan	11
MA3F	11	11	11,3. 7	11,3. 7	NREV	2. 8	2. 8	nan	nan

注:nan 表示未检出

西大洋水库运行导致的 IHA 指标的平均频率变化为 80%，同时 10 个指标的改变值达到 100%。扰动前后的水文指标“年最小 7 日均流量”以及“4 月平均径流”如图 8-6 所示。由图 8-6 可发现，扰动后的序列值没有一年就落入目标区间范围内。

当选择周期图作为周期提取方法时，一共有 19 个指标周期改变值为 100%，而 11 个

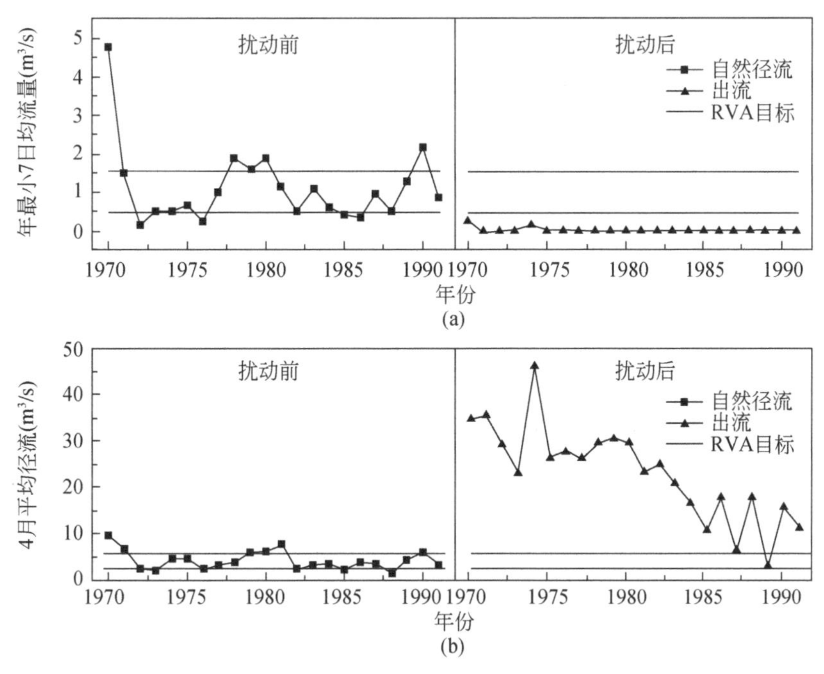

图 8-6　水文指标“年最小 7 日均流量”以及“4 月平均径流”序列

指标周期没有发生改变。传统的 RVA 值为 0.80，而改进的 RVA 法中 H 值为 0.92，各 IHA 指标的周期改变的平均值为 0.69。由于水库对 IHA 频率的扰动已十分剧烈（$D=0.80$），考虑 IHA 周期性之后增加的扰动值并不明显。对于 IHA 频率干扰不太明显的扰动，相同强度的 IHA 周期性改变可能会导致更为明显的水文情势，使扰动增加。选择最大熵谱法作为周期提取方法的结果与选择周期图法作为周期提取方法的结果类似。如果分别对每一个 IHA 指标进行对比，采用两种方法差异值大部分不会超过 0.30。选择最大熵谱法作为周期提取方法，改进的 RVA 方法评估西大洋水库导致的水文情势的扰动值为 0.91。这一研究同时印证了水库建设会导致水文周期显著变化这一论述。

三、月尺度水文情势扰动评价方法描述水文情势信息有效性

对于大洲或全球尺度研究，由于高精度数据缺乏，需要基于逐月径流对水文情势扰动进行评价。目前，已建立多种月尺度水文情势扰动评价方法，然而并没有研究表明这类方法是否能够有效描述生态相关水文情势的信息，特别是生态相关水文情势指标次序的信息。本小节将通过回归分析和相关性分析评价月尺度水文情势扰动指标，来描述水文情势信息的有效性。改进的 RVA 作为更为全面的水文情势扰动评价方法，本书假设改进的 RVA 值能够代表目前已知的生态相关水文情势信息，其结果将被用于回归分析及相关性分析中。对于月尺度水文情势扰动评价方法，本书选取了基于逐月径流的流量历时曲线法、经典的 AAPFD 指数及基于月径流的 MFRI 指数。

(一) 流量历时曲线指数

流量历时曲线作为一种描述径流概率分布的方法，已十分广泛地应用于水资源管理、水利工程设计等研究之中。Vogel 等（2007）提出，可以通过对比干扰前后流量历时曲线，描述水文情势受自然或人类活动影响的程度，并提出使用生态盈余量（ecosurplus）、生态亏损量（ecodeficit）和生态水文改变量（ecochange，本书中称为流量历时曲线指数）定量描述这些影响。如图 8-7 所示，蓝色曲线代表自然状况下流量历时曲线，红色曲线代表人为干扰下流量历时曲线，蓝色曲线之下、红色曲线之上的面积定义为生态亏损，其与自然状态流量历时曲线下面积的比值称为生态亏损指数，代表自然或人为干扰下流量的减少，红色曲线之上、蓝色曲线之下的面积定义为生态盈余，其与自然状态流量历时曲线下面积的比值称为生态盈余指数，代表自然或人为干扰下流量的增加，生态亏损指数与生态盈余指数之和为流量历时曲线指数。因此，采用流量历时曲线法的一大好处在于流量历时曲线指数能通过简单地对比自然和人为干扰下流量历时曲线来获得。对于没有数据的流域，只需估算其流量历时曲线，而不是估算逐日或逐月径流就可以有效地评估人类活动对于水文情势的影响。

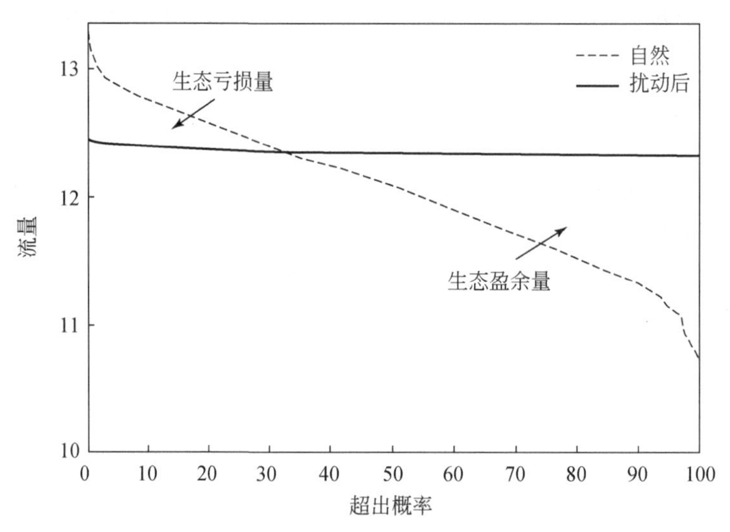

图 8-7　流量历时曲线及生态盈余和生态亏损

流量历时曲线的计算方法有两种：利用所有数据直接计算，或者对每一年分别估算并取研究时间段的中位数。参照 Gao 等（2009）的研究，本书采用第二种计算方法，即中位年流量历时曲线法。中位年流量历时曲线的计算方法如下：①对每一年分别估计该年内的月均流量历时曲线；②对研究时间段内不同年份的流量历时曲线取其中位数以代表这一时间段内的中位年流量历时曲线。中位数年流量历时曲线（简称“流量历时曲线”）能够有效体现研究时段内代表性年份的流量波动情况。由于一年内月均流量的数据量较少，传统的基于百分位数的流量历时曲线计算方法已不再适用，应采用如下的方法来估算流量历时曲线：

$$Q_p = \sum_{i=1}^{N} \lambda_i q_{(i)} \tag{8-24}$$

式中，n 为用于估计流量历时曲线的数据点数；Q_p 为超越概率为 p 时的百分位数；λ_i 为权重参数；$q_{(i)}$ 为顺序统计量；$q_{(1)}$ 为一年内最大观测值；$q_{(N)}$ 为一年内最小观测值。λ_i 可以由下式估算：

$$\lambda_i = I_{i/N}[p(N+1),\ (1-p)(N+1)] - I_{(i-1)/n}[p(N+1),\ (1-p)(N+1)] \tag{8-25}$$

$$\begin{aligned} I_x[a,\ b] &= 1 - \Phi(\chi^2/\eta) \quad \text{if} \quad (a+b-1)(1-x) \leqslant 0.8 \\ I_x[a,\ b] &= \Phi(y) \quad \text{if} \quad (a+b-1)(1-x) \geqslant 0.8 \end{aligned} \tag{8-26}$$

$$\chi^2 = (a+b-1)(1-x)(3-x) - (1-x)(b-1)$$

$$\eta = 2b$$

$$y = 3\left[w_1\left(1-\frac{1}{9b}\right) - w_2\left(1-\frac{1}{9a}\right)\right]\left(\frac{w_1^2}{b}+\frac{w_2^2}{a}\right)^{-\frac{1}{2}} \tag{8-27}$$

$$w_1 = (bx)^{\frac{1}{3}}$$

$$w_2 = [a(1-x)]^{\frac{1}{3}}$$

式中，I_x $[a,\ b]$ 为不完全的 β 函数；Φ (z) 则等于 P $[Z \leqslant z]$，Z 为某一符合标准正态分布的随机数。研究表明，这一方法能够有效的估计 $n=10 \sim 100$ 的流量历时曲线。

本书中，参考 Homa 等的研究，我们选择使用超越概率为［0.05，0.10，0.20，0.30，0.40，0.50，0.60，0.70，0.80，0.90，0.95］的流量值近似代表流量历时曲线。

（二）改进的年度流量变异比例法

Gehrke 等（1995）发现，澳大利亚墨累-达令河流域 4 条受人为干扰的河流中，年度流量变异比例（APFD）同鱼类物种多样性显著相关。水文扰动越大，鱼类物种多样性越低。然而，由于当流量接近于零时，APFD 的计算结果并不稳定，Ladson 和 White（1999）提出了改进的 APFD 方法（AAPFD）以适应这一情况：

$$\text{AAPFD} = \frac{1}{m}\sum_{j=1}^{m}\left[\sum_{k=1}^{12}\left(\frac{C_{kj}-N_{kj}}{N_j}\right)^2\right]^{0.5} \tag{8-28}$$

式中，m 为径流数据年数；C_{kj} 为第 j 年第 k 月扰动后径流量；N_{kj} 为第 j 年第 k 月扰动前径流量；N_j 为第 j 年平均月径流量。由于 AAPFD 指数对水文扰动的灵敏性及其显著的生态相关性，澳大利亚环境部已经将其选择为评价河流状况的主要指标。

（三）月径流水文指标体系

基于逐月径流数据，Laize 等（2010）提出了类似于 IHA 和 RVA 方法的水文情势指标体系——月径流水文指标体系（monthly flow regime indicators，MFRI）。MFRI 一共包括 9 个月尺度水文指标，通过对比水文改变前后该指标的均值和 IQR（inter-quartile range）来评价水文情势扰动。本书对 MFRI 稍作修改，采用式（8-12）计算各指标扰动前后变化，并取其平均值代表综合性水文情势扰动。

（四）月尺度水文情势扰动评价

本书选取了3项月尺度综合性水文情势扰动指标（流量历时曲线指数、AAPFD、MFRI），并通过多元线性回归及相关性分析判断这4项指标是否可以有效描述整体的水文情势变化（图8-8）。本书假设改进的RVA中各IHA指标 H 值能够全面反映水文情势的变化，所以如果上述4项指标能够很好地反映 H 值的变化则可以将其视为有效的水文情势扰动综合性指标。

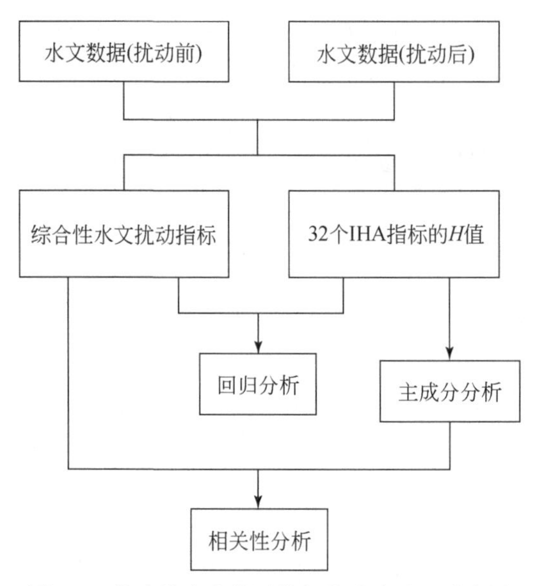

图8-8　综合性水文扰动指标的选取过程示意图

对于一组径流数据（包括扰动前和扰动后数据），综合性水文扰动指标的选取过程如下：①对于每一条河流，分别计算改进的RVA方法中32个IHA指标 H 值、流量历时曲线指数、AAPFD及MFRI；②以综合性水文扰动指标为因变量，32个IHA指标 H 值为自变量，分别建立流量历时曲线指数、AAPFD及MFRI的多元回归方程，对比4个方程的 R^2 及MSE值；③对32个IHA指标 H 值进行主成分分析，并对比不同综合性水文扰动指标同各主成分的相关性。

（五）基于全球水文数据的方法有效性验证

欧盟“水文循环及全球变化”项目（WATCH）旨在通过综合现有全球水文模型，为研究者提供更为精确的全球水文模拟。所有参与WATCH项目的全球水文模型均采用统一的气象数据模拟现时（1961～2000年）及未来（2011～2100年）的全球径流数据。本书选取了其中唯一经过模型率定的WaterGAP（Water Global Assessment and Prognosis）全球水文模型结果进行分析。其中，现时模型结果（1971～2000年）代表扰动前水文数据，而未来模型结果（2071～2100年，气象数据基于A2排放情景）代表扰动后水文数据。为有效反映全球范围内不同河流水文情势及水文情势扰动，本书选取了不同大洲、不同气候带112条河流径流数据进行分析。本书所选河流水文站点位置如图8-9所示，所选河流中，非洲8条、亚洲15条、欧洲41条、大洋洲1条、北美洲41条、南美洲6条；按气候带分，根据Köppen-Geiger气候带划分，干燥带17条、暖温带34条、热带多雨带15条、冷温带46条。

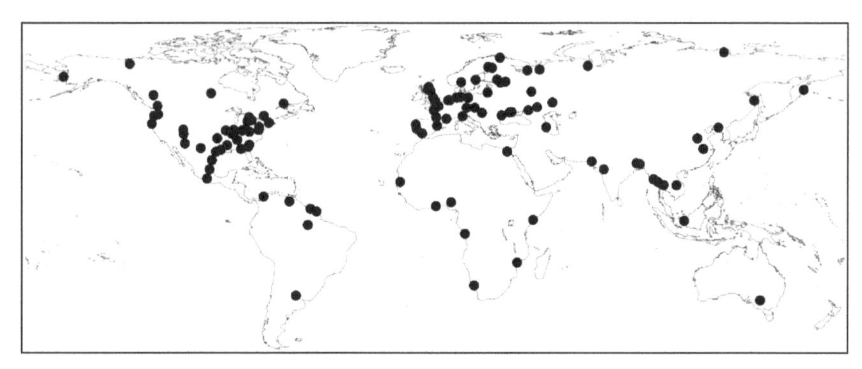

图8-9　研究河流空间分布图

不同综合性水文扰动指标的回归方程率定结果如图8-10所示，各方程决定系数R^2及均方误差MSE值见表8-7。所有多元回归方程中，MFRI的R^2值（0.855）最高，流量历时曲线指数次之（0.810），AAPFD的R^2值（0.712）最低。对于方程的MSE值，MFRI方程的MSE值最低（0.0006），流量历时曲线指数次之（0.0067），AAPFD的MSE值最高（0.526）。

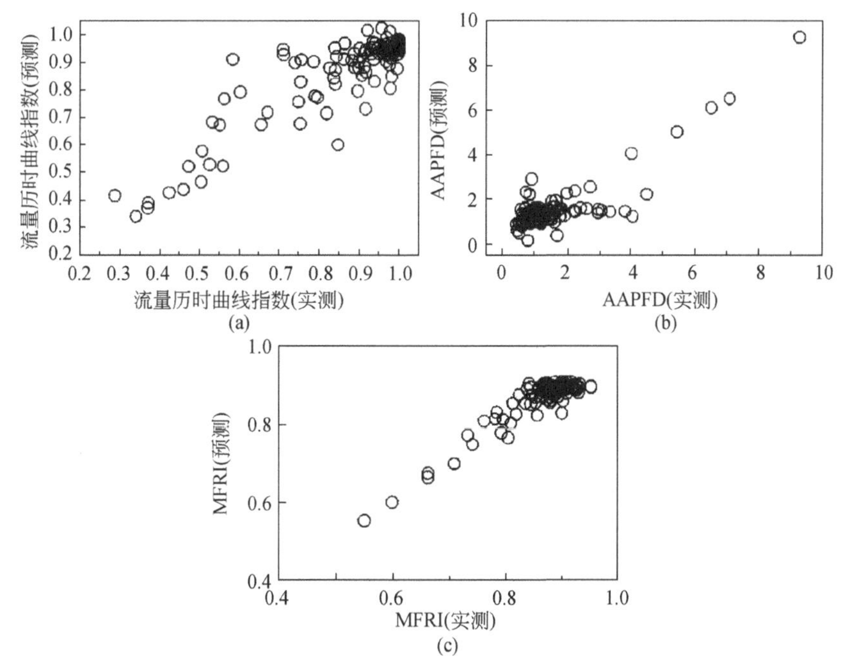

图8-10　流量历时曲线指数、AAPFD及MFRI的回归结果

表 8-7　不同水文情势扰动综合指标回归方法的 R^2、MSE 值

综合性水文指标	R^2	MSE
流量历时曲线指数	0.810	0.0067
AAPFD	0.712	0.5260
MFRI	0.855	0.0006

利用美国 420 条河流径流数据，Olden 和 Poff（2003）研究了生态相关水文指标之间的相关性，结果表明指标之间相关性十分明显。水文指标之间的相关性严重影响了我们对水文情势扰动的评估，这也是我们需要使用综合性水文扰动指标代表水文情势扰动的一个重要原因。因此，对 32 个 IHA 指标的 H 值进行主成分分析之前，需要先分析这 32 个指标之间的相关性。各 IHA 指标同其他 31 个 IHA 指标相关性系数箱图如图 8-11 所示。由图 8-11可知，32 个 IHA 指标之间存在着较大的相关性，其中相关性系数取值范围为 0 ~ 1，相关性系数平均值为 0.175。

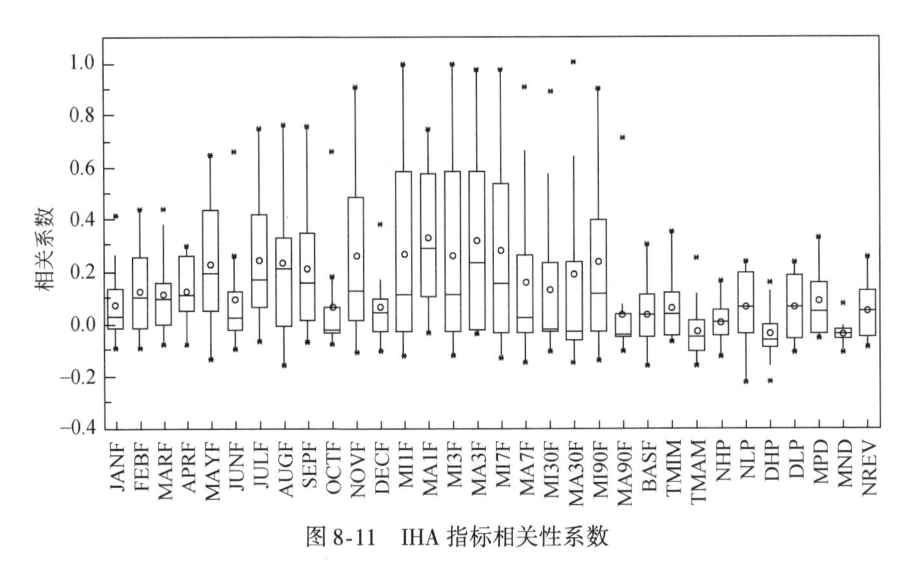

图 8-11　IHA 指标相关性系数

32 个 IHA 指标主成分分析结果如图 8-12 所示，其中第一主成分方差解释率为 25.1%，第二主成分方差解释率为 10.3%，前 4 个主成分累计方差解释率为 50.7%，前 8 个主成分累计方差解释率为 70.3%。各综合性水文扰动指标同前 4 个主成分之间的相关性系数见表 8-8，其中流量历时曲线指数同前 4 个主成分的散点图如图 8-13 所示。由于各综合性水文情势扰动指标同各主成分之间的关系大多是非线性的（图 8-13），因此对于其相关性的定量化我们分别采用了 Pearson r 相关性（表 8-8）、Kendall τ 相关性（表 8-9）及 Spearman u 相关性（表 8-10）。结果表明，各综合性水文情势扰动指标均同部分主成分之间有显著相关性。对于所有相关性定量化方法，流量历时曲线指数同第一和第三主成分显著相关；MFRI 同第一、第二、第三主成分 r 相关性显著，同第一、第三主成分 τ 相关性和 u 相关性显著；而对于 AAPFD 指数，只同第二主成分的 r 相关性显著。

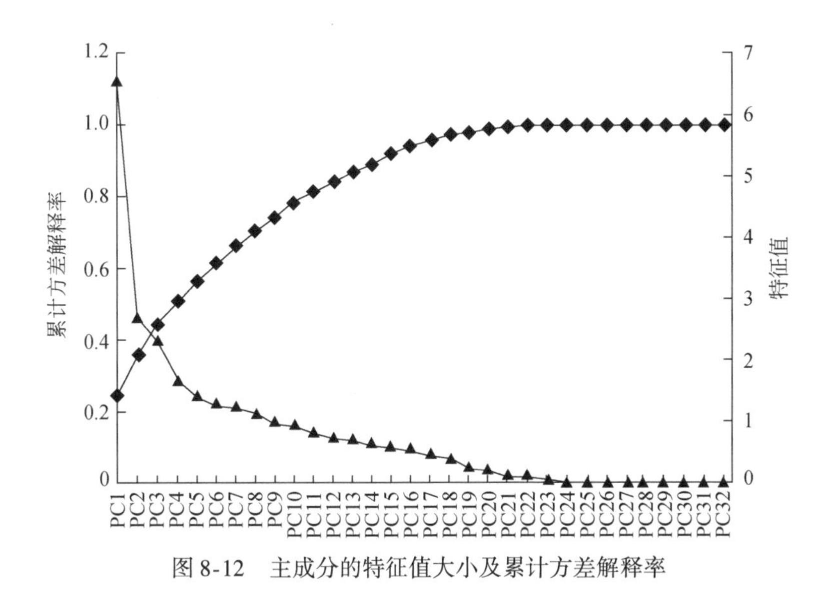

图 8-12 主成分的特征值大小及累计方差解释率

表 8-8 不同水文情势扰动综合指标同 PC1、PC2、PC3、PC4 的 Pearson 相关系数及 *P* 值

综合性水文指标	PC1		PC2		PC3		PC4	
	r	*P*	*r*	*P*	*r*	*P*	*r*	*P*
流量历时曲线指数	0. 498	<0. 001	−0. 132	0. 166	0. 609	<0. 001	−0. 170	0. 074
AAPFD	−0. 479	<0. 001	0. 352	<0. 001	−0. 090	0. 344	−0. 123	0. 197
MFRI	0. 702	<0. 001	−0. 185	<0. 001	0. 541	<0. 001	−0. 154	0. 104

表 8-9 不同水文情势扰动综合指标同 PC1、PC2、PC3、PC4 的 Kendall 相关性

综合性水文指标	PC1		PC2		PC3		PC4	
	τ	*P*	τ	*P*	τ	*P*	τ	*P*
流量历时曲线指数	0. 208	<0. 001	0. 010	0. 874	0. 362	<0. 001	−0. 134	0. 036
AAPFD	−0. 079	0. 217	0. 073	0. 253	−0. 0251	0. 697	0. 004	0. 950
MFRI	0. 0258	<0. 001	−0. 075	0. 247	0. 184	0. 004	0. 013	0. 837

表 8-10 不同水文情势扰动综合指标同 PC1、PC2、PC3、PC4 的 Spearman 相关性

综合性水文指标	PC1		PC2		PC3		PC4	
	u	*P*	*u*	*P*	*u*	*P*	*u*	*P*
流量历时曲线指数	0. 307	<0. 001	0. 004	0. 965	0. 505	<0. 001	−0. 193	0. 042
AAPFD	−0. 124	0. 194	0. 113	0. 234	−0. 019	0. 840	−0. 001	0. 995
MFRI	0. 359	<0. 001	−0. 111	0. 245	0. 271	0. 003	0. 008	0. 935

通过线性回归和相关性，分析了月尺度水文情势扰动评价方法描述水文情势信息的全面性。线性回归结果表明，流量历时曲线指数、MFRI 均能够有效通过 32 个 IHA 指标的线

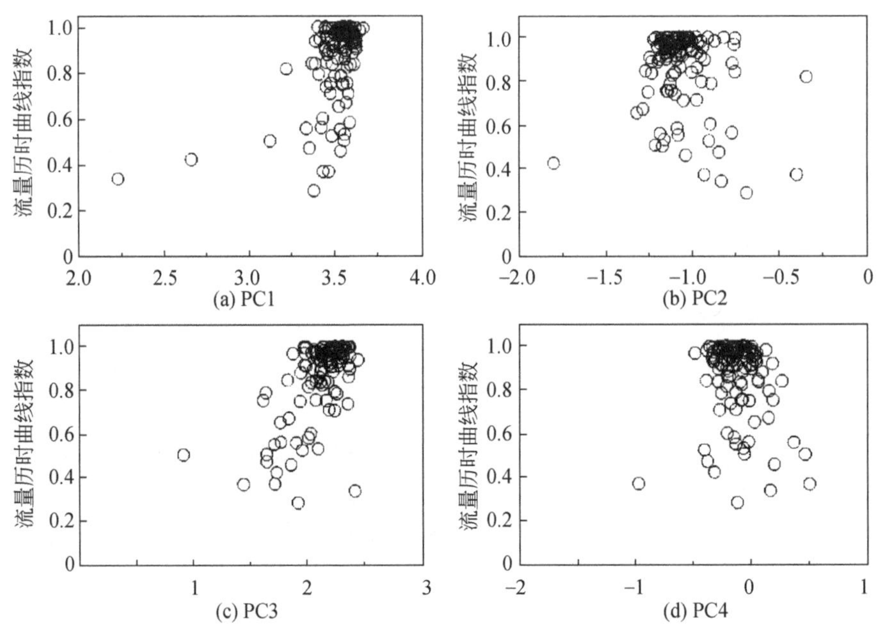

图 8-13　流量历时曲线指数同 PC1、PC2、PC3、PC4 的关系

性组合进行描述，相对而言，AAPFD 的回归方程效果较差（$R^2=0.712$），使用该系数来表征水文情势扰动损失的信息较多。相关性分析结果表明，基于逐月数据的流量历时曲线指数及 MFRI 指数同 32 个 IHA 指标主要成分之间存在着显著相关性，而 AAPFD 同这些主要成分之间的相关性则并不明显（仅同 PC1 有着显著的 Pearson 相关性）。

线性回归和相关性分析中，基于逐月数据的流量历时曲线指数及 MFRI 能够有效描述日尺度水文情势信息，从而在全球范围内使用逐月数据分析水文情势改变同使用逐日数据结果具有相同的效果。对比月尺度水文情势扰动评价方法，流量历时曲线指数及 MFRI 相对于 AAPFD 在描述水文情势扰动方面具有更大优势，能够最大限度地保存水文情势信息。在一项欧洲范围内的研究中，Laize 等（2010）的研究结果同样表明，在大洲尺度，逐月数据已经足够描述水文情势改变，这也在一定程度上支持了本书关于使用月尺度水文情势扰动评价方法能够较好地描述全球尺度水文情势扰动的论述。

本书假设改进的 RVA 中 H 值能有效代表水文情势扰动信息。相对于传统的水文情势扰动评价方法，改进的 RVA 法能够更好地描述水文情势扰动，然而改进的 RVA 法也可能存在下列问题：①改进的 RVA 只考虑了水文指标的次序变化，而忽略了水文指标的趋势项和随机项的变化，虽然有理由相信水文指标的周期变化能够有效描述其次序变化，但无疑同时考虑趋势项和周期项能更好地描述水文情势的改变；②改进的 RVA 计算周期时可能会受到主观因素的影响，进行周期计算需要进行显著性判定，其显著值的选择存在着一定的主观性，虽然本书结果表明改进的 RVA 受显著值影响不大，但并不排除在某些特定情况下周期检验的显著值会严重影响改进的 RVA 的结果。后续研究需要进一步深化考虑水文指标次序变化的定量评价方法。

第三节 水库生态调度模式

人类对水资源需求的增加、降水的时空分布不均等因素使得世界上很多区域受到用水短缺的困扰。水库是对区域水资源进行储存和管理的重要而有效的工具。水库不仅具有供水、发电、灌溉等功能，而且还能有效地减轻洪水、枯水等极端水文事件对人类的影响（Chang L C and Chang F J, 2001）。然而，水库也会对河流生态系统产生一系列的负面影响。明显的影响包括使水生栖息地原本自由流动的水体固定化、阻碍鱼类迁移、水库和下游河道水质恶化等。不明显的影响包括扰动河流的地形地貌过程，进而影响水生栖息地的多样性等（Jager and Smith, 2008）。

为解决河流保护和人类利益之间的矛盾冲突，指导水坝工程生态安全调控，很多研究尝试建立一些方法，力求在满足人类对水资源需求的同时，能够有效地保护河流生态系统。现有的水库调度方式并不能有效地处理人类和河流之间的冲突（Cardwell et al., 1996）。如何建立一种能够有效平衡人类和河流之间需求的水库调度方式，成为科学家、工程师和民众共同关心的问题。有趣的是，研究河流生态系统需求的文献有很多（Postel and Richter, 2003; Jager and Smith, 2008），也有很多的文献是研究如何对水库的下泄方式进行优化，以更好地满足人类多种用水需求的（Labadie, 2004）。然而，很少的研究考虑了人类和生态利益之间的平衡，和建立了面向两者利益平衡的水库最优的调度措施（Homa et al., 2005）。Cardwell 等（1996）建立了同时考虑供水短缺的大小、频率和鱼类在各个生命时期栖息地大小的水库调度模型，确定出 12 个月逐月水库最小下泄流量。Homa 等（2005）构建了对河流和人类需水进行平衡的优化框架，这个框架首先将扰动前和扰动后的流量累积曲线之间差别的面积定义为“生态赤字”，然后采用该“生态赤字”对 3 种水库调度规则进行了评价，分析了 3 种调度规则对减小“生态赤字”和供水短缺率的效果。Suen 和 Eheart（2006）采用台湾省生态水文指数刻画水文情势，并采用非支配基因算法优化出水库调度规则的帕累托最优集，优化出的这些调度规则能帮助实现人类和生态利益之间的平衡。

水库调度曲线是目前水库调度中最常用的工具。通过比较调度曲线和水库现有水位之间的位置关系，水库管理者可以明确知道需要下泄多少水。虽然很多的研究已经表明，采用线性规划、动态规划等优化算法可以提供水库的运行效果，但水库调度曲线依然是目前世界上最常用的指导水库调度的工具。新的优化算法在实际的水库调度中应用较少，主要是由制度因素造成的，而不是技术上的限制（Chang et al., 2005）。

水库调度曲线通常在水库的设计阶段就需要制定，一般采用模拟的方式得到。为确定最优化的水库调度曲线，Chen（2003）提出了实编码遗传算法和模拟模型相结合的方法 。该方法能够有效地对水库的调度曲线进行优化。Chang 等（2005）进一步比较了二进制遗传算法和实编码遗传算法在确定水库调度曲线的有效性和效率，发现实编码遗传算法要比二进制遗传算法略好。Chen 等（2007）进一步建立了一种多目标宏进化遗传算法，以更有效地对水库调度曲线进行确定，结果表明该算法能很好地确定优化目标的帕累托最优解。

Suiadee 和 Tingsanchali（2007）同样采用遗传算法寻找最优的水库调度曲线，并发现优化出的调度曲线能最大化经济效益并减小洪水和用水短缺造成的损失。然而，这些研究只考虑了人类的需求和利益，并没有考虑河流生态系统保护的需求。

此外，河流自然流量和泥沙情势的改变都会造成河流生态系统的退化。本书力图建立一种新的水库生态调度方法，该方法同时考虑生态系统所需的泥沙和流量过程，并引入水库水位、水库淤积率和淤积变化率等参数确定合适的水库排沙时机，解决了传统生态流量调控方法不考虑泥沙淤积并引起河道冲刷，造成河流生态系统退化的问题，构建了同时考虑生态系统、人类和水库自身3方面需求的水库调度方法，用于水坝工程生态安全调控。

一、调度模式建立

（一）泥沙调控机制

水库每日下泄的生态需水和人类供水以及泄流排沙作用，会将泥沙冲刷到下游河道。由于供水需求和泄流排沙之间存在水量管理冲突，没有必要每年都进行泄流排沙。寻找一个合理的替代方案，在特定的条件下限制泄流排沙的次数。最有力的泄流排沙条件包括较低的水库水位（较少水量用于排空降低水库水位）和较大的泥沙淤积量占水库库容比例（足够量的沉积泥沙可以被冲刷）。泄流排沙的限制条件和冲刷的频率取决于供水保证率、生态需水目标和水库的规划寿命等。在本书中，设置了3个泄流排沙限制条件，分别是雨季开始时水库水位 H_{ft}、雨季开始时泥沙淤积量占水库库容比例 R_{ft}（在这里，水库库容指的是死库容和有效存储库容的总和）和 R_{ft} 在前一年内的增加量（RR_{ft}）。结合这3个限制条件，设计了如下的泄流排沙规则。

1）雨季开始时，若水库水位 H_{ft} 低于某一特定水位 H_f。

当泥沙淤积量占水库库容比例 R_{ft} 大于某一特定比率 $R_{f,1}$，今年就实施泄流排沙；当泥沙淤积量占水库库容比例 R_{ft} 小于等于某一特定比率 $R_{f,1}$，今年就不执行泄流排沙。

2）旱季开始时，若水库水位 H_{ft} 大于等于某一特定水位 H_f。

当泥沙淤积量占水库库容比例 R_{ft} 大于某一特定比率 $R_{f,2}$（$R_{f,2} \geqslant R_{f,1}$），且 R_{ft} 在前一年内的增加量（RR_{ft}）大于某一特定比率 RR_f，今年就实施泄流排沙；当泥沙淤积量占水库库容比例 R_{ft} 小于等于某一特定比率 $R_{f,2}$，或者 R_{ft} 在前一年内的增加量（RR_{ft}）小于等于某一特定比率 RR_f，今年就不执行泄流排沙。

关于上述这些泄流排沙的规则，当雨季开始时，若水库水位不够低，前一年内 R_{ft} 的增量就作为一个附加的限制条件。如果这个限制条件不用的话，当多年淤积泥沙量很大时，泄流排沙会进行得非常频繁。确定参数 H_f、$R_{f,1}$、$R_{f,2}$ 和 RR_f 的方法详见第八章第三节第（六）小节。此外，水库调度的其他参数也需要被优化，以增强日水库下泄水对泥沙的冲刷作用。

（二）人类供水规则

水库调度曲线是指导规划供水最基本、可靠的工具，在生产中被广泛采用。本书使用

3 类典型的曲线：上调度曲线、下调度曲线和关键调度曲线（图 8-14）。上调度曲线的主要功能是用于防洪。它是通过仿真手段在水库设计时确定，不考虑泥沙冲刷作用。上调度曲线需要足够高来保证水库能够储存足量的水资源作为未来用水，同时要保证水库的防洪能力，这条曲线明显也会影响泄流排沙作用。高的上调度曲线对应较高的水库水位，这对供水是有利的。但是这样的话，会导致泄流排沙期坝前水位下降不彻底，从而导致水库管理需要在短时间内大量下泄库区储水来降低水位，这会对下游生态系统造成非常负面的影响。相反的，如果上调度曲线设置的足够低，在泄流排沙时期坝前水位下降彻底则利于清淤，但是此情况下，在非泄流排沙时期就会浪费大量的水资源。

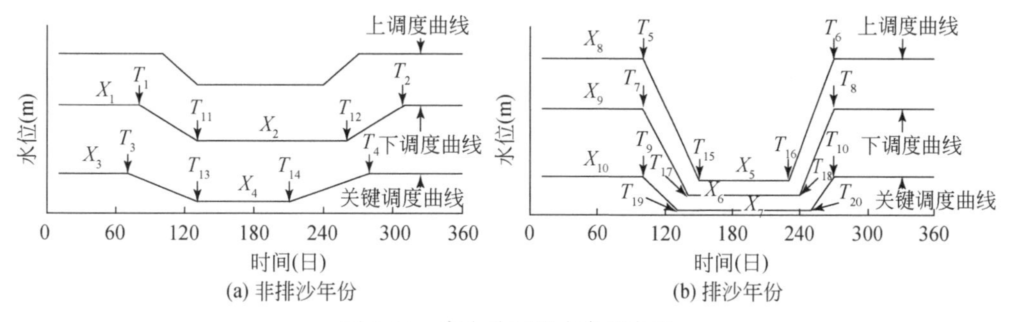

图 8-14　高含沙河流水库调度图

本书设计了两组调度曲线，分别是针对非泥沙冲刷期［图 8-14（a）］和泥沙冲刷期［图 8-14（b）］。非泥沙冲刷期的上调度曲线采用的是水库设计阶段仿真得到的防洪曲线，下调度曲线和关键调度曲线根据实际需要进行优化确定。泥沙冲刷期的调度曲线根据如何有效地促进排沙进行优化。

采用文献（Yin et al.，2011）中提出的人类供水的方法，并将其同时用于泥沙冲刷期和非泥沙冲刷期调度曲线优化中。

1）当高流量（洪水或者高脉冲流）下泄到下游河道时，先满足人类的供水需求。

2）当高流量被水库拦截时，供水依据不同的对冲规则进行：①当水库水位高于上调度曲线时，泄流使水库水位降到上调度曲线水位，并向用水户提供规划的水量；②当水库水位位于上调度曲线和下调度曲线之间时，水库正常供水；③当水库水位位于下调度曲线和关键调度曲线时，水库供水减少 $\alpha\%$；④当水库水位低于关键调度曲线时，水库供水减少 $\beta\%$。其中，参数 α 和 β 依据水库调度经验确定。参数 X_i（$i=1，2，\cdots，10$）和 T_j（$j=1，2，\cdots，20$）优化确定。

水库水位 H_{ft}，泥沙淤积量占水库库容比例 R_{ft} 和 R_{ft} 的增量是泄流排沙的限制条件，同时也是不同组调度曲线优化的限制条件。3 个限制条件下得到水库调度曲线，不再只适合一类调度需求，因此从“静态”曲线转变成“动态”曲线。

（三）生态流量管理方案

采用 Yin 等（2011）提出的一种生态流量管理的方案，包含理想生态流量、折中生态流量和基本生态流量 3 种管理策略。这 3 种策略分别对应河流生态系统不同的保护水平。

理想生态流量尽量保存径流的主要生态功能，在这种策略下所有的高流量（洪水和高脉冲）伴随流量大小的改变都下泄到下游河道。因为此策略将大量的水分配给生态系统，所以它的使用范围仅限于水资源充足的区域。折中生态流量策略尽量保存径流的某些特定生态功能，在这种策略下高流量下泄事件的发生频率不超过一定限值。基本生态流量策略为生态系统提供最小限度的保护，在这种策略下所有的高流量都存储于水库中。水库库容分成3个区。当水位在不同的区间时，采用不同生态流量下泄策略。这种方法能够有效地保护河流关键的生态系统功能，同时能够兼顾人类和生态系统需水。在这个方法里面，需要确定一些参数，包括：H_1和H_2（为了便于计算，参数H_1和H_2是与时间无关的）用来将水库库容分区，I_i（$i=1, 2, 3$）用来将水库入流划分为4个区间，M_a（$a=1, 2, \cdots, 12$）表征每个月规划的高流量事件发生的最大数量。确定这些参数的方法详见第八章第三节第（六）小节。关于生态流量管理方案的详细内容见Yin等（2011）。

在本书中，我们对上述生态流量管理方案进行了一些修改。泥沙冲刷年的雨季时期都是采用理想生态流量策略（3种策略中下泄流量最大的一种），这样不仅可以有效地降低水库的水位，而且有利于河道生态系统保护。

此外，如同常用的方法一样，将水库调度曲线指导人类供水与生态流量管理方案结合。这样的设定下，提出的水库生态调度方法能够在实际水库调度中得以应用。但是，我们并没有针对不同的生态流量策略设计不同的水库调度曲线。如果针对3种不同的生态流量策略设计3组不同的调度曲线，再加上对泥沙冲刷年和非泥沙冲刷年的两组对比设计，总共需要设计6组曲线。使用6组调度曲线大大增加了水库调度计算的复杂性。

（四）输沙模型

本书采用一种常用的Schoklitsch输沙模型来计算水库的输沙量，该模型被广泛用于冲淤控制（Schoklitsch, 1934; Nicklow and Mays, 2001）。如果有足够的数据，也可以使用更加复杂的模型。

Schoklitsch输沙公式可用下式表示：

$$G = \frac{S^{\frac{2}{3}}}{d^{\frac{1}{2}}}\left(15.4Q - \frac{0.02dW}{S^{\frac{4}{3}}}\right) \tag{8-29}$$

式中，G为单位时间内通过过水断面的泥沙质量（kg/s）；d为颗粒的平均直径（m）；Q为单位时间内通过过水断面的水量（m^3/s）；W为河道宽度（m），S为能坡（m/m）。参数W和S在水库操作过程中一直是变化的。很多已发表的文献对两个参数的确定方法进行了研究（Atkinson, 1996; Chang et al., 2003; Kawashima et al., 2003; Khan and Tingsanchali, 2009）。

（五）评估河道生态系统需求的方法

降低自然水文情势的改变程度是河道保护和生态需水研究的关键原则（Poff et al., 1997, 2010）。在本书中，最小化自然水文情势改变度被设定为一个生态系统保护的目标，来优化水库调度。变化范围法（range of variability approach, RVA）（Richter et al., 1996,

1997, 1998）常被用来衡量河流水文情势的变化程度（Galat and Lipkin, 2000; Shiau and Wu, 2004, 2006, 2007, 2008; Zhang et al., 2009）。本书采用此方法并对其进行了改进，改进的地方为选定的水文指标不包含每个月的月平均径流（关系到栖息地环境）（Richter et al., 1996）。因为改进后的 RVA 方法不仅能够有效地维持这项生态功能，而且能够排除这些指标突出其余指标的改变度（Yin et al., 2011, 2012）。

如前言所说，自然泥沙情势对河道生态系统的保护是必要的。目前，没有普遍接受的模型来量化泥沙情势的改变度，不能表征泥沙情势改变度和河流生态系统退化程度之间的关系。在本书中，依据泥沙年均淤积率，简单设计一个指标来反映泥沙情势的改变度。

指标可用下式计算。

$$DS_k = \min\left(1, \left|\frac{Sl_k - SO_k}{Sl_k}\right|\right) \tag{8-30}$$

$$DS = \frac{1}{T}\sum_{k=1}^{T} DS_k \tag{8-31}$$

式中，DS_k为第 k 年输沙量的改变度；Sl_k为第 k 年泥沙入库量；SO_k为泥沙出库量；T 为总年数；DS 为泥沙情势的改变度。

对于河道生态系统保护而言，需要同时最小化水文和泥沙情势。将水文情势和泥沙情势两个指标合并为一个综合指标，来表征河道生态系统的总体需求，通常采用加权平均方法来实现，如下式所示：

$$D = W \cdot DF + (1 - w)DS \tag{8-32}$$

式中，D 为水文情势和泥沙情势的总改变度；DF 为水文情势改变度；w 为权重。D、DF、DS 都介于 0 和 1 之间。本书中，简单地认为水文情势和泥沙情势是等权的，w 取 0.5。

（六）水库调度目标函数，约束条件和优化方法

本书水库调度目标函数（L）设定为最小化水文情势和泥沙情势的总改变度（D），约束条件为规划的供水保证率和指定的泥沙淤积量占水库库容的比例。优化问题可以用下面的公式表示：

$$L = \min(D) \tag{8-33}$$

约束条件：

$$R \geqslant R_0 \tag{8-34}$$

$$RC \leqslant RC_0 \tag{8-35}$$

式中，R 为实际的供水保证率（以水量来计算）；R_0为规划供水保证率（以水量计算）；RC 为水库计划年限内实际的泥沙淤积量占库容的比例（在本书中，水库库容等于死库容和有效的存储库容的总和）；RC_0为水库计划年限内规划的泥沙淤积量占库容的比例。本书不计算蒸发散失的水量。

参数 D、R 和 RC 受参数 I_k（k = 1, 2, 3）、M_a（a = 1, 2, …, 12）、X_i（i = 1, 2, …,10）、T_j（j = 1, 2, …, 20）、H_i（i = 1, 2）、H_f、$R_{f,1}$、$R_{f,2}$和 RR_f的影响。与先前的研究一样，I_1、I_2和 I_3分别等于河流平滩流量和水库规划供水量之和、季节性基流和水

库规划供水量之和、季节性基流（Yin et al., 2011, 2012）。

在之前的研究中，水库调度的参数 X_i（i = 1，2，…，10）和 T_j（j = 1，2，…，20）是通过遗传算法来优化的（Chang L C and Chang F J, 2001；Chen, 2003；Chen et al., 2007；Tu et al., 2008；Yin et al., 2010, 2011, 2012）。为了减少优化参数的数量，我们简化了计算方法。T_j（j = 1, 3, 5, 7, 9）在雨季开始时直接赋值；参数 T_j（j = 2, 4, 6, 8, 10）在雨季结束时赋值；X_8 取值等于上调度曲线非泥沙冲刷年的旱季水位、X_9 等于 X_1、X_{10} 等于 X_3，这样设置还可以避免泄水量在年初/年尾的突然改变。参数 X_i（i = 1，2，…，7）和 T_j（j = 11，12，…，20）优化确定。

X_i 和 T_j 约束条件如下（Chen, 2003）：

$$\text{max level} > X_1 > X_2 \tag{8-36}$$

$$\text{max level} > X_1 > X_3 \tag{8-37}$$

$$X_2 > X_4 > \text{min level} \tag{8-38}$$

$$X_3 > X_4 > \text{min level} \tag{8-39}$$

$$\text{max level} > X_8 > X_5 \tag{8-40}$$

$$\text{max level} > X_9 > X_6 \tag{8-41}$$

$$\text{max level} > X_{10} > X_7 \tag{8-42}$$

$$X_5 > X_6 > X_7 > \text{min level} \tag{8-43}$$

式中，max level 和 min level 分别为水库最高和最低允许水位。参数 X_i 与泥沙淤积控制密切相关。本书中的约束条件和发表的论文一致（Chang L C and Chang F J, 2001；Chen, 2003；Yin et al., 2010, 2011, 2012），并没有根据泥沙淤积控制需求建立更具体和严格的约束。这是因为泥沙淤积控制需要平衡人类和生态流量供水的需求。这些 X_i 的相对宽松的约束条件可以更好地兼顾不同供水需求。

T_j（j = 11，12，…，20）的约束条件如下：

$$\text{WetBeg} < T_{11} < T_{12} < \text{WetEnd} \tag{8-44}$$

$$\text{WetBeg} < T_{13} < T_{14} < \text{WetEnd} \tag{8-45}$$

$$\text{WetBeg} < T_{15} < T_{16} < \text{WetEnd} \tag{8-46}$$

$$\text{WetBeg} < T_{17} < T_{18} < \text{WetEnd} \tag{8-47}$$

$$\text{WetBeg} < T_{19} < T_{20} < \text{WetEnd} \tag{8-48}$$

式中，WetBeg 为雨季开始的时间；WetEnd 为雨季结束时间。

H_f，$R_{f,1}$，$R_{f,2}$，RR_f 和 H_i（i=1，2）的约束条件

$$\text{max level} \geqslant H_f \geqslant \text{min level} \tag{8-49}$$

$$1 \geqslant R_{f,2} \geqslant R_{f,1} \geqslant 0 \tag{8-50}$$

$$1 \geqslant RR_f \geqslant 0 \tag{8-51}$$

$$\text{max level} \geqslant H_1 \geqslant H_2 \geqslant \text{min level} \tag{8-52}$$

为了说明该方法，我们用一组 3 个简单的生态流量值。雨季基流和旱季基流的（最小的生态需水）两个生态需水值是使用最广泛的方法，是采用蒙大拿法确定的（Tennant, 1976）。蒙大拿法很粗糙且不区分不同河流生态之间的差异，该方法很容易实现（只需要

平均流量数据），这就是它被广泛使用的原因。今后水库优化的改进，应根据所研究河流的物理和生态信息来确定基流值，而不是使用简单的方法来确定。我们使用蒙大拿法推荐的日均径流量的30%作为雨季生态流量和10%作为旱季生态流量。第3个生态流量值是平滩流量，在本书我们用了平均重现期为1.5年的径流值（$Q_{1.5}$）。但是文献中都清晰的表明，在某些气候区域认为$Q_{1.5}$作为“河道形成径流”的假设是过分简化的。对于一个给定的河流而言，真正地理学意义上的平滩流量应该是根据实际系统资料研究所得，采用自适应遗传算法（adaptive genetic algorithm，AGA）来确定参数最优值。

二、典型水库调度参数优化

我们利用中国北方海河流域的王快水库1974～1993年历史径流数据来验证新方法的有效性。王快水库有效存储库容为$6.52\times10^8m^3$，死库容为$0.88\times10^8m^3$。王快水库是该流域上一个大型水利枢纽工程，供应13个县的用水。径流和假设的泥沙数据如下所示：径流的年均值为18.05 m^3/s，标准偏差为43.07 m^3/s，变异系数为2.39，偏态系数为7.08。平均含沙量为17kg/m^3，泥沙颗粒的平均直径为0.03mm；80%的泥沙流入水库发生在汛期（7～9月），输沙量与入库径流近似呈线性正相关。优化模型的计算时间间隔是一天。

王快水库的$Q_{1.5}$为122 m^3/ s。依据蒙大拿法，旱季（11月～翌年4月）和雨季（5～10月）的基流分别为1.8 m^3/ s（10%日均径流值）和5.4 m^3/ s（30%日均径流值）。系数α和β分别赋值为20和30。

在我们的计算中，采用MATLAB6.5编译AGA算法来优化确定参数M_a、X_i、T_j、H_i、H_f、$R_{f,1}$、$R_{f,2}$和RR_f，以及相应的供水保证率、水文情势改变度和泥沙淤积量的值。供水速率和保证率分别设置为15 m^3/s和80%。泥沙淤积量占库容比例规定不超过规划线的10%。AGA算法的初始种群规模和最大迭代次数分别为500和2000。

最终优化出的H_f、$R_{f,1}$、$R_{f,2}$和RR_f的值分别为183.2m、0.015、0.07和0.0076。这些参数决定了泄流排沙的执行情况。两组优化好的水库调度曲线如图8-15所示。图8-15（b）中，泥沙冲刷年的上调度曲线明显低于图8-15（a）中为供水设计的原始上调度曲线，这样可以有利于泥沙冲刷。

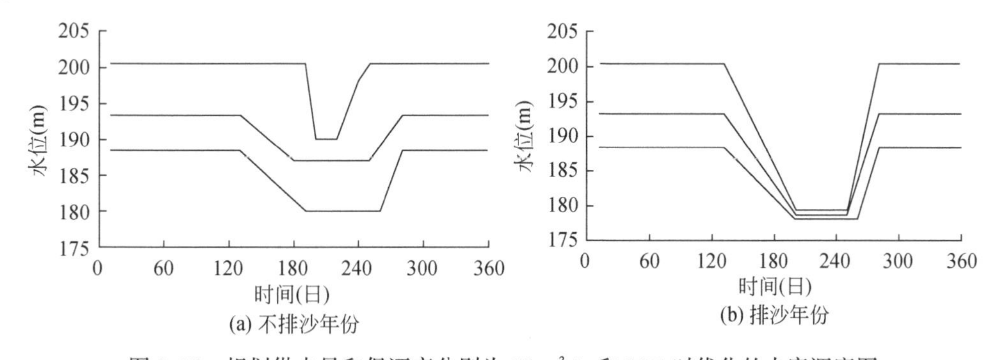

图8-15　规划供水量和保证率分别为15 m^3/s和80%时优化的水库调度图

依据优化好的水库操作参数，得到水库 1974 ~ 1993 年每年的泥沙淤积量占水库库容的比例，如图 8-16 所示。在规划的 20 年中，泥沙冲刷仅进行 4 次，并且剩余 16 年内的水库调度规则不需要考虑排沙。第 4 年、第 10 年、第 13 年和第 17 年泥沙的淤积率比之前那些年的淤积率都要低，表明该方法能够有效地降低水位进行排沙清淤到下游河道。

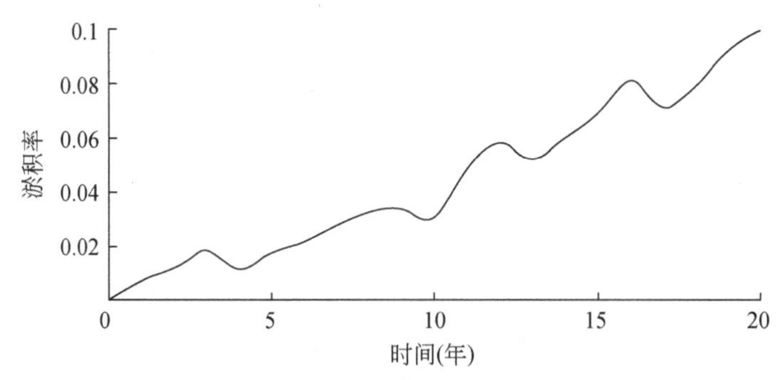

图 8-16　1974 ~ 1993 年最优调度参数下水库泥沙淤积率变化

规划供水量和保证率分别为 15 m³/s 和 80%

依据优化好的水库操作参数，泥沙情势和水文情势的总体改变度为 0.7，相应水文情势和泥沙情势改变度分别为 0.59 和 0.81。表 8-11 中列出了每个水文指标的改变程度。在组 1 指标中，有 6 项指标的变动均在低度改变类别（0 ~ 0.33）。这表明，在计划供水和泥沙输移的情况下，水库调度模型可以有效保持径流的极值特性。在组 2 指标中，指标年最大、最小 1 日流量出现日期也在低度改变范围内，表明本书的方法能保证极端流量出现的时间。在组 3 指标中，低脉冲个数和持续时间都有中度改变，高脉冲个数和持续时间都是高度改变。这主要是因为大多数的高脉冲都被水库拦截用于未来的供水需求，低脉冲流直接下泄到下游河道。在组 4 指标中，流量增加率、流量减小率以及流量过程转换的次数都在高度改变（0.67 ~ 1）的范畴内，因为径流等于基流的天数占据了大部分的调度时间。

表 8-11　基于特定供水和泥沙冲刷控制目标下的水文情势改变

组别	指标	改变度
组 1	年内 1 日最小流量	0.1
	年内 1 日最大流量	0.3
	年内 3 日最小流量	0.3
	年内 3 日最大流量	0.3
	年内 7 日最小流量	0.3
	年内 7 日最大流量	0.3
	年内 30 日最小流量	0.7
	年内 30 日最大流量	0.7
	年内 90 日最小流量	1
	年内 90 日最大流量	1

续表

组别	指标	改变度
组 2	年最小流量出现日期	0.2
	年最大流量出现日期	0.3
组 3	高脉冲个数	0.8
	低脉冲个数	0.4
	高脉冲持续时间	0.8
	低脉冲持续时间	0.4
组 4	流量增加率	1
	流量减小率	0.9
	流量增加个数	1
	流量减小个数	1
总改变度		0.59

注：表中每行水文指标的改变度在供水速率和保证率为 $15m^3/s$ 和 80% 的情况下计算

第四节　水库合理生态库容确定

水库的库容会对生态流量的供给产生影响，进而影响水坝工程生态安全调控的效果。建立兼顾供水和生态流量管理的水库合理库容确定方法，可以为水库设计阶段的生态流量管理提供支持，服务于水坝工程生态安全调控。水库最小的库容应在满足规划供水的基础上，使水文情势的扰动不超过生态可接受的阈值；水库适宜的库容应在满足规划供水的基础上，使水文情势的扰动程度降到最低。

一、水库最小库容确定方法

水库是对河流径流进行控制和管理的最主要的水利设施。水库可以帮助人类按照自身需求对水进行储存和下泄，这对供水、发电和防洪都具有重要的意义（Shen and Xie, 2004）。然而，由于水库对生态系统造成严重的负面影响，如改变物种栖息地、阻碍鱼类洄游、恶化水质和阻碍地形地貌过程等，因此水库的价值也受到了严重的质疑（Bunn and Arthington, 2002; Petts, 2009）。

为减轻水库的负面影响，很多研究试图将维持生态流量融入到水库调度方法中。大多数的方法只要求维持河流的最小生态需水，以最大化水库的经济效益（Jager and Smith, 2008; Chang et al., 2010）。由于河流生物多样性的维持需要自然的水文情势，一些研究尝试建立新的水库调度方式，以最小化水文情势的扰动程度。Homa 等（2005）将扰动前和扰动后流量累积曲线的差值定义为“生态赤字”，并将减小“生态赤字”作为评价水库调度规则优劣的重要指标。Suen 和 Eheart（2006）、Yin 等（2010）、Yin 和 Yang（2011）和 Yin 等（2011，2012）采用水库调度曲线指导水库调度，以减小水文情势的扰动为目标，构建了新的水库调度方法。这些新的水库调度方法能有效地减小水库对生态系统的负面影响。

然而，这些方法是水库建设完之后减小水库负面影响的措施。为了更好地保护河流生态系统，有必要研究在水库的设计阶段如何进一步减小水库对生态系统的负面影响。水库库容是水库设计的主要参数。Vogel 等（2007）的研究表明，水库库容会明显地影响水量供给和生态流量管理。因此，有必要建立一种方法，用来确定能同时满足人类和生态需求的水库库容大小。确定水库库容的方法有很多，如连续尖峰算法、改进连续尖峰算法、扩展短缺分析、行为分析和 Vogel-Stedinger 经验算法等（Adeloye et al.，2001，2010；McMahon and Adeloye，2005；McMahon et al.，2007）。但这些方法只考虑了人类的需求并未考虑生态流量的供给。此外，这些方法主要是用来确定能满足供水需求的最小的水库库容。比此最小水库库容略大的水库库容可能会更有利于生态流量的供给，也更有利于减小水库的负面影响。因此，为更好地对人类和生态需求进行平衡，有必要向水库的设计者提供水库合理库容的范围，而不是单纯一个库容的最小值。

通常而言，人们会认为水库越大，水库对生态系统的负面影响就越大。这种想法主要因为水库越大，水库拦截和储存水与泥沙的能力越强，对鱼类迁移的阻碍越大，产生的温室气体越多。确实，无水库存在是河流保护的最优状态。随着世界范围内用水短缺局面的加剧，建设大库容的水库成为必需。一些措施可以帮助减轻水库的负面影响，如水库生态调度和建设鱼道等。水库库容的增加确实有增大水库负面影响的可能性，但也使人们能够更好地管理径流。径流控制能力的增强可以提高人们管理生态流量的能力。水文情势是河流生态系统的主要控制因素。生态流量管理效果的提升会有利于河流生态系统的保护，尤其是对于一些泥沙负荷较低、没有物种洄游也没有明显的温室气体排放的河流。本书的理念是适当地增加水库库容和恰当地改进水库调度规则，从而可以改进生态流量的供给效果。

本书力求建立一种兼顾供水和生态流量管理的水库合理库容确定方法。首先，建立了水库调度方法用于指导水库供水和生态流量管理。然后，给出了核算水文情势扰动程度的方法。最后，建立了确定水库最小和最大可能库容的方法。为检验新建立方法的实用性，以中国海河流域的西大洋水库为案例进行了实证研究。

（一）方法建立

1. 水库调度方法

水库调度曲线是指导水库调度最常用的工具。它使用方便，并能提供较高的供水保证率（Chang L C and Chang F J，2001；Chen，2003；Chang et al.，2005；Chen et al.，2007）。典型的水库调度图包括上调度曲线、下调度曲线和关键调度曲线。上调度曲线的主要作用是指导防洪，通常是在水库的设计阶段通过模拟的方法确定。本书侧重于水库的供水和生态流量管理功能。这些功能受到下调度曲线和关键调度曲线的影响。为简化研究，假设上调度曲线为直线，并与水库兴利库容的上边界重合。和第八章第三节类似，下调度曲线和关键调度曲线都用 6 个参数来确定：2 个参数描述了曲线的上下水位（X_1 和 X_2：下调度曲线；X_3 和 X_4：关键调度曲线），另外 4 个参数给出了上下水位的转变时间（T_1、T_2、T_3 和 T_4：下调度曲线；T_5、T_6、T_7 和 T_8：关键调度曲线）。为保持水库的防洪功能，水库的上调度曲线直接采用水库设计阶段确定的值，在本书中保持不变（Chen，2003；Chen et al.，

2007)，而下调度曲线和关键调度曲线参数 X_i（$i=1, 2, 3, 4$）和 T_j（$j=1, 2, \cdots, 8$）将作优化。在本书中，水库的库容代表水库兴利库容，水库死库容和防洪库容并不作研究。

流量大小、频率、发生时间、持续时间和流量变化速率这些参数的改变都会对河流生态系统产生影响，但在实际的水库调度中，要维持这些水文参数的特征非常困难。这主要是由于水库调度规则的复杂性、人类和生态利益的冲突、水文参数与河流健康状态之间关系的不确定性（Arthington et al.，2006）。较现实的生态流量管理方法还是提供季节或月生态基流（Chang et al.，2010）。但直接将水库最小下泄流量定为生态基流，会潜在的给河流生态系统设置了较低的供水优先级。为更好地维持河流生态系统健康，可将各个月强制的最小下泄流量适当增大（Yin et al.，2010）。实际上在某些时期，允许河流中的水量小于生态基流可能对河流生态系统和人类都有利。干旱是常见的水文事件，其对河流生态系统发挥着重要的作用，如促使洪泛区某些物种的再生、增加陆生生物的栖息地、去除外来物种等（Richter and Thomas，2007）。此外，中等扰动假设指出，受到中等程度扰动的地方的物种多样性最高，扰动程度很高或很低的地方的物种多样性都比较低（Connell，1978）。干旱是河流生态系统的一种重要的扰动，干旱的缺失必然会造成河流生态系统的退化。当水库的入流量小于制定的生态基流时，河流中的生态流量可以设为水库入流。这既有利于维持干旱的水文特征，以更好地维持干旱相关的生态功能，也可以减小水库下泄到河道中的水量，增加供人类使用的水量。因此，在平时可以将河流中的流量维持在指定的生态流量，在水库入流小于该指定生态流量时，将河流中的生态流量定为水库入流。该指定的流量应不小于河流的生态基流，其最优值与人类和生态的需求相关。将生态流量管理政策和水库调度曲线相结合，建立了水库调度规则，具体如下。

1）当水库水位高于上调度曲线时，水库加大下泄，使水库水位快速回落到上调度曲线，并提供规划的供水量。

2）当水库水位位于上调度曲线和下调度曲线之间时，按规划的供水量供水。如果入流量大于指定的生态流量，水库将河流中的生态流量维持在该指定的值。如果入流小于该指定的生态流量，河流生态流量设为水库入流。

3）如果水库水位位于下调度曲线和关键调度曲线之间时，水库供水减少 $\alpha\%$。如果入流量大于指定的生态流量，水库将河流中的生态流量维持在该指定的值。如果入流小于该指定的生态流量，河流生态流量设为水库入流。

4）如果水库水位介于关键调度曲线和死库容线之间时，供水减少 $\beta\%$。如果入流量大于指定的生态流量，水库将河流中的生态流量维持在该指定的值。如果入流小于该指定的生态流量，河流生态流量设为水库入流。

5）当水库水位低于死库容线时，水库停止供水。

α 和 β 是参数（$0<\alpha<\beta<100$），由水库管理者按照经验确定。

2. 水文情势扰动程度计算方法

水文情势扰动是河流生态系统退化的一个主要原因。水文情势的改变程度越大，河流生态系统的健康程度越差（Bunn and Arthington，2002；Poff et al.，1997，2010）。河流保护学家就生态流量核算达成了一个共识，指出应将水文情势的扰动维持在一个指定的程度之内。水文情势扰动的阈值取决于河流保护的目标，以及实现这个目标时决策者愿意承担的风险等（Poff et al.，2010）。

采用 AAPFD 指数计算水文情势的扰动程度，AAPFD 指数不仅对水文情况变化非常敏感，并且具有生态基础。AAPFD 指数越小，说明河流水文情势受人类改变的程度越小，河流生态系统也就越健康。Ladson 和 White（1999）指出当 AAPFD 指数大于 5 时，说明河流生态系统受到的干扰非常剧烈。为将河流生态系统的健康水平维持在可接受的范围内，水库调度需保证 AAPFD 指数小于 5。为将河流生态系统维持在更好的健康状态，AAPFD 指数阈值可以定为更小的值。

3. 水库合理库容确定方法

水库应同时满足人类和生态系统的需求。满足规划的供水保证率是水库建设和调度的一个首要目标。然而，满足规划的供水保证率可能会造成水文情势的扰动超过阈值。如果规划的供水保证率或者水文情势扰动阈值没有合理地制定，那么无论如何调整水库库容，保证供水和维持水文情势这两个指标是不会同时实现的。因此，有必要首先确定能够使水文情势扰动不超过阈值的各个规划供水量下最大可能的供水保证率。如果实际规划的供水保证率大于该最大可能值，供水和水文情势维持的双目标不可能同时实现，反之这两个目标可以同时实现，所以可以进一步确定能同时满足人类和生态需求的水库合理库容（图8-17）。

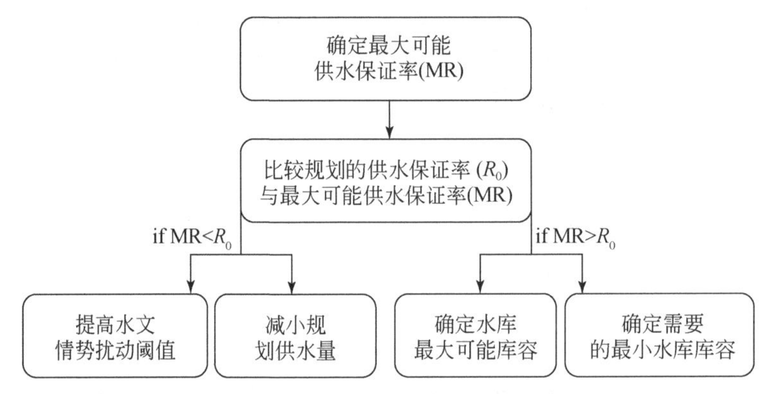

图 8-17　确定水库合理库容范围的步骤

水库设计者关注水库建设的费用，他们关心能满足规划供水和河流保护目标的最小水库库容。河流保护者关注河流的保护，他们关心是否有其他的库容能够保证规划供水，并能更好地维持生态系统健康。因此，在保证规划供水的基础上，应同时确定两个水库库容。

水库最大可能供水保证率与参数 X_i（$i=1, 2, 3, 4$）、T_j（$j=1, 2, \cdots, 8$）、E_k($k=1, 2, \cdots, 12$）和水库库容 RSC 相关。采用遗传算法对这些参数同时进行优化。优化的目标是最大化供水保证率，约束条件是给定河流水文情势的扰动阈值。遗传算法解的形式是［X_1，…，X_4，T_1，…，T_8，E_1，…，E_{12}，RSC］。该优化问题可用下式表示：

$$\mathrm{MR} = \max(R) \tag{8-53}$$

$$\text{Subject to: } \mathrm{AAPFD} \leqslant \mathrm{AAPFD}_0 \tag{8-54}$$

式中，MR 为指定水文情势扰动程度下某一规划供水量的最大可能供水保证率；R 为给定水库调度参数下的实际供水保证率；AAPFD 为给定水库调度参数下实际的水文情势扰动程度；AAPFD_0为设定的水文情势扰动程度阈值。

变量 X_i和 T_j的约束条件如下（Chen，2003）：

$$\text{max level} > X_1 > X_2 \tag{8-55}$$

$$\text{max level} > X_1 > X_3 \tag{8-56}$$

$$X_2 > X_4 > \text{min level} \tag{8-57}$$

$$X_3 > X_4 > \text{min level} \tag{8-58}$$

$$1 \leqslant T_1 < T_2 < T_3 < T_4 \leqslant 36 \tag{8-59}$$

$$1 \leqslant T_5 < T_6 < T_7 < T_8 \leqslant 36 \tag{8-60}$$

变量 E_k的约束如下：

$$E_k \geqslant \mathrm{MEFR}_k \tag{8-61}$$

变量 RSC 的约束如下：

$$0 \leqslant \mathrm{RSC} \leqslant \mathrm{AI} \tag{8-62}$$

式中，max level 为允许的最高水库水位，本书将其设为水库库容对应的高度；min level 为允许的最低水库水位，在本书中设为 0；MEFR_k为设定的第 k 月的生态流量；AI 为规划时段的水库总入流量。

本书没有将各个月的生态流量 E_k直接设定为各个月的生态基流，而是将其作为一个优化变量，并规定 E_k不小于各个月的生态基流。这既可以使河流在更多的时段保持自然流量过程，减小了水文情势扰动程度；也可以使水库调度者能更好地平衡人类和生态的需求。

继续采用自适应遗传算法（AGA）对各个变量进行同时优化（Srinivas and Patnaik，1994），确定最小需要的水库库容。将最小化水库库容作为优化的目标。该库容需要能够满足规划的供水保证率，并能够保证水文情势的扰动不超过规定的阈值。优化变量为 X_i、T_j、E_k 和 RSC，其约束条件和上面给出的相同。遗传算法解的形式为［X_1，…，X_4，T_1，…，T_8，E_1，…，E_{12}，RSC］。该优化问题可以通过下式表示：

$$\mathrm{MRSC} = \min(\mathrm{RSC}) \tag{8-63}$$

$$\text{Subject to: } R \geqslant R_0 \tag{8-64}$$

$$\mathrm{AAPFD} \leqslant \mathrm{AAPFD}_0 \tag{8-65}$$

式中，MRSC 为需要的水库最小库容；R_0为规划的供水保证率。

（二）典型水库最小库容优化

以海河流域的王快水库为研究案例。王快水库的兴利库容为 $6.52\times10^8\ \mathrm{m}^3$，死库容为 $0.88\times10^8\ \mathrm{m}^3$。本书只考虑水库的供水功能。采用 1970～1991 年水库的旬入流量数据。年平均入流量为 $18.05\ \mathrm{m}^3/\mathrm{s}$。入流的标准差、变异系数和偏斜系数分别为 $43.07\ \mathrm{m}^3/\mathrm{s}$、2.39 和 7.08。

根据 Tennant 法确定枯水期（11 月～翌年 4 月）的生态基流（最小生态需水）为 1.8m³/s（年平均流量的 10%），丰水期（5～10 月）的生态基流为 5.4m³/s（年平均流量的 30%）。α 和 β 分别设为 20 和 30（Chang et al., 2005; Chen et al., 2007; Yin et al., 2010）。

1. 不同规划供水量下的最大可能供水保证率

如果将供水保证率设置过高，无论如何调整水库库容可能都无法实现该保证率。有必要确定规划供水量下生态可接受的最大可能供水保证率。以规划供水量 18 m³/s、AAPFD 阈值 5 为例，进行演示。采用 AGA 确定最大可能供水保证率。将种群数量和进化代数分别设为 800 和 1500。AGA 在进化到约 750 代时达到稳定，从而得到最大的供水保证率为 83.1%（图 8-18）。

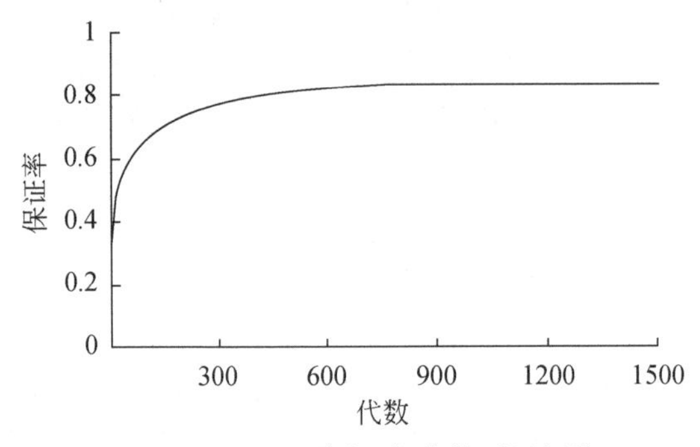

图 8-18　AGA 不同运行代数下目标值

规划供水量为 18 m³/s

进一步计算 3 种不同水文扰动阈值下的最大可能供水保证率：①AAPDF 不超过 5；②AAPDF不超过 4；③AAPDF 不超过 3。计算结果如图 8-19 所示。可见，随着 AAPFD 值的减小，最大可能供水保证率也减小。这是因为当 AAPFD 阈值减小时，各个月规定的生态流量需要增大，这减小了可供人类使用的水量。以规划供水量 18 m³/s 为例，3 种生态流量情景下的各个月规定的生态流量的优化值，见表 8-12。3 种情景下规定的各月生态流量的平均值分别为 3.6 m³/s, 5.2 m³/s 和 18.2 m³/s。从图 8-19 可以看出情景 1 下的规划供水量-最大保证率曲线与直接将各月规定的生态流量设为生态基流时的曲线重合。这是

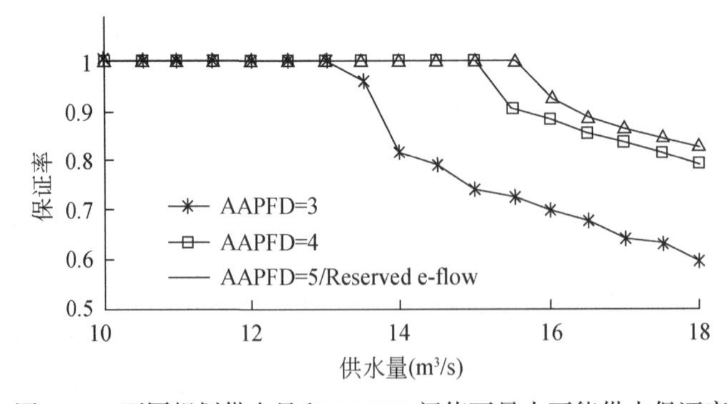

图 8-19　不同规划供水量和 AAPFD 阈值下最大可能供水保证率

因为将各月规定的生态流量设为生态基流已经能够保证 AAPFD 不超过 5。可见，将 AAPFD 阈值设为 5，是一个比较宽松的生态流量管理要求。

表 8-12　3 种 AAPFD 阈值情景下各月规定的生态流量的优化值 （单位：m^3/s）

月份	1	2	3	4	5	6	7	8	9	10	11	12
生态基流	1.8	1.8	1.8	1.8	5.4	5.4	5.4	5.4	5.4	5.4	1.8	1.8
情景 1 下规定的各月生态流量	1.8	1.8	1.8	1.8	5.4	5.4	5.4	5.4	5.4	5.4	1.8	1.8
情景 2 下规定的各月生态流量	2.8	2.7	2.5	3.2	6.7	7.3	7.9	8.5	7.9	6.5	3.8	3.1
情景 3 下规定的各月生态流量	8.9	8.1	7.1	12.1	14.6	21.2	28.4	34.4	30.2	25.6	16.2	11.4

注：规划供水量为 18 m^3/s

在水库的设计阶段，水库设计者和河流保护者会分别给出规划的供水保证率和水文情势扰动阈值。通过图 8-19，可以知道是否能够同时满足这两种需求。如果在给定的 AAPFD 阈值下，规划的供水保证率位于规划供水量-最大保证率曲线之上，表明供水和河流保护的需求不能同时满足。要解决这一冲突，可以降低规划的供水保证率或者提高水文情势扰动程度设定的阈值。其中，AAPFD 阈值为 5 的规划供水量-最大保证率曲线是临界。如果规划的供水保证率高于此线，表明无法保证生态基流，会造成河流生态系统的剧烈退化。该规划供水保证率是生态保护不可接受的。

2. 不同规划供水量和供水保证率下需要的最小水库库容

以规划供水量 18 m^3/s、规划供水保证率 80% 为例，演示给定供水保证率和供水量下需要的最小水库库容的确定过程。AAPFD 阈值设为 5，AGA 中种群个数和进化代数分别设为 800 和 1500。不同进化代数下的目标值如图 8-20 所示。可见，AGA 在运行到月 900 代后达到稳定。规划供水量和保证率下需要的最小水库库容为 9.68×10^8 m^3。

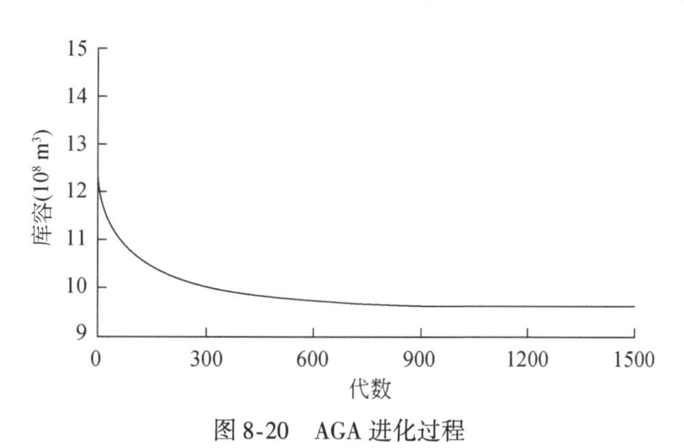

图 8-20　AGA 进化过程

规划供水量为 18 m^3/s，规划供水保证率为 80%

进一步计算 3 种水文情势阈值情景下的满足不同规划供水量和保证率所需要的最小的水库库容，计算结果如图 8-21 所示。图 8-21 表明，随着规划供水量和供水保证率的增加，所需的最小水库库容也逐渐增加。图 8-21 中虚线代表的是王快水库当前的库容，为 6.52×10^8 m^3。虚线以下所有的供水量和供水保证率组合都是可行的。该虚线以上的供水量和供水保证率组合需要比现有水库库容更大的库容才能实现。

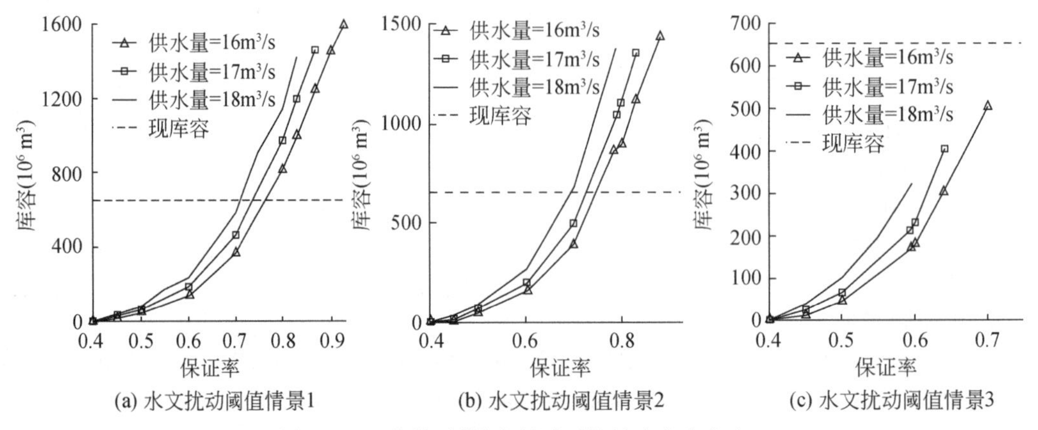

(a) 水文扰动阈值情景1　(b) 水文扰动阈值情景2　(c) 水文扰动阈值情景3

图 8-21　不同规划供水量需要的最小水库库容

进一步比较3种不同水文扰动阈值情景下的水库最小库容，以分析水文扰动阈值对水库最小库容的影响。图8-22表明，随着AAPFD阈值的减小，需要的水库最小库容增加。这是因为水文扰动越低，所需的生态流量越大。此外，当供水保证率低时，3种水文扰动阈值情景下所需的最小水库库容差别不大。而当供水保证率高时，3种水文扰动阈值情景下所需的最小水库库容差别较为明显。例如，当规划供水量为16 m^3/s、规划供水保证率为50%时，3种水文扰动阈值情景下所需的最小水库库容都为0.47 $\times 10^8$ m^3，而在供水保证率为70%时，这3种情景所需的最小库容分别为3.66 $\times 10^8$ m^3、3.86 $\times 10^8$ m^3和5.02 $\times 10^8$ m^3。河流的生态流量由两部分水量组成：各月规划的生态流量和水库库容满时的溢流量。当供水保证率为50%时，水库溢流量很大，此时AAPFD指数只有2.65。当规划供水保证率为70%时，水库溢流量减小。为将AAPFD维持在不同的阈值范围，需将各月规定的生态流量增加到不同的值，从而造成了3种情景下所需水库库容的明显不同。

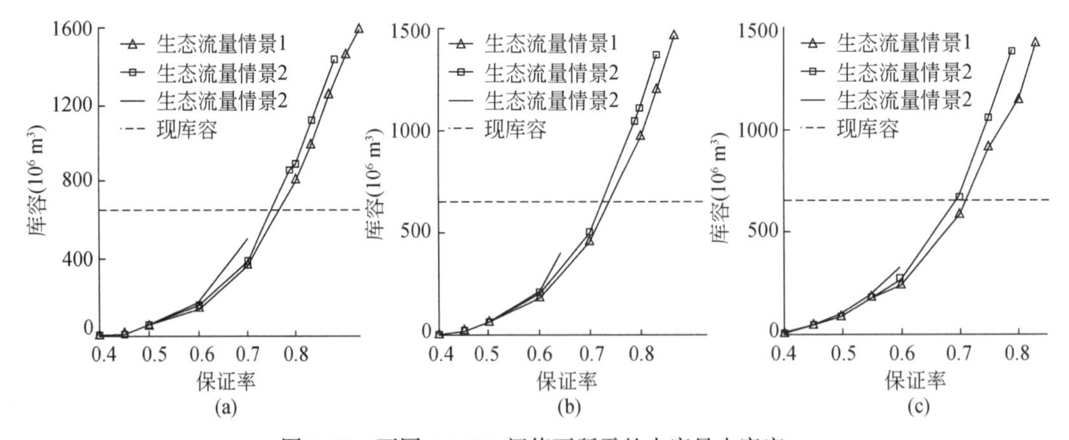

(a)　(b)　(c)

图 8-22　不同 AAPFD 阈值下所需的水库最小库容

(a) 规划供水量为16 m^3/s；(b) 规划供水量为17 m^3/s；(c) 规划供水量为18 m^3

二、水库适宜库容确定方法

（一）方法建立

水文情势扰动程度越低，河流生态系统越健康。为减轻水库对河流生态系统的影响，有必要确定能使河流水文情势扰动程度降到最低的水库库容，从而进一步研究给定规划供水量和供水保证率下能使河流水文情势的扰动降到最低的水库库容。采用 AGA 对水库所需的库容进行确定，将最小化水文情势的扰动设为优化的目标，X_i、T_j、E_k和 RSC 为优化变量。它们的约束条件与第八章第四节第一小节相同。水库库容需要能够满足规划的供水保证率。遗传算法中解的形式为［X_1，…，X_4，T_1，…，T_8，E_1，…，E_{12}，RSC］。该优化问题可通过下式表示：

$$\mathrm{MAAPFD} = \min(\mathrm{AAPFD}) \tag{8-66}$$

$$\text{Subject to: } R \geqslant R_0 \tag{8-67}$$

式中，MAAPFD 为水文情势扰动程度的最小值。

水文情势扰动程度最小值对应的库容是水库所需要的最大库容。进一步加大水库库容，并不能提高生态流量供给的效果。因此，没有必要进一步提高水库的库容。可能有多个 X_i、T_j、E_k和 RSC 的组合对应最小水文扰动程度。将这些组合中水库库容最小值作为水库所需的最大库容。第八章第四节第一小节确定的水库最小库容和本节确定的水库最大库容是水库设计的两个重要参数。对供水和生态流量管理而言，最适宜的水库库容介于这两个库容值之间。

（二）典型水库适宜库容优化

本节继续以海河上游的王快水库为案例进行实证分析，以检验新建立的方法的实用性。王快水库的详细信息见第八章第三节。

首先分析通过增加库容减小水文情势扰动的可能性。计算不同水库库容下的 AAPFD 的最小值。库容在 AAPFD 阈值 5 对应的水库最小库容和 $16\times10^8\ \mathrm{m}^3$之间变化，步长取 $1\times10^6\ \mathrm{m}^3$，计算结果如图 8-23 所示。根据库容-最小 AAPFD 曲线的形状，可将曲线分为两段。例如，当规划供水量为 16 m^3/s、规划供水保证率为 80% 时，点 A（$14.5\times10^8\ \mathrm{m}^3$，3.75）将库容-最小 AAPFD 曲线分为两段。左边一段是复杂的曲线，右边一段是一条直线。这表明，当水库库容不大时（小于 $14.5\times10^8\ \mathrm{m}^3$），AAPFD 值随着水库库容的变化而变化。库容和最小 AAPFD 曲线之间的关系非常复杂，并非简单的正相关或负相关。河流的生态流量包括各个月规定的生态流量和水库溢流量。当水库库容很大时，水库溢流量很小，但大库容提高了水库管理水量的能力，水库管理者能更方便地根据需求在指定的时间下泄水量。共存的这两种作用造成了水库库容和水文扰动程度之间复杂的关系。相对的，当水库的库容很大时（大于 $14.5\times10^8\ \mathrm{m}^3$），水文扰动程度不受库容变化的影响。这是因为当水库库容大于 $14.5\times10^8\ \mathrm{m}^3$时，所有的溢流量都被去除。可见，增加水库库容是否能减小水文情势扰动，与库容增加的多少有关。

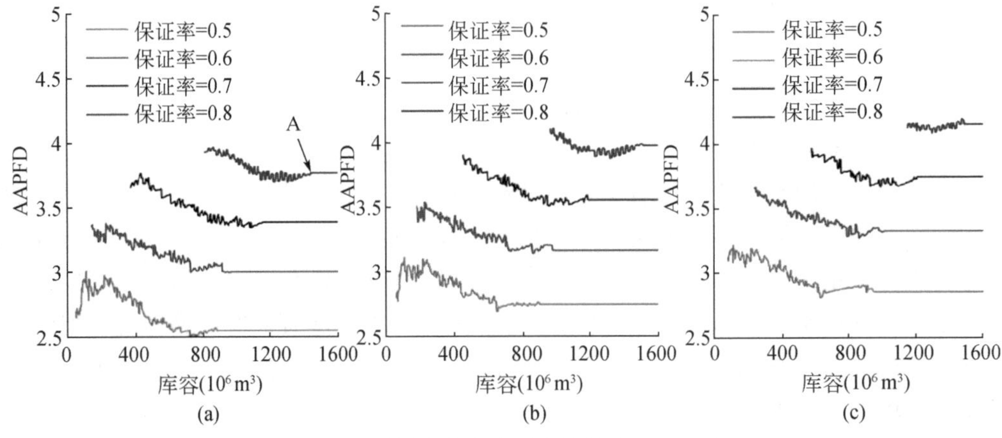

图 8-23　不同水库库容对应的最小 AAPFD 值

(a) 规划供水量为 16 m^3/s；(b) 规划供水量为 17 m^3/s；(c) 规划供水量为 18 m^3/s

进一步确定各种规划供水量和供水保证率下能使水文扰动程度降到最低的水库库容（水库最大所需要的库容），结果如图 8-24 所示。当水库库容大于该最大值时，增加水库库容并不能进一步减小水文情势扰动的程度，却增加了水库的建设费用。在水库的设计阶段，所需要的水库最小库容和最大库容都应该提供给水库设计者。水库的最适宜库容介于这两个值之间，还需要进一步考虑河流保护目标、人类供水规划、水库建设费用和库区的地质情况等。

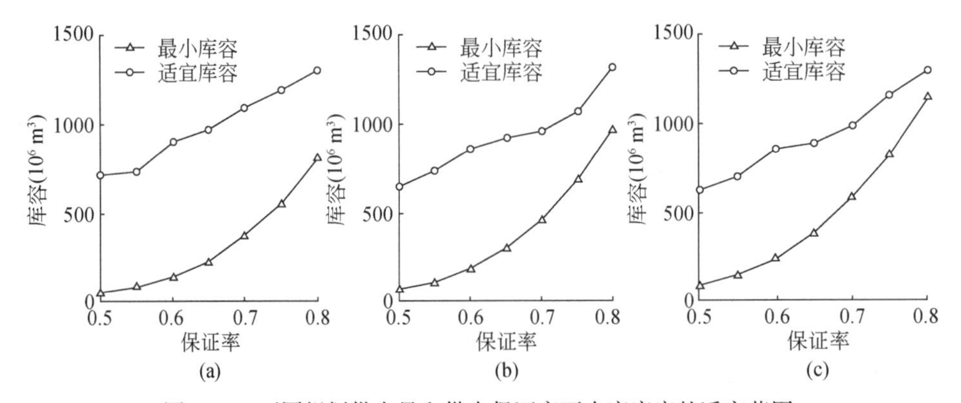

图 8-24　不同规划供水量和供水保证率下水库库容的适宜范围

(a) 规划供水量为 16 m^3/s；(b) 规划供水量为 17 m^3/s；(c) 规划供水量为 18 m^3/s

不同规划供水量和供水保证率对应的最小 AAPFD 值如图 8-25 所示。随着规划供水量和供水保证率的增加，AAPFD 的最小值增加。这是因为高供水保证率和供水量减小了用于向生态供水的水量。与图 8-19 类似，图 8-25 也可以用于检验供水目标和生态保护目标的兼容性。如果在某一规划供水量和供水保证率下，规划水文情势扰动程度低于该最小值，则需要对规划供水进行减缩。

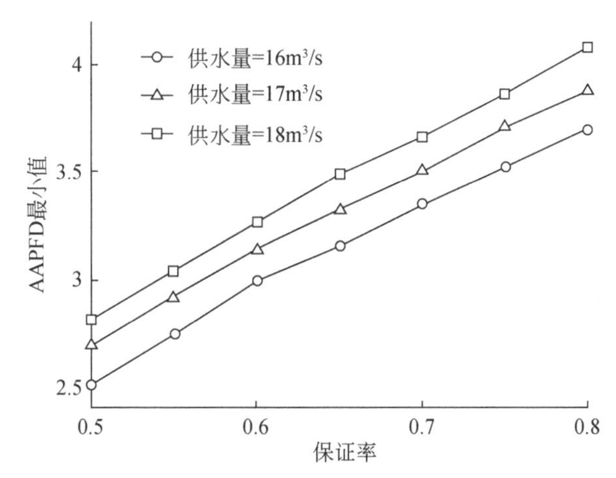

图 8-25　不同规划供水量和供水保证率下 AAPFD 的最小值

第五节　水电站合理发电量规划

到 2008 年，世界上仍然有超过四分之一的人（约 16 亿人）的家中没有供电，并且约有 24 亿人依然以生物燃料作为日常的能源。国际能源组织于 2003 年指出，如果要想实现联合国千年发展计划中的贫困削减目标，到 2015 年需要再向 7 亿人提供现代化的能源服务。目前，水电是一种重要的可再生能源，约占世界电力总供给的 17%（Yüksel，2007）。随着世界上煤炭储量的减小，水电在未来电力供应中的重要性可能会进一步提高。然而，水库发电会给河流生态系统带来严重的负面影响，有时候这种影响会在水坝下方延续几百千米。水库会改变河流自然的流量过程、营养物交换和泥沙输运，从而对河道、河漫滩、河口、三角洲和海岸带都会产生影响（Richter and Thomas，2007）。

对发电型水库而言，合同电量是其一个重要的运行参数。在电力市场上，参与者面临着电力需求和电价的不确定性。为减小价格波动带来的收入风险，水电生产者和电网公司通常采取制定中长期供电合同（通常是 1 年）的方式。虽然很多的研究提倡采取短期市场竞标的形式来增加收入，但在实际的电力供应中，市场竞标的形式只在有限的区域进行试点。中长期合同供电的方式依然是主流的方式。在供电合同中，各个月的规划供电量（负荷）是最主要的内容。合同电量决定了水库各个月下泄的流量，进而对河流生态系统的健康产生影响。

在理论研究中，学者采用了很多方法和理论来确定合同电量和竞标电量的最优值，如随机规划、随机动态规划和组合选择理论等（Rotting and Gjelsvik，1992；Carrion et al.，2007；Feng et al.，2007）。这些研究注重如何确定合同电量和竞标电量的比例，以使收益最大化，但未考虑生态保护的需求。在实际的应用中，很多水电生产者倾向于将所有的发电量都作为合同电量，以规避风险。通过典型年的径流序列或者多年的径流序列，对发电量进行模拟，确定指定保证率下的发电量，并将其作为合同电量。这些方法也只考虑了水电的生产，未考虑河流生态系统保护的需求。

将维持生态流量结合到水库的日常调度中是减轻水库负面影响的一项基本措施。为此，很多的研究力求建立新的水库调度方法，以保护河流生态系统。这些方法一般将满足最小生态需水和合同电量作为约束条件（Jager and Smith，2008）。然而，这些方法直接采用已有的合同电量，而这些合同电量的确定并没有考虑河流生态保护的需求。因此，由于合同电量这一关键参数设置的不合理，即使对水库调度方法进行调整，生态系统保护的效果也会有限。建立兼顾人类和生态需求的水库合理合同电量的确定方法，是构建生态友好水库调度方法的基础。

为指导合理水电合同电量的签订，并为后续确定生态友好的水库调度以及水坝工程安全综合调控方案，需要建立一种综合考虑经济效益和生态需求的水电合同电量的确定方法。本书面向这种需求，力求建立一种新的合同电量确定方法，以实现经济效益和生态保护双重优化，并将其作为水坝工程生态安全调控的一项重要措施。

一、方法建立

水库调度规则和河流生态需求是影响最优水电合同电量的两个重要因素。首先对水库的调度规则和河流保护目标进行论述。

1. 水库调度规则

在水电调度中，水库调度曲线也是指导水库中、长期运行的最常用的工具。中国国家质量技术监督局（1999）发行的《大中型水电站水库调度规范》明确要求具有调控能力的发电型水库制定水库调度曲线，并根据水库水位和调度曲线的位置关系确定调度规则。此外，还要求将水库划分为多个区，包括保证出力区、加大出力区、降低出力区等。因此，在本书中采用水库调度曲线指导水库发电。

和第八章第三节中水库调度图一样，面向发电的水库调度图也包括上调度曲线、下调度曲线和关键调度曲线。每条曲线通过6个参数来确定：2个参数描述了曲线的上下水位（X_1和X_2：下调度曲线；X_3和X_4：关键调度曲线），另外4个参数给出了上下水位的转变时间（T_1、T_2、T_3和T_4：下调度曲线；T_5、T_6、T_7和T_8：关键调度曲线）。为保持水库的防洪功能，水库的上调度曲线直接采用水库设计阶段确定的值，在本书中保持不变（Chen，2003；Chen et al.，2007），而下调度曲线和关键调度曲线参数X_i（$i=1, 2, 3, 4$）和T_j（$j=1, 2, \cdots, 8$）将作优化。

以水库调度曲线为基础，水库发电调度的基本原则是根据水库水位与调度曲线的位置关系，按照一定的比例对发电负荷进行增加或减小（Chen，2003；Chen et al.，2007；Chang et al.，2005；Tu et al.，2008）（图8-26）。流量的大小、水文事件发生频率、发生时间、持续时间和流量变化速率等都是河流生态系统健康的敏感参数，但在世界范围内的实际水库调度中，几乎没有水库能同时维持这些水文参数。这是由于考虑这些参数会明显增加水库调度的复杂性、人类需求和生态系统需求的冲突，以及这些参数和河流生态系统健康之间关系的不确定性（Arthington et al.，2006）。比较现实的河流生态流量管理的方法仍然是

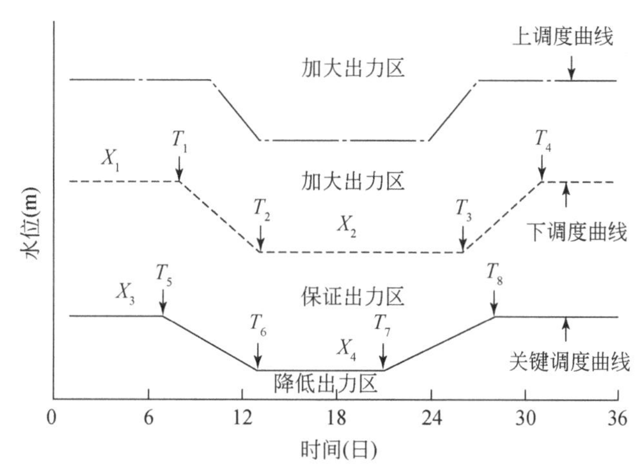

图 8-26　面向水力发电的水库调度曲线图

保证各个季节或各个月的生态基流（最小生态需水）(Chang et al.，2010)。Yin 等（2010）提出了将水库调度曲线和水库强制最小下泄规则相结合的水库调度方法。水库强制最小下泄规则指定了水库在各个月最小应下泄到下游河道的流量，并要求该指定的流量不小于河流的生态基流。很多种方法可以用来确定河流生态基流，如 Tennant、湿周法、PHABSIM 法等（Tennant，1976；Gippel and Stewardson，1998；Spence and Hickle，2000）。水库的调度规则如下。

1）当水库水位位于上调度曲线以上时，加大水库下泄，使水库水位下落到上调度曲线水位，实际的发电负荷比合同负荷增加 $\alpha\%$。当水库实际下泄流量小于水库强制最小下泄流量时，需要增加下泄水量，以满足强制最小下泄的要求。

2）当水库水位位于上调度曲线和下调度曲线之间时，实际的发电负荷比合同负荷增加 $\beta\%$。当水库实际下泄流量小于水库强制最小下泄流量时，需要增加下泄水量，以满足强制最小下泄的要求。

3）当水库水位位于下调度曲线和关键调度曲线之间时，按照合同负荷进行发电。当水库实际下泄流量小于水库强制最小下泄流量时，需要下泄额外的水量。

4）当水库水位位于关键调度曲线和死库容线之间时，实际的发电负荷比合同负荷减小 $\gamma\%$，同时需要满足水库最小下泄的要求。

5）当水库水位位于死库容线以下时，水库供水和发电停止。

参数 α、β 和 γ（$0<\beta<\alpha<100$，$0<\gamma<100$）由水库调度者根据经验确定。

2. 河流生态需求

水文情势是河流生态系统的主要驱动因素。自然水文情势的扰动越剧烈，河流生态系统的健康状态越差。电力生产者和电网公司间的中长期供电合同通常规定各个月的供电量。这里同样选用以月为步长的水文情势扰动程度的计算指数，继续采用 AAPFD 指数，AAPFD 指数不仅对水文情况变化非常敏感，并且具有生态基础。AAPFD 指数越小，说明河流水文情势受人类改变的程度越小，河流生态系统也就越健康。当 AAPFD 指数大于 5

时，表示河流生态系统受到的干扰非常剧烈（Ladson and White，1999）。为将河流生态系统的健康水平维持在可接受的范围内，水库调度需保证 AAPFD 指数小于 5。

3. 优化目标函数

水电生产者期望能够按照合同的电量发电。如果实际生产的电量超过合同电量，那么额外电量可以在电力市场上销售。如果实际生产的电量小于合同电量，那么水电生产者需要对电网公司实行赔偿或者从电力市场上购买电量以履行供电合同。水库调度的目标设为在保证水文情势扰动程度不超过设定值的基础上，最大化发电的收益。

$$L = \max\left\{\frac{1}{m}\sum_{j=1}^{m}\sum_{k=1}^{12}\left[\mathrm{PC}_{kj}\mathrm{EC}_{kj} + f(\mathrm{EC}_{kj} - \mathrm{ER}_{ij})\right]\right\} \tag{8-68}$$

$$f(\mathrm{EC}_{kj} - \mathrm{ER}_{kj}) = \begin{cases}\mathrm{PM}_{kj}(\mathrm{EC}_{kj} - \mathrm{ER}_{kj}), & if \quad \mathrm{ER}_{kj} < \mathrm{EC}_{kj} \\ \mathrm{PR}_{kj}(\mathrm{ER}_{kj} - \mathrm{EC}_{kj}), & if \quad \mathrm{ER}_{kj} < \mathrm{EC}_{kj}\end{cases} \tag{8-69}$$

$$\text{Subject to:} \quad D \leqslant D_0 \tag{8-70}$$

式中，L 为优化目标值；PC_{kj}为第 j 年第 k 月的合同上网电价；EC_{kj}为第 j 年第 k 月的合同电量；ER_{kj}为第 j 年第 k 月的实际发电量；PM_{kj}为第 j 年第 k 月的供电补偿价格或者是第 j 年第 k 月的电力市场价格；PR_{kj}为第 j 年第 k 月的额外电量销售价格（市场竞标价格）。

4. 优化的约束条件

在本书中，优化变量是调度曲线参数 X_i（$i = 1, 2, 3, 4$）、T_j（$j = 1, 2, \cdots, 8$）、各个月的水库强制最小下泄流量 E_k（$k = 1, 2, \cdots, 12$）和各个月的合同电量 EC_m（$m = 1, 2, \cdots, 12$）。优化变量 X_i和 T_j的约束条件如下（Chen，2003）：

$$\text{max level} > X_1 > X_2 \tag{8-71}$$

$$\text{max level} > X_1 > X_3 \tag{8-72}$$

$$X_2 > X_4 > \text{min level} \tag{8-73}$$

$$X_3 > X_4 > \text{min level} \tag{8-74}$$

$$1 \leqslant T_1 < T_2 < T_3 < T_4 \leqslant 36 \tag{8-75}$$

$$1 \leqslant T_5 < T_6 < T_7 < T_8 \leqslant 36 \tag{8-76}$$

各个月强制最小下泄流量 E_k的约束条件为（Yin et al.，2010）

$$E_k \geqslant \mathrm{MEFR}_k \tag{8-77}$$

各个月合同电量 EC_m的约束条件为

$$0 \leqslant \mathrm{EC}_m \leqslant \text{max load} \tag{8-78}$$

式中，max level 为水库最大容许水位；min level 为水库最小容许水位；MEFR 为最小生态需水量；MEFR 为第 k 月河流生态基流（最小生态需水）；max load 为水库的最大发电负荷。

5. 优化方法

继续使用自适应遗传算法（AGA）对参数进行优化（Srinivas and Patnaik，1994）。AGA 的特点在于能够保持解的多样性，实现对整个解空间的搜索，并具有较好的收敛性。这些特性提高了 AGA 法获得全局最优解的可能性。优化变量有 X_i（$i = 1, 2, 3, 4$）、T_j（$j = 1, 2, \cdots, 8$）、E_k（$k = 1, 2, \cdots, 12$）和 EC_m（$m = 1, 2, \cdots, 12$）。AGA 解的形式为$[X_1, \cdots, X_4, T_1, \cdots, T_8, E_1, \cdots, E_{12}, EC_1, \cdots, EC_{12}]$。AGA 法详细步骤可以参与相

关文献（Srinivas and Patnaik，1994）．

二、典型水电站规划发电量优化

这里采用一个半假设的案例对新建立的方法进行验证，使用中国王快水库1971～1993年的入流数据以及该水库自身的物理特征数据。王快水库是海河流域重要的水利设施，其现有兴利库容为6.52 $\times10^8$ m^3，死库容为0.88 $\times10^8$ m^3，水库汇水面积为3770 km^2，入流的标准差、变异系数和偏斜系数分别为43.07 m^3/s、2.39 和7.08。本书主要考虑水库的发电功能，不考虑水库的供水功能。王快水库最大负荷为21 500kW。

在中国，电作为一种日常必需品，它的上网电价和销售电价大多数是由政府决定的。由于电力类型和发电量等因素的不同，不同电力生产者的上网电价不同。电的销售价格随着消费者类型和用电时间的变化而不同。按照河北省物价局2009年的规定，王快水库的上网电价为0.36元/(kW·h)。为保证王快水库生产的额外电量能够在市场上销售出去，这里将王快水库额外电量的价格定为河北物价局制定的水电最低的上网电价0.31元/（kW·h)。另外，为保证王快水库在自身电力生产不足的时候能够在市场上买到足够的电量，其电量市场买入价格设为河北省物价局制定的电力最高零售价格1.19元/(kW·h)。

将参数α、β和γ分别设为30、20和10（Chang et al.，2005；Chen et al.，2007)。根据Tennant法，确定枯水期（11月～翌年4月）的生态基流（最小生态需水）为1.8m^3/s（年平均流量的10%）丰水期（5～10月）的生态基流为5.4m^3/s（年平均流量的30%)。

采用MATLAB 6.5编写AGA的程序，对水库调度曲线、各月强制最小下泄流量和合同电量进行优化。水文情势扰动指数AAPFD要求不超过5。种群数量和进化代数分别设为600和800。优化目标值在AGA运行约600次后达到稳定，表明达到了近似的全局值。此时，水库年平均的发电收入为9.76$\times10^6$元。

本书中各月强制最小下泄流量可以大于各月的生态基流。有趣的是优化出的各个月的强制最小下泄流量却等于生态基流。本书将AAPFD的阈值设为5，但发电收益最大时，AAPFD值实际上只有3.9。这表明将各月强制最小下泄流量设为生态基流时，已经能够保证水文情势的扰动不超过生态可接受的范围，从而可以避免生态系统的剧烈退化。

各个月合约电量的优化值，见表8-13。很明显丰水期（5～10月）的优化合约电量要大于枯水期（11月～翌年4月)。这是因为丰水期的入流要明显大于平水期的流量，并且平水期和枯水期的上网电价相同。电产量在各个月的不同会增加枯水期电力供应的缺乏。当前，很多国家和地区倡导制定丰、平、枯水期不同的上网电价。丰水期的上网电价最低，而枯水期的上网电价最高。这种措施能够帮助对发电量在不同季节进行重新分配，减小丰水期的发电量，增加枯水期的发电量。这将对缓解季节性的供电短缺有所帮助。

表8-13　王快水库各月合同电量的优化值

月份	1	2	3	4	5	6	7	8	9	10	11	12
电量（10^5kW·h)	3.24	2.18	4.23	4.12	8.12	8.27	10.26	11.13	10.67	8.23	2.33	2.52

1. 水文情势扰动程度设定值对电力生产的影响

使用AGA确定水库调度能产生水文情势扰动的最大值和最小值。水文情势扰动的最大值和最小值分别为6.62和1.46。进一步确定不同AAPFD阈值下的水库年平均最大收益，其中AAPFD阈值的变化范围为1.46~6.62，步长取0.5。计算结果如图8-27所示。当AAPFD设定的阈值从3.9变到6.62时，水库年平均最大收益没有变化。这是因为虽然将AAPFD的阈值设置成大于3.9的值，但实际的AAPFD的值为3.9。另外，随着AAPFD的设定阈值从1.46逐渐变大到3.9，年平均最大收益的边际增加量明显减小。例如，当AAPFD的设定阈值从1.49变到2时，年平均最大收益增加了3.96×10^6元（从2.08×10^6元增加到6.0394×10^6元），而当AAPFD的设定阈值从3.5增加到3.9时，年平均最大收益只增加了0.35×10^6元（从9.43×10^6元增加到9.78×10^6元）。这表明如果当前水文情势扰动程度较高（如AAPFD=3.9），调整水库调度参数以适量的减小水文情势的扰动程度，产生的收益损失比较小。此时，河流管理者如果计划更好地保护河流生态系统，采取生态补偿的手段在经济上是合理的。相对的，如果当前水文情势的扰动程度已经比较低（如AAPFD=2），调整水库调度参数以进一步降低水文情势扰动程度，由此带来的经济损失会比较大，这在经济上是不合理的。

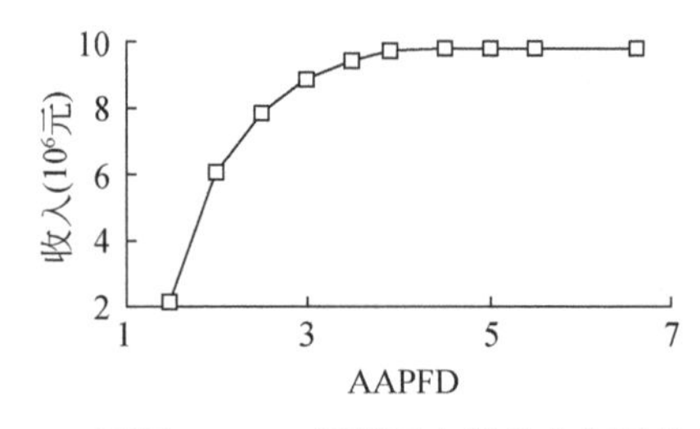

图8-27　不同AAPFD阈值下水库最大年平均收益

2. 水库强制最小下泄规则对水文情势维持和发电的作用

本书要求水库各个月的最小下泄流量应不小于河流生态基流（水库强制最小下泄规则）。而常规的水库调度研究中，直接把水库最小下泄流量设为等于生态基流。继续使用AGA确定采用和不采用强制最小下泄规则时水库的最大年平均收益，并对这两种情况的收益进行比较，分析水库强制最小下泄规则的作用。两种情况下水库的收益如图8-28所示。

当AAPFD的设定阈值较高时（即AAPFD ≥3.9），采用和不采用强制最小下泄规则这两种情景的年平均最大收益是一样的。这是因为此时强制最小下泄流量等于生态基流。当AAPFD设定阈值较低时（即AAPFD<3.9），采用强制最小下泄规则产生的收益要大于不采用这一规则产生的收益。综合而言，在不同的AAPFD阈值下，采用强制最小下泄规则产生的收益都会不小于不采用这一规则产生的效益。在没有计算之前，通常会认为增加生态流量的下泄会造成水库收益的损失。实际上，水库的收益受到设定的水文情势扰动阈值的影响。有强制最小下泄规则时，设定的水文情势维持的目标比单纯的调整水库调度曲线时更容易实现。因此，水库强制最小下泄流量不应直接设为生态基流，而应该根据设定的水

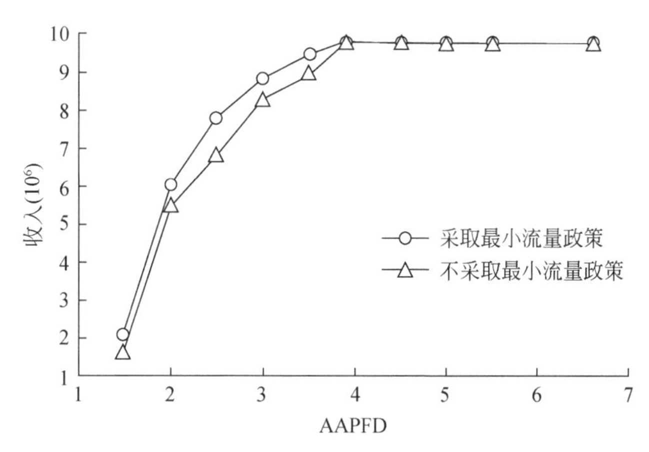

图 8-28　采用和不采用水库强制最小下泄规则时水库的年平均收益

文情势扰动阈值和规划的发电量进行优化调整。

本章小结

提出了改进的变异区间范围法（RVA），以水文序列周期改变代替次序改变，同时考虑水文指标在扰动前后频率和次序变化。通过对比 RVA 和改进的 RVA 评估上述影响，结果表明水文指标次序变化对水文情势扰动评价有显著影响，其影响随次序变化强度的增加而增加，且其影响与次序变化方式有关。随后通过线性回归和相关性分析，评价了月尺度水文情势扰动评价方法描述水文情势扰动信息的有效性，结果表明在全球尺度下月尺度水文情势扰动评价方法（流量历时曲线法、月径流水文指标体系法等）能够较为全面地描述水文情势扰动信息。

构建了一种兼顾生态系统、人类和水库自身 3 方面需求的水库生态调度方法。该方法同时考虑生态系统所需的泥沙和流量过程，引入水库水位、水库淤积率和淤积变化率等参数确定合适的水库排沙时机，解决了传统生态流量调控方法不考虑泥沙淤积并引起河道冲刷，造成河流生态系统退化的问题。

建立了兼顾供水和生态流量管理的水库合理库容确定方法，可以为水库设计阶段的生态流量管理提供支持。水库最小的库容应能在满足规划供水的基础上，使水文情势的扰动不超过生态可接受的阈值；水库适宜的库容应能在满足规划供水的基础上，使水文情势的扰动程度降到最低。

建立了一种新的水电站河流规划发电量的确定方法。该方法综合考虑发电的综合效益和河流的生态需求，将维持河流水文情势作为水库调度的生态约束，将最大化发电的收益作为水库调度的优化目标，并根据年收益–水文扰动程度曲线，确定合理的水文情势扰动程度和水电站规划发电量。

参考文献

国家质量技术监督局. 1999. 大中型水电站水库调度规范. 北京：中国标准出版社.

Adeloye A J, Montaseri M, Garmann C. 2001. Curing the misbehavior of reservoir capacity statistics by controlling shortfall during failures using the modified Sequent Peak Algorithm. Water Resources Research, 37 (1): 73-82.

Adeloye A J, Pal S, O'Neill M. 2010. Generalised storage-yield-reliability modelling: Independent validation of the Vogel-Stedinger (V-S) model using a Monte Carlo simulation approach. Journal of Hydrology, 388: 234-240.

Arthington A H, Bunn S E, Poff N L R, et al. 2006. The challenge of providing environmental flow rules to sustain river ecosystems. Ecological Applications, 16 (4): 1311-1318.

Atkinson E. 1996. The Feasibility of Flushing Sediment from Reservoirs. Report OD 137, HR Wallingford, Howbery Park, Wallingford, Oxon.

Bunn S E, Arthington A H. 2002. Basic principles and ecological consequences of altered flow regimes for aquatic biodiversity. Environmental Management, 30: 492-507.

Cardwell H, Jager H I, Sale M J. 1996. Designing instream flows to satisfy fish and human water needs. Journal of Water Resources Planning and Management, 122 (5): 356-363.

Carrion M, Philpott A B, Conejo A J, et al. 2007. A stochastic programming approach to electric energy procurement for large consumers. Power Systems, IEEE Transactions, 22: 744-754.

Chang F J, Chen L, Chang L C. 2005. Optimizing the reservoir operating rule curves by genetic algorithms. Hydrological Processes, 19 (11): 2277-2289.

Chang F J, Lai J S, Kao L S. 2003. Optimization of operation rule curves and flushing schedule in a reservoir. Hydrological Process, 17: 1623-1640.

Chang L C, Chang F J, Wang K W, et al. 2010. Constrained genetic algorithms for optimizing multi-use reservoir operation. Journal of Hydrology, 390 (1-2): 66-74.

Chang L C, Chang F J. 2001. Intelligent control for modeling of real-time reservoir operation. Hydrological Processes, 15 (9): 1621-1634.

Chen L, McPhee J, Yeh W W. 2007. A diversified multiobjective GA for optimizing reservoir rule curves. Advances in Water Resources, 30 (5): 1082-1093.

Chen L. 2003. Real-coded genetic algorithm optimization of long-term reservoir operation. Journal of the American Water Resources Association, 39 (5): 1157-1165.

Connell J H. 1978. Diversity in tropical rain forests and coral reefs. Science, 199: 1302-1310.

Feng D H, Gan D Q, Zhong J, et al. 2007. Supplier asset allocation in a pool-based electricity market. Power Systems, IEEE Transactions, 22: 1129-1138.

Galat G L, Lipkin R. 2000. Restoring ecological integrity of great rivers: Historical hydrographs aid in defining reference conditions for the Missouri River. Hydrobiologia, 422/423: 29-48.

Gao Y, Vogel R M, Kroll C N. 2009. Development of representative indicators of hydrologic alteration. Journal of Hydrology, 374: 136-147.

Gao Y, Vogel R M, Kroll C N. 1995. Development of representative indicators of hydrologic alteration. Journal of Hydrology, 374 (1): 136-147.

Gehrke P C, Brown P, Schiller C B, et al. 1995. River regulation and fish communities in the Murray-Darling river system, Australia. Regulated Rivers: Research and Management, 11: 363-375.

Gehrke P C, Brown P, Schiller C B, et al. River regulation and fish communities in the Murray-Darling river system, Australia. Regulated Rivers: Rivers Reseach and Management, 11: 363-375.

Gippel C J, Stewardson M J. 1998. Use of wetted perimeter in defining minimum environmental flows. Regulated Rivers: Rivers Reseach and Management, 14: 53-67.

Homa E S, Vogel R M, Smith M P, et al. 2005. An optimization approach for balancing human and ecological flow needs. Alaska: World Water and Environmental Resources Congress, ASCE.

IEA (International Energy Agency). 2003. Energy Policies of IEA Countries: 2003, Review. Paris: OECD/IEA.

Irwin E R, Freeman M C. 2002. Proposal for adaptive management to conserve biotic integrity in a regulated segment of the Tallapoosa River, Alabama, U. S. A. Conservation Biology, 16: 1212-1222.

Jager H I, Smith B T. 2008. Sustainable reservoir operation: Can we generate hydropower and preserve ecosystem values? River research and Applications, 24 (3): 340-352.

Kawashima S, Johndrow T B, Annandale G W, et al. 2003. Reservoir Conservation Vol II: Rescon Model and User Manual. Washington DC: The World Bank.

Khan N M, Tingsanchali T. 2009. Optimization and simulation of reservoir operation with sediment evacuation: A case study of the Tarbela Dam, Pakistan. Hydrological Process, 23: 730-747.

Labadie J W. 2004. Optimal operation of multireservoir systems: State-of-the-art review. Journal of Water Resources Planning and Management, 130: 93-111.

Ladson A R, White L J. 1999. An Index of Stream Condition: Reference Manual. Melbourne: Department of Natural Resources and Environment.

Laize C L, Acreman M, Dunbar M. 2010. Monthly Hydrological Indicators to Assess Impact of Change on River Ecosystems at the Pan-European Scale: Preliminary Results. Newcastle, UK: British Hydrological Society Third International Symposium.

Mathews R, Richter B D. 2007. Application of the indicators of hydrologic alteration software in environmental flow setting. Journal of the American Water Resources Association, 43: 1400-1413.

McMahon T A, Adeloye A J. 2005. Water Resources Yield. Colorado: Water Resources Publications, LLC.

McMahon T A, Pegram G G S, Vogel R M, et al. 2007. Revisiting reservoir storage-yield relationships using a global streamflow database. Advances in Water Resources, 30 (8): 1858-1872.

Nicklow J W, Mays L W. 2001. Optimal control of reservoir releases to minimize sedimentation in rivers and reservoirs. Journal of American Water Resources Associations, 37: 197-211.

Nilsson C, Reidy C A, Dynesius M, et al. 2005. Fragmentation and flow regulation of the world's large river systems. Science, 308: 405-408.

Olden J D, Poff N. 2003. Redundancy and the choice of hydrologic indices for characterizing streamflow regimes. River Research and Applications, 19 (2): 101-121.

Petts G E. 2009. Instream-flow science for sustainable river management. Journal of the American Water Resources Association, 45 (5): 1071-1086.

Poff N L, Allan J D, Bain M D, et al. 1997. The natural flow regime: A paradigm for river conservation and restoration. BioScience, 47: 769-784.

Poff N L, Richter B, Arthington A, et al. 2010. The ecological limits of hydrologic alteration (ELOHA): A new framework for developing regional environmental flow standards. Freshwater Biology, 55 (1): 147-170.

Postel S, Richter B. 2003. Rivers for Life : Managing Water for People and Nature. Washington DC: Island

Press. 2003.

Richter B D, Baumgartner J V, Braun D P, et al. 1998. A spatial assessment of hydrologic alteration within a river network. Regulated Rivers: Research and Management, 14: 329-340.

Richter B D, Baumgartner J V, Powell J, et al. 1996. A Method for assessing hydrologic alteration within ecosystems. Conservation Biology, 10: 1163-1174.

Richter B D, Thomas G A. 2007. Restoring environmental flows by modifying dam operations. Ecology and Society, 12 (1): 12.

Richter B, Baumgartner J, Wigington R, et al. 1997. How much water does a river need? Freshwater Biology, 37: 231-249.

Rotting T A, Gjelsvik. 1992. A Stochastic dual dynamic programming for seasonal scheduling in the Norwegian power system. Power Systems, IEEE Transactions, 7: 273-279.

Schoklitsch A. 1934. Der Geschiebetrieb und die Geschiebefracht, Wasserkraft und Wasserwirtschujl, 29 (4): 37-43.

Shen G, Xie Z. 2004. Three gorges project: Chance and challenge. Science, 304: 681.

Shen H W, Lai J S. 1996. Sustain reservoir useful life by flushing sediment. International Journal of Sedimentary Research, 11: 10-17.

Shiau J T, Wu F C. 2004. Feasible diversion and instream flow release using range of variability approach. Journal of Water Resources Planning and Management-ASCE, 130: 395-404.

Shiau J T, Wu F C. 2007. Pareto-optimal solutions for environmental flow schemes incorporating the intra-annual and interannual variability of the natural flow regime. Water Resources Research, 43: W06433.

Shiau J T, Wu F C. 2008. A histogram matching approach for assessment of flow regime alteration: Application to environmental flow optimization. River Research and Applications, 24: 914-928.

Shiau J T, Wu F C. 2006. Compromise programming methodology for determining instream flow under multiobjective water allocation criteria. Journal of the American Water Resources Association, 42: 1179-1191.

Spence R, Hickley P. 2000. The use of PHABSIM in the management of water resources and fisheries in England and Wales. Ecological Engineering, 16 (1): 153-158.

Srinivas M, Patnaik L M. 1994. Adaptive probabilities of crossover and mutation in genetic algorithms. IEEE Transactions on Systems, Man and Cybernetics, 24: 656-667.

Suen J P, Eheart J W. 2006. Reservoir management to balance ecosystem and human needs: Incorporating the paradigm of the ecological flow regime. Water Resources Research, 42: W03417.

Suiadee W, Tingsanchali T. 2007. A combined simulation-genetic algorithm optimization model for optimal rule curves of a reservoir: A case study of the Nam Oon Irrigation Project, Thailand. Hydrological Processes, 21: 3211-3225.

Tennant D L. 1976. Instream flow regimens for fish, wildlife, recreation and related environmental resources. Fisheries, 1 (4): 6-10.

The Nature Conservancy (TNC). 2007. Indicators of Hydrologic Alteration Version 7 User' s manual. Charlottesville, Virginia, USA.

Tu M Y, Hsu N S, Tsai F T C, et al. 2008. Optimization of hedging rules for reservoir operations. Journal of Water Resources Planning and Management, 134 (1): 3-13.

Vogel R M, Sieber J, Archfield S A. 2007. Relations among storage, yield, and instream flow. Water Resources Research, 43: W05403.

Welcomme R L. 2008. World prospects for floodplain fisheries. Ecohydrology and Hydrobiology, 8: 169-182.

Wu B S, Xia J Q, Fu X D, et al. 2008. Effect of altered flow regime on bankfull area of the Lower Yellow River, China. Earth Surf Proc Land, 33: 1585-1601.

Yin X A, Yang Z F, Petts G E. 2011. Reservoir operating rules to sustain environmental flows in regulated rivers. Water Resources Research, 47: W08509.

Yin X A, Yang Z F, Petts G E. 2012. Optimizing environmental flows below dams. River Research and Applications.

Yin X A, Yang Z F, Yang W, et al. 2010. Optimized reservoir operation to balance human and riverine ecosystem needs: Model development, and a case study for the Tanghe reservoir, Tang river basin, China. Hydrological processes, 24: 461-471.

Yin X A, Yang Z F. 2011. Development of a coupled reservoir operation and water diversion model: Balancing human and environmental flow requirements. Ecological Modelling, 222 (2): 224-231.

Yüksel I. 2007. Development of hydropower: A case study in developing countries. Energy Sources, Part B: Economics, Planning, and Policy, 2: 113-121.

Zhang Q, Xu C Y, Chen Y Q, et al. 2009. Spatial assessment of hydrologic alteration across the Pearl River Delta, China, and possible underlying causes. Hydrological Processes, 23 (11): 1565-1574.

附　录

附表1　澜沧江中下游（小湾至糯扎渡）河岸带和坡面植物名录

科	拉丁名	中文名	拉丁名
芭蕉科	Musaceae	芭蕉	*Musa basjoo*
百合科	Liliaceae	野山姜	*Polygonatum zanlanscianse*
百合科	Liliaceae	菝葜	*Smilax china*
百合科	Liliaceae	土茯苓	*Smilax glabra*
百合科	Liliaceae	滇黔菝葜	*Smilax* sp.
百合科	Liliaceae	藜芦	*Veratrum nigrum*
报春花科	Primulaceae	过路黄	*Lysimachia christinae*
唇形科	Labiatae	痢止蒿	*Ajuga forrestii*
唇形科	Labiatae	鼠尾香薷	*Elsholtzia myosurus*
唇形科	Labiatae	钩萼草	*Notochaete hamosa*
唇形科	Labiatae	鼠尾草	*Salvia japonica*
唇形科	Labiatae	羽萼木	*Colebrookea oppositifolia*
唇形科	Labiatae	香薷	*Elsholtzia ciliata*
唇形科	Labiatae	鸡骨柴	*Elsholtzia fruticosa*
唇形科	Labiatae	大黄药	*Elsholtzia penduliflora*
唇形科	Labiatae	野拔子	*Elsholtzia rugulosa*
唇形科	Labiatae	广防风	*Epimeredi indica*
唇形科	Labiatae	宽管花	*Eurysolen gracilis*
唇形科	Labiatae	草莓状鼠尾	*Salvia fragarioides*
大风子科	Flacourtiaceae	大果刺篱木	*Flacoutia ramontchii*
大风子科	Flacourtiaceae	栀子皮	*Itoa orientalis*
大风子科	Flacourtiaceae	长叶柞木	*Xylosma longifolium*
大风子科	Flacourtiaceae	柞木	*Xylosma racemosum*
大戟科	Euphorbiaceae	山麻杆	*Alchornea davidii*
大戟科	Euphorbiaceae	西南五月茶	*Antidesma acidum*
大戟科	Euphorbiaceae	银柴	*Aporusa dioica*
大戟科	Euphorbiaceae	毛银柴	*Aporusa villosa*

续表

科	拉丁名	中文名	拉丁名
大戟科	Euphorbiaceae	云南银柴	*Aporusa yunnanensis*
大戟科	Euphorbiaceae	木奶果	*Baccaurea ramilfora*
大戟科	Euphorbiaceae	秋枫	*Bischofia javangca*
大戟科	Euphorbiaceae	黑面神	*Breynia fruticosa*
大戟科	Euphorbiaceae	土蜜树	*Bridelia tomentosa*
大戟科	Euphorbiaceae	白桐树	*Claoxylon indicum*
大戟科	Euphorbiaceae	飞扬草	*Euphorbia hirta*
大戟科	Euphorbiaceae	土瓜狼毒	*Euphorbia prolifera*
大戟科	Euphorbiaceae	白毛算盘子	*Glochidion arborescens*
大戟科	Euphorbiaceae	革叶算盘子	*Glochidion daltonii*
大戟科	Euphorbiaceae	厚叶算盘子	*Glochidion hirsutum*
大戟科	Euphorbiaceae	橡胶树	*Hevea brasiliensis*
大戟科	Euphorbiaceae	水柳	*Homonoia riparia*
大戟科	Euphorbiaceae	白背叶	*Mallotus apelta*
大戟科	Euphorbiaceae	粉叶野桐	*Mallotus garrettii*
大戟科	Euphorbiaceae	粗糠柴	*Mallotus philippensis*
大戟科	Euphorbiaceae	云南野桐	*Mallotus yunnanensis*
大戟科	Phyllanthus	余甘子	*Phyllanthus emblica*
大戟科	Euphorbiaceae	叶下珠	*Phyllanthus urinaria*
大戟科	Euphorbiaceae	守宫木	*Sauropus androgynus*
大戟科	Euphorbiaceae	宿萼木	*Strophioblachia fimbricalyx*
大戟科	Euphorbiaceae	艾胶算盘子	*Clochidion lanceolarium*
大戟科	Euphorbiaceae	蓖麻	*Ricinus communis*
豆科	Leguminosae	长波叶山蚂蟥	*Desmodium sequax*
豆科	Leguminosae	白花合欢	*Albizia crassiramea*
豆科	Leguminosae	合欢	*Albizia julibrissin*
豆科	Leguminosae	山槐	*Albizia kalkora*
豆科	Leguminosae	毛叶合欢幼苗	*Albizia mollis*
豆科	Leguminosae	落花生	*Arachis hypogaea*
豆科	Leguminosae	白花洋紫荆	*Bauhinia acuminata* var. *candida*
豆科	Leguminosae	羊蹄甲	*Bauhinia purpurea*
豆科	Leguminosae	西南杭子梢	*Campylotropis delavayi*
豆科	Leguminosae	毛杭子梢	*Campylotropis hirtella*
豆科	Leguminosae	杭子梢	*Campylotropis macrocarpa*

续表

科	拉丁名	中文名	拉丁名
豆科	Leguminosae	多花杭子梢	*Campylotropis* sp.
豆科	Leguminosae	滇杭子梢	*Campylotropis yunnanensis* var. *yunnanensis*
豆科	Leguminosae	铁刀木	*Cassia siamea*
豆科	Leguminosae	黄槐决明	*Cassia surattensis*
豆科	Leguminosae	决明属	*Cassia tora*
豆科	Leguminosae	细茎旋花豆	*Cochlianthus gracilis*
豆科	Leguminosae	舞草	*Codariocalyx motorius*
豆科	Leguminosae	响铃豆	*Crotalaria albida*
豆科	Leguminosae	长萼猪屎豆	*Crotalaria calycina*
豆科	Leguminosae	假地蓝	*Crotalaria ferruginea*
豆科	Leguminosae	猪屎豆	*Crotalaria pallida*
豆科	Leguminosae	猪屎豆属	*Crotalaria* sp.
豆科	Leguminosae	秧青	*Dalbergia assamica*
豆科	Leguminosae	黄檀	*Dalbergia hupeana*
豆科	Leguminosae	象鼻藤	*Dalbergia mimosoides*
豆科	Leguminosae	钝叶黄檀	*Dalbergia obtusifolia*
豆科	Leguminosae	毛叶黄檀	*Dalbergia sericea*
豆科	Leguminosae	滇黔黄檀	*Dalbergia yunnanensis*
豆科	Leguminosae	凤凰木	*Delonix regia*
豆科	Leguminosae	圆锥山蚂蟥	*Desmodium elegans* var. *elegans*
豆科	Leguminosae	大叶山蚂蟥	*Desmodium gangeticum*
豆科	Leguminosae	滇南山蚂蟥	*Desmodium megaphyllum* var. *megaphyllum*
豆科	Leguminosae	小叶三点金	*Desmodium microphyllum*
豆科	Leguminosae	饿蚂蟥	*Desmodium multiflorum*
豆科	Leguminosae	大叶千斤拔	*Flemingia macrophylla*
豆科	Leguminosae	千斤拔	*Flemingia philippinensis*
豆科	Leguminosae	算盘子属	*Glochidion* sp.
豆科	Leguminosae	马棘	*Indigofera pseudotinctoria*
豆科	Leguminosae	木蓝	*Indigofera tinctoria*
豆科	Leguminosae	鸡眼草	*Kummerowia striata*
豆科	Leguminosae	截叶铁扫帚	*Lespedeza cuneata*
豆科	Leguminosae	大叶胡枝子	*Lespedeza davidii*
豆科	Leguminosae	美丽胡枝子	*Lespedeza Formosa*
豆科	Leguminosae	尖叶铁扫帚	*Lespedeza juncea*

续表

科	拉丁名	中文名	拉丁名
豆科	Leguminosae	胡枝子	*Lespedeza* sp.
豆科	Leguminosae	银合欢	*Leucaena leucocephala*
豆科	Leguminosae	海南崖豆藤	*Millettia pachyloba*
豆科	Leguminosae	印度崖豆	*Millettia pulchra*
豆科	Leguminosae	排钱树	*Phyllodium pulchellum*
豆科	Leguminosae	黄花木	*Piptanthus concolor*
豆科	Leguminosae	亮叶猴耳环	*Pithecellobium lucidum*
豆科	Leguminosae	四川山蚂蝗	*Podocarpium podocarpum* var. *szechuenense*
豆科	Leguminosae	葛麻姆	*Pueraria lobata* var. *Montana*
豆科	Leguminosae	三裂叶野葛	*Pueraria phaseoloides*
豆科	Leguminosae	田箐	*Sesbania cannabina*
豆科	Leguminosae	葫芦茶	*Tadehagi triquetrum*
杜鹃花科	Ericaceae	云南金叶子	*Craibiodendron yunnanense*
杜鹃花科	Ericaceae	狭叶珍珠花	*Lyonia ovalifolia* var. *lanceolata*
杜鹃花科	Ericaceae	毛叶珍珠花	*Lyonia villosa*
杜鹃花科	Ericaceae	南烛	*Vaccinium bracteatum*
杜鹃花科	Ericaceae	倒卵叶南烛	*Vaccinium bracteatum* var. *obovatum*
杜鹃花科	Ericaceae	江南越桔	*Vaccinium mandarinorum*
杜鹃花科	Ericaceae	越桔	*Vaccinium vitisidaea*
椴树科	Tiliaceae	一担柴	*Colona floribunda*
椴树科	Tiliaceae	长蒴黄麻	*Corchorus olitorius*
椴树科	Tiliaceae	苘麻叶扁担杆	*Grewia abutilifolia*
椴树科	Tiliaceae	长勾刺蒴麻	*Triumfetta pilosa*
椴树科	Tiliaceae	刺蒴麻	*Triumfetta rhomboidea*
椴树科	Tiliaceae	硕刺麻	*Triumfetta rhomboidea*
锻树科	Tiliaceae	毛果扁担杆	*Grewia eriocarpa*
椴树科	Tiliaceae	蚬木	*Excentrodendron hsienmu*
番荔枝科	Annonaceae	细基丸	*Polyalthia cerasoides*
番荔枝科	Annonaceae	云南银钩花	*Mitrephora wangii*
防己科	Menispermaceae	河谷地不容	*Stephania intermedia*
凤尾蕨科	Pteridaceae	凤尾蕨	*Pteris* sp.
橄榄科	Burseraceae	羽叶白头树	*Garuga pinnata*
海金沙科	Lygodiaceae	海南海金沙	*Lygodium conforme*
海金沙科	Lygodiaceae	掌叶海金沙	*Lygodium digitatum*

续表

科	拉丁名	中文名	拉丁名
海金沙科	Lygodiaceae	海金沙	*Lygodium japonicum*
海桐花科	Pittosporaceae	狭叶海桐	*Pittosporum glabratum* var. *nerifolium*
禾本科	Gramineae	垂穗鹅观草	*Roegneria nutans*
禾本科	Gramineae	水蔗草	*Apluda mutica*
禾本科	Gramineae	淡竹叶	*Aristolochia kaempferi*
禾本科	Gramineae	荩草	*Arthraxon hispidus*
禾本科	Gramineae	野古草	*Arundinella anomala*
禾本科	Gramineae	芦竹	*Arundo donax*
禾本科	Gramineae	青皮竹	*Bambusa textilis* var. *textilis*
禾本科	Gramineae	硬秆子草	*Capillipedium assimile*
禾本科	Gramineae	细柄草	*Capillipedium parviflorum*
禾本科	Gramineae	隐子草	*Cleistogenes* sp.
禾本科	Gramineae	小丽草	*Coelachne simpliciuscula*
禾本科	Gramineae	芸香草	*Cymbopogon distans*
禾本科	Gramineae	橘草	*Cymbopogon goeringii*
禾本科	Gramineae	狗牙根	*Cynodon dactylon*
禾本科	Gramineae	牡竹	*Dendrocalamus strictus*
禾本科	Gramineae	野青茅	*Deyeuxia arundinacea*
禾本科	Gramineae	升马唐	*Digitaria ciliaris*
禾本科	Gramineae	马唐	*Digitaria sanguinalis*
禾本科	Gramineae	三数马唐	*Digitaria ternata*
禾本科	Gramineae	紫马唐	*Digitaria violascens*
禾本科	Gramineae	稗	*Echinochloa crusgalli*
禾本科	Gramineae	旱稗	*Echinochloa hispidula*
禾本科	Gramineae	牛筋草	*Eleusine indica*
禾本科	Gramineae	画眉草	*Eragrostis pilosa*
禾本科	Gramineae	牛虱草	*Eragrostis unioloides*
禾本科	Gramineae	蔗茅	*Erianthus rufipilus*
禾本科	Gramineae	黄茅	*Heteropogon contortus*
禾本科	Gramineae	白茅	*Imperata cylindrica*
禾本科	Gramineae	百花柳叶箬	*Isachne albens*
禾本科	Gramineae	刚莠竹	*Microstegium ciliatum*
禾本科	Gramineae	芒	*Miscanthus sinensis*
禾本科	Gramineae	类芦	*Neyraudia reynaudiana*

续表

科	拉丁名	中文名	拉丁名
禾本科	Gramineae	双穗雀稗	*Paspalum paspaloides*
禾本科	Gramineae	大芦	*Phragmites* sp.
禾本科	Gramineae	蜈蚣草	*Pteris vittata*
禾本科	Gramineae	鹅观草	*Roegneria kamoji*
禾本科	Gramineae	间序狗尾草	*Setaria intermedia*
禾本科	Gramineae	粽叶狗尾草	*Setaria palmifolia*
禾本科	Gramineae	菅	*Themeda villosa*
禾本科	Gramineae	棕叶芦	*Thysanolaena maxima*
禾本科	Gramineae	小叶荩草	*Arthraxon lancifolius*
禾本科	Gramineae	石芒草	*Arundinella nepalensis*
禾本科	Gramineae	金茅	*Eulalia speciosa*
禾本科	Gramineae	短叶黍	*Panicum brevifolium*
禾本科	Gramineae	金发草	*Pogonatherum paniceum*
红豆杉科	Taxaceae	云南红豆杉	*Taxus yunnanensis*
葫芦科	Cucurbitaceae	茅瓜	*Solena amplexicaulis*
葫芦科	Cucurbitaceae	长毛赤瓟	*Thladiantha villosula*
葫芦科	Cucurbitaceae	栝楼	*Trichosanthes* sp.
胡桃科	Juglandaceae	毛叶黄杞	*Engelhardtia colebrookiana*
胡桃科	Juglandaceae	黄杞	*Engelhardtia roxburghiana*
胡桃科	Juglandaceae	云南黄杞	*Engelhardtia spicata*
胡桃科	Juglandaceae	枫杨	*Pterocarya stenoptera*
桦木科	Betulaceae	西桦	*Betula alnoides*
桦木科	Betulaceae	尼泊尔桤木	*Alnus nepalensis*
夹竹桃科	Apocynaceae	奶子藤	*Bousigonia mekongensis*
夹竹桃科	Apocynaceae	假虎刺	*Carissa spinarum*
夹竹桃科	Apocynaceae	富宁藤	*Parepigynum funingense*
姜科	Zingiberaceae	华山姜	*Alpinia chinensis*
姜科	Zingiberaceae	红壳砂仁	*Amomum aurantiacum*
金粟兰科	Chloranthaceae	草珊瑚	*Sarcandra glabra*
堇菜科	Violaceae	阔萼堇菜	*Viola grandisepala*
锦葵科	Malvaceae	黄花稔	*Sida acuta*
锦葵科	Malvaceae	拔毒散	*Sida szechuensis*
锦葵科	Malvaceae	地桃花	*Urena lobata* var. *lobata*
桔梗科	Campanulaceae	西南山梗菜	*Lobelia sequinii*

续表

科	拉丁名	中文名	拉丁名
菊科	Compositae	苦蒿	*Absinthium* sp.
菊科	Compositae	藿香蓟	*Ageratum conyzoides*
菊科	Compositae	长穗兔儿风	*Ainsliaea henryi*
菊科	Compositae	粘毛香青	*Anaphalis bulleyana*
菊科	Compositae	珠光香青	*Anaphalis margaritacea*
菊科	Compositae	香青	*Anaphalis sinica*
菊科	Compositae	翅茎香青	*Anaphalis sinica* var. *sinica*
菊科	Compositae	艾蒿	*Artemisia argyi*
菊科	Compositae	青蒿	*Artemisia carvifolia*
菊科	Compositae	牛尾蒿	*Artemisia dubia*
菊科	Compositae	魁蒿	*Artemisia princeps*
菊科	Compositae	蒿类	*Artemisia* sp.
菊科	Compositae	鬼针草	*Bidens pilosa*
菊科	Compositae	狼杷草	*Bidens tripartite*
菊科	Compositae	烟管头草	*Carpesium cernuum*
菊科	Compositae	金挖耳	*Carpesium divaricatum*
菊科	Compositae	白酒草	*Conyza japonica*
菊科	Compositae	野茼蒿	*Crassocephalum crepidioides*
菊科	Compositae	还阳参	*Crepis rigescens*
菊科	Compositae	鳢肠	*Eclipta prostrate*
菊科	Compositae	地胆草	*Elephantopus scaber*
菊科	Compositae	飞蓬	*Erigeron acer*
菊科	Compositae	加拿大飞蓬	*Erigeron canadensis*
菊科	Compositae	长茎飞蓬	*Erigeron elongatus*
菊科	Compositae	紫茎泽兰	*Eupatorium adenophorum*
菊科	Compositae	飞机草	*Eupatorium odoratum*
菊科	Compositae	白背大丁草	*Gerbera nivea*
菊科	Compositae	羊耳菊	*Inula cappa*
菊科	Compositae	翼齿六棱菊	*Laggera pterodonta*
菊科	Compositae	长叶雪莲	*Saussurea longifolia*
菊科	Compositae	千里光	*Senecio* sp.
菊科	Compositae	歧伞菊	*Thespis divaricata*
菊科	Compositae	斑鸠菊	*Vernonia esculenta*
菊科	Compositae	咸虾花	*Vernonia patula*

续表

科	拉丁名	中文名	拉丁名
菊科	Compositae	苍耳	*Xanthium sibiricum*
菊科	Compositae	大丁草	*Gerbera anandria*
蕨科	Pteridaceae	毛轴蕨	*Pteridium revolutum*
爵床科	Acanthaceae	山一笼鸡	*Gutzlaffia aprica*
爵床科	Acanthaceae	虾衣花	*Calliaspidia guttata*
爵床科	Acanthaceae	马蓝	*Pteracanthus* sp.
爵床科	Acanthaceae	爵床	*Rostellularia procumbens*
壳斗科	Fagaceae	高山锥	*Castanopsis delavayi*
壳斗科	Fagaceae	小果栲	*Castanopsis fleuryi*
壳斗科	Fagaceae	元江锥	*Castanopsis orthacantha*
壳斗科	Fagaceae	钩栲	*Castanopsis tibetana*
壳斗科	Fagaceae	黄毛青冈	*Cyclobalanopsis delavayi*
壳斗科	Fagaceae	滇青冈	*Cyclobalanopsis glaucoides*
壳斗科	Fagaceae	烟斗柯	*Lithocarpus corneus*
壳斗科	Fagaceae	白皮柯	*Lithocarpus dealbatus*
壳斗科	Fagaceae	柯	*Lithocarpus* sp.
壳斗科	Fagaceae	耳叶柯	*Litthocarpus grandifolius*
壳斗科	Fagaceae	麻栎	*Quercus acutissima*
壳斗科	Fagaceae	枹栎	*Quercus serrata*
壳斗科	Fagaceae	栓皮栎	*Quercus variabilis*
壳斗科	Fagaceae	毛叶青冈	*Cyclobalanopsis kerrii*
壳斗科	Fagaceae	锐齿槲栎	*Quercus aliena* var. *acuteserrata*
苦木科	Simaroubaceae	苦木	*Picrasma quassioides* var. *quassiodes*
蓝果树科	Nyssaceae	喜树	*Camptotheca acuminate*
藜科	Chenopodiaceae	菊叶香藜	*Chenopodium foetidum*
藜科	Chenopodiaceae	地肤	*Kochia scoparia*
藜科	Chenopodiaceae	猪毛菜	*Salsola collina*
楝科	Meliaceae	浆果楝	*Cipadessa baccifera*
楝科	Meliaceae	灰毛浆果楝	*Cipadessa cinerascens*
楝科	Meliaceae	楝	*Melia azedarach*
楝科	Meliaceae	苦楝	*Melia azedarach*
楝科	Meliaceae	川楝	*Melia toosendan*
楝科	Meliaceae	云南地黄连	*Munronia delavayi*
楝科	Meliaceae	红椿	*Toona ciliata*

续表

科	拉丁名	中文名	拉丁名
蓼科	Chenopodiaceae	土荆芥	*Chenopodium ambrosioides*
蓼科	Polygonaceae	辣蓼	*Polygonum hydropiper*
鳞毛蕨科	Dryopteridaceae	贯众	*Cyrtomium fortunei*
鳞毛蕨科	Dryopteridaceae	二型鳞毛蕨	*Dryopteris cochleata*
鳞毛蕨科	Dryopteridaceae	革叶耳蕨	*Polystichum neolobatum*
萝藦科	Asclepiadaceae	须花藤	*Genianthus laurifolius*
萝藦科	Asclepiadaceae	古钩藤	*Cryptolepis buchananii*
萝藦科	Asclepiadaceae	鹅绒藤	*Cynanchum chinense*
萝藦科	Asclepiadaceae	牛奶菜	*Marsdenia sinensis*
麻黄科	Ephedraceae	木贼麻黄	*Ephedra equisetina*
马鞭草科	Verbenaceae	柔毛紫珠	*Callicarpa cathayana*
马鞭草科	Verbenaceae	大叶紫珠	*Callicarpa macrophylla*
马鞭草科	Verbenaceae	紫珠属	*Callicarpa* sp.
马鞭草科	Verbenaceae	大青	*Clerodendrum cyrtophyllum*
马鞭草科	Verbenaceae	臭茉莉	*Clerodendrum philippinum* var. *simplex*
马鞭草科	Verbenaceae	三对节	*Clerodendrum serratum*
马鞭草科	Verbenaceae	假连翘	*Duranta repens*
马鞭草科	Verbenaceae	马缨丹属	*Lantana camara*
马鞭草科	Verbenaceae	山牡荆	*Vitex quinata*
马兜铃科	Aristolochiaceae	大叶马兜铃	*Aristolochia kaempferi*
马钱科	Logantaceae	白背枫	*Buddleja asiatica*
马钱科	Logantaceae	大叶醉鱼草	*Buddleja davidii*
马钱科	Logantaceae	醉鱼草	*Buddleja* sp.
毛茛科	Ranunculaceae	小木通	*Clematis armandii*
毛茛科	Ranunculaceae	威灵仙	*Clematis chinensis*
毛茛科	Ranunculaceae	铁线蕨	*Clematis florida*
毛茛科	Ranunculaceae	钝萼铁线莲	*Clematis peterae*
木兰科	Magnoliaceae	小花八角	*Illicium micranthum*
木兰科	Magnoliaceae	山玉兰	*Magnolia delavayi*
木棉科	Bombaceae	木棉	*Bombax malabaricum*
木犀科	Oleaceae	木犀	*Osmanthus fragrans*
木犀科	Oleaceae	牛矢果	*Osmanthus matsumuranus*
木樨科	Oleaceae	茉莉花	*Jasminum sambac*
木贼科	Equisetaceae	披散木贼	*Equisetum diffusum*

续表

科	拉丁名	中文名	拉丁名
攀打科	Pandaceae	小盘木	*Microdesmis caseariifolia*
葡萄科	Vitaceae	乌蔹莓	*Cayratia japonica*
葡萄科	Vitaceae	火筒树	*Leea indica*
葡萄科	Vitaceae	糙毛火筒树	*Leea setulifera*
葡萄科	Vitaceae	崖爬藤	*Tetrastigma obtectum*
葡萄科	Vitaceae	云南葡萄	*Vitis yunnanensis*
葡萄科	Vitaceae	东南爬山虎	*Yua austroorientalis*
漆树科	Anacardiaceae	南酸枣	*Choerospondias axillaris*
漆树科	Anacardiaceae	厚皮树	*Lannea coromandelica*
漆树科	Anacardiaceae	芒果	*Mangifera indica*
漆树科	Anacardiaceae	黄连木	*Pistacia chinensis*
漆树科	Anacardiaceae	清香木	*Pistacia weinmannifolia*
漆树科	Anacardiaceae	盐肤木	*Rhus chinensis*
漆树科	Anacardiaceae	滨盐肤木	*Rhus chinensis* var. *roxburghii*
漆树科	Anacardiaceae	青麸杨	*Rhus potaninii*
漆树科	Anacardiaceae	红麸杨	*Rhus punjabensis* var. *sinica*
漆树科	Anacardiaceae	槟榔青	*Spondias pinnata*
漆树科	Anacardiaceae	小漆树	*Toxicodendron delavayi*
七叶树科	Hippocsatanaceae	多脉七叶树	*Aesculus polyneura*
七叶树科	Hippocsatanaceae	云南七叶树	*Aesculus wangii*
千屈菜科	Lythraceae	萼距花	*Cuphea hookeriana*
千屈菜科	Lythraceae	虾子花	*Woodfordia fruticosa*
茜草科	Rubiaceae	猪肚木	*Canthium horridum*
茜草科	Rubiaceae	猪肚木	*Canthium horridum*
茜草科	Rubiaceae	虎刺	*Damnacanthus indicus*
茜草科	Rubiaceae	耳草	*Hedyotis auricularia*
茜草科	Rubiaceae	野丁香	*Leptodermis potanini*
茜草科	Rubiaceae	玉叶金花	*Mussaenda pubescens*
茜草科	Rubiaceae	石丁香	*Neohymenopogon parasiticus*
茜草科	Rubiaceae	新乌檀	*Neonauclea griffithii*
茜草科	Rubiaceae	广州蛇根草	*Ophiorrhiza cantoniensis*
茜草科	Rubiaceae	鸡矢藤	*Paederia scandens*
茜草科	Rubiaceae	大叶茜草	*Rubia schumanniana*
茜草科	Rubiaceae	柳叶水锦树	*Wendlandia salicifolia*

续表

科	拉丁名	中文名	拉丁名
茜草科	Rubiaceae	粗叶水锦树	*Wendlandia scabra*
茜草科	Rubiaceae	水锦树属	*Wendlandia* sp.
茜草科	Rubiaceae	红皮水锦树	*Wendlandia tinctoria*subsp. *intermedia*
茜草科	Rubiaceae	水锦树	*Wendlandia uvariifolia*
蔷薇科	Rosaceae	高盆樱桃	*Cerasus cerasoides*
蔷薇科	Rosaceae	微毛樱桃	*Cerasus clarofolia*
蔷薇科	Rosaceae	钝叶栒子	*Cotoneaster hebephyllus*
蔷薇科	Rosaceae	水栒子	*Cotoneaster multiflorus*
蔷薇科	Rosaceae	大序悬钩子	*Rubus grandipaniculatus*
蔷薇科	Rosaceae	红泡刺藤	*Rubus niveus*
蔷薇科	Rosaceae	茅莓	*Rubus parvifolius*
蔷薇科	Rosaceae	红毛悬钩子	*Rubus pinfaensis*
蔷薇科	Rosaceae	截叶悬钩子	*Rubus tinifolius*
茄科	Solanaceae	龙葵	*Solanum nigrum*
茄科	Solanaceae	水茄	*Solanum torvum*
茄科	Solanaceae	假烟叶树	*Solanum verbascifolium*
茄科	Solanaceae	黄果茄	*Solanum xanthocarpum*
青风藤科	Sabiaceae	单叶泡花树	*Meliosma simplicifolia*
忍冬科	Caprifoliaceae	锈毛忍冬	*Lonicera ferruginea*
忍冬科	Caprifoliaceae	接骨草	*Sambucus chinensis*
桑科	Moraceae	构树	*Broussonetia papyrifera*
桑科	Moraceae	大麻	*Cannabis sativa*
桑科	Moraceae	高山榕	*Ficus altissima*
桑科	Moraceae	大果榕	*Ficus auriculata*
桑科	Moraceae	垂叶榕	*Ficus benjamina*
桑科	Moraceae	硬叶榕	*Ficus callosa*
桑科	Moraceae	水同木	*Ficus fistulosa*
桑科	Moraceae	异叶榕	*Ficus heteromorpha*
桑科	Moraceae	粗叶榕	*Ficus hirta*
桑科	Moraceae	对叶榕	*Ficus hispida*
桑科	Moraceae	青藤公	*Ficus langkokensis*
桑科	Moraceae	苹果榕	*Ficus oligodon*
桑科	Moraceae	鸡嗉子榕	*Ficus semicordata*
桑科	Moraceae	地果	*Ficus tikoua*

续表

科	拉丁名	中文名	拉丁名
桑科	Moraceae	葎草	*Humulus scandens*
桑科	Moraceae	细裂叶鸡桑	*Morus australis* var. *incise*
桑科	Moraceae	蒙桑	*Morus mongolica*
莎草科	Cyperaceae	扁鞘飘拂草	*Fimbristylis complanata*
莎草科	Cyperaceae	浆果薹草	*Carex baccans*
莎草科	Cyperaceae	无脉薹草	*Carex enervis*
莎草科	Cyperaceae	薹草	*Carex* sp.
莎草科	Cyperaceae	扁穗莎草	*Cyperus compressus*
莎草科	Cyperaceae	香附子	*Cyperus rotundus*
莎草科	Cyperaceae	水莎草	*Juncellus serotinus*
莎草科	Cyperaceae	钩状嵩草	*Kobresia uncinoides*
莎草科	Cyperaceae	砖子苗	*Mariscus umbellatus*
莎草科	Cyperaceae	荆三棱	*Scirpus yagara*
山茶科	Theaceae	茶梨	*Anneslea fragrans*
山茶科	Theaceae	山茶	*Camellia japonica*
山茶科	Theaceae	岗柃	*Eurya groffii*
山茶科	Theaceae	云南折柄茶	*Hartia yunnanensis*
山茶科	Theaceae	滇木荷	*Schima noronhae*
山茶科	Theaceae	西南木荷	*Schima wallichii*
山茶科	Theaceae	厚皮香	*Ternstroemia gymnanthera*
山矾科	Symplocaceae	总状山矾	*Symplocos botryantha*
山矾科	Symplocaceae	滇南山矾	*Symplocos hookeri*
山矾科	Symplocaceae	山矾属	*Symplocos* sp.
山矾科	Symplocaceae	黄牛奶树	*Symplocos laurina*
山矾科	Symplocaceae	白檀	*Symplocos paniculata*
山矾科	Symplocaceae	珠仔树	*Symplocos racemosa*
山毛榉科	Fagaceae	大叶栎	*Quercus griffithii*
商陆科	Phytolaccaceae	商陆	*Phytolacca acinosa*
省沽油科	Staphyleaceae	山香圆	*Turpinia montana* var. *montana*
省沽油科	Staphyleaceae	大果山香圆	*Turpinia pomifera*
使君子科	Combertaceae	滇榄仁	*Terminalia franchetii*
柿科	Ebenaceae	柿	*Diospyros kaki*
鼠李科	Rhamnaceae	蛇藤	*Colubrina asiatica*
鼠李科	Rhamnaceae	马甲子	*Paliurus ramosissimus*

续表

科	拉丁名	中文名	拉丁名
薯蓣科	Dioscoreaceae	黄独	*Dioscorea bulbifera*
薯蓣科	Dioscoreaceae	薯蓣	*Dioscorea sativa*
薯蓣科	Dioscoreaceae	云南薯蓣	*Dioscorea yunnanensis*
水龙骨科	Polygonaceae	瓦苇	*Lepisorus thunbergianus*
松科	Pinaceae	思茅松	*Pinus khasya* var. *langbianensis*
松科	Pinaceae	云南松	*Pinus yunnanensis*
檀香科	Santalaceae	沙针	*Osyris wightiana*
桃金娘科	Myrtaceae	番石榴	*Psidium guajava*
桃金娘科	Myrtaceae	蒲桃	*Syzygium jambos*
桃金娘科	Myrtaceae	思茅蒲桃	*Syzygium szemaoense*
藤黄科	Guttiferae	黄牛木	*Cratoxylum cochinchinensis*
藤黄科	Guttiferae	金丝桃	*Hypericum monogynum*
蹄盖蕨科	Athyriaceae	蹄盖蕨	*Athyrium* sp.
天南星科	Araceae	天南星	*Arisaema heterophyllum*
卫矛科	Celastraceae	独子藤	*Celastrus monospermus*
卫矛科	Celastraceae	南蛇藤	*Celastrus orbiculatus*
梧桐科	Sterculiaceae	火绳树	*Eriolaena spectabilis*
梧桐科	Sterculiaceae	山芝麻	*Helicteres angustifolia*
梧桐科	Sterculiaceae	火索麻	*Helicteres isora*
梧桐科	Sterculiaceae	家麻树	*Sterculia pexa*
五加科	Araliaceae	星毛鸭脚木	*Schefflera minutistellata*
五桠果科	Dilleniaceae	毛果锡叶藤	*Tetracera scandens*
苋科	Amaranthaceae	反枝苋	*Amaranthus retroflexus*
苋科	Amaranthaceae	土牛膝	*Achyranthes aspera*
苋科	Amaranthaceae	白花苋	*Aerva sanguinolenta*
苋科	Amaranthaceae	空心莲子草	*Alligator philoxeroides*
苋科	Amaranthaceae	喜旱莲子草	*Alternanthera philoxeroides*
苋科	Amaranthaceae	银花苋	*Gomphrena celosioides*
玄参科	Scrophulariaceae	母草	*Lindernia* sp.
玄参科	Scrophulariaceae	四川沟酸浆	*Mimulus szechuanensis*
旋花科	Convolvulaceae	毛山猪菜	*Merremia hirta*
旋花科	Convolvulaceae	山土瓜	*Merremia hungaiensis*
旋花科	Convolvulaceae	圆叶牵牛	*Pharbitis purpurea*
荨麻科	Urticaceae	水苎麻	*Boehmeria macrophylla*

续表

科	拉丁名	中文名	拉丁名
荨麻科	Urticaceae	糙叶水苎麻	*Boehmeria macrophylla* var. *scabrella*
荨麻科	Urticaceae	苎麻	*Boehmeria nivea*
荨麻科	Urticaceae	束序苎麻	*Boehmeria siamensis*
荨麻科	Urticaceae	长叶水麻	*Debregeasia longifolia*
荨麻科	Urticaceae	水麻	*Debregeasia orientalis*
荨麻科	Urticaceae	糯米团	*Gonostegia hirta*
荨麻科	Urticaceae	水丝麻	*Maoutia puya*
荨麻科	Urticaceae	石林冷水花	*Pilea elegantissima*
荨麻科	Urticaceae	大叶冷水花	*Pilea martinii*
荨麻科	Urticaceae	红雾水葛	*Pouzolzia sanguinea*
荨麻科	Urticaceae	藤麻	*Procris wightiana*
荨麻科	Urticaceae	火麻树	*Dendrocnide uretissima*
鸭跖草科	Commelinaceae	鸭跖草	*Commelina communis*
杨柳科	Salicaceae	北京杨	*Populus beijingensis*
野牡丹科	Melastomaceae	多花野牡丹	*Melastoma affine*
野牡丹科	Melastomaceae	野牡丹	*Melastoma candidum*
野牡丹科	Melastomaceae	展毛野牡丹	*Melastoma normale*
野牡丹科	Melastomaceae	朝天罐	*Osbeckia opipara*
榆科	Ulmaceae	滇糙叶树	*Aphananthe cuspidata*
榆科	Ulmaceae	黑弹树	*Celtis bungeana*
榆科	Ulmaceae	珊瑚朴	*Celtis julianae*
榆科	Ulmaceae	朴树	*Celtis sinensis*
榆科	Ulmaceae	滇南朴	*Celtis timorensis*
榆科	Ulmaceae	西川朴	*Celtis vandervoetiana*
榆科	Ulmaceae	麻椰树	*Trema levigata*
榆科	Ulmaceae	羽脉山黄麻	*Trema levigata*
榆科	Ulmaceae	山黄麻	*Trema tomentosa*
榆科	Ulmaceae	常绿榆	*Ulmus lanceaefolia*
玉蕊科	Lecythidaceae	梭果玉蕊	*Barringtonia fusicarpa*
芸香科	Rutaceae	假黄皮	*Clausena excavata*
芸香科	Rutaceae	翼叶九里香	*Murraya alata*
樟科	Lauraceae	紫叶琼楠	*Beilschmiedia purpurascens*
樟科	Lauraceae	樟树	*Cinnamomum camphora*
樟科	Lauraceae	五桠果叶木姜子	*Litsea dilleniifolia*

续表

科	拉丁名	中文名	拉丁名
樟科	Lauraceae	潺槁木姜子	*Litsea glutinosa*
樟科	Lauraceae	润楠	*Machilus pingii*
樟科	Lauraceae	沧江新樟	*Neocinnamomum mekongense*
中国蕨科	Sinopteridaceae	粉背蕨	*Aleuritopteris pseudofarinosa*
中国蕨科	Sinopteridaceae	中国蕨	*Sinopteris grevilleoides*
紫草科	Boraginaceae	倒提壶	*Cynoglossum amabile*
紫草科	Boraginaceae	小花琉璃草	*Cynoglossum lanceolatum*
紫草科	Boraginaceae	厚壳树	*Ehretia thyrsiflora*
紫草科	Boraginaceae	毛脉附地菜	*Trigonotis microcarpa*
紫金牛科	Myrsinaceae	酸藤子	*Embelia laeta*
紫金牛科	Myrsinaceae	白花酸藤果	*Embelia ribes*
紫金牛科	Myrsinaceae	铁仔	*Myrsine africana*
紫金牛科	Myrtaceae	密花树	*Rapanea neriifolia*
紫茉莉科	Nyctaginaceae	叶子花	*Bougainvillea spectabilis*
紫茉莉科	Nyctaginaceae	紫茉莉	*Mirabilis jalapa*
紫葳科	Bignoniaceae	木蝴蝶	*Oroxylum indicum*
紫薇科	Bignoniaceae	火烧花	*Mayodendron igneum*
紫薇科	Bignoniaceae	滇菜豆树	*Radermachera yunnanensis*
棕榈科	Palmae	江边刺葵	*Phoenix roebelenii*
酢浆草科	Oxalidaceae	酢浆草	*Oxalis corniculata*

附表 2　澜沧江中游（小湾至大朝山）浮游植物属名录

门	科	属
蓝藻门 Cyanophyta	色球藻科 Chroococcaceae	平裂藻属 *Merismopedia*
蓝藻门 Cyanophyta	胶须藻科 Rivulariaceae	尖头藻属 *Raphidiopsis*
蓝藻门 Cyanophyta	念珠藻科 Nostocaceae	束丝藻属 *Aphanizomenon*
蓝藻门 Cyanophyta	念珠藻科 Nostocaceae	念珠藻属 *Nostoc*
蓝藻门 Cyanophyta	念珠藻科 Nostocaceae	鱼腥藻属 *Anabaena*
蓝藻门 Cyanophyta	颤藻科 Osicillatoriaceae	螺旋藻属 *Spirulina*
蓝藻门 Cyanophyta	颤藻科 Osicillatoriaceae	颤藻属 *Oscillatoria*
红藻门 Rhodophyta	浅川藻科 Chantransiaceae	奥杜藻属 *Audouinella*
隐藻门 Cryptophyta	隐鞭藻科 Cryptomonadaceae	蓝隐藻属 *Chroomonas*
隐藻门 Cryptophyta	隐鞭藻科 Cryptomonadaceae	隐藻属 *Cryptomonas*
甲藻门 Dinophyta	裸甲藻科 Gymnodiniaceae	裸甲藻属 *Gymnodinium*

续表

门	科	属
甲藻门 Dinophyta	薄甲藻科 Glenodiniaceae	薄甲藻属 *Glenodinium*
甲藻门 Dinophyta	多甲藻科 Peridiniaceae	多甲藻属 *Peridinium*
甲藻门 Dinophyta	角甲藻科 Ceratiaceae	角甲藻属 *Ceratium*
金藻门 Chrysophyta	棕鞭藻科 Ochromonadaceae	锥囊藻属 *Dinobryon*
黄藻门 Xanthophyta	黄丝藻科 Tribonemataceae	黄丝藻属 *Tribonema*
硅藻门 Bacillariophyta	圆筛藻科 Coscinodiscaceae	直链藻属 *Melosira*
硅藻门 Bacillariophyta	圆筛藻科 Coscinodiscaceae	小环藻属 *Cyclotella*
硅藻门 Bacillariophyta	脆杆藻科 Fragilariaceae	等片藻属 *Diatoma*
硅藻门 Bacillariophyta	脆杆藻科 Fragilariaceae	星杆藻属 *Asterionella*
硅藻门 Bacillariophyta	脆杆藻科 Fragilariaceae	脆杆藻属 *Fragilaria*
硅藻门 Bacillariophyta	脆杆藻科 Fragilariaceae	针杆藻属 *Synedra*
硅藻门 Bacillariophyta	短缝藻科 Eunotiaceae	短缝藻属 *Eunotia*
硅藻门 Bacillariophyta	舟形藻科 Naviculaceae	布纹藻属 *Gyrosigma*
硅藻门 Bacillariophyta	舟形藻科 Naviculaceae	长篦藻属 *Neidium*
硅藻门 Bacillariophyta	舟形藻科 Naviculaceae	辐节藻属 *Stauroneis*
硅藻门 Bacillariophyta	舟形藻科 Naviculaceae	舟形藻属 *Navicula*
硅藻门 Bacillariophyta	舟形藻科 Naviculaceae	羽纹藻属 *Pinnularia*
硅藻门 Bacillariophyta	桥弯藻科 Cymbellaceae	双眉藻属 *Amphora*
硅藻门 Bacillariophyta	桥弯藻科 Cymbellaceae	桥弯藻属 *Cymbella*
硅藻门 Bacillariophyta	异极藻科 Gomphonemaceae	双楔藻属 *Didymosphenia*
硅藻门 Bacillariophyta	异极藻科 Gomphonemaceae	异极藻属 *Gomphonema*
硅藻门 Bacillariophyta	曲壳藻科 Achnanthaceae	卵形藻属 *Cocconeis*
硅藻门 Bacillariophyta	曲壳藻科 Achnanthaceae	曲壳藻属 *Achenanthes*
硅藻门 Bacillariophyta	曲壳藻科 Achnanthaceae	弯楔藻 *Rhoicosphenia*
硅藻门 Bacillariophyta	窗纹藻科 Epithemiaceae	窗纹藻 *Epithemiaceae*
硅藻门 Bacillariophyta	窗纹藻科 Epithemiaceae	棒杆藻属 *Rhopalodia*
硅藻门 Bacillariophyta	菱形藻科 Nitzschiaceae	菱板藻属 *Hantzschia*
硅藻门 Bacillariophyta	菱形藻科 Nitzschiaceae	菱形藻属 *Nitzschia*
硅藻门 Bacillariophyta	双菱藻科 Surirellaceae	波缘藻属 *Cymatopleura*
硅藻门 Bacillariophyta	双菱藻科 Surirellaceae	双菱藻属 *Surirella*
硅藻门 Bacillariophyta	双菱藻科 Surirellaceae	马鞍藻属 *Campylodiscus*
裸藻门 Euglenophyta	裸藻科 Euglenaceae	裸藻属 *Euglena*
裸藻门 Euglenophyta	裸藻科 Euglenaceae	扁裸藻属 *Phacus*
裸藻门 Euglenophyta	裸藻科 Euglenaceae	囊裸藻属 *Trachelomonas*

续表

门	科	属
绿藻门 Chlorophyta	衣藻科 Chlomydomonadaceae	衣藻属 *Chlamydomonas*
绿藻门 Chlorophyta	团藻科 Volvocaceae	实球藻属 *Pandorina*
绿藻门 Chlorophyta	团藻科 Volvocaceae	空球藻属 *Eudorina*
绿藻门 Chlorophyta	胶球藻科 Coccomyxaceae	纺锤藻 *Flakatothrix*
绿藻门 Chlorophyta	小球藻科 Chlorellaceae	四角藻属 *Tetraedron*
绿藻门 Chlorophyta	小球藻科 Chlorellaceae	蹄形藻属 *Kirchneriella*
绿藻门 Chlorophyta	卵囊藻科 Oocystaceae	纤维藻属 *Ankistrodesmum*
绿藻门 Chlorophyta	卵囊藻科 Oocystaceae	胶囊藻 *Gloeocystis*
绿藻门 Chlorophyta	卵囊藻科 Oocystaceae	四刺藻属 *Treubaria*
绿藻门 Chlorophyta	卵囊藻科 Oocystaceae	小箍藻属 *Trochiscia*
绿藻门 Chlorophyta	卵囊藻科 Oocystaceae	并联藻属 *Quadrigula*
绿藻门 Chlorophyta	水网藻科 Hydrodictyaceae	盘星藻属 *Pediastrum*
绿藻门 Chlorophyta	栅藻科 Scenedesmaceae	栅藻属 *Scenedesmus*
绿藻门 Chlorophyta	空星藻科 Coelastraceae	空星藻属 *Coelastrum*
绿藻门 Chlorophyta	胶毛藻科 Chaetophoraceae	毛枝藻属 *Stigoclonium*
绿藻门 Chlorophyta	刚毛藻科 Cladophoraceae	刚毛藻属 *Cladophora*
绿藻门 Chlorophyta	双星藻科 Zygnemataceae	双星藻属 *Zygnema*
绿藻门 Chlorophyta	双星藻科 Zygnemataceae	转板藻属 *Mougeotia*
绿藻门 Chlorophyta	双星藻科 Zygnemataceae	水绵藻属 *Spirogyra*
绿藻门 Chlorophyta	鼓藻科 Desmidiaceae	新月藻属 *Closterium*
绿藻门 Chlorophyta	鼓藻科 Desmidiaceae	角星鼓藻属 *Staurastrum*
绿藻门 Chlorophyta	鼓藻科 Desmidiaceae	鼓藻属 *Cosmarium*

附表 3　澜沧江中游（小湾至大朝山）浮游动物名录

门	科	中文名	拉丁名
原生动物 Protozoa	衣滴虫科 Protozoa	衣滴虫	*Chlamydomonas* sp.
原生动物 Protozoa	变形科 Amoebidae	辐射变形虫	*Amoeba radiosa*
原生动物 Protozoa	眼虫科 Euglenidae	绿眼虫	*Eutreptia pertyi*
原生动物 Protozoa	眼虫科 Euglenidae	梭形眼虫	*Eutreptia acus*
原生动物 Protozoa	眼虫科 Euglenidae	眼虫	*Eutreptia* sp.
原生动物 Protozoa	眼虫科 Euglenidae	扁眼虫	*Phacus* sp.
原生动物 Protozoa	眼虫科 Euglenidae	尖扁眼虫	*Phacus acuminata*
原生动物 Protozoa	表壳科 Arcellidae	普通表壳虫	*Arcella vulgaric*
原生动物 Protozoa	表壳科 Arcellidae	砂表壳虫	*Arcella arenaria*

续表

门	科	中文名	拉丁名
原生动物 Protozoa	表壳科 Arcellidae	水藓砂表壳虫	*Arcella arenaria sphagnicola*
原生动物 Protozoa	表壳科 Arcellidae	普通表壳虫 A	*Arcella vulgaris*
原生动物 Protozoa	表壳科 Arcellidae	波纹普通表壳虫	*Arcella vulgaris undulata*
原生动物 Protozoa	表壳科 Arcellidae	大口表壳虫	*Arcella megastoma*
原生动物 Protozoa	表壳科 Arcellidae	盘状表壳虫	*Arcella discoides*
原生动物 Protozoa	表壳科 Arcellidae	表壳虫	*Arcella* sp.
原生动物 Protozoa	砂壳科 Difflugiidae	长圆砂壳虫	*Diffugia pyriformis*
原生动物 Protozoa	砂壳科 Difflugiidae	砂壳虫	*Diffugia* sp.
原生动物 Protozoa	砂壳科 Difflugiidae	圆钵砂壳虫	*Diffugia urceolata*
原生动物 Protozoa	砂壳科 Difflugiidae	尖顶砂壳虫	*Difflugia acuminata*
原生动物 Protozoa	砂壳科 Difflugiidae	冠砂壳虫	*Difflugia corona*
原生动物 Protozoa	砂壳科 Difflugiidae	球形砂壳虫	*Difflugia globulosa*
原生动物 Protozoa	砂壳科 Difflugiidae	明亮砂壳虫	*Difflugia lucida*
原生动物 Protozoa	砂壳科 Difflugiidae	长圆砂壳虫	*Difflugia oblonga*
原生动物 Protozoa	砂壳科 Difflugiidae	瓶砂壳虫	*Difflugia urceolata*
原生动物 Protozoa	砂壳科 Difflugiidae	片口砂壳虫	*Difflugia lobostoma*
原生动物 Protozoa	砂壳科 Difflugiidae	针棘匣壳虫	*Centropyxis aculeata*
原生动物 Protozoa	砂壳科 Difflugiidae	刺网匣壳虫	*Centropyxis cassis spinifera*
原生动物 Protozoa	砂壳科 Difflugiidae	无棘匣壳虫	*Centropyxis ecornis*
原生动物 Protozoa	鳞壳科 Euglyphidae	结节鳞壳虫	*Euglypha tuberculata*
原生动物 Protozoa	鳞壳科 Euglyphidae	线条三足虫	*Trinema lineare*
原生动物 Protozoa	鳞壳科 Euglyphidae	契颈虫	*Sphenoderia* sp.
原生动物 Protozoa	鳞壳科 Euglyphidae	坛状曲颈虫	*Cyphoderia ampulla*
原生动物 Protozoa	太阳科 Actinophryidae	放射太阳虫	*Actinophrys sol*
原生动物 Protozoa	前管科 Prorodontidae	卵圆前管虫	*Prorodon ovum*
原生动物 Protozoa	板壳科 Colepidae	毛板壳虫	*Coleps hirtus*
原生动物 Protozoa	斜口科 Enchelyidae	天鹅长吻虫	*lacymaria olor*
原生动物 Protozoa	圆口科 Trachellidae	锥形拟多核虫	*Paradileptus conicus*
原生动物 Protozoa	栉毛科 Didiniidae	双环栉毛虫	*Didinium nasutum*
原生动物 Protozoa	栉毛科 Didiniidae	团睥睨虫	*Askenasia volvox*
原生动物 Protozoa	裂口科 Amphileptidae	猎半眉虫	*Hemiophry meleagris*
原生动物 Protozoa	草履科 Parameciidae	尾草履科	*Paramecium caudatum*
原生动物 Protozoa	膜袋科 Cyclidiidae	瓜形膜袋虫	*Cyclidium citrullus*
原生动物 Protozoa	钟形科 Vorticellidae	钟形钟虫	*Vorticella campanula*

续表

门	科	中文名	拉丁名
原生动物 Protozoa	钟形科 Vorticellidae	杯钟虫	*Vorticella cupifera*
原生动物 Protozoa	钟形科 Vorticellidae	似钟虫	*Vorticella ortcella similis*
原生动物 Protozoa	钟形科 Vorticellidae	沟钟虫	*Vorticella convallaria*
原生动物 Protozoa	钟形科 Vorticellidae	独缩虫	*Carchesium* sp.
原生动物 Protozoa	钟形科 Vorticellidae	树状聚缩虫	*Zoothamnium arbuscula*
原生动物 Protozoa	钟形科 Vorticellidae	聚缩虫	*Zoothamnium* sp.
原生动物 Protozoa	钟形科 Vorticellidae	无柄钟形虫	*Lstylozoon* sp.
原生动物 Protozoa	钟形科 Vorticellidae	盖虫	*Opercularia* sp.
原生动物 Protozoa	怪游科 Astylozoidae	放射毛刺虫	*hastatella arbuscula*
原生动物 Protozoa	累枝科 Epistylidae	瓶累枝虫	*Epistylis urceolata*
原生动物 Protozoa	累枝科 Epistylidae	圆锥短柱虫	*Rhabdostyla conipes*
原生动物 Protozoa	累枝科 Epistylidae	节累枝虫	*Epistylis articulate*
原生动物 Protozoa	弹跳科 Halteriidae	大弹跳虫	*Halteria grandinella*
原生动物 Protozoa	前口科 Frontoniidae		*Monochilum frontatum*
原生动物 Protozoa	蛙片虫科 Opalinidae	棍蛙片虫	*Cepedea cantabrigensis*
原生动物 Protozoa	鞘居科 Vaginicolidae	妙鞘居虫	*Vaginicola ingenita*
原生动物 Protozoa	鞘居科 Vaginicolidae	长圆靴纤虫	*Cothurnia oblonga*
原生动物 Protozoa	急游科 Strombidiidae	焰毛虫	*Askenasia* sp.
原生动物 Protozoa	急游科 Strombidiidae	绿急游虫	*Strombidium viride*
原生动物 Protozoa	急游科 Strombidiidae	急游虫	*Strombidium* sp.
原生动物 Protozoa	急游科 Strombidiidae	陀螺侠盗虫	*Strombidium velox*
原生动物 Protozoa	急游科 Strombidiidae	侠盗虫	*Strobilidium* sp.
原生动物 Protozoa	喇叭科 Stentoridae	喇叭虫	*Stenter* sp.
原生动物 Protozoa	筒壳科 Tintinnidae	小筒壳虫	*Tintinnidium pusillum*
原生动物 Protozoa	筒壳科 Tintinnidae	王氏似铃壳虫	*Tintinnopsis wangi*
原生动物 Protozoa	筒壳科 Tintinnidae	淡水筒壳虫	*Tintinnidium ftuviatile*
原生动物 Protozoa	筒壳科 Tintinnidae	似铃壳虫	*Tintinnopsis* sp.
原生动物 Protozoa	筒壳科 Tintinnidae	纤毛虫	*Peritrichida* sp.
原生动物 Protozoa	筒壳科 Tintinnidae	平截袋座虫	*Bursellopsis truncata*
原生动物 Protozoa	筒壳科 Tintinnidae	伪多核虫	*Pseudodileptus* sp.
轮虫 Rotifera	旋轮科 Philodinidae	转轮虫	*Rotaria rotatoria*
轮虫 Rotifera	旋轮科 Philodinidae	红眼旋轮虫	*Philodina erythrophthalma*
轮虫 Rotifera	旋轮科 Philodinidae	玫瑰旋轮虫	*Philodina roseola*
轮虫 Rotifera	猪吻轮科 Dicranophoridae	粗壮猪吻轮虫	*Dicranophoridae robustus*

续表

门	科	中文名	拉丁名
轮虫 Rotifera	臂尾轮科 Brachionidae	钩状狭甲轮虫	*Colurella uncinata*
轮虫 Rotifera	臂尾轮科 Brachionidae	钝角狭甲轮虫	*Colurella obtuse*
轮虫 Rotifera	臂尾轮科 Brachionidae	卵形胺甲轮虫	*Lepadella ovalis*
轮虫 Rotifera	臂尾轮科 Brachionidae	尖尾鞍甲轮虫	*Lepadella acuminata*
轮虫 Rotifera	臂尾轮科 Brachionidae	盘状鞍甲轮虫	*Lepadella patella*
轮虫 Rotifera	臂尾轮科 Brachionidae	角突臂尾轮虫	*Brachionus angularis*
轮虫 Rotifera	臂尾轮科 Brachionidae	萼花臂尾轮虫	*Brachious calyciflorus*
轮虫 Rotifera	臂尾轮科 Brachionidae	剪形臂尾轮虫	*Brachious forficula*
轮虫 Rotifera	臂尾轮科 Brachionidae	蒲达臂尾轮虫	*Brachious budapestiensis*
轮虫 Rotifera	臂尾轮科 Brachionidae	肛突臂尾轮虫	*Brachious bennini*
轮虫 Rotifera	臂尾轮科 Brachionidae	镰状臂尾轮虫	*Brachionus falcatus*
轮虫 Rotifera	臂尾轮科 Brachionidae	裂足轮虫	*Schizocerea* sp.
轮虫 Rotifera	臂尾轮科 Brachionidae	四角平甲轮虫	*Platyias quadricornis*
轮虫 Rotifera	臂尾轮科 Brachionidae	板胸细脊轮虫	*Lophocharis oxysternon*
轮虫 Rotifera	臂尾轮科 Brachionidae	剑头棘管轮虫	*Mytilina mucronata*
轮虫 Rotifera	臂尾轮科 Brachionidae	侧扁棘管轮虫	*Mytilina compressa*
轮虫 Rotifera	臂尾轮科 Brachionidae	大肚须足轮虫	*Euchlanis dilatata*
轮虫 Rotifera	臂尾轮科 Brachionidae	裂痕龟纹轮虫	*Anuraeopesis fissa*
轮虫 Rotifera	臂尾轮科 Brachionidae	螺形龟甲轮虫	*Kerateiia cochlearis*
轮虫 Rotifera	臂尾轮科 Brachionidae	矩形龟甲轮虫	*Keratella quadrata*
轮虫 Rotifera	臂尾轮科 Brachionidae	曲腿龟甲轮虫	*Keratella cochlearis*
轮虫 Rotifera	臂尾轮科 Brachionidae	唇形叶轮虫	*Notholca labis Gosse*
轮虫 Rotifera	臂尾轮科 Brachionidae	台式合甲轮虫	*Diplois daviesiae*
轮虫 Rotifera	臂尾轮科 Brachionidae	背套小足轮虫	*Microcodides chlaena*
轮虫 Rotifera	臂尾轮科 Brachionidae	缘板龟甲轮虫	*Kerateiia ticinensis*
轮虫 Rotifera	臂尾轮科 Brachionidae	鬼轮虫	*Trichotria* sp.
轮虫 Rotifera	腔轮科 Lecanidae	圆皱腔轮虫	*Lecane noithis*
轮虫 Rotifera	腔轮科 Lecanidae	擦碟单趾轮虫	*Monostyla batillifer*
轮虫 Rotifera	腔轮科 Lecanidae	月形单趾轮虫	*Monostyla lunaris*
轮虫 Rotifera	晶囊轮科 Asohlanchnidae	前节晶囊轮虫	*Asplanchna priodonta*
轮虫 Rotifera	椎轮科 Notommatidae	眼睛柱头轮虫	*Eosphora najas*
轮虫 Rotifera	椎轮科 Notommatidae	纵长晓柱轮虫	*Eosphora elongate*
轮虫 Rotifera	椎轮科 Notommatidae	凸背聚头轮虫	*Cephalodella gibba*
轮虫 Rotifera	椎轮科 Notommatidae	须足轮虫	*Euchlanis* sp.

续表

门	科	中文名	拉丁名
轮虫 Rotifera	椎轮科 Notommatidae	冷淡索轮虫	*Resticula gelida*
轮虫 Rotifera	腹尾轮科 Gastropodidae	腹足腹尾轮虫	*Gastropus hyptopus*
轮虫 Rotifera	腹尾轮科 Gastropodidae	弧形彩胃轮虫	*Chromogaster testudo*
轮虫 Rotifera	腹尾轮科 Gastropodidae	无尾无柄轮虫	*Ascomorpha ecaudis*
轮虫 Rotifera	腹尾轮科 Gastropodidae	无柄轮虫	*Ascomorpha* sp.
轮虫 Rotifera	鼠尾轮科 Trichocercidae	对棘同尾轮虫	*Diurella stylata*
轮虫 Rotifera	鼠尾轮科 Trichocercidae	同尾轮虫	*Diurella* sp.
轮虫 Rotifera	鼠尾轮科 Trichocercidae	棘盖异尾轮虫	*Trichocerca capucina*
轮虫 Rotifera	鼠尾轮科 Trichocercidae	冠饰异尾轮虫	*Trichocerca lophoessa*
轮虫 Rotifera	鼠尾轮科 Trichocercidae	圆筒异尾轮虫	*Trichocerca cylindrica*
轮虫 Rotifera	鼠尾轮科 Trichocercidae	异尾轮虫	*Trichocerca porcellus*
轮虫 Rotifera	鼠尾轮科 Trichocercidae	异尾轮虫	*Trichocerca gracilis*
轮虫 Rotifera	镜轮科 Tesloinellidae	镜轮虫	*Testudinella* sp.
轮虫 Rotifera	镜轮科 Tesloinellidae	沟痕泡轮虫	*Pompholyx sulcata*
轮虫 Rotifera	镜轮科 Tesloinellidae	扁平泡轮虫	*Pompholyx complanata*
轮虫 Rotifera	镜轮科 Tesloinellidae	环顶巨腕轮虫	*Pedalia fennica*
轮虫 Rotifera	镜轮科 Tesloinellidae	迈氏三肢轮虫	*Filinia maior*
轮虫 Rotifera	镜轮科 Tesloinellidae	裙切盘镜轮虫	*Testudinella emarginula*
轮虫 Rotifera	聚花轮科 Conochilidae	独角聚花轮虫	*Conechilus unicornis*
轮虫 Rotifera	疣毛轮科 Synchaetidae	广布多肢轮虫	*Polyarthra vnlgaris*
轮虫 Rotifera	疣毛轮科 Synchaetidae	针簇多肢轮虫	*Polyarthra trigla*
轮虫 Rotifera	疣毛轮科 Synchaetidae	尖尾疣毛轮虫	*Synchaeta stylata*
轮虫 Rotifera	疣毛轮科 Synchaetidae	梳状疣毛轮虫	*Synchaeta pectinata*
轮虫 Rotifera	疣毛轮科 Synchaetidae	郝氏皱甲轮虫	*Ploesoma hudsoni*
轮虫 Rotifera	疣毛轮科 Synchaetidae	皱甲轮虫	*Ploeroma* sp.
轮虫 Rotifera	疣毛轮科 Synchaetidae	皱甲轮虫	*Ploeroma* sp.
轮虫 Rotifera	猪吻轮虫科 Dicranophoridae	猪吻轮虫	*Dicranophorus* sp.
轮虫 Rotifera	猪吻轮虫科 Dicranophoridae	粗壮猪吻轮虫	*Dicranophorus robustus*
轮虫 Rotifera	猪吻轮虫科 Dicranophoridae	钩形猪吻轮虫	*Dicranophorus uncinaius*
轮虫 Rotifera	胶鞘轮科 Collothecidae	敞水胶鞘轮虫	*Collocheca pelagica*
轮虫 Rotifera	胶鞘轮科 Collothecidae	无常胶鞘轮虫	*Collocheca mutabilis*
轮虫 Rotifera	长足轮科	长足轮虫	*Rotaria neptunia*
枝角类 Cladocera	蚤科 Daphniidae	透明蚤	*Daphnia*（*Daphnia*）*hyalina*
枝角类 Cladocera	蚤科 Daphniidae	点滴尖额蚤	*Alona gutata*

续表

门	科	中文名	拉丁名
枝角类 Cladocera	蚤科 Daphniidae	近亲尖额蚤	*Alona affinis*
枝角类 Cladocera	蚤科 Daphniidae	裸腹蚤	*Moina* sp.
枝角类 Cladocera	蚤科 Daphniidae	僧帽蚤	*Daphnia cucullata*
枝角类 Cladocera	象鼻蚤科 Bosminidae	长额象鼻蚤	*Bosmina longirostris*
枝角类 Cladocera	象鼻蚤科 Bosminidae	透明型长额象鼻蚤	*Bosmina longirostris forma pellucida*
枝角类 Cladocera	象鼻蚤科 Bosminidae	晶莹仙达蚤	*Sida erystallina*
枝角类 Cladocera	象鼻蚤科 Bosminidae	虱形大眼蚤	*polyphemus pediculus*
枝角类 Cladocera	象鼻蚤科 Bosminidae	平突船卵蚤	*Scaphoteberis mucronata*
枝角类 Cladocera	象鼻蚤科 Bosminidae	缺刺秀体蚤	*Diaphnosoma aspinosum*
枝角类 Cladocera	象鼻蚤科 Bosminidae	筒弧象鼻蚤	*Bosmina coregoni*
枝角类 Cladocera	象鼻蚤科 Bosminidae	短尾秀体蚤	*Diaphnosoma brachyurum*
枝角类 Cladocera	盘肠蚤科 Chydoridae	点滴尖额蚤	*Alona guttata*
枝角类 Cladocera	薄皮蚤科 Leptodoridae	金氏薄皮蚤	*Leptodora kindti*
桡足类 Copepoda	剑水蚤科 Cyelopidae	小剑水蚤	*Microcyclops* sp.
桡足类 Copepoda	剑水蚤科 Cyelopidae	剑水蚤	*Mesocyclops* sp.
桡足类 Copepoda	剑水蚤科 Cyelopidae	长尾剑水蚤	*Mesocyclops macrurus*
桡足类 Copepoda	剑水蚤科 Cyelopidae	广布中剑水蚤	*Mesocyclops leuckarti*
桡足类 Copepoda	剑水蚤科 Cyelopidae	台湾温剑水蚤	*Thermocyclops taihokuensis*
桡足类 Copepoda	剑水蚤科 Cyelopidae	英勇剑水蚤	*Cyelops strenuns*
桡足类 Copepoda	异足猛水蚤科 Canthocamptidae	异足猛水蚤	*Canthocamptus* sp.
桡足类 Copepoda	异足猛水蚤科 Canthocamptidae	云南棘猛水蚤	*Attheyella*（*Mrazekiella*）*yunnanensis*
桡足类 Copepoda	异足猛水蚤科 Canthocamptidae	哲水蚤	*Sinocalanus* sp.
桡足类 Copepoda	镖水蚤科 Diaptomidae	镖水蚤	*Mongolodiaptomus* sp.
桡足类 Copepoda	镖水蚤科 Diaptomidae	锥肢蒙镖水蚤	*Mongolodiaptomus biruloi*
桡足类 Copepoda	镖水蚤科 Diaptomidae	桡足幼虫	Copepolid
桡足类 Copepoda	猛水蚤目 Harpacticoida	多齿瘦猛水蚤	*Bryocamptus vejdovskyi*
无节幼体 Nauplius	无节幼体 Nauplius	无节幼体	*Nauplius*

附表 4　澜沧江中游（小湾至大朝山）底栖动物名录

门	纲	科	种
环节动物门 Annelida	寡毛纲 Oligochaeta	仙女虫科 Naididae	多突癞皮虫 *Slavina appendiculata*
		仙女虫科 Naididae	尖突杆吻虫 *Stytaria fossularis*
		仙女虫科 Naididae	参差仙女虫 *Nais variavilis*

续表

门	纲	科	种
环节动物门 Annelida	寡毛纲 Oligochaeta	仙女虫科 Naididae	指鳃尾盘虫 *Dero digitata*
		颤蚓科 Tubificidae	中华颤蚓 *Tubifex sinicus*
		颤蚓科 Tubificidae	淡水单孔蚓 *Monopylephorus limosus*
		颤蚓科 Tubificidae	苏氏尾鳃蚓 *Branchiura owerbyi*
		颤蚓科 Tubificidae	水丝蚓 *Limnodrilus* sp.
		颤蚓科 Tubificidae	霍普水丝蚓 *Limnodrilus hoffmeisteri*
软体动物门 Mollusca	腹足纲 Gastropoda	椎实螺科 Lymmaeidae	椭圆萝卜螺 *Radix swinhoei*
		椎实螺科 Lymmaeidae	小土锅 *Galba pervia*
		扁卷螺科 Planorbidae	大脐扁圆扁螺 *Hippeutis umbilicalis*
		扁卷螺科 Planorbidae	尖口圆扁螺 *Hippeutis cantort*
		扁卷螺科 Planorbidae	凸旋螺 *Cyaulus convexiusculus*
瓣鳃纲 Lamellibranchia	蚬科 Corbiculidae	闪蚬 *Corbicula nitens*	
		蚬科 Corbiculidae	河蚬 *Corbicula fluminea*
节肢动物 Arthropoda	甲壳纲 Crustacea	长臂虾科 Palaemonidae	日本沼虾 *Maerobrachium nipponensis*
		长臂虾科 Palaemonidae	中华新米虾 *Neocaridina denticulata sinensis*
		溪蟹科 Potamidae	云南溪蟹 *Potamidae*（*Potamiscus*）*yunnanense*
水生昆虫	昆虫纲 Insecta	扁蜉科 Ecayuridae	扁蜉 *Epeorus uenoi*
		扁蜉科 Ecayuridae	扁蜉 *Ecdyrus* sp.
		扁蜉科 Ecayuridae	扁蜉 *Epeorus hiemalis*
		扁蜉科 Ecayuridae	扁蜉 Cinygam hirasana
		扁蜉科 Ecayuridae	扁蜉 *Rhithrogena* sp.
		花鳃蜉科 Potamanthidae	花鳃蜉 *Potamanthus* sp.
		二尾蜉科 Siphlonuridae	二尾蜉 *Siphlonurus* sp.
		二尾蜉科 Siphlonuridae	二翼蜉 *Cloeon dipterum*
		四节蜉科 Baetidae	四节蜉 *Baetiella thermicus*
		细蜉科 Caenidae	细蜉 *Caenis* sp.
		鱼蛉科 Corydaidae	鱼蛉 *Protohermes grandis*
		鱼蛉科 Corydaidae	鱼蛉 *Corydalus cornutus*
		泥蛉科 Sialidae	泥蛉 *Sialis* sp.
		水黾科 Cerridae	水黾 *Cerris* sp.
		仰泳蝽科 Notonectidae	松藻虫 *Notonecta* sp.
		潜水蝽科 Naucoridae	滑手虫 *Aphelochirus* sp.
		蝎蝽科（也称红娘华科）Nepidae	红娘华 *Laccotrephes japonensis*
		龙虱科 Dytiscidae	潜水龙虱 *Coelambus* sp.

续表

门	纲	科	种
水生昆虫	昆虫纲 Insecta	龙虱科 Dytiscidae	灰龙虱 *Eretes* sp.
		豉甲科 Gyrinidae	豉甲 *Dineutes americanus*
		牙虫科 Hydrophilidae	尖音牙虫 *Berosus* sp.
		牙虫科 Hydrophilidae	牙虫 *Hydrous* sp.
		牙虫科 Hydrophilidae	小牙虫 *Hydrophilus* sp.
		石蝇科 Perlidae	石蝇 *Perla* sp.
		石蝇科 Perlidae	*Isoperla* sp.
		石蝇科 Perlidae	*Isoperla nipponica*
		石蝇科 Perlidae	短尾石蝇 *Nemoura* sp.
		石蝇科 Perlidae	石蝇 *Nogiperla* sp.
		扁碛科 Peltoperliade	*Nogiperla* sp.
		网栖石蛾科 Hydropsychidae	石蛾 *Hydropsyche ulmeri*
		网栖石蛾科 Hydropsychidae	石蛾 *Ecnomus omiensis*
		网栖石蛾科 Hydropsychidae	石蛾 *Rhyacophila* sp.
		角石蛾科 Stenopsychidae	*Stenopsyche griseipennis*
		角石蛾科 Stenopsychidae	Glossosomatinae 亚科
		角石蛾科 Stenopsychidae	*Mystrophora inops*
		原石蛾科 Rhyacophilidae	*Rhyacophila* sp.
		管石蛾科 Psychomyiidae	石蛾 *Rhyacophila* sp.
		箭蜓科 Gomphidae	骑异虫蜓 *Anisogomphus maacki*
		蜻科 Libellulidae	黄蜻 *Pantala flavescens*
		蜻科 Libellulidae	褐顶赤卒 *Sympetrum infuscotum*
		箭蜓科 Gomphidae	箭蜓 *Anisogomphus maacki*
		虻科 Tabanidae	牛虻 *Tabanus* sp.
		水虻科 Stratiomyiidae	水虻 *Stratiomyia* sp.
		蠓科 Ceratopogonidae	蠓蚊幼虫 *Ceratopogonidae* sp.
		摇蚊科 Tendipedidae (Chironomidae)	羽摇蚊幼虫 *Tendipes plumosus*
		摇蚊科 Tendipedidae (Chironomidae)	花纹摇蚊幼虫 *Procladius choreus*
		摇蚊科 Tendipedidae (Chironomidae)	侧叶雕翅摇蚊幼虫 *Glyptotendipes lobiferus*
		摇蚊科 Tendipedidae (Chironomidae)	菱跗摇蚊幼虫 *Clinotanypus* sp.
		摇蚊科 Tendipedidae (Chironomidae)	环足摇蚊幼虫 *Cricotopus* sp.
		摇蚊科 Tendipedidae (Chironomidae)	隐摇蚊幼虫 *Cryptochironomus* sp.
		摇蚊科 Tendipedidae (Chironomidae)	梯形多足摇蚊幼虫 *Polypedilum scalaenum*

续表

门	纲	科	种
水生昆虫	昆虫纲 Insecta	摇蚊科 Tendipedidae (Chironomidae)	昏眼摇蚊幼虫 *Stempellina* sp.
		摇蚊科 Tendipedidae (Chironomidae)	幽蚊幼虫 *Chaoborus* sp.
		摇蚊科 Tendipedidae (Chironomidae)	结合隐摇蚊 *Cryptochironoraus conjugens*
		摇蚊科 Tendipedidae (Chironomidae)	指突隐摇蚊 *Cryptochironomus digitatus*
		摇蚊科 Tendipedidae (Chironomidae)	褐跗隐摇蚊 *Cryptochironomus fuscimanus*
		摇蚊科 Tendipedidae (Chironomidae)	异腹腮摇蚊 *Einfeldia insolita*
		摇蚊科 Tendipedidae (Chironomidae)	齿斑摇蚊 *Stictochironomus* sp.
		摇蚊科 Tendipedidae (Chironomidae)	寡角摇蚊 *Diamesa* sp.
		摇蚊科 Tendipedidae (Chironomidae)	额突雕翅摇蚊 *Glyptotendipes gripekoveni*
		摇蚊科 Tendipedidae (Chironomidae)	直突摇蚊 *Orthocladius* sp.

附表 5　澜沧江中游小湾和漫湾库区调查鱼类目录、生境、营养结构及耐受性

科	中文名	拉丁名	生境		营养结构	耐受性
银鱼科 Salangidae	太湖新银鱼	*Neosalanx taihuensis*	★	A	Plankt	T
鲤科 Cyprinida	斑尾低线鱲	*Barilius caudiocellatus*	C	Plankt	T	
	光唇裂腹鱼	*Schizothorax lissolabiatus*	C	Omini	I	
	澜沧裂腹鱼	*Schizothorax lantsangensis*	C	Omini	I	
	草鱼	*Ctenopharyngodon idellus*	★	A	Herb	T
	青鱼	*Mylopharyngodon piceus*	★	A	Invert	T
	红鳍原鲌	*Cultrichthys erythropterus*	★	A	Pisc	T
	白条鱼	*Hemiculter leucisculus*	★	A	Omini	T
	鲢	*Hypophthalmichthys molitrix*	★	A	Plankt	T
	鳙	*Aristichthys nobilis*	★	A	Plankt	T
	麦穗鱼	*Pseudorasbora parva*	★	A	Omini	T
	棒花鱼	*Abbottina rivularis*	★	B	Omini	T
	高体鳑鲏	*Rhodeus ocellatus*	★	A	Omini	T
	南方白甲鱼	*Varicorhinus gerlachi*		D	Omini	I
	细长白甲鱼	*Varicorhinus elongatus*		D	Omini	I
	后背鲈鲤	*Percocypris pingi retrodorslis*		C	Pisc	T
	云南四须鲃	*Barbodes huangchuchieni*		C	Omini	I
	奇额墨头鱼	*Garra mirofrontis*		D	Herb	T
	宽头华鲮	*Sinilabeo laticeps*		C	Herb	I
	鲫	*Carassius auratus auratus*	★	A	Omini	T
	鲤	*Cyprinus carpio*	★	A	Omini	T

续表

科	中文名	拉丁名	生境		营养结构	耐受性
平鳍鳅科 Homalopteridae	横斑原缨口鳅	*Vanmanenia striata*		D	Herb	I
	彭氏爬鳅	*Balitora pengi*		D	Herb	T
	张氏爬鳅	*Bitora tchangi*		D	Herb	I
	云南平鳅	*Homaloptera yunnanensis*		D	Herb	I
鳅科 Cobitidae	黑线沙鳅	*Botia nigrolineata*		D	Invert	T
	长腹沙鳅	*Botia longiventralis*		D	Invert	I
	泥鳅	*Misgurnus anguillicaudatus*		B	Omini	T
	拟鳗副鳅	*Paracobitis anguillioides*		D	Invert	I
	横纹南鳅	*Schistura fasciolatus*		D	Invert	I
	宽纹南鳅	*Schistura latifasciata*		D	Invert	I
	南方南鳅	*Schistura meridionalis*		D	Invert	I
	短尾高原鳅	*Triplophysa brevicauda*		D	Invert	I
鲇科 Siluridae	鲇	*Silurus asotus*		D	Pisc	I
刀鲇科 Schilbidae	长臀刀鲇	*Platytropius longianlis*		C	Invert	I
鮡科 Sisoridae	扎那纹胸鮡	*Glyptothorax zanaensis*		D	Invert	I
	兰坪鮡	*Pareuchiloglanis myzostoma*		D	Invert	I
	无斑褶鮡	*Pseudecheneis immaculate*		D	Invert	I
	黄斑褶鮡	*Pseudecheneis sulcatus*		D	Invert	I
鲿科 Bagridae	黄颡鱼	*Pelteobagrus fulvidraco*	★	B	Omini	T
胡子鲇科 Clariidae	胡子鲇	*Clarias batrachus*		B	Pisc	T
丽鱼科 Cichlidae	罗非鱼	*Tiapia mossambica*	★	A	Plankt	T
鰕虎鱼科 Gobiidae	子陵栉鰕虎鱼	*Ctenogobius giurinus*	★	B	Omini	T
	波氏栉鰕虎鱼	*Ctenogobius cliffordpopei*	★	B	Invert	T
塘鳢科 Eleotridae	黄 [鱼幼]	*Hypseleotris swinhonis*	★	D	Invert	T

注：★表示外来种；生境（A，静水水体；B，静水底栖；C，急流水体；D，急流底栖）。营养结构（Herb，植物性食物类；Plankt，浮游生物类；Omini，杂食类；Invert，无脊椎动物类；Pisc，肉食类）。耐受性（T，耐受种；I，敏感种）

附表 6　长江中下游游调查鱼类目录、生境及营养结构

科	中文名	拉丁名	生境	营养结构
鲤科 Cyprinidae				
雅罗亚科 Leuciscinae	青鱼	*Mylopharyngodon piceus*	D	Pisc
	草鱼	*Ctenopharyngodon idellus*	A/C	Herb
	赤眼鳟	*Squaliobarbus curriculus* (Rich.)	C	Omini

续表

科	中文名	拉丁名	生境	营养结构
鲢亚科 Hypophthalmichthyinae	鲢	*Hypophthalmichthys molitrix*	A/C	Plankt
	鳙	*Aristichthys nobilis* (Rich.)	A/C	Plankt
鲤亚科 Cyprininae	鲤	*Cyprinus carpio* Linnaeus	B	Omini
	鲫	*Carassius auratus auratus*	A/C	Omini
鲌亚科 Culterinae	鳊	*Parabramis pekinensis* (Basil.)	D	Herb
	大眼华鳊	*Sinibrama macrops*	D	Invert
	红鳍原鲌	*Culter erythropterus* Basilewsky	A/C	Pisc
	达氏鲌	*Erythroculter dabryi*	A/C	Invert
	翘嘴红鲌	*Erythroculter ilishaeformis* (Bleeker)	A/C	Pisc
	条	*Hemiculter leucisculus* (Basil.)	A	Omini
鮈亚科 Gobioninae	麦穗鱼	*Pseudorasbora parve* (Temminck et Schlegel)	B	Invert
	黑鳍腺	*Sarcocheilichthys nigripinnis nigripinnis* (Günther)	D	Invert
	长条铜鱼	*Coreius heterodon* (Bleeker)	D	Omini
	圆口铜鱼	*Coreius heterodon* (Bleeker)	D	Omini
	圆筒吻鮈	*Rhinogobio cylindricus* Gunther	D	Invert
	吻鮈	*Rhinogobio typus* Bleeker	D	Invert
	蛇鮈	*Saurogobio dabryi* Bleeker	B	Plankt
	长须片唇鮈	*Platysmacheilus longibarbatus* Lo	D	
鲴亚科 Xenocyprinae	圆吻鲴	*Distoechodon tumirostris* Peters	B	Omini
鳅科 Cobitidae				
沙鳅亚科 Botiinae	长薄鳅	*Leptobotia elongata* (Bleeker)	D	Pisc
	薄鳅	*Leptobotia pellegrini* Fang	D	Pisc
花鳅亚科 Cobitinae	泥鳅	*Misgurnus anguillicaudatus*	B	Omini
鲃亚科 Barbinae	白甲	*Varicorhinus Simus* (S. et D.)	D	Omini
鲿科 Bagridae	黄颡鱼	*Pelteobagrus fulvidraco*	D	Omini
	长吻鮠	*Leiocassis longirostris* Günther	D	Omini
	钝吻鮠	*Leiocassis crassirostris* Regan	D	Omini
	大鳍鳠	*Mystus macropterus* (Bleeker)	B	Omini
鲶科 Siluridae	河鲶	*Silurus asotus* Linnaeus	D	Pisc
鳀科 Engraulidae	刀鲚	*Coilia nasus* Schlegel	D	Plankt
	短颌鲚	*Coilia brachygnathus* Kreyenberg et Pappenheim	C	Pisc
	凤鲚	*Coilia mystus* (Linnaeus)	C	Pisc
鮨科 Serranidae	花鲈	*Lateolabrax japonicus*		Pisc

续表

科	中文名	拉丁名	生境	营养结构
鮨科 Serranidae	斑鳜	*Siniperca scherzeri steindachner*	D	Pisc
塘鳢科 Eleotridae	沙塘鳢	*Odontobutis obscurus*	B/D	Pisc
鳢科 Channidae	乌鳢	*Channa argus* (Cantor)	D	Pisc
鱵科 Hemiranphidae	九州鱵	*Hemiramphys kurumeus* Jordan et Starks	C	Pisc
长臂虾科 Palaemonidae	脊尾白虾	*Palaemon* (E.) *carincauda* Holthuis	B/D	Omini
	日本沼虾	*Macrobrachium nipponense*	B/D	Plankt
方蟹科 Grapsidae	中华绒螯蟹	*Eriocheir sinensis*	B/D	Omini

注：生境（A，静水水体；B，静水底栖；C，流水水体；D，流水底栖）。营养结构（Herb，植物性食物类；Plankt，浮游生物类）

附表 7　西大洋水库主要工程和运行参数

参数	参数值
总库容	12.58 亿 m^3
调洪库容	8.79 亿 m^3
兴利库容	5.15 亿 m^3
死库容	0.80 亿 m^3
死水位	120.00m
起调水位	134.50 m
汛限水位	134.50 m
正常蓄水位	140.50m
设计洪水位	147.53m
校核洪水位	152.96m

附表 8　西大洋水库水位-库容-面积关系

水位（m）	库容（百万 m^3）	面积（km^2）
107	0.12	0.47
108	1.04	1.53
109	2.41	2.58
110	4.32	3.63
111	6.89	4.68
112	11.19	5.50
113	17.35	6.27
114	24.34	7.04
115	31.72	7.81
116	39.55	8.58
117	48.13	9.39

续表

水位（m）	库容（百万 m^3）	面积（km^2）
118	57.55	10.21
119	68.50	11.02
120	79.90	11.84
121	92.20	12.66
122	105.58	13.87
123	120.05	15.15
124	135.93	16.43
125	152.47	17.72
126	170.63	19.00
127	190.88	20.28
128	211.73	21.56
129	234.04	22.84
130	257.41	24.12
131	281.36	25.40
132	306.92	26.84
133	335.16	28.30
134	364.02	29.76
135	394.30	31.22
136	425.90	32.68
137	461.07	34.72
138	497.42	36.85
139	534.68	38.99
140	574.39	41.13
141	615.13	43.27
142	659.16	44.92
143	705.38	46.48
144	753.22	48.05
145	801.59	49.61
146	851.05	51.18
147	903.85	53.18
148	958.63	55.25
149	1014.48	57.32
150	1071.11	59.40
151	1131.83	61.47